発達ロボティクスハンドブック
ロボットで探る認知発達の仕組み

ANGELO CANGELOSI
アンジェロ・カンジェロシ
MATTHEW SCHLESINGER
マシュー・シュレシンジャー [著]

岡田浩之／谷口忠大 [監訳]

萩原良信／荒川直哉／長井隆行／尾形哲也
稲邑哲也／岩橋直人／杉浦孔明／牧野武文 [訳]

福村出版

DEVELOPMENTAL ROBOTICS:
FROM BABIES TO ROBOTS

DEVELOPMENTAL ROBOTICS: From Babies to Robots
by Angelo Cangelosi and Matthew Schlesinger
Copyright © 2015 Massachusetts Institute of Technology
Japanese translation published by arrangement with The MIT Press through The English Agency (Japan) Ltd.

私の両親,VitaとSalvatoreに(AC)
Angie,NickとNatalieに(MS)

監訳者まえがき

本書は，発達ロボティクスという学際的な学問分野を提唱し，その分野をリードするアンジェロ・カンジェロシとマシュー・シュレシンジャーの著作 Developmental Robotics: From Babies to Robots（Intelligent Robotics and Autonomous Agents）を翻訳したものである．

本書では，発達ロボティクスを「ロボットの行動能力，認識能力の自律的設計をするための学際的な手法であり，それは，子どもの自然な認識システムで観察される発達原理，発達メカニズムを直接利用するという手法である」と定義しており，その研究の目的は身体と脳，環境とのリアルタイムなインタラクションを制御している生得的な発達原理を利用して，ロボットが運動知覚能力と精神能力を自律的に獲得できるようにすることにある．

発達ロボティクスは，発達心理学，神経科学，比較心理学などの経験主義的な学問分野とロボティクス，人工知能のような構成論的な学問分野が文字通り融合する，まさに学際領域に位置する新しい研究領域である．

これまで，発達科学とロボティクスの関連研究については，サーベイ論文や学会誌などで再三取り上げられていたが，書籍という形で体系的にまとめられたものはなかった．本書は，発達科学やロボット制御に関する基本的な概念から，それらの融合研究，最先端のトピックまでを網羅的にまとめており，発達ロボティクスについて，その概観を把握するための良書であると言える．

最先端のロボット研究の良書が数多くある中でも原著には訳者一同，特別な思いを持ち，一日でも早くその翻訳書を日本の読者に届けたいと思ったのには以下に挙げる2つの理由がある．

1つは，本書でも再三引用されているように，発達ロボティクスという分野においては，その立ち上げから日本の研究者が重要な役割を果たしており，その貢献は非常に大きいものがある．特に，浅田稔，石黒浩，國吉康夫，谷淳など枚挙にいとまがないほどの研究者がこの領域で重要な役割を果たしてきた．本書を手に取る，特に若手の研究者の方々には日本の研究者がリードしてきた研究分野に触れることで，自身のこれからの研究のあり方を考える機会にしていただきたい．

2つ目は，近年ブームとも言えるほどの盛り上がりを見せているディープラーニングに端を発した人工知能研究のブレークスルーを発達ロボティクスがもたらすのではとの期待である．人工知能研究はそのゴールの一つとして自ら学んでいく知能の実現，すなわち汎用人工知能の実現を目指している．そこでの知能の議論はまさに発達ロボティクスで扱っている知能と同類のものであり，発達ロボティクスの研究が今後の人工知能研究の方向性を決めると言っても過言ではない．

監訳者まえがき

　最後に本書を出版するにあたり，多大なお世話をおかけした福村出版株式会社の榎本統太氏に深く感謝する．400ページを越える大部の翻訳書を世に出すことができたのは，ひとえに榎本氏のご理解と辛抱強いご支援の賜物である．翻訳者全員の心からの感謝の意をここに表したい．

2018年10月
翻訳者全員を代表して
岡田浩之・谷口忠大

日本の読者のみなさまへ

私たちの本が日本語に翻訳されたことを本当に光栄に思います．

日本は「ロボティクスの揺りかご」です．なぜなら，ロボティクスの歴史は，日本の大学や企業で開発された先駆的なロボットプラットフォームの設計に源流を持つからです．さらに，日本は大阪大学の浅田稔教授たちをはじめとする数々の研究で，発達ロボティクスの各領域の誕生と発展に特別な，注目すべき貢献をしてきました．日本の学術・産業界において，ロボットと人工知能システムを構築するという大きな挑戦の中で，私たちの本がみなさまの役割と寄与を長く支えられることを願っています．

本書は，ロボット研究やコンピュータサイエンスの読者から，心理学や神経科学などの自然科学・社会科学の読者に至るまで，学際的な読者を念頭に置いて書かれています．本書の構成は，さまざまな読者層に情報を提供し，サポートすることを目的にしています．例えば，第2章では，ロボット技術に精通していない読者を，ロボットのセンシングとアクチュエータに関する方法に導入することを目指しています．同時に，発達ロボティクスで使用される主要な「赤ちゃん」ロボットプラットフォームの概要も示しています．AIBO，ASIMO，AFFETTOなど，これらのほとんどは日本で開発されたものです．他の章では，各トピックで発達心理学の最先端の要約を紹介しています．これは，技術寄りの読者に，児童心理学の発達原理と発達現象の現在の知見の総合的な視野を与えるもので，発達ロボティクスのモデル作成と実験を促します．その後の章では，赤ちゃんロボットの認知発達について詳しく議論しています．これはロボティクスの専門家とロボットモデルの初心者の両者にとって，赤ちゃんロボットの認知モデルに対する基本的な手法を理解する助けになるでしょう．

本書の翻訳を進め，惜しまず手間を割いてくれた日本の研究者たちに感謝します．他人の考えや言葉を翻訳することは常に挑戦ですが，私たちの仲間は発達ロボティクスを深く理解しているので，日本の読者にその原理と手法をよく伝えることができるものと確信しています．このことは，急成長するロボティクスと人工知能の領域において次世代の研究者たちを育てるという学術研究の基本的な目標にとっても，きわめて重要なことでしょう．

2018年8月
著者を代表して
アンジェロ・カンジェロシ

序文 Linda B. Smith

　科学の主要な手法は分析と単純化です．このことは，1628年にデカルトがはっきりと述べています．どのような現象を研究する場合でも，必須要素に単純化し，他のすべてのものと区別します．この手法は，複雑なシステムでも可能な限り低いレベルにすることでもっともよく理解できるという信念によるものです．記述を最小単位に還元することで，分析や説明ができるほど十分に単純な要素を発見できるだろうと私たちは期待しています．この近代科学の手法の驚くべき成功を否定することはできません．しかし残念なことに，単純な要素で作られたシステムがどうして自律的生命体たるに十分な複雑さを操作できるのか，私たちはまだ理解できていません．複雑で多様な環境の中で行動し，適応する人工生命体を作るには異なる種類の科学が必要であり，それは分析と単純化ではなく，統合と複雑性に基づくものでしょう．生物システムの発達プロセスを理論的に理解するにも，統合の科学が必要となります．

　発達ロボティクスは，発達の過程が機械的な適応と流動的な知能の鍵になるという前提に基づいています．この考え方はまだ十分に実現していませんが，この15年間で驚くべき進歩を遂げました．本書は，この最先端の姿を紹介しています．そうする中で，著者たちも発達ロボティクス研究者と発達心理学者のより深い共同研究を主張しています．現在のところ，その結びつきは弱いものです．私たちは関連する課題に取り組み，同じ文献を読み，時には共同カンファレンスに参加しましたが，共同研究が続いた例は実際には多くありません．人間発達とロボティクスの研究者チームの計画的な研究を通じて，重要な成果が得られると私は強く信じています．発達心理学の分野では，より優れた理論と，人工発達知能システムを使って筋道を立て経験を積み重ねることにより理論を検証する新しい方法が出現してくるでしょう．したがって，この序文では，発達ロボティクスを通じてより深く理解できる可能性のある7つの人間の発達過程を強調しておきます．

①**長期未成熟**．進化や文化と同じように，発達は，変化を蓄積することにより複雑さを生み出していくプロセスです．どの段階にあっても，発達する生命体は，それ以前の発達の産物であり，どのような新しい変化も，それまでの発達の上に始まり構築されなければなりません．それはなぜなのか？「緩慢かつ累積的な」知能が，より高度で抽象的な認知を獲得するのはなぜなのか，どのようにしてなのか？　1つの可能性は，緩慢に累積する（決して早すぎない）システムは，複数の粒度で複数のレイヤーの知識を獲得するのに大量の体験を得られることです．第2の可能性は，発達論者が時に「即応性（レディネス）」と呼ぶものと，ロボティクスの最新研究が「ラーニング・プログレッション」[1]と呼ぶもの

序文

の関係です．学習の進展につれて，新しい構造と方法が発現し，学習システムにおいて後の発達段階での同じ経験が，早期の発達段階での経験とは違った効果をもたらします．この考え方が正しければ，発達の経路それ自身が，なぜ人間の知能がそうするだけの特性を持っているのかという説明の一部なのかもしれません．成熟した大人のシステムをいきなり構築しようとして発達をショートカットし，生物学的な発達システムを特徴づける流動的で適応的な知能の構築を達成することは不可能なのかもしれません．

② **行動．** 学習経験は，乳児に受動的に「起きる」わけではありません．ピアジェ[2]は，乳児の行動のパターンがこのことをよく示していると述べています．彼は4ヶ月児の手にガラガラを置きました．乳児がガラガラを動かすと，ガラガラは視界に入り音を出します．乳児は興奮し，それによりさらに体を動かします．こうして，ガラガラは視界に入ったり出たりして，さらに音を出します．乳児はガラガラに関する事前知識を持っていませんが，行動を通じてガラガラを振るという課題と目標を発見します．乳児が偶然ガラガラを動かし，その結果を見て聴くと，動かし，振り，見て，聴くという行動に惹きつけられ，何度も行動を繰り返すことで，ガラガラを振るという内的制御と，音を出すという目標を得ます．行動と探索が学習する機会と克服すべき新しい課題を生み出します．この行動の役割については本書の中で詳しく論じられており，発達ロボティクスが，発達理論への妥当性を明快に示す領域となっています．

③ **重複課題．** 発達する身体はただ1つの課題を解決するだけではなく，多数の重複する課題を解決します．ガラガラの例を考えてみましょう．乳児がガラガラを振ることが，聴覚，運動，視覚システムを協働させ，脳の特定の領域と領域間の連結を作り出し，変化させます[3]．しかし，同じシステムと機能連結は他の多くの行動の一部となり，ガラガラを振るという行為の達成は，目的−結果の推論やマルチモーダルな同期性のプロセスに影響を与えるにまで拡張するでしょう．発達理論は，マルチモーダルでマルチタスクな経験が，抽象的で，汎用的で，発明的な知能をどのように作るのかを調べる方法を強く必要としています．これは，発達ロボティクスが大きく貢献できる領域でもあります．

④ **縮退．** 縮退は，コンピュータ神経科学で，個々の要素が異なる機能に寄与し，同じ機能的目標に至るのに複数の経路がある複雑なシステムを論じる際に用いられます．縮退は，発達の成果においてロバストさをもたらすと考えられています．機能的に冗長な経路は互いに補い合い，経路障害に対する一種の保険となってくれるからです．ロボティクスモデルでは，これらの原理を，いくつかの要素が機能しなくなったとしてもロバストで（長期間にわたって複数の課題をこなす）持続可能なシステムの構築に利用します．このようなロボティクスモデルは多元性の実装と，発達の成果を抑制する要因の複雑なシステムをテストする厳密な方法を提供します．

⑤ **カスケード．** 発達理論の研究者は，はるか初期の発達が後の発達に影響を及ぼすことを「発達のカスケード（developmental cascade）」と呼ぶことがあります．こうしたカスケー

ドは非定型的発達における摂動パターンにおいてしばしば明らかであり，定型発達，および座ること，視覚表現，歩行，言語入力といった，一見明らかに異なって見える知能領域を特徴づけるものです[4]．ここでより深い理論的な疑問が生じます．初期の発達が後期のまったく異なる発達の起点となるという，このようなカスケードの事実は，どのように，そしてなぜ人間の知能がそのような特性を持つことと関連しているのでしょうか？　発達ロボティクスは，この疑問に挑むことでロボット工学を発展させるだけではなく，人間の認知発達が知能の本質であることを特徴づける統合的な性質と複雑な経路を理解するためのプラットフォームも提供します．

⑥**秩序だった課題**．生物学的に発達するシステムは，一般に特定の順序に従った経験とタスクの組み合わせに直面します．動物の感覚運動の発達の自然な順序を変更するのは連鎖的な発達の結果であるとする理論的・実験的な文献は膨大に存在します[5]．人間の幼児は，寝返り，伸び，お座り，ハイハイ，歩行といった環境を変化させるシステマティックな発達を，最初の2年間でたどります．人生の最初の2年間における運動機能の一連の変化は，その後の経験に強力な，ほとんど革命的と言っていい選択肢をもたらします．順序づけられた経験の結果と重要性，そしてそれを促す摂動の意義は人間において理論的に十分特定されておらず，発達ロボティクスにおいても体系的には追求されていません．ここは重要な次世代のフロンティアです．

⑦**個体主義**．発達する個体のことです．種の歴史は本質的に生物学で．環境は同じように発達の足場となる要素を提供しますが，発達する個体それぞれはそれぞれの道をたどらなければなりません．なぜなら発達の経路は縮退であり，発達は自ら構築するものであり，本質的な生物学と環境は本質的にユニークなもので，異なる発達個体は異なる経路をたどって同等の機能スキルに達するからでしょう．これは人間の知能のロバストさと可変性の両方を理解する上で理論的に重要な考え方であり，どのような環境にあっても知的な，多機能で適応力のあるロボットをつくる基礎となる考え方でもあるでしょう．

本書は，発達科学の将来の進歩に向けた重要な一歩なのです．

注

1. Gottlieb, J., P. Y. Oudeyer, M. Lopes, and A. Baranes, "Information-Seeking, Curiosity, and Attention: Computational and Neural Mechanisms," *Trends in Cognitive Science* 17 (11) (2013): 585–593.
2. J. Piaget, *The Origins of Intelligence in the Child*, trans. M. Cook (New York: International Universities Press, 1952. (Original work published in 1936.)
3. O. Sporns, *Networks of the Brain* (Cambridge, MA: MIT Press, 2011).
4. L. Byrge, O. Sporns, and L. B. Smith, "Developmental Process Emerges from Extended Brain-Body-Behavior Networks," *Trends in Cognitive Science* 18 (8); L. B. Smith, "It's All Connected: Pathways in Visual Object Recognition and Early Noun Learning," *American Psychologist* 68 (8) (2014): 618.
5. G. Turkewitz, and P. A. Kenny, "Limitations on Input as a Basis for Neural Organization and Perceptual Development: A Preliminary Theoretical Statement," *Developmental Psychobiology* 15 (4) (1982): 357–368.

まえがき

> 大人の心をシミュレートするプログラムを作ろうとするかわりに，子どもの心をシミュレートするプログラムを作ったらどうだろう？ 適切な教育を受けさせれば，大人の脳が得られるかもしれない．
> ——アラン・チューリング「計算する機械と知性」

　知能を持つ機械を設計するのに，人間の子どもをひな形に使おうという発想は，現代の人工知能（AI）研究の初期にその源流を持つ．アラン・チューリングは，認知科学という学際領域における広大な研究者コミュニティの一員である．このコミュニティには他にマーヴィン・ミンスキー，ジャン・ピアジェ，ノーム・チョムスキー，ハーバート・サイモン等がいて，生物学的な個体と「人工的な」，または人が作ったシステムの両方の研究で，同じ原理が利用できるだろうと共に議論していた．にもかかわらず，この50年，**子どもにインスパイアされた**AIは普及に失敗し，散発的な進歩しかできなかった．しかし，2000年までには，心理学，コンピュータサイエンス，言語学，ロボティクス，神経科学その他関連分野の研究者の数が臨界点を超え，第1章で述べるように，2つの新しい科学コミュニティ（自律的精神発達と経験主義的ロボティクス）と，2つの学会（IEEE ICDL: IEEE International Conference on Development and Learning と EpiRob: International Workshop on Epigenetic Robotics），国際的なIEEEのジャーナル（*IEEE Transactions in Autonomous Mental Development*）が次々と誕生し，発達ロボティクスの研究に貢献した．

　それから10年が経ち，2つのグループは1つの研究者コミュニティに統合された（icdl-epirob.org参照）．発達ロボティクスの学際的領域でこの十数年間にどのような研究がされてきたかを調査するだけでなく，この分野を形成し導いている中心原理を明確化するのに適切な時期が来た．

　本書を執筆するにあたり，追求した目標は3つある．1つは，本書が**広く読まれるために**何を記述するか（同時に，それを示す際の専門知識レベル）に関する多くの意思決定だった．特に，読者がエンジニアであれ哲学者であれ，人類学者であれ神経科学者であれ，発達心理学者であれロボット研究者であれ，我々の目的は幅広い人々がともすれば複雑になりがちな題材を読み，楽に理解できるようにすることだった．この点，私たちの文章は，工学，生物学，社会科学の上級学部生と大学院生の両方に適しているだろうと思う．もちろん人文科学にも．

　2つ目の目標は，あえて**行動主義的なアプローチ**をとることだった．つまり，我々は人間の幼児や子どもの比較研究に相対的に直接つながりうるロボティクス研究に焦点を当てた．言い換えれば，我々は本書で，特定の発達研究を直接シミュレートしたり再現したりする

まえがき

——より一般的には，明確に定義された発達現象（例えばハイハイの出現，語の獲得，顔認識）を捉えようとするロボティクス研究（より広義に言えば，計算モデル）に重きを置いた．

このことは，我々の3つ目の目標の基盤となっている．それは**発達ロボティクスの協働的で学際的な性質**を示すことだ．従って，身体を持ち，知覚し，行動し，自律的なエージェントに焦点を当てることで得られる重要な利点は，発達科学における現在進行形の研究がロボティクス，エンジニアリング，そしてコンピュータサイエンスで並行して進められている取り組み（そしてその逆）に伝えられる多様な例を示すことができる点である．この目標のために，各章では人間の特定の発達研究を戦略的に選んで紹介した．また可能であれば，同じ課題，行動，発達現象をシミュレートするように設計された，比較可能なロボティクスの研究も示した．こうした自然生命体と人工生命体の類似研究を対照することにより，人間と機械が互いに学ぶ点が実際に多数あることに，はっきりと確信が持てるよう願う．

謝辞

本書は，2人の著者の努力だけではなく，私たちの研究室の同僚，発達ロボティクスの国際コミュニティの寄与の賜物である．

多くの同僚が，ドラフト原稿の一部を親切に，辛抱強く査読を買って出てくれた．特に，モデルと実験の記述は誤りが訂正され明確になったと思う．特に，査読をして助言をしてくれた以下の方々に謝辞を述べたい．第2章（と赤ちゃんロボットの画像を提供してくれた）Gordon Cheng, Paul Baxter, 浅田稔, 國吉康夫, 石黒浩, 石原尚, Giorgio Metta, Vadim Tikhanoff, 小嶋秀樹, Kerstin Dautenhahn, William De Braekeleer（Honda Moter Europe）, Oliver Michel（Cyberobotics）, Jean-Christophe Baillie と Aurea Sequeira（Aldebaran Robotics）, 藤田雅博（ソニー株式会社）. Lisa Meeden は，第3章の助言をしてくれた．Daniele Caligiore は第5章の査読をしてくれた．Verena Hafner, Peter Dominey, 長井志江, Yiannis Demiris は第6章の査読をしてくれた．第7章は，Anthony Morse（Box 7.2 も執筆してくれた）, Caroline Lyon, Joe Saunders, Holger Brandl, Christian Goerick, Vadim Tikhanoff, Pierre-Yves Oudeyer（Pierre-Yves は多くの章にたくさんの助言をしてくれた．特別に感謝したい）, Marek Rucinski（Box 8.2 を執筆してくれた）が査読をしてくれた．Stephen Gordon は第8章を査読してくれた．Kerstin Dautenhahn, Tony Belpaeme は第9章の支援ロボットについて査読をしてくれた．さらに，3人の査読委員からは最終稿を改善する貴重な助言をいただいた．本書に掲載した図版のオリジナル画像を提供してくれた多数の同僚（名前は巻末に表記）にも感謝したい．

また，Plymouth Center for Robotics and Neural Systems の博士課程，ポスドク学生たちにも感謝したい．彼らが編集，図版，索引などを手伝ってくれた．特に，Robin Read（いくつかの図版を作成してくれた），Ricardo de Azambuja, Giovanni Sirio Carmantini（やはり図版を作成してくれた），Giulia Dellaria（索引を作る大変な仕事をしてくれた），Matt Rule（膨大な参考文献のチェックをしてくれた！），Elena Dell'Aquila に感謝したい．

MIT Press のスタッフにも感謝したい．Ada Brunstein は本書の企画に献身的に貢献してくれた．Marie L. Lee, Marc Lowenthal は，原稿準備の最終段階まで継続的に支援してくれた．Kathleen Caruso, Julia Collins は最終原稿を編集してくれた．

カンジェロシはロルフ・ファイファーにも感謝する．身体化された知能についての彼の影響力ある著作にインスパイアされたことが，それとは知らずカンジェロシがこの書籍プロジェクトに着手する決定的な動機となった．

本書は重要で広範な支援を多数の研究機関からいただいた．European Union Framework 7 Programme（ITALK, POETICON++, Marie Curie ITN ROBOT-DOC 等），UK

謝辞

Engineering and Physical Sciences Research Council（BABEL project），US Air Force Office of Science and Research（分散コミュニケーションに関するEOARDなど）．

最後に，私たちの家族に大きな感謝をしたい．本書の作業が家族の時間を奪ってしまったのに，それに辛抱強く耐えてくれたからだ．家族が，最終的には「有意義な時間だった」と感じてくれ，赤ちゃんロボットについて楽しく読んでくれることを期待している．

目次

監訳者まえがき　　v
日本の読者のみなさまへ　　vii
序文　　ix
まえがき　　xiii
謝辞　　xv

第1章　成長する赤ちゃんと成長するロボット……1
1.1　自然要因と環境要因の発達理論　　2
1.2　発達ロボティクスの定義と歴史　　4
1.3　発達ロボティクスの原理　　6
1.4　本書の概要　　15
参考書籍　　16

第2章　赤ちゃんロボット……17
2.1　ロボットとは何か　　17
2.2　ロボティクスの紹介　　21
2.3　赤ちゃんヒューマノイドロボット　　32
2.4　発達ロボティクスのモバイルロボット　　51
2.5　赤ちゃんロボットシミュレータ　　54
2.6　まとめ　　63
参考書籍　　64

第3章　新奇性と好奇心と驚き……65
3.1　内発的動機：考え方の概観　　66
3.2　内発的動機の発達　　71
3.3　内発的動機エージェントと内発的動機ロボット　　81
3.4　まとめ　　99
参考書籍　　100

第 4 章　世界を見る……103

- 4.1　人間の乳児の視覚の発達　　105
- 4.2　ロボットの顔認知　　118
- 4.3　空間認知：ランドマークと空間関係　　122
- 4.4　ロボットの自己認知　　124
- 4.5　物体知覚の発達インスパイアモデル　　126
- 4.6　アフォーダンス：知覚により導かれる行動　　129
- 4.7　まとめ　　131
- 参考書籍　　133

第 5 章　運動スキルの獲得……135

- 5.1　人間の乳児の運動スキル獲得　　137
- 5.2　リーチングするロボット　　147
- 5.3　把持を行うロボット　　153
- 5.4　ハイハイするロボット　　156
- 5.5　歩行するロボット　　162
- 5.6　まとめ　　165
- 参考書籍　　167

第 6 章　社会的ロボット……169

- 6.1　子どもの社会発達　　170
- 6.2　ロボットの共同注意　　182
- 6.3　模倣　　189
- 6.4　協力と意図の共有　　195
- 6.5　心の理論（ToM）　　202
- 6.6　まとめ　　204
- 参考書籍　　207

第 7 章　初めての語……209

- 7.1　子どもの初めての語と文　　211
- 7.2　ロボットのバブリング　　219
- 7.3　オブジェクトと行為に名前づけするロボット　　228
- 7.4　ロボットによる文法学習　　239
- 7.5　まとめ　　245

参考書籍　248

第8章　抽象的知識による推論……251

8.1　子どもの抽象的知識の発達　251
8.2　数を数えるロボット　260
8.3　抽象語と抽象概念の学習　268
8.4　意思決定のための抽象表現の生成　277
8.5　発達する認知アーキテクチャ　280
8.6　まとめ　288
参考書籍　289

第9章　まとめ……291

9.1　発達ロボティクスの重要原理の主な成果　291
9.2　その他の成果　298
9.3　今後の課題　305

第10章　記号創発ロボティクスと発達する人工知能……311

10.1　記号創発ロボティクス　312
10.2　人工知能と発達ロボティクス　320
10.3　発達する知能と新しい科学　326
参考文献　330

引用文献　333
図版クレジット　385
索引　389

※本書に記載した団体名，商品名，技術情報等は，原則として原書発行時のものです。

第1章　成長する赤ちゃんと成長するロボット
Growing Babies and Robots

　人間の成長は，自然界の中でもっとも魅力的な現象の1つである．赤ちゃんは何もできない状態で生まれる．基本的な運動能力と認知能力は持っているが，それも親や養育者の支えなしに自分を生存させ，成長させるには十分ではない．しかし，赤ちゃんの精神的な発達は，数年で洗練されたレベルに達する．10歳の子どもは，チェスやコンピュータゲームで遊ぶことができ，驚くほど複雑な数学の問題を解くことができ，1つかそれ以上の言語を習得することができ，自分や他人の感情を理解することができ，友だちや大人と協調することができ，身体を上手に動かすことができ，複雑な道具や機械を使いこなすことができる．この，ゆっくりだが発達的な変化は，人間の発達を理解する上で重要な一連の疑問を提起してくれる。そのような精神的な能力を自動的に発達させるメカニズムとは，どういうものなのだろうか？

　社会的環境，物理的環境は，子どもと関わりつつ，どのようにして子どもの認知能力や知識を形づくり，築き上げていくのだろうか？　人間の知識の発達において，自然（つまり遺伝的要因）と教育（つまり環境的要因）は，どちらがどの程度関与しているのだろうか？発達の間にどのような質的段階を経て，身体と脳の成熟は，発達を支えるメカニズムと原理について何かを教えてくれるだろうか？

　発達心理学は，子どもの自律的な精神発達を理解することを目的にした学問分野である．異なる年齢，さまざまな文化的な背景を持つ子どもを観察，実験し，他の心理学研究と比較をする．このような実証的な研究から，運動の発達，認識の発達，社会性の発達の定義，仮説を導き出すことができ，精神能力を獲得する上での一般的な原理を発見することができる．

　人間の発達に関する実証的なデータと理論知識の積み重ね，さらにそれに加えて心理学，哲学，認知科学などの知見は，テクノロジーの影響を強く受けている．もし，人間の赤ちゃんが社会的相互作用を通じて認知を発達させる基本原理とメカニズムが理解できれば，ロボットのような人工エージェントの認知能力の設計にその知識を活かすことができる．そのような原理とメカニズムは，ロボットの認知設計に組み込むことができ，ロボットの経験に基づく発達を通じて検証することができる．これが発達ロボティクスの目指すところであり，本書は，社会的インタラクション（相互作用）を通じて自律的な精神発達をするロボットを設計する上での現在の成果と課題を紹介し，発達心理学者と発達ロボティクス研究者の相互理解を促そうとするものである．

1.1 自然要因と環境要因の発達理論

哲学でもそうであるように，心理学の分野でもっとも古く，際限なく議論されているのが，人間の知性の発達に自然要因と環境要因のいずれが寄与しているのかという問題である．赤ちゃんが物理的環境と社会的環境と長期にわたってインタラクションすることが，精神の完全な発達には必須であり，きわめて重要である．同時に，赤ちゃんの遺伝子は，身体の発達と認識の発達の両方に基礎的な役割を果たしている．身体的特徴などだけでなく，色知覚などの認知スキルは，赤ちゃん自身の遺伝子によって決定されていて，環境はほとんど影響していない．

この自然と環境の役割の議論（Croker 2012）は，さまざまな発達心理学理論を生み出している．生得論者は，先天的で限定された知識を持ち生まれるという事実を重視する．これは，精神の発達に遺伝子が直接影響した結果であり，環境はほとんど影響していないというものである．もっともよく知られた生得理論は，言語の獲得器官と普遍文法に関するチョムスキーの仮説である（Chomsky 1957; Pinker 1994; Pinker and Bloom 1990も参照のこと）．この生得理論では，子どもは言語と文法原理に関する知識を先天的に持っていて，親の言語と接することで，そのパラメータが補正されていくと考える．別の分野では，Leslie（1994）は，子どもは心の理論を備えて生まれるという仮説を提案し，Wynn（1998）は，子どもは数の概念を備えて生まれるという仮説を提案している．反対に，経験主義理論では，認識の発達に社会的環境，文化的環境が重要であることを強調する．もっとも適した例は，ヴィゴツキー（Vygotsky 1978）の社会文化理論で，大人や友人は，子どもを「発達の最近接領域」を利用するように導く役割を持っている．発達の最近接領域とは，乳児に内在する能力の余裕部分のことである．同様に，Brunerの発達の社会認知理論（Bruner and Haste 1987）では，学習のさまざまな段階での，社会的交流と対人コミュニケーションの重要性を重視する．Tomasello（2003）は，構成主義と出現発達の原理に基づいた言語発達の経験主義理論を提案している．子どもは，他の言語を話す人との交流を通じて，自分の言語能力を構築していくというものである．

このような極端な理論の中間として，ピアジェ（Piaget 1971）は，もっとも影響力のある発達心理学理論を提案した．これは，自然と環境の寄与メカニズムを連結するものである．ピアジェの理論のキーポイントは，子どもはさまざまな発達**段階**を経ていくが，それぞれの段階で乳児は，質的に異なり，複雑さが増した**シェマ**（認識の枠組み）を発達させていき，知性のブロックを積み上げていくというものである．このような発達段階は，成熟という制限を受け，遺伝的な影響で決定される．ピアジェの理論（前掲書）では「後生的」と呼ばれる．しかし，**適応**のプロセスを経て，既存のシェマを新しい知識に適応させること（知識の吸収），新しいシェマを改変し，作成すること（調節）には，外部環境の寄与が重要である．

ピアジェは，思考能力と感覚運動性知識での抽象思考シェマの起源に注目をして，精神能力発達の4つの鍵になる段階を提案している．感覚運動性段階（第一段階，0〜2歳）は，感覚運動性シェマの獲得から始まる．これは主に反射運動である．前操作段階（第二段階，2〜7歳）では，オブジェクトと行動の自己象徴表現を獲得する．これは，オブジェクトが目に見えない場合でも表現できる（対象の永続性課題：移動するオブジェクトが障害物の裏に隠れてから再び出現したことを認識できる）．実体操作段階（第三段階，7〜11歳）では，他人のオブジェクトの表現方法に適応し，実体のあるオブジェクトへ心理的な変換操作（例えば液体保持課題）が可能になる．最後の形式操作段階（第四段階，11歳以上）では，完全な抽象思考能力と複雑な問題解決能力を獲得する．ピアジェの理論と発達段階については，抽象的モデルを論じた第8章でさらに議論する．

ほかに，生物学的要因と環境要因が同時に寄与すると考える，ThelenとSmith（1994）の発達の力学系理論がある．これは認識戦略の自己組織化（詳しくは1.3.1節を参照）におけるさまざまな神経的要因，具体化要因，環境要因の複雑で力学的な関係を想定するものである．

自然要因対環境要因の議論，生得論対経験主義論の理論は，特に人工知能とロボットの知性に関心がある他の領域に明らかな影響を与えた．人工知能の分野における適応的なエージェントやロボティクスにおける認識ロボットのような人工的な認識システムを構築するときには，生得論者の手法を利用することができる．これはつまり，エージェントの認識構造は，研究者によりすべて事前に定義されていて，エージェントが環境とインタラクションしている最中には変化しないということである．一方で，人工知能とロボティクスにより経験主義的な手法を利用するには，一連の適応と学習のメカニズムを定義することが必要になる．それによって，エージェントは他のエージェントや人間とインタラクションしながら，自分の知識と認識系を段階的に発達させていくことができるようになる．本書で紹介されている発達ロボティクス的な手法の多くは，生得論と経験主義論のバランスを取ってロボットを設計し，発達を制限する成熟要因，身体化要因と同様に，環境とのインタラクションの中での能力の発達に重心を置いたものになる．ピアジェの理論は，発達心理学でもっとも影響を与えた理論であるばかりでなく，発達ロボティクスの分野にも大きな影響を与えた．「経験主義的（epigenetic）」という言葉は，「経験主義的ロボティクス（エピジェネティック）」という会議の名前にも使われているほどである．ピアジェの理論が，心理発達の知覚運動性基礎とバランスの取れた生物学的手法と環境的手法を重視しているからである．

ピアジェとともに著名な発達心理学者であるレフ・ヴィゴツキーも発達ロボティクスに大きな影響を与えている．ヴィゴツキーの理論は，心理発達における社会環境の役割と社会的環境と肉体的環境が，発達過程での子どもの認識系の**足場づくり**となることの効果を重視している（Vygotsky 1978）．ヴィゴツキーの知見は，社会的学習と人間を模倣するロボットの研究，基礎となる発達ロボティクス理論に影響を与えている（Asada et al. 2009; Otero et al. 2008; Nagai and Rohlfing 2009)．

次の節では，発達ロボティクスを定義し，歴史的な概観を紹介してから，この手法の主な定義の特徴と原理を議論する．この議論は，ロボットの自律的な心理発達と，生物学的な現象と文化的な現象を，力学的相互作用により結びつけるものである．

1.2 発達ロボティクスの定義と歴史

発達ロボティクスは，**人工生命体（ロボット）の行動能力，認知能力の自律的設計をするための学際的な手法である．それは，子どもの自然な認識システムで観察される発達原理，発達メカニズムを直接利用するという手法である**．中心となるのは，身体と脳，環境とのリアルタイムインタラクションを制御している生得的な発達原理を利用して，ロボットが運動知覚能力と推論能力を自律的に獲得できるようにすることにある．

発達ロボティクスは，発達心理学，神経科学，比較心理学などにまたがった，経験主義的な発達科学の努力の上に立脚している．また，ロボティクス，人工知能のようなコンピュータ制御，工学的制御の上に立脚している．発達科学から得られた経験主義的な基礎とデータにより，認知能力を段階的に獲得するための一般的な発達のための原理，メカニズム，モデル，現象を特定することができる．このような原理とメカニズムをロボットの制御機構に組み込み，身体的環境，社会的環境との交流という経験を通じて検証することで，このような原理とロボットの複雑な行動能力と推論能力の実際の設計との関係を確かめることができるようになる．発達心理学と発達ロボティクスは，このように連動することで互いに利益を得ることができる．

歴史的には，発達ロボティクスの起源は，2000年から2001年にさかのぼることができる．2つのワークショップが偶然にも初めて合同し，科学者たちは人間とロボットの両方の発達心理学に興味を持った．この2つのワークショップの前に，人間の発達とロボットの発達には明確な関係があると主張する研究と出版があった．Sandini, Metta と Konczak（1997），Brooks ら（1998），Scassellati（1998），浅田ら（Asada et al. 2001）などである．

最初の出来事は，「発達と学習ワークショップ（Workshop on Development and Learning: WDL）」である．James McClelland, Alex Pentland, Juyang (John) Weng，そして Ida Stockman により主催されたもので，2000年4月5日から7日まで，イリノイ州イーストランシングのミシガン州立大学で開催された．このワークショップから，「発達と学習の国際会議（International Conference on Development and Learning; ICDL）」が設立された．WDLで，「発達ロボティクス（developmental robotics）」という用語が初めて公式に使われた．さらに，ワークショップでは「自律的精神発達（autonomous mental development）」という新しい用語が生まれた．これは自律的な方法で，ロボットが精神（認

識）能力を発達させる（Weng et al. 2001）という事実に注目した用語である．自律的精神発達という用語は，発達ロボティクスと同義語になり，この分野の科学雑誌 *IEEE Transactions on Autonomous Mental Development* の名前にもなっている（監訳者註：現在は *IEEE Transactions on Cognitive Developmental Systems* に改名されている）．

次の出来事は，「経験主義的ロボティクス第1回国際ワークショップ（First International Workshop on Epigenetic Robotics）」において，発達ロボティクスが科学の一分野として誕生したことである．ロボットシステムでの認識発達モデリングも，一連の経験主義的ロボティクス会議（Epigenetic Robotics; EpiRob）で科学の一分野として成立していった．このワークショップは，Christian Balkenius と Jordan Zlatev により主催され，2001年9月17日から19日まで，ルンド大学（スウェーデン）で開催された．このワークショップの名前は，ピアジェの用語「経験主義」を借用している．著名な先駆的研究であるピアジェの人間発達の経験主義理論では，子どもの認識システムは，遺伝的な素因と身体が，環境とインタラクションする結果として発達するとされている．「経験主義的ロボティクス」という用語は，ピアジェの環境との相互作用の重要性により裏打ちされ，高次元の認知能力の感覚運動的基礎によって裏打ちされている．さらに，この経験主義的ロボティクスの初期の定義も，ピアジェの知性の感覚運動的基礎を，ヴィゴツキーが社会的インタラクションを重視したこと（Zlatev and Balkenius 2001）により補っている．

本書や他の研究論文（例：Metta et al. 2001; Lungarella et al. 2003; Vernon, von Hofsten, and Fadiga 2010; Oudeyer 2012）で使われる「発達ロボティクス（developmental robotics）」という用語，浅田ら（Asada et al. 2001, 2009）で使われる関連用語「認知発達ロボティクス（cognitive developmental robotics）」は，学際領域で同様の手法を用いることを提案する文献で使用されている．「自律的精神発達（autonomous mental development）」（Weng et al. 2001）という用語を使う著者もおり，「経験主義的ロボティクス（epigenetic robotics）」（Balkenius et al. 2001; Berthouze and Ziemke 2003）という用語を使う著者もいる．

このような異なる用語が使われるのは，すでに論じたように，主に歴史的な要因で，実際の意味上の違いからではない．事実，2011年には，ICDLの一連の会議の参加者（「自律的精神発達」という用語を使う傾向にある）と，EpiRob参加者（「経験主義的ロボティクス」という用語を使う傾向にある）の2つの研究者コミュニティは，合同して「発達と学習，経験主義的ロボティクスの国際会議」（International Conference on Developmental and Learning and on Epigenetic Robotics; IEEE ICDL-EpiRob）を組織した．この合同会議は，2011年から始まり，この合同活動を支えているIEEE自律的精神発達技術委員会の活動を通じて，発達ロボティクス研究の共通母体となり，http://www.icdl-epirob.org というWebサイトを持っている．

1.3 発達ロボティクスの原理

1.1節で触れたように，発達ロボティクスの分野は，発達心理学の理論に強く影響されてきた．発達ロボティクスの手法は，環境要因，社会要因に注目した生得論と経験主義論の交流に基づいている．生物学的要因，遺伝的要因は，個体の身体と頭脳の成熟現象，感覚運動能力，精神能力を獲得するための個体形質の利用，本能の動機づけ，他者を模倣し，学習しようとする本能などに影響を与える．経験主義と構造主義現象は，条件下での学習と形状発達での社会環境，物理環境の寄与，認識技術のオンラインでオープンエンドで累積的な獲得などに関する発達ロボティクス研究において考慮される．さらに，生物学的要因，環境要因はいずれも，遺伝現象，個体現象，学習現象が関わる非線形力学系に基づいた認識戦略の段階的な質的変化に関係する．

一連の原理は，ロボットの自律的な精神発達設計に関係する膨大な要因とプロセスから構造主義的に導かれ，発達ロボティクスを導いてきた．このような原理は，表1.1のように分類され，以下の節で分析していく．

1.3.1 力学系の発達

数学と物理学から得られる重要な概念であり，人間発達の一般的な理論に大きな影響を与えているのが，**力学系**である．数学では，力学系は複雑な変化，時間の変化，段階による状態で特徴づけられ，系の変数の相互作用との関わりを自己組織化したものである．非線形現象の複雑な相互作用は，系の予期できない状態を生み出す．これは**出現**状態と呼ばれる．この考え方は，ThelenとSmith（1994; Smith and Thelen 2003）などの発達心理学者から借用されたもので，子どもの発達を，成長する身体と脳が，環境とさまざまな分散的，局所的にインタラクションする複雑で力学的な相互作用から出現すると声明するものである．そのため，ThelenとSmithは，子どもの発達は複雑な力学系の中での変化だと見るべきだと主張している．成長する子どもは，環境とのインタラクションを通じて新奇性のある行動を生み出していくのであり，これらの行動の状態は，複雑な系の中での安定性に広がっている．

この理論の1つの鍵になる考え方は，**多重因果性**である．例えば，ハイハイしたり歩いたりという行動は，脳，身体，環境のレベルで生じるさまざまな現象が同時に力学的な影響を与えることにより行われる．ThelenとSmithは，ハイハイと歩く行動の力学的変化を，子どもが環境に適応する，身体の成長変化に対応するという多重因果性の変化の例として使っている．子どもの身体の配置が，手とひざを使って身体を支えるのには十分な強さと配置があったとしても，直立するのには十分ではないとき，環境の中を移動するのにハイハイという戦略を選ぶことになる．しかし，乳児の身体が成長して，より強く安定した脚を得ると，直立して歩く行動が安定した発達段階として出現する．これはハイハイのパターンを段階的

1.3 発達ロボティクスの原理

表 1.1　発達ロボティクスの原理と特徴

	原理	特徴
1	力学系としての発達	分散システム 自己組織化と出現 多重因果性 入れ子状のタイムスケール
2	系統発生と個体発生の相互作用	成熟 臨界期 身体化 状況 形態学的計算 接地
3	身体化発達と状況的発達	身体化 状況 形態学的計算 接地
4	内発的動機と社会性学習	内発的動機 評価システム 模倣
5	非線形, 段階的発達	質的段階 U字型現象
6	オンライン学習, オープンエンド学習, 累積学習	オンライン学習 累積 クロスモーダル 認識ブートストラッピング

に失わせ, 置き換わっていくことになる. ハイハイと歩行は, 最初に制御する事前決定的で遺伝的に決定されている成長過程ではなく, 子どもの身体の変化（強い脚とバランス感覚）や環境への適合といった数々の要素の力学的自己組織化の結果であるということを示している. これが多重因果性の原理である. たくさんの要因が並行して存在し, さまざまな行動戦略を生み出しているのである.

ThelenとSmithの発達における力学的な観点で, もう1つの重要な考え方が, **入れ子状のタイムスケール**である. つまり, 神経現象, 身体現象が異なる時間軸で起こり, 複雑で力学的な方法で発達に影響を与えるということである. 例えば, 神経反応の非常に短い時間（ミリ秒）の力学は, 行動の反応時間（秒または数百ミリ秒）, 学習時間（数時間から1日）, 物理的な身体の成長（数ヶ月）という長い時間時間軸の力学の中に内包されている.

ThelenとSmithが, 複数要因と入れ子状のタイムスケールの効果を示すのに用いた, よく知られている発達心理学の実例が, A-not-Bエラーである. この実例は, ピアジェの対象の永続性課題で用いられたもので, 実験の第一段階では, ある玩具が位置A（右）で繰り返し何度もふたをして隠される. 実験者は, 同じ玩具を位置Bに隠し, それから子どもに玩具を取るように促す. 乳児が12ヶ月以上であると, 正しい位置Bから何の問題もなく玩具を

見つけることができるが，8ヶ月から10ヶ月の乳児だと，不思議なことに位置Aで探そうとするのである．この誤りは，隠すことと探すことの間に短い時間差しかないときにだけ起こる．ピアジェのような心理学者は，オブジェクトと空間の表現能力が年齢（発達段階）によって異なることで説明しようとするが，力学モデルのコンピュータシミュレーション（Thelen et al. 2001）では，状況に影響を与えるさまざまな要因（多重因果性）と時間操作（入れ子状のタイムスケール）が原因であることを示している．この例は，隠すことと探すことの時間差，テーブルの上のふたの特徴，隠すという動作の新奇性，乳児の直前の行動，身体の姿勢などによる．これらの要因を系統的に操作することで，A-not-Bエラーの出現や停止，変化を制御できる．

　発達理論，そして身体，神経，環境要因への一般的な力学関係として力学的手法を用いることは，ロボットの他の分野である認識システム（Beer 2000; Nolfi and Floreano 2000）と同様に，発達ロボティクス研究に明らかに影響を与えた．この理論は，初期の運動発達の発達ロボティクスモデルに応用された．胎児と新生児の身体表現と一般的な運動（2.5.3節参照）での森と國吉（Mori and Kuniyoshi 2010）のシミュレーションなどがある．初期の言語学習の発達ロボティクスモデル（Morse, Belpaeme et al. 2010）では，身体的な要因と高次元の言語発達現象に関係する力学を研究するために同様なA-not-Bエラー実験が用いられた（7.3節参照）．

1.3.2　系統発生と個体発生の相互作用

　力学系手法の議論は，発達における異なるタイムスケールの重要性にすでに注目している．数時間から数日の**学習**における個体発生的な現象，数ヶ月から数年に及ぶ**成熟**による変化などがある．さらに，発達を研究するときに考えなければならないより長いタイムスケールは，発達における進化的な変化の効果である多遺伝子発現の時間という側面である．そのため，個体発生現象と多遺伝子的現象の効果も，発達ロボティクスモデルでは考えなければならない．

　この節では，成熟による変化の重要性を紹介する．それは多遺伝子的変化にきわめて密接した変化である．新しい行動やスキルの学習による累積的な変化については，1.3.5節と1.3.6節で紹介する．

　成熟とは，子どもの脳と身体の解剖学的な変化，生理学的な変化のことで，特に人生の最初の1年に大きく変化する．成熟現象は，初期の発達段階で脳の可塑性が小さくなることや，段階的に脳半球の役割が分化していくこと，神経の枝が刈り込まれ接続されていくことなどと関係している（Abitz et al. 2007）．脳の成熟変化は，学習の臨界期の説明に使われている．臨界期とは，個体が外界の刺激により敏感で，より効率的に学ぶことができる段階（一定期間）のことである．この臨界期が終わると，学習は難しくなったり，不可能になったりする．動物行動学でもっともよく知られている臨界期（敏感期間）の例は，コンラッド・ローレン

ツの刷り込みの研究である．これは子ガモが母ガモ（あるいはローレンツ本人）を追いかけるようになるもので，誕生後数時間以内にのみ起こる現象で，その後もずっと効果が残る．視覚の研究では，HubelとWiesel（1970）は，猫の視覚皮質は，生まれて数ヶ月の間に視覚的な刺激を受けたときに発達するばかりでなく，猫の目を覆い，まったく視覚が失われている場合でも発達することを示した．発達心理学でもっともよく研究されている臨界期は，言語の学習である．Lenneberg（1967）は，言語の発達の臨界期の仮説を最初に提唱した一人で，2歳から7歳の間に脳の変化は起こるというものである．脳半球の分化はしだいに左半球が言語機能を司るようになり，それがこの年齢での言語学習の問題を起こす原因となっている．臨界期仮説は，思春期以降に第二言語を獲得する限界の説明にもなっている（Johnson and Newport 1989）．この仮説は，文献上はいまだに議論されているが，脳の成熟変化が思春期以降の言語学習に影響を与えているということは一般的に同意されている．

子どもの身体の成熟は，誕生から青年期にかけての特徴的な形態的変化により明確に現れる．このような変化は，ThelenとSmithのハイハイと歩行の分析のように，子どもの運動発達に当然影響を与える．発達過程で起きる形態的変化は，1.3.3節で見るように，身体化の形態的計算効果での身体化要素にも影響を与える．脳と身体の成熟変化が組み込まれた発達ロボティクスモデルも存在する．例えば，Schlesinger, AmsoとJohnson（2007）の研究のモデルでは，対象知覚スキルの発達での神経の可塑性が組み込まれている（4.5節参照）．身体の形態的発達をモデル化することは，運動の発達に関連する第4章でも議論する．

成熟と学習による個体発生的な変化は，進化による多遺伝子変化との発達の相互作用に重要な影響を与える．身体の形態的変化と脳の可塑性の変化は，環境の文脈に変化に種が適応する進化であると説明することができる．このような現象は，例えば，遺伝的な変化が個体発生現象の発生時期に影響を与えることが分析されている．これは異時性変化として知られる（McKinney and McNamara 1991）．異時性は，成長の始まり，成長の終わり，器官や生物学的質の成長率などによって異なる個体発生の比較に基づいている．命名上は，「前置換」「後置換」が形態学的な成長の期待度と遅延のオンセットに対して用いられる傾向があり，「超形質変化」「早熟」が成長の遅い初期のオフセットに用いられ，「加速」「幼形成熟」が成長の速くゆっくりとしたことに用いられる傾向がある．異時性変化は，発達モデルの自然要因と環境要因の複雑な関わりを説明するのに用いられる．Elmanら（1996）は，発達の遺伝的要因の役割は，後に学習を制御することになる構造的な形質を決定すると提唱している．このような形質は，脳の適応と神経発達的な事象，成熟事象の説明にも用いられる．

個体発生的要因と多遺伝子的要因の関わりは，コンピュータモデルによって研究されてきた．例えば，HintonとNowlan（1987），Nolfi, ParisiとElman（1994）は，進化での学習効果を説明するシミュレーションモデルを開発した（これはボールドウィン効果として知られる）．Cangelosi（1999）は，シミュレートされたエージェントに対して，ニューラルネットワーク構造の進化での異時性変化の効果を研究した．さらに，多遺伝子的な要求，個体発

第1章 成長する赤ちゃんと成長するロボット

生的な要求に応えて変化する身体と脳の進化モデルは，進化発生学でのコンピュータ手法の目標でもある．これは身体と脳の形態的な変化の発達的適応，進化的適応の連続する効果をシミュレーションすることを目指している（例えばStanley and Miikkulainen 2003; Kumar and Bentley 2003; Pfeifer and Bongard 2007）．発達ロボティクスのモデルは，形態変化しないロボットに基づいているので，多遺伝子的変化と個体発生的変化との関わりを直接同時にモデル化することはできない．しかし，さまざまな経験主義的ロボティクスモデルで，特に脳の形態的変化の研究では，学習と成熟の個体発生的変化の進化の起源が考慮されている．

1.3.3 身体化発達と状況的発達，動作的発達

認識と知性での身体の役割（**身体化**），身体と環境のインタラクションの役割（**状況的**），感覚運動インタラクションによる自律的な世界モデルの生成（**動作的**）については，さまざまな経験主義的証拠，理論的証拠が存在する．この，身体化，状況的，動作的という見方は，子どもの身体（あるいは感覚器とアクチュエータを持ったロボット）とその環境文脈とのインタラクションが，表現，内部モデル，認識戦略などを決定していることに重点がある．PfeiferとScheier（1999, 649）が指摘したように，「知性は抽象的なアルゴリズムから生まれるだけでなく，生理学的な実体，つまり身体を必要とする」ということなのである．

心理学と認識科学では，身体化認識の分野（接地された認知ともいう）は，身体化の行動的基礎，神経的基礎を研究するもので，特に，記憶や言語のような認識機能の接地における行動，知覚，感情を研究するものである（Pecher and Zwaan 2005; Wilson 2002; Barsalou 2008）．神経科学では，脳内イメージの研究から，言語のような高次元の機能は，行動の処理に対して，神経基質を共有することが知られている（Pulvermüller 2003）．これは，身体化された精神の哲学的な提案（Varela, Thompson, and Rosch 1991; Lakoff and Johnson 1999），状況的認識と身体化認識（Clark 1997）の哲学的な提案と一致する．

ロボットと人工知能では，身体化認識と状況的認識は，身体化された知能の手法を通じて大きく注目されている（Pfeifer and Scheier 1999; Brooks 1990; Pfeifer and Bongard 2007; Pezzulo et al. 2011）．Ziemke（2001）とWilson（2002）は，コンピュータモデルと心理学的経験で，身体化とその思考に対する異なる見方を分析した．これは身体化を，身体と環境の「構造的カップリング」現象として考える見方から，生命システムの自己創出に基づいた，より限定的な「個体の」身体化という見方にまで広がっている．つまり，認識とは生命システムが世界と関わろうとすることなのである（Varela, Thompson, and Rosch 1991）．同じ意味で，動作的パラダイムは，環境と関わる自律的な認識システムは，世界の理解を発達させることができ，世界認識をするモデルを進化させることができると考える（Vernon 2010; Stewart, Gapenne, and Di paolo 2010）．

身体化知性，状況的知性は，発達ロボティクスに明らかに影響を与えている．どのような

発達モデルも，ロボットの身体（と頭脳）と環境の関係性に重点を置いている．身体化効果は，言語（接地）のような高次元の認知スキルと同様に，純粋な運動能力（**形態的計算**）にも関係している．形態的計算（Bongard and Pfeifer 2007）は，身体の形態学的な特性を利用できるという事実を示している（例えば，関節，手足の長さ，パッシブアクチュエータ，アクティブアクチュエータ）．また，物理的な環境（例えば重力）とのインタラクションの力学が，知性的な行動を生み出す．もっともよく知られた例は，Passive Dynamic Walkerで，この二足歩行ロボットはアクチュエータなしで坂を歩いて登ることができ，制御も必要としない．二足歩行ロボットに必要なのは，行動を開始するための必要最小限の運動だけである（MacGeer 1990; Collins et al. 2005）．形態的計算の利用は，ロボットのエネルギー消費の最適化に重要な影響を与え，都合のいいアクチュエータと柔らかいロボット素材を増やすことができるようになる（Pfeifer, Lungarella, and Iida 2012）．

一方で，高次元の認識機能での個体の役割の実例は，行動と推測の言語の接地モデルに見ることができる（Cangelosi 2010; Morse, Belpaeme et al. 2010，7.3節参照）．また，心理学と発達ロボティクスにおける空間表現と数認識の間の関係にも見ることができる（Rucinski, Cangelosi, and Belpaeme 2011，8.2節参照）．

1.3.4　内発的動機と社会性学習本能

知性エージェントを設計する一般的な手法は，2つの制限を受けている．1つは，オブジェクトや目標（価値システムなど）は，モデル製作者によって決められるのであって，エージェント自らが決めるのではないということである．もう1つは，学習は，特化し，あらかじめ定義された課題という狭い範囲でしか行われないということである．このような制限に対応するために，発達ロボティクスは，**内的に動機づけられた**エージェント，ロボットを設計する手法を探求している．内的に動機づけられたロボットは，完全に自律的な方法で環境を探索する．何を学習したいのか，何を達成したいのかを自分で決定することで探索していく．言い換えれば，内発的動機は，エージェントに自分自身の価値体系を構築させることができるのである．

内発的動機の考え方は，幼年期と初期の子ども時代に発達し始める行動とスキルの多様性に着想を得ている．好奇心や驚愕，宝探し，習熟しようとする向上心などのさまざまな現象である．OudeyerとKaplan（2007）は，内発的動機モデルを組織的に研究するためのフレームワークを提案している．これは2つのカテゴリからなる．(1) 知識に基づいた手法（新奇性に基づいた手法と予測に基づいた手法の2つに分けられる），(2) 能力に基づいた手法である．このフレームワークでは，無数のアルゴリズムが定義され，系統的に比較される．

内発的動機の新奇性に基づいた手法では，モバイルロボットがよく利用される．異常な特徴，意外な特徴を探すことで，環境を学習していく．新奇性を検出する有用なメカニズムは習熟である．ロボットは，現在の知覚状態を過去の経験と比較して，まったく新しい状況，

すでに経験したものとは異なる状況に注意を振り向けていく（例えばNeto and Nehmzow 2007）．

予測に基づいた手法は，知識に基づいた内発的動機手法のもう1つのもので，累積された知識を利用する．しかしこの場合，予測に基づいたモデルは，明らかに世界の状況を予測しようとする．簡単な例は，テーブルの端に物体を押していくロボットで，物体が床に落ちたときに音を立てることを予測する．この手法の原理は，間違った予測が学習信号となり，それはまだ理解していない事象であるので，さらなる解析と注意が必要であると考えるものである．この手法の例は，Oudeyerら（2005）の「遊び場実験」で，ソニーのAIBOが環境に置かれた玩具を探索し，玩具とのインタラクションを学習するというものである．

内発的動機をモデル化する3つ目は，能力に基づいた手法である．この考え方では，ロボットは，確実な結果を効果的に生み出すスキルを探索し，開発する．能力に基づいた手法の鍵になるのは，**随伴性検出**である．これは，行動が環境に与えた影響を検出する能力のことである．知識に基づいた手法がエージェントに世界の特性を発見させようとするのに対して，能力に基づいた手法ではエージェントに世界に対して**何ができるか**を発見させるようにする．

子どもの発達研究は，社会性学習能力（本能）の存在を示している．これは，新生児は生まれたその日から他者の行動を模倣する本能を持っているという観察，複雑な顔の表情を模倣できるという観察などから証明される（Meltzoff and Moore 1983）．さらに，比較心理学の研究は，18ヶ月から24ヶ月の赤ちゃんは，利他的に他人と協働しようとする傾向があることを示している．このような能力はチンパンジーでは観察されない（Warneken, Chen, and Tomasello 2006）．

第3章で強調したいのは，内発的動機の発達は，乳児がどのように他者を理解し，どのように関わるかに直接影響を与えるということである．例えば，幼い乳児は，環境の中にいる人を，その動きや音で知覚して，短い時間で覚えてしまう．赤ちゃんは他者と関わる方向に本能的に動機づけられているからかもしれない．

発達ロボティクスは，社会性学習に重点を置く．第6章で紹介する多数の研究が示しているように，注意，模倣，協働が組み合わせられたさまざまなロボットモデルが試されている．

1.3.5 非線形，段階的発達

児童心理学の文献には，一連の発達**段階**に関する理論とモデルが数多く紹介されている．各段階は，特定の行動戦略，心理戦略を獲得することで特徴づけられる．この戦略は，各段階を通じて，より複雑で明瞭になっていく．各段階は，個性による違いもあるが，子どもの年齢とも関係している．ピアジェの思考の4段階は，発達段階を中心に置いた発達理論の典型的な例である．段階的発達の例はほかにも無数に存在し，以下の章でそのいくつかを紹介する．CourageとHowe（2002）の自己認知のタイムスケール（第4章），Butterworth（1991）の共同注意の4段階，Leslie（1994）とBaron-Cohen（1995）の心の理論の段階（第6章），

一連の語彙スキルと文脈スキルの獲得（第8章），数の認識段階，拒否行動の段階（第9章）などである．

多くの理論では，段階間の移行は，非線形で質的な変化をするとされている．再びピアジェの4段階を例に取ると，各段階の心理シェマは質的に異なっている．適応プロセスの結果，シェマで新しく知識を表現し，操作するように変え，適応していくからである．発達途中の質的変化に基づいたもう1つのよく知られた発達理論は，Karmiloff-Smith（1995）の表現再記述モデルである．Karmiloff-Smithは，年齢による段階のモデルの定義はしていないが，ピアジェと同じように，知識表現戦略の異なるレベルに対する表現を使うことで，4段階の発達を想定している．子どもは，特定の領域の新しい事実や知識を学習すると，新しい表現を開発する．それは段階的に「再記述」され，世界に対する理解を深くしていくのである．このことは，物理，数学，言語などのさまざまな知識領域に適用できる．

発達プロセスの非線形性，心理戦略の質的な飛躍，異なる発達段階での子どもの表現は，「U字型」の学習誤りパターンと語彙爆発現象を通じて研究されてきた．子どもの発達でのU字型現象の典型的な研究例は，英語の動詞の過去形変化を学ぶ際に犯す誤りパターンについてのものである．（逆）U字型現象は，学習を始めたときには誤りをあまり起こさないことで生まれる．その後，誤りは想像以上に増加していき，その後，成績は改善されていき，誤りは少なくなっていく．英語の過去形の例では，子どもは最初，「went」のような頻出する不規則変化動詞の過去形については正しく答えることができ，規則変化動詞の過去形については「ed」を末尾につけることができ，間違いはあまり起こさない．その後の段階では，「過度の規則化」の段階を経て，「goed」のような不規則変化動詞の誤りを犯し始める．最後には，不規則変化動詞の過去形のさまざまな形を見分けられるようになる．この現象は，心理学で特に研究され，文法処理の規則に基づいた戦略（Pinker and Prince 1988）の支持者と，分散表現戦略の支持者との間で，熱い議論が交わされてきた．分散表現を利用すると，コネクショニストネットワークがU字型を示すからである（例えばPlunkett and Marchman 1996）．U字型学習現象は，音声知覚などの分野（Eimas et al. 1971; Sebastian-Galles and Bosch 2009），顔の模倣の分野（Fontaine 1984）でも報告され，Karmiloff-Smith（1995）の子どもの能力と誤りは，表現戦略の変化により起こるという説明でも報告されている．

語彙獲得における語彙爆発現象は，発達での非線形的，質的変化のもう1つの例である．語彙爆発（名づけの爆発とも呼ばれる）は，18ヶ月から24ヶ月あたりで起こる．子どもは，1ヶ月に数語を学ぶというゆっくりと語彙を学んでいく最初の段階から抜け出し，**即時マッピング戦略**を取るようになる．これは，語彙を一度見ただけで，1週間に数十語を素早く覚えていくことができるというものである（例：Bloom 1973; Bates et al. 1979; Berk 2003）．語彙爆発は，子どもが50から100の語彙を学習したときに典型的に起こる．この語彙学習での戦略の質的な変化は，内在する認識戦略の変化により起こると考えられている．内在する認識戦略とは，言葉の分類の習熟や語彙検索の改善などのことである（Ganger and Brent

2004).

　多くの発達ロボティクス研究は，ロボットの発達段階の進展をモデル化することを目指していて，発達段階での非線形的現象を，学習ダイナミクスの結果と結びつけようとしている．例えば，長井ら（Nagai et al. 2003）は，Butterworth（1991）によって提案された共同注意段階をモデル化した．このようなモデルは，この段階での質的変化は，ロボットの注意戦略のアドホックな操作ではなく，ロボットの神経構造，学習構造の段階的な変化であることを示している（6.2節参照）．U字型現象を直接モデル化しているモデルも存在する．Morseら（2011）の音声処理での誤りパターンのモデル化などである．

1.3.6　オンライン学習，オープンエンド学習，累積学習

　人間の発達は，オンライン学習，クロスモーダル学習，連続学習，オープンエンド学習によって特徴づけられる．**オンライン学習**は，子どもが環境とインタラクションをしている最中に起きるもので，オフラインモードのときには起こらない．**クロスモーダル学習**は，異なる感覚と認識が同時に必要で，それぞれに関わり合うものである．これは，1.3.3節の身体化で論じたように，感覚運動スキルと言語スキルの関わりを証明する例となる．**連続学習**と**オープンエンド学習**は，学習と発達が特定の段階で始まったり，終わったりすることなく，生涯にわたって学習することである．事実，発達心理学は誕生から高齢化までのライフサイクルの心理学の広い領域の中で成立している．

　生涯学習は，子どもが知識を**累積**し，学習をやめないことを言う．前節で見たように，このような知識の連続学習と累積学習は，認識戦略の質的変化を引き起こす．言語の語彙爆発現象や，表現再記述モデルを通して，知識が潜在的なものから明示的なものに変化するKarmiloff-Smith理論などである．

　累積学習，オープンエンド学習は，**認識ブートストラッピング**を引き起こす．発達心理学では，認識ブートストラッピングは主に数認識に適用されてきた（Carey 2009; Piantadosi, Tenenbaum, and Goodman 2012）．この考え方では，子どもが概念（数量や数え方）を学ぶことで知識や表現を獲得し，この知識を利用して新しい数に関する言葉の意味を理解し，より高い効率を得ていくと考える．同じ考え方は，語彙爆発にも適用できる．最初の50から100語をゆっくりと学んだ知識と経験が，語彙学習戦略を再定義し，文法ブートストラップを引き起こす．子どもは，動詞の文法的な手がかりと言葉の文脈から新しい動詞の意味を決定するのである（Gleitman 1990）．Gentnerも一般的な認識ブートストラッピングは，アナログ的な理解と抽象的な関係性知識の獲得を通じて起こるものだと提唱している（Gentner 2010）．

　オンライン学習は，発達ロボティクスで使われ，次章で紹介するほとんどの研究で登場する．しかし，認識ブートストラッピング現象を起こすクロスモーダル学習，累積学習，オープンエンド学習の応用は，ほとんど検証されていない．現在のモデルの多くは，1つの課題

や1つの感覚（知覚，発音，意味論など）の獲得に重点が置かれ，並行発達や感覚と認識機能の関わりに重点が置かれることは少ない．このようにして，オンライン学習，クロスモーダル学習，累積学習，オープンエンド学習の発達ロボティクスモデルは，この分野に対してまだ多くの課題を残している．

発達ロボティクスのモデルと実験のさまざまな実例は，多くの先行原理が認知アーキテクチャと発達ロボットの実験設定をどのように設計すべきかを示してくれるだろう．

1.4　本書の概要

この導入の章では，発達ロボティクスを定義し，発達心理学理論への接続を紹介した．発達ロボティクスの基礎の主要な原理は，その手法の共通した特徴を浮かび上がらせもする．

第2章では，さらに導入を続ける．ロボットの実践的な定義をし，さまざまなアンドロイドとヒューマノイドロボットを紹介する．また，発達ロボティクスで用いられるヒューマノイドロボットと主要な赤ちゃんロボットプラットフォームの感覚器とアクチュエータの技術を概観し，そのシミュレーションツールも紹介する．

実験例を紹介することを主眼にした第3章から第8章では，発達ロボティクスモデルと実験で，さまざまな行動能力と認知能力（動機，知覚，行為，社会性，言語，抽象知識）がどのように実現されているのかを詳しく紹介する．それから，その分野で達成されたものと課題を考えていく．各章は，発達心理学の主な実証的発見と理論の短い概観から始まる．各概観は，児童心理学の文献になじみのない読者を想定しているが，同時に，各章で紹介するロボティクス研究でモデル化されている個々の発達問題に関係する実証的研究と参照すべき研究も紹介する．実験に注目した各章では，自律的心理発達をモデル化した発達ロボティクスの成果を示す画期的な研究も紹介する．このような実例は，児童心理研究の重要な課題を扱ったものである．さらに，Boxでは，心理学実験とロボティクス実験の実例の技術詳細，手法詳細を紹介し，発達ロボティクスとそれに直接対応する児童心理学研究での実装手法を紹介する．

実験を紹介する6つの章のうち，第3章は，特に内発的動機と好奇心の発達ロボティクスモデルに関連している．新奇性，予測，能力の神経的基礎，概念的基礎，計算的基礎を紹介する．第4章では，知覚発達モデルについて紹介する．顔認識，空間知覚，自己知覚，対象物認識，運動アフォーダンス認識を詳しく紹介する．第5章では，操作能力（例：手を伸ばす，つかむ）と移動能力（例：ハイハイ，歩行）の運動発達モデルを紹介する．第6章では，社会性学習の発達研究を紹介する．特に，共同注意，模倣学習，協調，計画共有，ロボットの心の理論を詳しく紹介する．第7章では，言語について紹介し，音声バブリング，言葉と意味の接地獲得，文法処理スキルの発達を分析する．第8章では，抽象的知識の発達ロボティ

クスモデルを紹介する．数を学習するモデル，抽象概念，推論戦略について議論する．

最後に，結論となる第9章では，他の認識研究領域と共通する発達ロボティクスの成果を紹介し，将来の方向性と発達を見ていく．

参考書籍

Thelen, E. and L. B. Smith. *A Dynamic Systems Approach to the Development of Cognition and Action*. Cambridge, MA: MIT Press, 1994.

　本書は，理論発達心理学についての画期的な一冊である．児童心理学へ与える影響に加えて，発達ロボティクスにとっても大きな刺激となる．また，認識モデルの汎用力学系手法にとっても得るところが大きい．1.3.1節で紹介した発達の力学系手法についても独特で詳細な解説がされている．

Pfeifer, R. and J. Bongard. *How the Body Shapes the Way We Think: A New View of Intelligence*. Cambridge, MA: MIT Press, 2007.

　本書は，自然の認識システム，人工の認識システムの身体化された知能の概念を分析している．認識と試行は，身体から独立しているわけではなく，身体化要素に強く制限を受けると同時に，認知能力を豊かなものにするということを示すのが，本書の目的である．中心になっているのは「構成による理解」という考え方である．これは，知性エージェントとロボットを理解して開発できるようになれば，知性に対する理解がより深まっていくということである．ロボティクス，生物学，神経科学，心理学の実例が多数紹介されている．また，ユビキタスコンピューティング，インタフェース技術への応用，人工知能関連の企業のビジネスと運営，人間の記憶の心理学，家庭用ロボティクスなどについても触れられている．

Nolfi, S. and D. Floreano. *Evolutionary Robotics: The Biology, Intelligence and Technology of Self-Organizing Machines*. Cambridge, MA: MIT Press, 2000.

　本書は，進化ロボティクスの原理と，NolfiとFloreanoによる先駆的な進化モデルと実験を詳細に紹介したものである．*Evolutionary Robotics*は，本書の姉妹書であると言える．なぜなら，この本は，進化ロボティクスの補完的な領域を紹介しているからである．本書には，モバイルロボット（gral.istc.cnr.it/evorobot）用の進化ロボティクス実験の無料のシミュレータソフトウェアが付属している．また，iCubヒューマノイド（laral.istc.cnr.it/farsa）用の最新の進化ロボティクスシミュレータも付属している．

第2章 赤ちゃんロボット
Baby Robots

　この章では，発達ロボティクスでよく用いられるロボットプラットフォームとロボットシミュレーションソフトウェアを紹介する．このプラットフォームの多くは，次章以降で認知発達モデルの研究を紹介するときにも登場する．本書はロボティクスの考え方になじんでいない読者も対象としているため，2.1節ではロボティクスの基本的な考え方を紹介する．ヒューマノイドロボット，アンドロイドロボットにも触れ，ヒューマノイドロボットに使われるセンサとアクチュエータの技術の概要についても紹介する．

2.1　ロボットとは何か

　発達ロボティクスの書籍としては，ロボットの定義とその基本的な特徴を紹介することから始めるべきだろう．

　歴史的に，「ロボット」の語源は，スラブ語の*robota*に由来している．これは奴隷や強制労働という意味で使われていた．この言葉が最初に使われたのは，演劇『R.U.R.』（Rossum's Universal Robots）で，チェコの作家カレル・チャペックによって書かれた作品である（Capek 1920）．語源となったこの語は，ロボットが人間の日々の生活や作業を助けるために作られたことを示している．また，場合によっては，産業用ロボットのように，人間のすべてあるいは一部を肩代わりする存在（奴隷のように）を指すこともある．

　ロボットとは何だろうか？　オックスフォード英語辞典はロボットを「複雑な一連の動作を自動的に行う能力を持った機械，特にコンピュータによってプログラムできるもの」と定義している．この定義は，我々の発達ロボティクスへの興味にとって鍵となる重要な考え方を4つ含んでいる．それは（1）**機械であること**，（2）**複雑な動作をすること**，（3）**自動的であること**，（4）**コンピュータによってプログラムされること**である．最初の考え方「機械であること」はとても重要である．なぜなら，現在ロボットとして考えられているさまざまなプラットフォームが機械であるからである．我々は，ロボットを人間に似ている機械だと考えがちで，『A. I.』のような有名な映画を通じてロボットのイメージを考えてきた（ヒューマノイドとアンドロイド，ヒューマノイドロボットとアンドロイドロボットの定義と区別に

ついては後ほど触れる）．しかし現実のロボットの主流は，人間とは異なる外観を持った産業用の製造機械，梱包機械で，工場の中で同じ仕事を繰り返している．このような産業用ロボットは，機械の姿をし，多関節の腕を持ち，金属部品の溶接（自動車工場など）や物体の移動（食品梱包工場など）などの特定の作業をしている．他の形のロボットプラットフォームには，車輪のついたカートがあり，工場内で箱や部品を運んでいる．また，円形の掃除ロボットも，多くの家庭に普及し始めている．

オックスフォード英語辞典の「ロボット」の定義にある2つ目の考え方は，ロボットは「複雑な動作をする」ということである．これは部分的に真実で，例えば，多くの産業用ロボットは精密加工の作業ができる．しかし多くの場合，ロボットは単純な繰り返し作業に使われている．主に時間を節約し，安全性を高めるためである．

3つ目の考え方「**自動的**」は，ロボットの特徴を定義する鍵になる．ロボットと機械，道具を区別しているのは，ロボットが自動的に動くということで，人が直接制御したり，制御し続けたりすることを必要としないということである．特に，ロボットは環境（そして自分自身の内部状態）を理解するためのセンサを持ち，環境の中で活動するためのアクチュエータを持っている．自動的（または自律的）とは，入力された情報を統合し，特定の目標を達成するための行動を選ぶ能力を持っていることである．これは，Matarićのロボットの定義「物理世界に存在する自律システムで，環境を知覚することができ，目標を達成するための行動を取る」を反映している（Matarić 2007, 2）．

自動的（automaticity）という用語に似ているが，認知ロボティクス，発達ロボティクスでよく使われ，Matarićの定義にも出てくるのが，「自律系（autonomy）」「自律（autonomous）」ロボットである．この用語は，基本的にはロボットが作業を自動的に行うことを指してはいるが，自動的よりもより汎用的で，高次の意思決定能力を表している．このことは，ロボットがセンサからのフィードバック情報と内部の認知システムによって，自律的に行動を選ぶことができるということを強調している．ただし，一般的にロボティクスでは，自動的に行動するロボットではなく，人間の操作者を必要とする遠隔操作ロボットもロボットのカテゴリに含めている．これは外科手術ロボットの場合などで，手術を完全に自動的に行うことはできないが，手術の間，安全に，邪魔にならないように，人間の外科医を助けることができるし，特定の外科手技は半自動で行うことができるからである．

ロボットの定義で，最後の4つ目の鍵になる考え方は，「**コンピュータによってプログラムできる**」ことである．人間の専門家によるコンピュータプログラムで機械を制御できるということである．しかし，単にソフトウェアを実装するということよりも，認知制御（アーキテクチャ）を実現するプログラムを書くということの方が，発達ロボティクスに強く関係している．この分野では，コンピュータプログラムや人工知能のアルゴリズムを通じて，行動を制御する認知理論を設計し，実装することが挑戦的な課題になっているからである．

以上のロボットの定義に関する分析と，ロボットを表す鍵となる特徴の説明から，「ロボッ

ト」が一言で明確になる用語ではないことがわかるだろう．むしろ，ロボットとは2つの対極的な概念の間に広がった概念なのである．外観と構造という観点で見れば，1つの極は人間によく似たロボットになり，その対極に産業用ロボットや掃除ロボットがある．制御についても，全自動システムから半自動，遠隔操作まである．行動能力については，単純作業，反復作業から複雑な課題をこなすというものまである．このようなロボットの広範な外観的，制御的，行動的特徴，そして異なる応用分野というさまざまな面の詳細な学習や分析に興味のある読者には，SicilianoとKhatib（2008）により編集されたロボティクスの網羅的な冊子を紹介しておきたい．

2.1.1　ヒューマノイドロボット

　人型ロボット，子ども型ロボットのプラットフォームは，発達ロボティクスで広く用いられている．そこで，ここでは「**ヒューマノイドロボット**」という言葉の定義と，ヒューマノイドロボットとアンドロイドロボットの違いについて議論しておこう．ヒューマノイドロボットは，人間に似た身体（例：頭，胴体，2本の腕，2本の脚）を持ち，人間のようなセンサ（視覚のためのカメラ，聴覚のためのマイク，触覚のための接触センサ）を持っている（de Pina Filho 2007; Behnke 2008）．ヒューマノイドの外観は，身体に組み込まれたケーブルやモータ，電子機器を持つ複雑な電子機械（図2.1a）によって変わってくる（宇宙服や玩具に似たプラスチックのカバーがかけられる）．（図2.1b）．

　ヒューマノイドプラットフォームの特別な形態が**アンドロイドロボット**で，人間のような身体に加えて，表面には人間のような「肌」を持っている（図2.1c）．アンドロイドロボットの典型的な例は，Geminoid成人ロボット（Nishio, Ishiguro, and Hagita 2007;

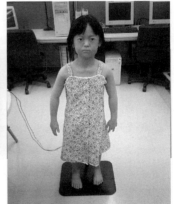

a) COG　　　　　　　　b) iCub　　　　　　　　c) Repliee R1

図2.1　（a）視覚電子部品を備えたCOGヒューマノイドロボット．（b）プラスチックカバーのついたiCubヒューマノイドロボット．（c）アンドロイドロボットRepilee R1．

第2章　赤ちゃんロボット

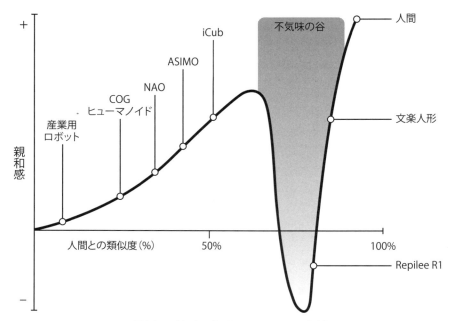

図2.2　不気味の谷（Mori 2012より改変）．

Sakamoto et al. 2007）で，日本のATR知能ロボティクス研究所と大阪大学の石黒浩らによって開発されたものである．アンドロイドロボットの幼児と子ども版も発達ロボティクス研究のために開発されていて，4歳の少女であるRepliee R1（Minato et al. 2004，2.3節など参照）などがある．

　アンドロイドロボットは，その外見や行動が人間と見分けがつかないことを目標にして設計されている（MacDorman and Ishiguro 2006a）．そのため，人間とロボットのインタラクションにアンドロイドを用いる場合，「不気味の谷」現象を理解しておくことが大切である．森（Mori 1970/2012）は最初にこの問題を取り上げ，ロボットが人間に似ていけばいくほど，人間の反応は，感情移入から嫌悪感に変わっていくのではないかという仮説を立てている．この嫌悪感や不気味さ，いわゆる不気味の谷とは，ロボットの行動と外観の両方が人間の水準に完全には達していないことから起こる．図2.2は，ロボットの人間的な外観とロボットに対する親近感の関係を示したもので，曲線が落ち込む部分が不気味の谷であると森は示した．産業用ロボットから玩具ロボットの間では，人間の身体との類似性がわずかに増しただけで，ロボットに対する親近感は急激に向上する．しかし，ロボットに人工の手脚を使うと，それが人間の腕とはほとんど区別がつかないものであっても，外観と行動のほんの小さな瑕疵が，親近感を表す曲線の中で，嫌悪感をともなう大きな落ち込み（不気味の谷）を引き起こすことになる．そのため，不気味の谷はロボティクスおよび人間とロボットのインタラクションにおける大きな課題となっている．多くの研究が，森の不気味の谷仮説の背後にある生物学的要因と社会的要因を調査し始めている．さらに，CGアニメーションと仮想空間上

のエージェントのみならず，ヒューマノイドロボットとアンドロイドロボットについても，この現象が人間とロボットのインタラクションにどのような影響を与えるのかについて研究が始まっている（MacDorman and Ishiguro 2006b）．

発達ロボティクスは，主にヒューマノイドロボットを扱っている．しかし，特に日本では，ヒューマノイドに加えてアンドロイドの赤ちゃんロボットが研究対象になっている（Guizzo 2010）．2.3 節では，発達ロボティクス研究で用いられるヒューマノイドやアンドロイドの赤ちゃんロボットについて詳しく見ていく．また，ソニーの子犬ロボット AIBO のようなモバイルロボットについても見ていく．しかし，まずはアクチュエータとセンサを持ったロボットプラットフォームの基礎的な考え方と技術を見ていく必要があるだろう．

2.2　ロボティクスの紹介

この節では，まだロボット技術になじみのない読者のために，ロボティクスの主な用語とハードウェア技術を紹介する．自由度，赤外センサ，電動アクチュエータ，空気圧式アクチュエータなどの用語は，本書によく登場するので，ロボティクスに直に触れた経験のない認知科学，人間科学を学んでいる読者にとって，このような入門は役に立つはずである．この節での技術的な概観は，Maja Matarić の *The Robotics Primer*（Matarić 2007）に基づいている．ロボティクスの詳細な考え方を知るにはこの本を参照するといいだろう．ロボティクスについて，さらに深く完全に理解したい場合は，さきに紹介した Siciliano と Khatib（2008）の小冊子をお薦めする．

この節では，自由度の考え方とヒューマノイドロボティクスで使われるさまざまなアクチュエータを通じた実装法を最初に紹介する．そして，視覚，聴覚，触覚，固有感覚，力覚などのさまざまなセンサを紹介し，基本的な信号処理の考え方を紹介する．

2.2.1　自由度，エフェクタ，アクチュエータ

ロボットは，環境を知覚するセンサ（例：視覚のカメラ，聴覚のマイク，距離の赤外センサ）と動作をするためのアクチュエータ（移動するための車輪や脚，オブジェクトを操作するための関節つきの腕）を備えた身体を持っている．

ロボットの可能な動作範囲を特定するため，**自由度**（degree of freedom: DOF）という考え方が用いられる．自由度とは，その中で動きを生み出せる x, y, z の 3 次元空間のようなものである．例えば，私たちの肩は自由度を 3 つ持つと言える．なぜなら，ボールと碗の構造をした関節を使って，上腕を水平方向（x），垂直方向（y），回転方向（z）に動かせるからである．上腕と前腕の間のひじの関節は自由度を 1 つしか持っていない．前腕を開くか閉じるかしかできないからである．眼球は自由度を 3 つ持っている．垂直方向，水平方向，

回転方向に動かせるからである．

　ロボットは，エフェクタとアクチュエータを使って，1つまたは複数の自由度に従って動作する．**エフェクタ**とは，ロボットが環境に対して何らかの効果を生み出せるようにする機械デバイスのことである．人間の身体では，エフェクタは腕，指，目，脚などである．ロボットでは，エフェクタは車輪や脚，指，グリッパー，目，腕，羽，ヒレなどである．**アクチュエータ**は，エネルギーを動きに変換することによって，ロボットのエフェクタが1つ以上の自由度に従って動作できるようにするメカニズムのことである．人間の身体のアクチュエータのよく知られた例は，関節の動きを制御する筋肉と腱である．ロボットでは，もっとも一般的なアクチュエータはモータ（電動式，水圧式，空気圧式）で，その他にも，形を変えることで，動きを生み出すことができる素材などがある．表2.1に主なアクチュエータとその特徴をまとめた．

　身体の2つの部分を接続するものが**関節**である．複数の自由度を持った関節では，一般的に自由度1つにつき1つのアクチュエータが必要となる．最近では，複数の自由度を扱えるモータも開発されている．

　ロボットに受動的エフェクタを使うこともできるが，一般的には能動的アクチュエータが使われる．**能動的アクチュエータ**とは，エネルギーを使って，エフェクタを目的の位置に動かすことができる能動的な関節のことである．このようなアクチュエータに受動的なメカニズムを使うこともできる．一方で，**受動的エフェクタ**とは，受動的なメカニズムを利用するもので，その形状や配置により生み出されるエネルギーを利用するもの（例：揚力を生み出す航空機の翼），環境との関わりを利用するもの（例：重力，風力）などがある．もっともよく知られた受動的エフェクタの例は，受動歩行ロボットである（Collins et al. 2005）．これは斜面で重力を利用する，柔軟なひざを持った2本の脚の構造で，エネルギーを必要とせず，下方向に移動する．多くの動物と，人間の一部の運動システムは，受動的でコンプライアントなエフェクタの特性を利用している．「**身体化された知能**」（embodied intelligence）と呼ばれるロボティクスの分野は，受動的アクチュエータ，あるいは能動・受動ハイブリッドアクチュエータを使った低エネルギー消費のロボットを開発するために，生物システムから着想を得ている（Pfeifer and Bongard 2007）．モータを停止することによって外部の力刺激に応じるメカニズムを持っていれば，そのアクチュエータは**コンプライアント**であると言える．コンプライアントな腕を持ったヒューマノイドロボットが，オブジェクトを扱う課題を行っているとき，オブジェクトの表面に触れて逆方向への力をセンサが感じると，指と手を閉じるモータを停止することになる．迎合性がない場合は，オブジェクトの中心軸に達するまで力をかけ続けることになり，オブジェクトを破壊してしまう危険が出てくる．コンプライアントアクチュエータは，安全な人間とロボットのインタラクションにとってきわめて重要である．表面やオブジェクトに触れたときに，ロボットはエフェクタの動きを止めなければならないからである．特に人間を傷つけてしまう危険性があるときはより重要になる．

2.2 ロボティクスの紹介

表2.1 主なアクチュエータ

アクチュエータ	説明	備考
電動モータ	電流により回転するモータが動きを生み出す	長所：単純な構造，手頃な価格，入手しやすい 短所：熱が発生する，エネルギー効率がよくない 主な種類：DCモータ，DCギアードモータ，サーボモータ，ステッピングモータ
水圧式	水圧の変化により動作するアクチュエータ	長所：大きな力を発生する．精密な動きを生み出せる 短所：大きい．危険．水漏れ 主な種類：ピストン
空気圧式	空気圧の変化により動作するアクチュエータ	長所：大きな力を発生する．反応が速く，正確．受動的 短所：危険．騒音．空気漏れ 主な種類：McKibben型人工筋肉
反応素材	光，化学物質，温度などに反応して小さな動き（収縮や伸展）を生み出す素材	長所：マイクロロボットに適している．線状の動きを生み出せる 短所：小さく，弱い動きしか生み出せない．化学的に劣化する 主な種類：光反応素材，化学反応素材，熱反応素材

　もっとも一般的なアクチュエータは電動モータだろう．手軽に入手でき，比較的低電力消費で，他の工学分野でも使われている標準的で単純な技術に基づいているからである（ただし，一般的にモータは決してエネルギー効率はよくない）．現在ロボティクスに使われる電動モータには，4種類ある．（1）DCモータ，（2）DCギアードモータ，（3）サーボモータ，（4）ステッピングモータである．最初の3つは同じ電動モータの変種だが，ステッピングモータは異なった設計原理に基づいていて，その使い方とコストも大きく違っている．

　回転モータの主要な2つの変数は**トルク**（一定の距離で生み出される回転力）と速度（回転速度．毎分あたりの回転数（rpm），または毎秒あたりの回転数（rps）である．ほとんどのモータは**位置制御**メカニズムを持っている．これはモータを目的の位置に回転させる制御器のことである．障害物があったり力が加わったりしても，障害物の剛性に応じて，モータに逆方向の力を生み出させ，目的の位置を保ってくれる．一方で，トルク制御も使われる．モータの実際の軸の位置を無視して，目的のトルクを保つようにしてくれるものである．コンプライアントアクチュエータはフィードバックメカニズムを持っていて，逆方向への力を感知し，目的の位置やトルクに達したときにモータを停止させることができる．

　DCモータ（直流モータ）は，ロボティクスではもっとも一般的に使われるアクチュエータで，電気エネルギーを回転力に変換する．電流が電線の輪を流れるときに磁界を生み出し，モータの軸を回転させるという電気工学の原理に基づいている．電流の大きさに応じて，異なる回転速度とトルク（回転力）が生まれ，アクチュエータの力は，トルクと回転速度により決まる．しかし，多くのDCモータは50–150rps（3,000–9,000rpm）という高速であり，

トルクは低く，大きな回転力と遅い速度を必要とするロボットにとっては問題がある．**DCギアードモータ**は，この問題をギアメカニズムで解決したものである．このメカニズムが回転軸の速度とトルクを，アクチュエータの遅く，強い動きに変換する．これは2つの異なる直径の連結ギアが速度とトルクを変えるという原理に基づいている．モータ軸に接している小さなギアが大きなギアを回転させると，大きなギアの回転力は大きくなり，速度は小さくなる．逆に，大きなギアがモータ軸に接し，小さなギアを回転させると，小さなギアの回転力は小さくなり，速度は大きくなる．このようにして，モータの軸に接した小さなギアとそれに接した大きなギアの組み合わせが，DCモータを使いながら大きな力と小さな速度を生み出すことを可能にする．2つ以上のギアの組み合わせ（組み合わせギア）であれば，さらにさまざまなトルクと回転効果をモータに生み出させることが可能になる．

モータの3つ目のタイプは**サーボモータ**である．これは，しばしば簡単にサーボとも呼ばれる，軸を特定の角度に回転させることができる電動モータである．これは一般的なDCモータメカニズムと，モータが軸をどのくらい回転させてどの位置になっているかを教えてくれる電子部品，軸の現在の位置を感知するポテンショメータが組み合わされたものである．サーボモータは，フィードバック信号を使って，最終位置への誤差と修正量を計算する．例えば，モータへの荷重分を補うことができる．1つ限界があるのは，軸の回転が180度以内に限定されるということである．しかし，その正確さにより，ロボティクスでは，目的の角度位置を定義し，達成するためにサーボモータがよく使われている．

電動アクチュエータの最後のタイプは，**ステッピングモータ**である．これは特定のステップ，または一定の角度ずつ動く電動デバイスで，アクチュエータを希望の角度・位置に動かすことができる．ステッピングモータも，ギアと組み合わせて，トルクを大きくし，回転速度を小さくすることができる．

水圧式モータと**空気圧式モータ**（ピストン）は，液体もしくは圧縮空気がチューブの中に入れられ，アクチュエータを縮めたり，伸ばしたりする線形アクチュエータである．これらは強い力を生み出すことができるため，一般的に産業用ロボットに使われる．水圧式アクチュエータは，重い筐体が必要となるのでメンテナンスが難しい．そのため自動化製造産業でよく使われる．水圧式モータは，目的の位置に精度よく合わせることができる．水圧式アクチュエータと空気圧式アクチュエータをヒューマノイドロボットなどの小型の研究プラットフォームに使う場合の欠点は，騒音が出ることと，水漏れ，空気漏れの危険，複数の大型コンプレッサが必要になることなどである．しかし，発達ロボティクスのプラットフォームに空気圧式アクチュエータを使うことの利点もある．それは，筋肉の力学的な性質をモデル化できることである．例えば，McKibbenのPneuborn-13赤ちゃんロボットの筋肉に使われた例がある（Narioka et al, 2009, 2.3節参照）．このような空気圧式アクチュエータは，内側のゴムチューブと外側のナイロン筒からできていて，圧縮空気を内部のチューブに送り込むことで筋肉を最高25％まで収縮させ，固さを調整することができる．

最後の**反応素材アクチュエータ**は，電動や圧力とはまた違ったものである．これは，繊維やポリマー，化学合成素材などのさまざまな特殊な素材を使い，光（光反応）や化学物質，酸溶液，アルカリ溶液（化学反応），温度（熱反応）に反応して，器官の収縮，弛緩により小さな動きを生み出すことができる．

これらを組み合わせたアクチュエータは，エフェクタを制御して，特定の運動機能を実現する．ロボティクスでは，エフェクタをその目的に応じて2つに分類している．移動と操作である．**移動エフェクタ**は，さまざまな移動（二足歩行，四足歩行，揺れ，ジャンプ，ハイハイ，登攀，飛行，水泳）により，ロボットを異なる場所に移動させる．移動エフェクタには，脚，車輪，翼，ヒレなどがある．ハイハイや登攀などでは，腕も移動に使える．**操作エフェクタ**はオブジェクトを操作するもので，一般的には1本または2本のマニピュレータで，人間に似た腕と手を持っている．動物の操作器官から発想された操作エフェクタもある．例として，タコの腕（Laschi et al. 2012）やゾウの鼻（Hannan and Walker 2001; Martinez et al. 2013）のような柔らかい素材を使ったエフェクタがある．

腕や手のエフェクタは，ヒューマノイドロボットのロボットアームとしてよく使われるが，発達ロボティクスにとって重要である．それは，操作スキルが発達することで，さまざまな高次元の認知機能の進化的発達，個体的発達を促すという点でも重要である（Cangelosi et al. 2010）．ロボットアームの操作は，人間の身体と同じように，単純化された自由度を持つ肩関節，ひじ関節，手首関節，指関節により行われる．手の部分を除いた人間の腕は自由度を7つ持ち，肩に3つ（上下，左右，軸周りの回転），ひじに1つ（開閉），手首に3つ（上下，左右，軸周りの回転）となる．認知モデル，発達モデル用に開発されたヒューマノイドロボットは，人間の腕と手による精密な操作系を模倣する傾向にあるが，手と指の自由度の数に制限があることもある．

最後に，操作で重要なことは，多数の自由度を持っているのに，エンドエフェクタ（オブジェクトを扱うグリッパーや指を含むエフェクタ）の位置をどのように検出するかということである．これは順運動学問題と逆運動学問題に基づいて行う．機械学習手法で行う場合（Pattacini et al. 2010），生物模倣モデルで行う場合（例，Massera, Cangelosi, and Nolfi 2007．第5章のモータ制御の議論も参照）もある．

2.2.2 センサ

ロボットが環境の中で適切に行動するためには，外部環境と自分自身の内部状態の情報を知っておかなければならない．これにはセンサが重要な役割を果たす．センサは，（内部と外部の）環境の物理的特徴を量的に測定する電子機械デバイスである．

内部状態と外部状態の両方を感知するには，固有受容性センサと外受容性センサの両方が必要になる．**固有受容性（内部）センサ**は，ロボット自身の車輪の位置やさまざまなアクチュエータの連結角の値を得ることができる（力センサ，トルクセンサなど）．これは，人間の

身体の筋肉の伸縮度を測る固有受容性感覚器と似ている．**外受容性（外部）センサ**は，障害物や壁からの距離，他のロボットや人間から受けている力を得ることができる．また，視覚，聴覚，嗅覚を使って，オブジェクトや物体の有無と特徴など，外部世界の状況を得ることができる．

　表2.2は，ロボティクスで使われる主なセンサをまとめたものである．最初の4つのタイプは，外部環境からの信号（光，音，距離，位置）を測定する外受容性センサで，残りの2つは内部部品の状態と内部の状態（モータのトルク力，加速度，傾斜角）を測定する固有受容性センサである．この表には，それぞれのセンサを使う上での主な特徴なども示してある．

　センサには，受動的センシングあるいは能動的センシングの技術を使ったものがある．受動的センサは環境の変化の検出器で，圧力を検出する衝突センサ，光信号を検出する光スイッチャなどがある．能動的センサは，エネルギーと放射器が必要で，信号を環境に送り，その信号の反射を検出し，環境による量的な効果を測定する（回帰遅延など）．もっとも一般的な能動的センサは，「反射型光センサ」で，反射センサや遮光センサなどが使われる．反射センサでは，放射器と検出器がデバイスの同じ側についていて，光信号は障害物に反射し，検出器に戻ってくる．このような反射センサは，放射した光信号と検出器に返ってくるまでの時間を三角法で計算する．能動的反射センサには，光信号を使う赤外線（IR）センサ，超音波信号を使うソナー（SOund NAvigation and Ranging），レーザーセンサがある．能動的光反射センサのもう1つのタイプは遮光センサで，検出器は放射器とは反対側についている．放射器が放射した光ビームは，障害物の存在により遮断され，時間の遅延や信号の消失が起こり，障害物の存在を検出することができる．

　ロボットのセンサで重要なのは，センサ自身により起こる量的情報の**不正確さ**である．この不正確さは，どの物理測定系にも内在するもので，センサのノイズや誤差，測定範囲の限界，ロボットのエフェクタによるノイズと誤差，未知，未見の特性，環境の変化などさまざまな要因から生じる．センサのノイズや限界に対処する方法はあるが，それでも不正確さの一部にしか対処できない．例えば，LED，IRセンサ，カメラなどの光センサでは，環境光に対処するためにキャリブレーションが使われる．環境光は，環境の基本的な光の強さなので，反射光センサはそれを無視して，センサから放射された光だけを検出して処理することができる．この処理はセンサキャリブレーションによって行われる．つまり，光を放射していないときに測定をして，放射光があるときの値からこれを減じる．

　センサから得られた情報は，ロボットの制御器に伝えられ，行動を選ぶときの助けとなる．IRセンサや衝突スイッチなどの単純なセンサでは，制御器は直接生のデータを使うことができる．一方で，より複雑なセンサでは，情報を使う前に，高度な信号処理技術が必要となる．例えば，視覚センサや聴覚センサ，あるいは能動的ソナーセンサ，能動的光センサを組み合わせて，位置推定と地図作成を行う場合などである．ここでは，二次元カメラ視覚センサ，音声マイクロフォンセンサ，同時位置推定・地図作成（SLAM）センサ（Thrun and

表2.2 主なセンサ

センサ	デバイス	備考
視覚（光）	光反応素子	光の明度
	1次元カメラ	水平方向の知覚
	2次元モノクロまたはカラーカメラ	視覚処理：計算量は多くかかるが情報量は多い
音	マイクロフォン	聴覚処理：計算量は多くかかるが情報量は多い
距離と近接度	超音波（ソナー，レーダー）	発射した超音波の回帰時間
		平滑ではない表面に対しては制約がある
	赤外線（IR）	赤外線に対して反射型光電センサを使う
		変調IRにより干渉を減らすことができる
	カメラ	両眼視差または視覚遠近法
	レーザー	発射したレーザー光の回帰時間
		鏡面反射問題は存在しない
	ホール効果	強磁性素材
接触（触覚）	バンプスイッチ	接触の有無
	アナログ接触センサ	軸とバネの組み合わせ
		圧縮により抵抗を変化させる柔らかい導電素材
	皮膚	体表面上に備えられたセンサ
位置	GPS	グローバルポジショニングシステム
		誤差1.5m（GPS）から2cm（DGPS）
	SLAM（光，ソナー，視覚）	同時位置推定・地図作成
		光センサ，音センサ，視覚センサなどを使う
外部力とトルク	シャフトエンコーダ	モータ軸の回転数
		回転速度の測定には光遮断光電速度計を使用
		回転数にはオドメーター
	二次シャフトエンコーダ	モータ軸の回転方向
	ポテンショメータ	モータ軸の位置
		サーボモータでは，軸の位置の検出
傾斜角と加速度	ジャイロスコープ	傾斜角と加速度
	加速度計	加速度

Leonard 2008）などの主な信号処理について紹介する．この手法は，本書内に登場するさまざまな実験でも触れることになる．視覚と聴覚の知覚は，発達ロボティクス研究にとってきわめて重要である．SLAMは，人間とロボットのインタラクション実験で，ナビゲーション制御に利用することができる．

ロボットの**視覚**は，（カラー）カメラによって生成されたデジタル画像を使い，多くの情報を提供してくれる．視覚信号を処理することで，エージェントは外部世界表現を構築できる．例えば，その内容を分割して，オブジェクトを特定し，操作課題の特徴を知ることができる．また，環境の配置を知り，ナビゲーションしたり，オブジェクトを回避したりすることもできる．さらには，人間とロボットの社会インタラクションにも役に立つ．

コンピュータビジョンの研究により，ロボティクスで使われる一連の標準的な画像処理ルー

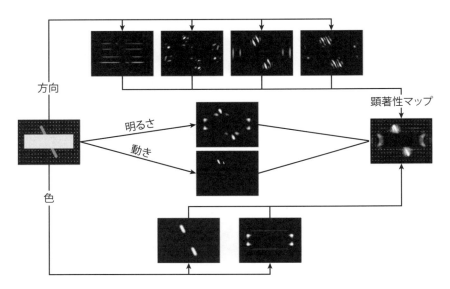

図 2.3　複数の特徴抽出を組み合わせて，顕著性マップを生成する．（Schlesinger, Amso, and Johnson 2007）このモデルの詳細については第 4 章参照．

チンとアルゴリズムが開発された．人工知能とロボティクスにとっては，まだ大きな課題が残っているが，このようなルーチンが，オブジェクトの分離，特定，追跡などにとって有益なツールとなっている（Shapiro and Stockman 2002; Szeliski 2011）．

　ロボットの視覚では，特徴抽出法を使って，**顕著性マップ**を生成することが多い（Itti and Koch 2001）．これは，画像の中から，ロボットの行動にとって重要な部分を特定することである．特徴抽出法は，色，形，輪郭，動きなどのデジタル画像のさまざまな特徴を検出する．例えば，Schlesinger, Amso と Johnson（2007）の対象補完の発達モデル（第 4 章参照）では，色，動き，方向，明るさなどの特徴抽出を組み合わせて，顕著性マップが生成される．これらの特徴は組み合わされて，全体顕著性マップを生成し，モデルはオブジェクトを特定する（図 2.3）．

　デジタルカメラ画像の処理は，主に 2 段階の視覚分析を必要とする．（1）画像処理：ノイズを取り除いたり，エッジや境界を検出して，背景と他のオブジェクトから目的のオブジェクトを分離する．（2）シーン分析：オブジェクトの一部分（腕，頭，胴体などの身体の部分など）を統合してオブジェクト全体のモデル（人間の身体など）を生成し，オブジェクトを定義する．

　元画像からノイズを除去して平滑化する処理は，誤りの画素と不規則性を除去する（細い線を除去し，太い線を太くするなど）．エッジの検出は，画像の明るさが鋭く変化するポイントを検出することで行う．平滑化は，**畳み込み法**により行うことが多い．つまり，平均化窓をスライドさせながら，その窓の中心に画素値を統合する方法である．スライドする窓には，一般的にはガウス関数を使う．より発展的な方法では，平滑化とエッジ検出が組み合わ

された平均化窓関数を使う．例えば，ソーベル演算子は，ガウス平滑化と微分を組み合わせて，エッジの検出を行う．ソーベルフィルタは，小さく分割された整数値のフィルタを，水平方向と垂直方向に動かすことで畳み込みを行っていく．一方で，ガボールフィルタはエッジ検出に線形フィルタを使っているが，これは一次視覚野の神経の機能に着想を得たものである．2次元ガボールフィルタは，正弦波により修飾されたガウス関数を使っていて，異なる周波数や方向の設定のもとで用いることができる．

領域の特定には，ヒストグラムや分割結合などの手法が使われる．ヒストグラムに基づいた手法は，画素の明るさのヒストグラムを作り，その中の山と谷を使って，領域（クラスタ）を特定する．この手法は，たった1回の画像処理しか必要としないので，たいへん効率がいい．分割結合法は，画像を「四分木」分割する．画像全体の画素の強度の分析から始め，不均質性を持つ画素を見つけると，画像を4分割し，それぞれの新しい小領域について再度画素の均質性を調べる．この処理は，より小さな4分割に対して繰り返されていく．分割法のあと，隣接する均質な領域より大きな領域に合成していき，これが分離された領域となる．

他のフィルタは，オブジェクトの付加的な特徴を生成するために使われる．赤緑青（RGB）の三原色を使うカラーフィルタとモーションフィルタを使うと，画像の中の動いた画素（あるいは領域，オブジェクト）部分が特定できる．完全に分割された画像が得られたら，さまざまなシーン分析手法が使われ，オブジェクトの記述が生成される．例えば，モデルに基づいた手法を使い人間やロボットの身体を認知するには，身体の異なる部分（腕や頭，胴体などの身体の部分）を分割して認知し，人間の身体全体のモデルと照合していく．顔認知モデルでは，目や口などの位置と構造などの特徴点と特徴を特定する必要がある．

ロボットのカメラ画像をさまざまな特徴抽出フィルタとアルゴリズムで処理するソフトウェアライブラリもある．OpenCV（opencv.org; Bradski and Kaehler 2008）は，発達ロボティクスのための画像処理でもっともよく使われるオープンソースライブラリである．このようなライブラリは，一般にiCubやYARPミドルウェア（2.3.1節参照）などのロボットソフトウェアとともに使われる．

神経生理学と脳の視覚システムの機能に基づいたコンピュータビジョンの手法もある．例えば，対数極座標（log-polar）視覚手法は，哺乳類の視覚システムにおける視覚感覚器（網膜錐体）の分布の神経生理学モデルである（Sandini and Tagliasco 1980）．人間を含んだ多くの動物では，網膜の受容体（杆体と錐体）の分布は，中心窩では密で，周辺部では疎になる．これは，画像の非線形解像度が，中心で高く，周辺で低くなることを意味している．この分布は，放射対称となっていて，ほぼ極性分布に等しいと考えられる．さらに，網膜から一次視覚野への錐体の投影は，矩形の表面（皮質）にマッピングされる対数極分布にほぼ等しくなる．つまり，皮質の中心部の表現にはより多くのニューロンが関わることになり，周辺部での粗い解像度の表現にはより少ないニューロンが関わることになる．対数極座標手法は，標準的な四角い画像を空間内の画像に変換してくれる．この位相幾何学的な手法は，

リアルタイムでのオブジェクト分離と追跡課題に簡単に使うことができ，リソースを節約した画像表現，画像処理手法として利用することができる．対数極座標（log-polar）マッピングは，認知ロボティクス研究で盛んに使われている（Traver and Bernardino 2010）．例えば，iCubヒューマノイドロボットの前身であるBabybotプラットフォームでの色付きオブジェクトの追跡などである（Metta, Gasteratos, and Sandini 2004）.

人工ニューラルネットワーク手法に基づいた視覚情報処理ツールもある（例えばRiesenhuber and Poggio 1999; Serre and Poggio 2010．ロボットへの応用についてはBorisyuk et al. 2009を参照）．この手法では，事前に人手により定義したフィルタにより画像特徴量を抽出することをせずに，視覚システムの生理学の知見から示唆を得た神経計算アルゴリズムを用いる．ニューラルネットワークは，視覚野が一次視覚野V1からV4から前下側頭（anterior inferotemporal: AIT）皮質（オブジェクトの表現）への視覚刺激（刺激の方向，大きさ，深さ，動きの方向）を階層的に処理する構造に示唆を得て作られた階層的処理構造を用いて視覚情報処理を行う．例えば，RiesenhuberとPoggio（1999）は，脳内でのオブジェクトの視覚認知の階層的計算モデルを提案している.

視覚の神経計算モデルに基づいたソフトウェアライブラリにはSpikenet視覚システム（spikenet-technology.com）があり，これは分離されたオブジェクトを，事前学習されたオブジェクトの画像とテンプレート照合させることができる．DomineyとWarneken（2011）は，人間とロボットのインタラクション実験で，発達ロボティクスモデルにこのライブラリを使って，目標物とランドマークの位置の特定を行っている（第6章6.4節参照）.

ロボットによる**音声の知覚**は，生の音声信号を信号処理する方法で実現されているが，より進化したパターン認識システムも使われる（Jurafsky et al. 2000）．生の音声信号を分析する古典的な手法には，音声の第1フォルマント（母音の場合）を抽出するフーリエ分析，隠れマルコフモデル（hidden Markov models: HMM），人工ニューラルネットワークなどがある．事前に音を発生させるシステムに関する十分な情報がない場合には，アドホックな処理が行われる．例えば，音素システムの進化に関するロボットモデルに関する研究の場合や（第7章のOudeyerの研究を参照），あるいはロボットの音素知覚能力，語彙獲得以前の能力に焦点が当てられている場合や，音認知のニューラルネットワークモデルに焦点が当てられている場合などである（例えばWestermann and Miranda 2004）.

発達ロボティクスにおける音声の知覚に関しては，認識された単語の文字列を抽出する自動音声認識（automatic speech recognition: ASR）システムおよびその単語の文法的な解析を行う構文解析器が一般的に使われる．音声処理ソフトウェアパッケージには，ASRと構文解析器が含まれている．ASRシステムは，発達ロボティクスでよく使われるもので，オープンソースライブラリであるSphinx，ESMERALDA，Juliusなどがあり，市販ソフトウェアにはDragon Dictateなどがある．標準的なASRはWindowsやAppleなどのコンピュータオペレーティングシステムにも組み込まれている．カーネギーメロン大学で開発された

Sphinxは，ASRアプリケーションの中でよく使われるものの1つである．Sphinxは一群の音声認識システムからできていて，N-gram手法とHMM手法を使っている．膨大な語彙を持つ連続音声の認識ができ，話者を事前学習することで，個人の発音システムの音響モデルを作ることができる．ビールフェルド大学で開発されたESMERALDAは，さまざまなASR手法を使った音声認識モデルを開発するためのフレームワークである．日本の連続音声認識コンソーシアムが開発したJuliusは，膨大な語彙を持つ連続音声のリアルタイムで高速な認識システムで，N-gram手法と文脈依存HMM手法を用いるとともに，Julianという名前の文法ベースの認識器も含んでいる．Juliusは，もともと日本語用に開発されたものだが，英語など他の言語用の音響モデルも現在は存在している．市販ソフトウェアでは，Dragon Dictate（Nuance Communications）がもっとも一般的な選択肢で，機能を限定した無料バージョンも存在している．

言語学習の発達実験では，Sphinx（Tikhanoff, Cangelosi, and Metta 2011），ESMERALDA（Saunders et al. 2009），Apple，Dragon Dictate（Morse et al. 2011）などさまざまなASRシステムが使われている（第7章も参照）．

ロボットが地図上の自分の位置を知るためには，位置センサ，自己位置推定，距離センサからの信号を組み合わせて環境地図を構築することで，地図内での自分の位置を同定することができる．位置推定と地図構築を同時に行う手法（SLAM：同時位置推定・地図構築として知られる）で，ロボットは地図構築と自分の位置推定という2つの課題を同時に行うことができる．SLAMは，事前に定義した部屋，建物，あるいは外部環境の情報を与えてくれる人間のプログラマも必要とせず，グローバルポジショニングシステム（GPS）のような絶対的な位置座標も必要としない．SLAMは，地図が使えず，GPSのようなセンサも機能しない室内環境のような，未知の環境を探索しなければならないシナリオにおいては必須である．位置推定と地図構築を同時に行うことは「ニワトリと卵」の問題であり，簡単ではない．地図がなければ，ロボットはどうやって自分の位置を決めることができるだろうか．自分がどこにいるかわからなければ，どうやって地図を作ることができるだろうか．さらに，環境の異なる場所から集めたセンサのデータが同じように見えるかもしれないし，同じ位置，近い位置からのデータがセンサノイズにより違ったものに見えるかもしれないし，異なる方向のものに見えるかもしれないということがこの問題をさらに難しいものにしている．ランドマークを特定することが，オドメトリ情報とともに，この問題を解決する助けとなるが，SLAMには，地図構築と位置推定を同時に行わなければならないという問題の複雑さ，センサのデータが持つ複雑さを解決しなければならないという難しさが残されている．

SLAMを行うのに必要なセンサデータは，さまざまな方法で収集される．光学センサ（一次元，二次元走査レーザーレンジファインダー），超音波センサ（二次元，三次元超音波センサ），視覚カメラセンサ，ロボットの車輪オドメトリセンサなどがある．ランドマークを検出するのに超音波信号だけでなく，カメラの情報でも補うなどといったように，これらの

センサは組み合わせて使うことが多い．位置推定と地図構築の問題を解決するさまざまな信号処理と情報統合手法がSLAMのために開発され，さまざまな成功を収めてきている．例えば，良質なSLAMアルゴリズムは，2005年のDARPAグランドチャレンジに出場したスタンフォード大学のチームとスタンリー自動運転車の成功の重要な要因にもなった．SLAM手法の評価については，*Springer Handbook of Robotics*（Sicilliano and Kathib 2008）の第37章の実例を参照していただきたい．

2.3　赤ちゃんヒューマノイドロボット

2000年代初めに始まった発達ロボティクス研究により，赤ちゃんヒューマノイドロボットの研究に用いられるさまざまなプラットフォームが設計され，製造されることになった．これらは，同じく発達研究で使われる，より後発の成人ヒューマノイドプラットフォームと同時に発展した．

以下の節では，このようなロボットの主な特徴を紹介する．表2.3に，特徴を比較して概観した．発達ロボティクスで一般的に用いられる12のロボットプラットフォームを示し，その設計者，開発団体，関節の自由度の合計数，アクチュエータのタイプと位置，皮膚センサ，外観とサイズ，主な参照文献，出荷年などの詳細を記述した．この比較表を見ると，表に示されたロボットの多くは全身ヒューマノイドであることがわかる．上半身と脚の両方にアクチュエータがあり，ほとんどの場合，電動アクチュエータが使われている．注目すべき例外は，マサチューセッツ工科大学が開発したCOGで，これは認知ロボティクス，発達ロボティクスで用いられた最初のロボットである．最新の赤ちゃんロボットAffettoは，上半身にしかアクチュエータがなかったが，現在は全身ヒューマノイドに拡張されている．皮膚センサについては，数種類（iCub，CB^2，Robovie）のみが，体表面全体あるいはほとんどに接触皮膚センサを持っている．ほとんどのロボットは，人間とよく似た機械構造を持っているが，例外は，典型的な赤ちゃんの女性アンドロイドRepliee R1，シリコンの全身カバーを持つCB^2である．発達ロボティクスにとっては驚くことではないが，このようなプラットフォームのほとんど（12のうち10）は，子どもほどのサイズで，残りの2つは標準的な成人サイズになっている．ほとんどのプラットフォームは，非商用ロボットで，学術研究，産業研究用に限定的に使われている．また，ほとんどの場合，10体以下のコピーしかない．Repliee R1とCBなどは1体しかない．例外はAldebaran NAOロボットで，研究とロボット競技用に市販され，2013年には2,500体以上を販売した．iCubももう1つの例外である．市販はされていないが，世界中の研究室に28体が存在する（2013年現在）．これはEUの認知システムとロボット研究フレームワークプログラム6と7（FP6とFP7）による公開研究が行われたためであり，イタリア工科大学によるRobotCub-iCubコンソーシアムによってオー

2.3 赤ちゃんヒューマノイドロボット

表 2.3 発達ロボティクス研究で使われるヒューマノイドロボット

	製造者	関節の自由度 (DOFs)	アクチュエータのタイプ	アクチュエータの位置	皮膚センサ	人間的な外見	子どもサイズ	身長, 体重	開発時期 (モデル)	主な研究文献
iCub	IIT (イタリア)	53	電動	全身	○	×	○	105 cm, 22 kg	2008	Metta et al., 2008; Parmiggiani et al., 2012
NAO	Aldebaran (フランス)	25	電動	全身	×	×	○	58 cm, 4.8 kg	2005 (AL-01), 2009 (Academic)	Gouaillier et al. 2008
ASIMO	Honda (日本)	57	電動	全身	×	×	○	130 cm, 48 kg	2011 (All New ASIMO)	Sakagami et al., 2002; Hirose & Ogawa, 2007
QRIO	Sony (日本)	38	電動	全身	×	×	○	58 cm, 7.3 kg	2003 (SDR-4X-II)	Kuroki et al., 2003
CB	SARCOS (米国)	50	水圧式	全身	×	×	×	157 cm, 92 kg	2006	Cheng et al., 2007b
CB²	JST ERATO (日本)	56	空気圧式	全身	○	○	○	130 cm, 33 kg	2007	Minato et al., 2007
Pneuborn-13 (Pneuborn-7II)	JST ERATO (日本)	21	空気圧式	全身	×	×	○	75 cm, 3.9 kg	2009	Narioka et al., 2009
Repliee R1 (Geminoid)	ATR, Osaka, Kokoro (日本)	9 (50)	電動 (空気圧式)	頭部 (上半身)	× (○)	○ (○)	○ (×)	(150 cm)	2004 (2007)	Minato et al., 2004 (Sakamoto et al., 2007)
Infanoid	NICT (日本)	29	電動	上半身	×	×	○		2001	Kozima, 2002
Affetto	Osaka (日本)	31	空気圧式／電動	上半身	×	○	○	43 cm, 3 kg	2011	Ishihara et al., 2011
KASPAR	Hertfordshire (英国)	17	電動	上半身	×	○	○	50 cm, 15 kg	2008	Dautenhahn et al., 2009
COG	MIT (米国)	21	電動	上半身	×	×	×		1999	Brooks et al, 1999

プンソースアプローチが採用され開発が牽引された結果でもある.

表2.3に12体のヒューマノイドロボットを選んだのは,発達ロボティクス研究のために開発され用いられることが多いものだからである.赤ちゃんヒューマノイドロボット,成人ヒューマノイドロボットの種類は現在は増えており,一部の認知研究で用いられている.例えば,2010年7月の*IEEE Spectrum*（Guizzo 2010）には,13体の赤ちゃんロボットをロボットの外見の複雑さ,行動の複雑さという2つの軸で比較した表が掲載された.この分類には,表2.3に掲載した4つのロボット（iCub, NAO, CB^2, Repliee R1）と,その他の9種類の赤ちゃんロボットが掲載されている.NEXI（米国・MIT）,SIMON（米国・ジョージア工科大学）,M3 Neony（大阪大学,JST ERATO 浅田共創知能システムプロジェクト）,DIEGO-SAN（カリフォルニア大学サンディエゴ校,株式会社ココロ）,ZENO（米国・Hanson Robotics）,KOJIRO（東京大学）,YOTARO（筑波大学）,ROBOTINHO（ドイツ・ボン大学）,REALCARE BABY（米国・Realityworks）である.この中には,REALCARE BABYとYOTAROのような玩具的なエンターテイメント製品もある.

その他の成人サイズのヒューマノイドロボットは,認知ロボティクスの一般的な研究に用いられている.PR2（米国・Willow Garage）,HRP-2, HRP-3, HRP-4ヒューマノイドシリーズ（産業技術総合研究所,川田工業）,LOLA（ドイツ・ミュンヘン工科大学）,HUBO（韓国・KAIST）,BARTHOC（ドイツ・ビーレフェルト大学）,Robovie（ATR）,トヨタパートナーロボット（トヨタ）,ROMEO（フランス・Aldebaran Robotics）である.このプラットフォームの多くは,主に二足歩行の研究のため（例えばHRP）,エンターテイメントシステムのため（例えばトヨタ music-playing robot）,マニピュレーションやサービスロボットの一般的な研究のために開発された.

2.3.1　iCub

iCubヒューマノイドロボット（Metta et al. 2008; Metta et al. 2010; Parmiggiani et al. 2012, www.icub.org）は,発達ロボティクス研究でもっとも広く用いられるプラットフォームの1つである.このロボットは,オープンソースライセンスによる研究室間の共同研究という明確な目的を持って開発された.このオープンなモデルは,発達ロボティクスの重要なベンチマークプラットフォームになっていて,iCubを用いた研究結果を複製し,検証することができ,既存のソフトウェアモジュールを認知モデルに組み込み,より複雑な認知能力を持たせることもできる.

iCubは欧州の複数の研究室の共同研究の成果で,この共同研究は,イタリア技術研究所により主導され,EUが創設した研究コンソーシアム robotcub.org により実施された（Sandini et al. 2004; Metta, Vernon, and Sandini 2005）.iCubロボットの前身である2つのロボットは,ジェノバ大学のLIRA-Labとイタリア技術研究所の研究者たちによって開発された.1986年に設計が始まったBabybotは,上半身だけのヒューマノイドロボットで,最終的には,

2.3 赤ちゃんヒューマノイドロボット

図2.4 iCubロボット．頭（左上），手（左下），人間とロボットのインタラクションの設定（右）．

頭，腕，胴体，手に18の自由度を持つようになった（Metta et al. 2000）．頭と手はLIRA-Labで改良され，Babybotの腕には市販のPUMAロボットの腕が使われた．Babybotを用いて行われた実験は，続いて開発されたJamesを生み出した．これは23の自由度を持つ，より進化した上半身ヒューマノイドロボットである（Jamone et al. 2006）．BabybotとJamesの両方に使われるメカトロニクスとエレクトロニクスの検証が，1996年に始まったEUプロジェクトrobotcub.orgのiCubロボットの設計に大きな影響を与えた．

iCubロボットは，身長105cm，体重約22kgで，その身体は3歳半の子どもをモデルに設計された（図2.4）．合計で53の自由度を持ち，同様サイズのヒューマノイドプラットフォームと比べるとアクチュエータの数はかなり多い．操作とモーションの研究のために設計されているので，手と上半身に多くの自由度を持っている．53の自由度は，頭に6つ，2本の腕に14，2つの手に18，頭に3つ，2本の脚に12となっている．

特に，頭の6つの自由度は，頭が完全に回転する首に3つ，垂直追尾，水平追尾，離反運動をする目に3つ与えられている．手はそれぞれ9つの自由度を持っているが，3本の指は独立して制御でき，4番目の指と5番目の指は1つの自由度で制御される．手のアクチュエータは，腱を動かす方式で，多くのモータは前腕に収められている．手の全体の大きさは，手首の幅が34mm，指の長さが60mmで，厚みは25mmしかない（図2.4）．脚はそれぞれ6つの自由度を持ち，二足歩行やハイハイをする強度を持っている．それぞれの脚の6つの自由度の配置は，股関節に3つ，ひざに1つ，足首に2つ（屈折と伸展，外転と内転）となっている．

iCubのセンサは，2つのデジタルカメラ（640×480ピクセル，30fps，高解像度）とマイクである．内部センサとして，ジャイロスコープが3つ，線形加速度計が3つ，コンパスが1つある．また，肩と股関節には自作の力・トルクセンサが4つある．手のひらと指先の

接触センサは，静電容量を感知する．センサ機能のある皮膚は，静電容量技術を用いて開発され，腕，指先，手のひら，脚などに使われている（Cannata et al. 2008）．それぞれの関節には位置センサがあり，多くの場合，位置エンコーダが採用されている．

頭部にはPentiumベースのPC104カードがあり，センサとモータのさまざまな情報を統合したデータの同期と整形を行っている．ただし，時間のかかる計算は，外部の機器によって行う．ロボットとの通信はギガビットイーサネットにより行われる．へその部分のケーブルで，ネットワークと外部電源に接続されている．CANバスで接続されたDSP制御カードは，iCubの限られた空間に合わせて設計されており，リアルタイムで低電力の制御ループに反応することができる．10本のCANバスラインは，ロボットのさまざまな部分に接続されている．

YARP（Yet Another Robot Platform; Metta, Fitzpatrick, and Natale 2006）はiCubのミドルウェアとして用いられている．これはロボットなどのための汎用目的のオープンソースソフトウェアで，リアルタイムの数値計算が可能で，多様化し進化するさまざまなハードウェアのインタフェースとして使うことができる．YARPは一連のライブラリからできており，2つの理由によりモジュール性が確保されている．その理由とは，アルゴリズムのモジュール化とハードウェアとのインタフェースである．1つ目の抽象化は，「ポート」を通じた通信プロトコルとして定義される．これにより，TCP/IPプロトコルを使ってネットワーク上でメッセージを送ることができるようになり，接続，切断などの命令をリアルタイムで実行することができるようになる．5つの独立したポート（頭，右腕手，左腕手，右脚，左脚）を持つ特殊なiCubもある．2つ目の抽象化はハードウェアに関してである．YARPでは，ネイティブコードのAPI（application programming interfaces）を持ったデバイスへのインタフェースが定義されている．新たなハードウェアが開発されたり，改良されたりする場合には，このインタフェースも開発，更新されている．

iCubの開発は2006年に始まり，最初の全身型のiCubプロトタイプが提供されたのは2008年の秋で，2013年には28体のiCubが世界中の研究室に提供された．iCubの開発は続いており，現在ではアップグレードされたバージョン2.0の頭部が提供され，二足歩行のための強靭な脚の開発が進められて，高効率なバッテリーの開発も計画されている．

iCubは，発達ロボティクスの分野で非常に多く用いられてきた．子どもロボットの認知発達モデルを生み出すためである．本書では，iCubの運動学習（第4章），社会的協力（第6章），言語（第7章），抽象的な記号と数（第8章）に関する実験の実例を数多く紹介する．しかし，紙幅の都合上，その他のiCubの発達関連の研究，把持（Sauser et al. 2012），オブジェクトの運動アフォーダンスを発見するための操作（Macura et al. 2009; Caligiore et al. 2013; Yuruten et al. 2012），線描（Mohan et al. 2011），振動性神経モデルによるオブジェクト認知（Browatzki et al. 2009; Gori et al. 2012），視覚と運動の相関による自己認知（Saegusa, Metta, and Sandini 2012）といった研究に関しては触れられなかった．他の認知発達モデルのロボットへの応用については，Metta et al.（2010）やNosengo（2009）

などの文献を参照していただきたい．

2.3.2 NAO

NAOヒューマノイドロボット（Gouaillier et al. 2008; aldebaran-robotics.com）は，フランスのAldebaran Robotics社（現SoftBank Robotics）により開発された，発達ロボティクスでよく用いられるヒューマノイドプラットフォームである．さまざまな目的に使われるNAOは，研究目的には手頃な価格（2014年現在で約6,000ユーロ）であるだけでなく，2008年からはRoboCup（ロボットによるサッカーの競技会，robotcup.org）における標準プラットフォームとして選ばれており，世界中の大学の研究室で使われている．最初のNAOロボット（AL-01）は2005年に開発され，2009年からは研究目的のアカデミックエディションも提供されている．2012年には，2,500体以上のNAOロボットが60ヶ国以上の450以上の研究機関，教育機関で使われている（Aldebaran社との私信による）．

NAOは小さなヒューマノイドロボットで，身長58cm，体重4.8kgである（図2.5参照）．発達ロボティクスでもっとも一般的に使われるアカデミックエディションは，合計で25の自由度を持っている．自由度は頭に2つ，腕に10（それぞれ5つずつ），骨盤に1つ，脚に

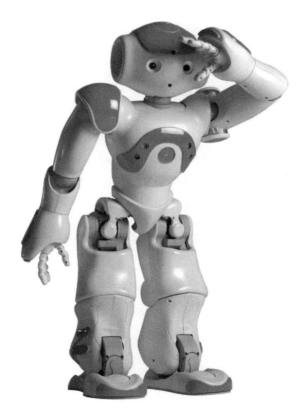

図2.5　NAOロボット．

10（それぞれ5つずつ），手に2つ（それぞれ1つずつ）となっている．現在RoboCupで使われるバージョンでは，自由度が23しかなく，手を動かすことはできない．

　NAOはAldebaran社の特許となっている2つのタイプのモータを使う．それぞれ2つの回転ジョイントを使い，ユニバーサルジョイントモジュールを構成している．

　センサは，マイクが4つとCMOSデジタルカメラ（960p@30fpsまたは640×480@2.5fps, Wi-Fi対応）が2つ備えられている．カメラは顔に描かれた2つの目には設置されておらず（ここにはIR発信機，受信機がある），1つは額の中央，もう1つはアゴに設置されている．カメラの設置場所の選択は，NAOの説明書によると，ロボットによるサッカーに使うためのもので，サッカーのピッチ全体とキックされたボールを見るのにとても重要である（額のカメラがピッチ全体を見て，アゴのカメラが足元の下方向を見る）．他のセンサはモータの状態を知るためのホール素子センサが32個，単軸ジャイロメータが2つ，3軸加速度計，足先のバンパーが2個，2チャンネルのソナー，赤外線センサが2個，感圧抵抗（FRS）センサが8個（それぞれ4個ずつ），頭に触覚センサが3個となっている．

　NAOロボットは耳にラウドスピーカが2つ，頭（前後左右）にマイクが4つある．またさまざまなLEDライトも使われ，人間とロボットのインタラクションを容易にする．頭の触覚センサに12個のLED（青色16階調）があり，その他にも目，耳，胴体，足などにLEDがある．

　その他のハードウェア仕様としては，Wi-Fi（IEE 802.11 b/g）とケーブルによるイーサネット接続でネットワークに接続可能になっている．2012年に提供されたマザーボードには，ATOM Z530 1.6GHz CPU，1GB RAM，2GBフラッシュメモリのプロセッサが搭載されている．

　オンボードのCPUのオペレーティングシステムとしては，組み込み型Linux（32ビット，x86ELF）のほか，Aldebaran Choregraphe，Aldebaran SDKが専用ソフトウェアとして提供されている．使いやすいエディタであるChoregrapheから，ロボットを制御できる．具体的には，C++でプログラミングする方法，リッチなAPIをスクリプト言語から利用する方法がある．その他，プログラム言語としては，C++，Urbiスクリプト，Python，Microsoft .NET Frameworkも利用できる．

　さまざまなロボットシミュレーションソフトウェア製品には，NAOのシミュレーションも用意されている．Cogmation NAO Sim，Webots，Microsoft Robotics Studioなどである（WebotsのNAOモデルについては2.5節を参照）．このようなソフトウェアには，テキスト読み上げモジュール，音声認識モジュール，ボード上のスピーカとマイクシステム，顔検出，形状検出のプログラム，超音波システムによる障害物検出，LEDによる視覚効果などの機能が組み込まれている．

　NAOプラットフォームは，さまざまな発達ロボティクスの実験に用いられ，Li, Lowe, DuranとZiemkeの移動についての研究（Li et al. 2011; Li, Lowe and Ziemke 2013）では，

中枢パターン生成器によってハイハイするiCubを拡張し，iCubとNAOの歩き方の比較を行っている（5.5節参照）．この研究は，初期の二足歩行のモデリングに応用された（Lee, Lowe, and Ziemke 2011）．Yucelら（2009）は，新奇性により発達する共同注意の注視メカニズムを開発した．これを使うと，頭の姿勢と視線の方向を推定することができ，ボトムアップの視覚顕著性を利用することもできる．

このロボットプラットフォームは，人間とロボットのインタラクション研究でもよく用いられる．特に子どもとの研究で，NAO自体が持つアフォーダンスと商用ゆえの安全性を有効活用できる場合に用いられる．例えば，Sarabia, RosとDemiris（2011）は，NAOを使って，人間と子どものインタラクション実験で，ダンスを模倣学習させた（第6章も参照）．Andry, BlanchardとGaussier（2011）は身振りの認知に，Shamsuddinら（2012）は自閉症の子どもとのインタラクションに，Baxter, Wood, MorseとBelpaeme（Baxter et al. 2011; Belpaeme et al. 2012）は，入院している子どもが長期間付き合うコンパニオンロボットとして用いた．その他にも，人間の脳活動によりヒューマノイドロボットを制御する研究である，ブレインコンピュータインタフェースの研究に用いられることもある（Wei, Jaramillo, and Yunyi 2012）．

2.3.3　ASIMOとQRIO

ASIMO（ホンダ）とQRIO（ソニー）はヒューマノイドロボットである．ASIMOは，自動車産業大手の国際企業で開発され，QRIOはエレクトロニクスエンターテイメント産業の巨人ソニーによって開発された．これらは社内の研究開発のためのものだが，ASIMOとQRIOのプラットフォームは発達ロボティクスの研究にも使われてきた．

ASIMO（Advanced Step in Innovative MObility）は，世界でもっとも有名なヒューマノイドロボットの1つである（world.honda.com/ASIMO; Sakagami et al. 2002; Hirose and Ogawa 2007）．ASIMOの研究は，1986年にホンダが開発した最初の二足歩行ロボットE0として始まり，1987年から1993年の間に脚ロボットのプロトタイプ（E1からE6シリーズ）が開発された．1993年から1997年には，大きな全身ヒューマノイドロボットP1からP3シリーズが開発され，1997年のP3に至って，初めて完全に独立した二足歩行ヒューマノイド（1.6m，130kg）となった．これが結果的に2000年11月に発表された最初のASIMOとなった．身長1.2mの小型のヒューマノイドロボットで，人間の生活空間で活動することができた（Sakagami et al. 2002）．ASIMOの特徴の1つは，効率的な二足歩行である．これはホンダの予測的移動制御をするi-WALKテクノロジーに基づいている．これは初期の歩行制御技術の中で開発され，より円滑で自然な移動ができるように拡張されたものである．さらに2002年からは，ASIMOには環境（物体，移動する人），音声，顔，姿勢，ジェスチャを認識するソフトウェアモジュールも組み込まれていった．

新型ASIMO（図2.6左）は，2005年に開発され，認知ロボティクス研究に盛んに用いら

第2章　赤ちゃんロボット

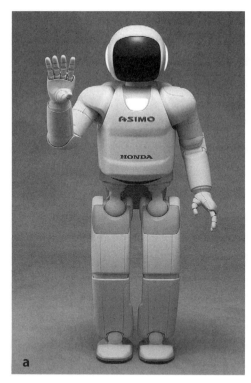 

図2.6　（a）ホンダASIMOと（b）ソニーQRIO.

れてきた．身長1.3m，体重54kgの新型ASIMOは首関節に3つ，腕に14（腕に7つ，肩に3つ，ひじに1つ，手首に3つ），手に4つ（左右の指に2つずつ），腰に1つ，脚に12（それぞれの脚に6つずつ．股関節に3つ，ひざに1つ，足首に2つ）の合計で34の自由度を持つ．ヒューマノイドロボットは認知ロボティクス研究に用いられるが，特に人といっしょに動作するシナリオに用いられる．例えば，人と手をつなぎながらいっしょに歩いたり，握手をして挨拶をしたりなどである．また，ASIMOは，時速2.7kmの速度で歩くことができ，時速6kmで走ることができる．

2011年，さらに新しいバージョンが登場した．これは自由度が増え（合計57），体重が軽くなり（48kg），走る速度は時速9kmに増し，オブジェクトを操作するためのソフトウェアの機能も増えた．

QRIO（図2.6右）は大企業により開発された2番目の研究開発用ロボットである．ソニーは2002年にQRIO（モデル名SRD-4X，Sony Dream Robotの略）を開発した（Fujita et al. 2003; Kuroki et al. 2003）．SRD-4X II（Kuroki et al. 2003）の仕様書によると，身長58cm，体重約7kgとなっている（図2.6右）．ロボットは合計で38の自由度を持ち，頭に4つ，胴体に2つ，腕に10（それぞれ5つずつ），手に10（それぞれ5つずつ），脚に12（それぞれ6つずつ）となっている．

センサは，小さなCCDカラーカメラ（110,000ピクセル）が2つとマイクが備えられている．胴体には，3軸加速度計とジャイロがあり，それぞれの脚には2軸加速度計と衝撃センサが2つ，頭，肩，脚には接触・圧力センサ，頭とそれぞれの腕には赤外距離センサがある．ロボットは頭の中にある7つのマイクを使って，音の方向を検出して，モータの騒音を低減する．

QRIOは独自の"Real-time Integrated Adaptive Motion Control System"を使った運動能力を持っていた．これはリアルタイムで身体全体の安定性，地形対応制御，転倒復帰制御，階段登攀運動制御をするモジュールである．このおかげで，QRIOは平坦な場所では，最大毎分20mの速度で歩くことができ，平らではない地形であっても毎分6mで歩くことができる．QRIOはもともとエンターテイメント目的に開発され，ダンスとミュージックのパフォーマンスをうまくできるように作られていた（ソニーはエンターテイメント企業である）．2004年，QRIOは，子ども向けコンサートの一部として，東京フィルハーモニーオーケストラを指揮して，ベートーベンの交響曲第5番のリハーサル演奏を行った（Geppert 2004）．QRIOは商業製品として販売されることはなかった．一般に販売されたAIBO（2.4節参照）とは異なり，その開発は2006年に停止されてしまった．

ASIMOプラットフォームを用いた発達ロボティクス研究は，物体認識（Kirstein, Wersing, and Korner 2008），「左」「右」「上」「下」「大」「小」などの概念の分類学習と言語学習（Goerick et al. 2009），運動能力の模倣学習（Muhlig et al. 2009），人間とロボットの教育インタラクションでの視線の方向とフィードバック（Vollmer et al. 2010）などに用いられている．ホンダのロボットを用いた発達研究では，ALIS（Autonomous Learning and Interaction System）（Georick et al. 2007; 2009）と呼ばれる神経科学的発達アーキテクチャが用いられた．これは，ASIMOに視覚，聴覚，触覚顕著性など，前物体視覚認識，物体の分類と名づけ，全身動作と自己衝突回避などを組み合わせた階層的，逐次的な統合システムである．ALISアーキテクチャは人間とロボットの実験でインタラクティブ学習を可能にし，認知能力を獲得し，統合するための発達戦略を生み出す．このアーキテクチャは拡張され，運転者支援をするための自動車関連の視覚的シーン探索や移動物体検出などのヒューマノイドロボットの課題にも用いられた（Dittes et al. 2009; Michalke, Fritsch and Goerick 2010）．

QRIOロボットは，認知実験では，模倣学習とミラーニューロンシステム（Ito and Tani 2004），マルチスケールリカレントニューラルネットワークによる組み合わせ運動（Yamashita and Tani 2008），コミュニケーションや構文文法（Steels 2012），子どもの教育とエンターテイメントの支援（Tanaka, Cicourel, and Movellan 2007）に関する実験などに使われた．

2.3.4　CB

CB（Computational Brain）は，成人サイズのヒューマノイドロボットで，京都のATR

第2章 赤ちゃんロボット

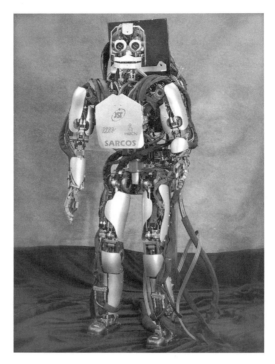

図2.7　ATRとSARCOSにより開発されたCBロボット．

脳情報通信総合研究所のJST計算脳プロジェクトの一部として，SARCOSにより開発された（Cheng et al. 2007b）．身長1.57m，体重92kgのCBは合計で50の自由度を持ち，頭に7つ（首に3つ，それぞれの目に2つずつ），胴体に3つ，腕に14（それぞれの腕に7つずつ），手に12（それぞれの手に6つずつ），脚に14（それぞれの脚に7つずつ）の関節で構成される（図2.7）．指と頭にはパッシブ追従モータがあり，残りのアクチュエータはアクティブ追従となっている．これらのアクチュエータは，眼球の高速サッケード運動，指さし，握る操作，つまむ操作など人間の身体の動きをモデル化するように設計されている．センサは，目に2つのカメラがある．1つは周辺を見るための広角カメラで，1つは近くを見るための狭角カメラになっている．CBには音声を認知するため2つのマイクもある．内部センサは，頭部に，頭の方向と視線を安定させるためのセンサ（3軸回転ジャイロ，3軸線形加速度計），腰に身体全体のバランスと方向を安定させるためのセンサがある．位置，速度，トルクなどの情報は，さまざまなセンサから得られる．腕，脚，胴体，首はアクティブに追従し，歩行とバランスの制御には足の衝撃センサが使われる．

　CBは，人間的な行動の研究や社会神経科学の研究向きに設計されているので，人間とロボットのインタラクションをより理解するために，さまざまな運動学習や社会的学習の研究のために用いられた（Chaminade and Cheng 2009）．社会的スキルの研究のために，分散的視覚注意の神経科学モデルも開発されている．これは複数の意識の流れ（視覚であれば，色，

彩度，方向，運動，差異など）を脳が処理する際の機能に基づいている．これらは顕著性マップに統合され，何に注意を払うべきかが選択される．ロボットが注意すべき対象を選択すると，フィードバック接続も行われる（Ude et al. 2005）．CBはサルがロボットの運動を制御するときの脳と機械のインタフェースとしても使われている（Kawato 2008; Cheng et al. 2007a）．

2.3.5 CB^2とPneuborn-13

社会的共創知能の解明を目的とした科学技術振興機構（JST）のERATO浅田共創知能システムプロジェクト（Asada et al. 2009）は，発達ロボティクス研究の用途に特化した2体の子どもロボットプラットフォームの設計という成果を上げた．CB^2とPneuborn-13である．このプロジェクトでは，胎児と新生児のシミュレーションモデルも開発された（2.5.3節のロボットシミュレータの項を参照）．

CB^2（Child-robot with Biomimetic Body）は子どもサイズのロボットで，生体模倣型のボディに，接触センサを備えた柔らかいシリコンの皮膚を持ち，空気圧式アクチュエータを使った柔軟性のある関節を持っている（Minato et al. 2007）．ロボットの身長は1.3m，体重は33kgで合計56の自由度がある（図2.8a）．アクチュエータは空気圧式だが，眼球とまぶたの素早い運動には電動モータが例外的に使われている．空気圧式アクチュエータは，強

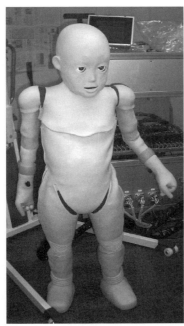

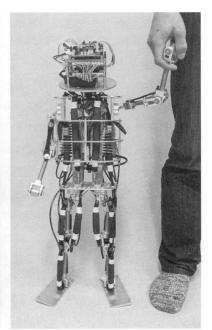

a   **b**

図2.8 CB^2（左）とPneuborn-13（右）．

く圧縮された空気の機械的なエネルギーを使い，柔軟な関節を作ることができ，空気を放出することで受動的な動きをさせることもできる．これは人間のパートナーとの安全なインタラクションを保証することになる．ロボットには，人工声帯もあり，赤ちゃんのような母音の音を出すことができる．センサは，カメラが2つ（それぞれの目に1つずつ）とマイクが2つである．ボディには197の接触センサがあり，シリコンの皮膚の下にはPVDFフィルムによる圧力センサもある．皮膚の下にある接触センサはロボット自身が自分でタッチすることもでき，この動きとセンサの反応で，運動の自己組織化ができるようになる．

Pneuborn-13は，浅田共創知能システムプロジェクトにより開発された2体目の赤ちゃんロボットプラットフォームである（Narioka et al. 2009; Narioka and Hosoda 2008）．これは空気圧式筋骨格の赤ちゃんロボットで，身長は0.75m，体重は3.9kgである（図2.8b）．この体重と身長は，13ヶ月齢の乳幼児のものを反映しており，首に1つ，腕に10（それぞれの腕に5つずつで，肩に3つ，ひじと手首に1つずつ），脚に10（それぞれの脚に5つずつ，尻に3つ，ひざと足首に1つずつ）の合計で21の自由度を持つ．このロボットのもう1つのプロトタイプがPneuborn-7IIで，7ヶ月齢の乳幼児に似せ，寝返りをうったり，ハイハイをしたりすることができる．

Pneuborn-13のアクチュエータは，人間の乳児の筋骨格から考案されたもので，それぞれのアクチュエータは，関節を制御して動きと静止を生み出す作動筋と拮抗筋が対になった単関節になっている．Pneuborn-13は初期乳児の二足歩行を研究するために開発されたもので，18の空気圧式筋肉は，足首，ひざ，腰の関節（それぞれの脚に9つずつ）にある．脚は，腰で屈曲，過内転，外転，過回旋ができ，ひざで屈曲，伸展，足首で屈曲，伸展ができる．

いずれの赤ちゃんロボットも，人間とロボットのインタラクション実験で，運動の制御と学習を研究するために用いられている．CB^2は，乳児の発達原理に基づいて，人間とロボットの長期間の社会的インタラクションを支援するために設計されているので，ロボットの運動の学習を促す知覚運動発達と人間の役割に注目した実験で用いられている．ある研究では，ロボットが立ちあがるときの人間の介助者の役割が調べられた（Ikemoto, Minato, and Ishiguro 2009; Ikemoto et al. 2012）．ロボットは（1）初期状態の座っている姿勢，（2）中間のひざ立ち姿勢，（3）最終形の立ち姿勢の3つの姿勢をとることができる．（1）から（2）の姿勢にするには，人間がロボットの手を引っ張りあげてやり，CB^2の身体がひざ立ちするまで持ちあげる．（2）から（3）の姿勢にするには，人間の介助者が引き続き引っ張りあげて，脚が伸びた状態にする．実験では，姿勢を変えるときのタイミングと行動戦略が分析され，ロボットの解剖学的特徴と人間の初心者・熟達者のスキルレベルに依存することがわかった．練習を繰り返すと，ロボットと人間のいずれも行動を調整し，ロボットと人間の同時性が増加していくことがわかった．第2の実験では，CB^2は視覚，接触，固有受容の入力をクロスモーダルに統合していくことで，身体の表現を発達させていくことがわかった（Hikita et al.

2008).例えば,ロボットが物体とインタラクションするときは,接触情報が身体の一部分の視覚受容に影響する.遠い物体に道具を使ってインタラクションするときは,サルを使った入来の実験(Iriki, Tanaka, and Iwamura 1996)で観察されるように,道具が拡張された身体図式シェマに統合される.

Pneuborn-7IIとPneuborn-13ロボットは,ハイハイ,立ち姿勢,足踏み運動の研究に主に用いられた.Pneuborn-7IIを用いた実験では,寝返り行動,ハイハイ行動に焦点が当てられた.そこではハイハイの間に腕の柔らかい皮膚と接触線センサを使うことも試された(Narioka, Moriyama, and Hosoda 2011).Pneuborn-13は電源と空気バルブを内蔵し,停止せずオーバーヒートもせずに数時間歩行できることが示されている(Narioka et al. 2009).

2.3.6 RepleeとGeminoid

Replieeと**Geminoid**は,ATRと大阪大学の石黒浩らにより開発された一連のアンドロイドロボットである.特に,Repliee R1は4歳の日本の少女の外見をしている(Minato et al. 2004)(図2.1c参照).プロトタイプには,頭に9つの自由度(目に5つ,口に1つ,首に3つ)を持ち,電動モータが使われている.下半身にある他の関節は受動的で,人間の実験者が動かして,自由に異なる姿勢を取らせることができる.顔は,日本の少女の顔に似せたシリコンタイプの型で覆われている.Repliee R1は,左腕の皮膚の下に4つの接触センサがあり,ひずみ速度力センサを使い,人間の皮膚と同じように伸ばすことができる.

このロボットの成人女性バージョンはRepliee Q1と呼ばれ,上半身全体が制御でき,空気圧式アクチュエータが使われている(Sakamoto et al. 2007).後のGeminoidアンドロイドロボットも成人をモデルにしている(Nishio, Ishiguro, and Hagita 2007).Geminoid HI-4は石黒本人のコピーである(図2.9).Geminoid HI-4の高さは,椅子に座っている状

図2.9 Geminoid HI-4と,開発者の石黒浩.(GEMINOIDは国際電気通信基礎技術研究所ATRの登録商標)

態で140cmになる（直立はできない）．合計で50の自由度を持ち，リアルな人の顔の動きを模すために顔には13の自由度がある．

子どもロボットRepliee R1は，アンドロイドロボットによる注視行動の研究をするために用いられている．港ら（Minato et al. 2004）は，子どもアンドロイドロボットを用いて，会話をしている間の人の目の動きを研究した．ロボットとの会話，演者となった少女との会話で，被験者の子どもの視線の注視時間とオブジェクトの位置を比較すると，人間の少女の顔を見るときよりも，アンドロイドの目を見るときの方が，より注視回数が多くなることがわかった．

さらに，RepliееアンドロイドロボットとGeminoidアンドロイドロボットは，2.1節で述べた人間がロボットに対して感じる不気味の谷現象の社会メカニズムおよび認知メカニズムを研究するのによく用いられている．

2.3.7 Infanoid

Infanoidロボットは，人間の社会性の発達を研究するため，子どものインタラクションにおける発達と教育を支援するためのロボットプラットフォームとして，小嶋秀樹によって開発された（Kozima 2002）．これは上半身のヒューマノイドロボットで，3歳から4歳の子どもに似せられている（図2.10）．ロボットには，合計で29個の電動モータアクチュエータがある．センサは，それぞれの目に周辺と足元を見るためにそれぞれ2つずつ，合計4つのカラーCCDカメラがある．耳の位置には2つのマイクがある．モータはエンコーダと外部力センサを持っている．

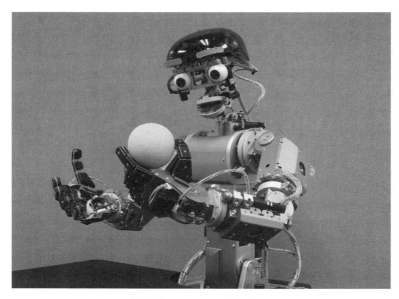

図2.10　Infanoidロボット．

手は，指さし，つかみ，身振りなどができる．唇と眉毛のモータは，驚いたり，怒ったりというさまざまな顔の表情を作り出すことに使われる．目はサッケード運動やオブジェクトを滑らかに追従することができる．ソフトウェアにより，顔検出とオブジェクトを注視する視線制御も行える．人間の声を聞いて分析し，言葉を真似し，鼻歌を歌うこともできる．

この赤ちゃんロボットは，人間の社会的発達を研究するためによく用いられた．特に，個人の間のコミュニケーションスキルの獲得に重点を置いた研究で用いられた．そのため，子どもとロボットのインタラクションに関する多数の研究，特に自閉症スペクトラム障害の子どもの研究に用いられている（Kozima, Nakagawa, and Yano 2005）．例として，5歳と6歳の健常児と自閉症児の研究で，子どものロボットに対する認知が調査された．ロボットは自律的に動作するようにプログラミングされ，45分間の子どもとのセッションで，指をさすときにアイコンタクトと共同注意を行えるようになっている．子どもとロボットのインタラクションを分析すると，子どもはInfanoidロボットに対して3段階の「存在論的理解」を経験することがわかった．(1) **新奇恐怖段階**：最初の3分から4分は，子どもはロボットに対して困惑と注視を示す．(2) **探査段階**：子どもはロボットをつついたり，玩具を見せたりして，ロボットの理解能力，応答能力を試そうとする．(3) **インタラクション段階**：子どもは徐々に互恵的社会的交換を行い，ロボットを心理的存在としてとらえ，欲望や好き嫌いの感情を抱くようになる．自閉症の子どもも健常児と同じような反応を示すが，1つだけ異なるのは，長時間のインタラクションの後も飽きることがなかったということである（Kozima et al. 2004）．

2.3.8 Affetto

Affettoは乳幼児の姿をした上半身のアンドロイドロボットで，人間の養育者と赤ちゃんロボットの効果的なインタラクションを研究するため，大阪大学の浅田研究室で開発された（Ishihara, Yoshikawa, and Asada 2011）（図2.11）．Affettoと人間の養育者のインタラクションの感情的な質，愛着の質を最大化するため，次の3つの原理が設計に用いられた．(1) **外観を写実的にする**．顔には柔らかい皮膚（ウレタンエラストマー・ジェル）を使い，上半身の機械部分は幼児の服で覆う．(2) **実際の子どものサイズにする**．ロボットは1歳から2歳の子どもの大きさにしてある（日本の幼児の大きさのデータベースから実際の測定値を使った）．(3) **笑顔を顔の表情の基本にする**．人間の養育者に好感情のインタラクションをしてもらうためである．感情的なインタラクションを補うために，身体をリズミカルに動かし，手のジェスチャも使う．さらに，安全を確保するために，人間の養育者とAffettoで，円滑な身体的インタラクションができるようにするため，次のような技術基準が用いられた．(a) 接触インタラクションの接触による外部の力を受けることを想定して，関節には，空気圧式アクチュエータを使った追従型パッシブアクチュエータを使用する．(b) 柔らかい皮膚で顔と手を覆い，肉体的な損傷リスクを最小化する．これは，養育者がロボットに触れる意欲

第2章　赤ちゃんロボット

図2.11　Affettoアンドロイド乳児ロボット．

も最大化してくれる．(c) 体重を減らす．身体的インタラクションをさらに安全にするため，ロボットの動作をさらに軽快にする．モータと制御器を分離し，空気圧式アクチュエータの体重あたりのパワーと，サイズあたりのパワーの比を大きくする．(d) 顔の変化部分を多くし，顔の表情を作りやすくする．

　ロボットの頭部は高さ17cm，幅14cm，奥行き15cmである．Affettoの頭部にはまぶたと唇に5つ，顎と眼球の上げ下げに2つ，眼球の左右の運動に2つ，首のヨー軸に1つの合計で12の自由度を持つ．頭部のロール軸とピッチ軸の制御は2つの空気圧式アクチュエータシリンダで行われる．顔を動かして感情表現をする際の制御は，DC電動モータの回転シャフトが，皮膚の内側に結びつけられたワイヤーを巻き上げるシャフトに連動することで行われる．

　上半身の高さは26cm，赤ちゃんロボットの全身の高さは43cmである．頭部と胴体を合わせた総重量は3kg以下で，外部制御をする空気圧式アクチュエータは含まれない．頭部が結合されている上半身は，胴体に5つ，それぞれの腕に7つずつの合計で19の自由度を持つ．石原，吉川と浅田（Ishihara, Yoshikawa, and Asada 2011）は，Affettoプラットフォームを用いた4領域の研究を提唱している．1つは，人間とロボットのインタラクションでの養育者の足場づくり戦略における写実的な子どもの姿と顔の表情の役割に注目したものである．その他に，愛情関係における発達の実世界シミュレーション，感情や魅力インタラクションのダイナミクスのロボットと養育者の効果に関する研究などがある．さらに，Affettoは，

顔と皮膚だけでなく，聴覚（高音音声，未熟だが力強い音声）と触覚を含むマルチモーダルな子どもの特徴を研究することができる．

このロボットは，人間とロボットのインタラクションに関する実験に主に用いられる (Ishihara and Asada 2013)．インタラクションのシナリオは，赤ちゃんロボットが直立姿勢を保とうとするときに，人間の養育者が両手を握って支えるというものである．Affettoの胴体は，内部の受動的なメカニズムの構造により，特別な計算をすることなく，養育者の操作に自然に従うことができる．さらに，人間のインタラクションに応じてリズミカルな行動を取りやすくするために，現在の研究はCPGコントローラーを使ったリズムジェネレータの実装に向かっている．

2.3.9　KASPAR

KASPAR（www.kaspar.herts.ac.uk）は，子どもサイズの小さなヒューマノイドロボットで，もともとはヒューマンロボットインタラクションデザインに関するプロジェクトの一部として開発された（Dautenhahn et al. 2009）（図2.12）．このプラットフォームの設計思想は，より研究に使いやすくするため，低コストの市販部品を使うこと，日本のマンガと能からヒントを得て，表情をできるだけ少なくするということだった．特に，Dautenhahnらは，KASPARのような表情の少ないロボットを設計するときの3つの原則を提案している．（1）バランスのとれた設計．つまり，人間とロボットのインタラクションの期待されるシナリオに適した美的設計と身体的設計の両方を採用する．（2）自律的である印象を与える表現特性．例えば，ロボットの注意能力（頭を回して注視する），感情（顔の表情），人間の養育者とロボットの行動の認知など．（3）最小限の顔の表情．能のデザイン要素を利用して限られた自由度で表情を制御する．例えば，笑う，目をつぶる，眉をひそめるなどである．

オリジナルのKASPARの身長は50cm，幅は45cm，体重は15kgである．KASPARの最新バージョンは，合計で13の自由度を持っている．頭と首に3つ（パン，チルト，ロール），目に3つ（上下，左右，まぶたの開閉）で両眼を同時に制御する．口は2つ（開閉，笑う／悲しむ）の自由度，それぞれの腕に4つ，最新バージョンは胴体にも1つの自由度があるため，ロボットは横を向くことができる．また，胴体中に接触センサが備えられた（Robins et al. 2012a, 2012b）．それぞれの目には，1/4インチのモノクロCMOS画像センサ内蔵のミニチュアカメラがあり，288（水平）×252（垂直）ドットのPAL出力をすることができる．頭は蘇生術トレーニングのダミー人形に使われているゴムマスクで覆われている．

次世代バージョンKASPAR IIは，表情を最小限にする手法，低コストの手法を保ちながら，センサとアクチュエータの技術が改善された．KASPAR IIの頭部は同じメカニズムだが，目に色がつき，配線が改良され，6歳の子どもと同じぐらいの大きさになった．それぞれの手首には自由度が1つ追加され（ひねる動き），関節位置センサが追加された．さらに，深度マップを作るために胸にSwiss Ranger 3000の距離センサも追加された．KASPARの改良された

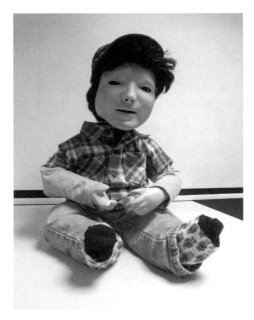

図2.12　KASPARロボット．

新バージョンは2015年に完成し，専門家ではない人が使うにも十分頑丈で扱いやすくなったが，それでも低コストを維持している．

　Dautenhahnら（2009）は，KASPARロボットを用いた3つの主要な研究を報告している．最初の研究は，自閉症の子どもの遊びとセラピーに対するロボットの活用である．これは自閉症スペクトラム障害（ASD）の子どもを支援するロボットに関する実験の一部として行われた（Wainer et al. 2010, 2013; Robins, Dautenhahn, and Dickerson 2009）．この実験は，最近ではダウン症の子どもにも対象が広げられている（Lehmann et al. 2014）（支援ロボットの詳細については9.2節参照）．2つ目の研究は，動作とジェスチャーのインタラクションでの役割の研究である．ミュージカルドラムゲームシナリオを使った実験や，成人を対象とした人間とロボットの一般的なインタラクションに関する実験である（Kose-Bagci, Dautenhahn, and Nehaniv 2008）．3つ目の研究は，KASPARの発達ロボティクスの研究への活用に焦点を当てたものである．彼らはPeekabooゲームのような遊びインタラクションシナリオに適合するインタラクション履歴を作る認知アーキテクチャの設計に関する研究を行った（Mirza et al. 2008）．KASPARは遠隔操作により，すべて自律的に動くことができるが，遠隔操作（教師または子どもが操作する）と結合されたハイブリッドモードで自律的な行動をとることもできる．

2.3.10　COG

　COGは1990年台後半にMITで開発された上半身のヒューマノイドロボットである（Brooks

et al. 1999)．認知ロボティクス研究のために開発された最初のヒューマイドロボットの1つでもある．ロボットは腕に12（それぞれの腕に6つずつ），胴体に3つ，頭と首に7つの合計で22の自由度を持つ（図2.1a参照）．視覚システムは，カラーCCDカメラが4つ，それぞれの目に2つずつ（1つは広角，もう1つは21度の狭角）聴覚には2つのマイクが使われる．COGは3軸慣性パッケージ，エンコーダ，ポテンションメータからなる前庭システムと，運動知覚性センサとして歪みゲージを持っている．

COGは，発達ロボティクスの分野で用いられ，社会学習，アクティブ視覚，アフォーダンスの学習などで用いられた．Scassellati（2002; 第6章6.5節も参照）は，ロボットの心の理論の発達モデルを実現するために，COGにさまざまな認知能力と社会能力を実装した．FitzpatrickとMettaは，COGを用いて，経験的操作を通じた物体のアクティブ探索が視覚認識を改善する実験を行った．この感覚運動戦略は，腕の動作と視線の動きの間に観察される相関性に基づいていて，ロボットが自身の腕と物体の輪郭を見つける助けとなる．

2.4　発達ロボティクスのモバイルロボット

今まで紹介したように，発達ロボティクスで人間とロボットの実験に使われるのは，ほとんどがヒューマノイドプラットフォームである．しかし，モバイルロボットも初期には開発された．4本脚のペットのようなプラットフォームであるソニーのAIBOや，KheperaとPeopleBotのような車輪型のモバイルロボットもある．この節では，AIBOの詳細を紹介する．第3章で述べた内発的動機，共同注意，言語などさまざまな研究に用いられているからである．その他の車輪型プラットフォームについては参考にとどめ，主要な文献を紹介することにする．

AIBO（Artificial Intelligence roBOt）は1990年代後半に，土井利忠に率いられたソニーデジタルクリーチャーズラボラトリーにより開発された（Fujita 2001）（図2.13）．最初のAIBOが市場に登場したのは，1999年の夏（ERS-110モデルシリーズ）で，2001年にはアップグレードバージョン（ERS-210/220シリーズ）が登場，第3世代（ERS-310シリーズ）と最終の第4世代（ERS-7シリーズ）は2003年に登場した．ソニーが2006年に製造と販売を停止するまで，15万体以上のAIBOが販売されたと推計されている．ロボット製品を大量に販売できた成功の理由は，価格が手頃だったことがある（最初の販売バージョンは1999年で2,500ドル．2003年の最終モデルは約1,600ドルだった）．また，ソニーが，エンターテイメントプラットフォームを作ることを目的にし，一般消費者をターゲットにしたことにもある．さらに，1999年から2008年まで，RoboCupがAIBOを使った4脚サッカーリーグを開催したことも販売を促した（後にNAO標準機リーグに置き換わった）．

最終のERS-7MSロボットの仕様では，口に1つ，しっぽに2つ，頭に3つ，耳に2つ（そ

第2章 赤ちゃんロボット

図2.13　ソニーのAIBOロボット．

れぞれの耳に1つずつ），脚に12（それぞれの脚に3つずつ）の合計で20の自由度を持っている．AIBOの体幅は180mm，高さは278mm，体長は319mm，体重は約1.65kgである（図2.13）．

センサは，頭と胴体に，解像度35万ピクセルのCMOSカラーカメラと赤外距離センサがある．頭と背中には温度センサ，加速度計，電動スタティックセンサも用意され，人間が叩くと反応する．アゴと足先にはバイブレーションセンサと5つの圧力センサも用意されている．さらに，親しみやすくするために，たくさんのLEDライトが備えられていて，感情を表現するために顔には28個，頭と胴体にも多くのLEDが配置されている．音を使ってコミュニケートすることもでき，Polyphonic Sound Chip製のミニチュアスピーカーも備えられている．

ロボットは，自身の充電式バッテリーで動作する．内部には64ビット64MBのRISCプロセッサ，拡張メモリースロット，ワイヤレスLANカードもある．ソフトウェアは，OPEN-Rアーキテクチャを採用し，センサと行動の制御に必要なさまざまなソフトウェアモジュールを制御している．

AIBOの認知アーキテクチャは，行動に対する複数動機の原理，高い自由度の設定，反復しない行動の生成を使い，エンターテイメントインタラクションと複雑な行動を支援するように設計されている（Fujita 2001）．ロボットの制御アーキテクチャは，熟考型と反射型のハイブリッド制御戦略という行動ベースの手法に基づいている（Arkin 1998; Brooks 1991）．

2.4 発達ロボティクスのモバイルロボット

メカニズムは，外部刺激と内部状態に応じて，どの行動モジュールを起動するかを決定する．それぞれの行動モジュール（例えば，探索，休息，吠える，感情表現，歩行パターンの選択）は，文脈に対応する状態遷移マシンになっている．ランダムな（つまり予測できない）行動の生成には確率的な手法も使われる．何度もユーザとインタラクションする間に，AIBOはユーザに長期に適合していく発達戦略をとる．それはゆっくりとロボットの行動傾向の変化を学習していくものであり，強化学習により達成される．

AIBOを認知ロボティクス研究に用いる際には，OPEN-Rソフトウェアにより，ロボットのさまざまな行動能力，センシング能力にアクセスして，発達インタラクション戦略を生成することができる．例えば，AIBOはさまざまな歩きのパターンを持っている．ゆっくり確実に歩むパターン，速いが不安定な駆け足のパターンなどである．このようなパターンは，手動で選ぶこともでき，認知アーキテクチャによって自動的に起動させることもできる．視覚と物体認識については，ロボットは専用の大きな統合回路を持っていて，色検出エンジンとマルチ解像度の画像フィルタリングシステム（240 × 120，120 × 60，60 × 30ピクセルの解像度）が備えられている．例えば，低解像度画像は，高速のカラーフィルタリングによって物体の存在を認知し，高解像度画像は物体の特定とパターンマッチングに使われる．また，ユーザとの音によるインタラクションのため，音声言語が実装されている．この音声システムと内部音源処理アルゴリズムによって，ノイズと妨害音の効率的な処理が可能になる．

OPEN-Rソフトウェアに加えて，認知ロボティクス実験用の特殊なツールがAIBO用に開発されている．Tekkotsuシミュレーションフレームワークは，認知モデリングとこのロボットを用いたロボティクス教育のために開発されたものである（Touretzky and Tira-Thompson 2005）．また，それ以外のロボットシミュレータも標準としてAIBOの3Dシミュレーションモデルを備えている（2.5節参照）．

多くの研究機関にとってAIBOは価格が手頃で入手しやすかったことから，発達ロボティクスの初期の多くの実験に用いられた．特にAIBOは内発的動機の研究に用いられている（Kaplan and Oudeyer 2003; Oudeyer, Kaplan, and Hafner 2007; Bolland and Emami 2007）．また，共同注意と指さし（第6章参照），語彙学習実験（Steels and Kaplan 2002; 第7章も参照）にも用いられた．さらに，複雑な行動を，犬に対するようなトレーニング手法で教えることに注目した実験（Kaplan et al. 2002）や犬にチューリングテストを行い，この人工ペットに対する本物の犬の反応を調べる研究（Kubinyi et al. 2004）にも用いられている．

認知ロボティクスは，他のプラットフォーム，特にさまざまなサイズの車輪型ロボットからの恩恵も得ている．例えば，**Khepera**と**e-puck**という小さな車輪型ロボットは，進化ロボティクスに盛んに用いられた（Nolfi and Floreano 2000）．Khepera II（K-Team Mobile Robotics）は，直径7cm，高さ3cmの丸い筐体のミニチュアロボットである．e-puck（EPFL Lausanne; Mondada et al. 2009）は，群れロボットの研究に適したより小さなロボットで

ある．

　小さなモバイルロボットとの両極にあるのが，大型の**PeopleBot**（ActivMedia）で，高さ104cm，重量19kgで，13kgの荷物を運ぶことができる．これは人間とロボットのインタラクション実験に特に向いていて，Demirisらによって社会学習と模倣の発達ロボティクスモデルにも用いられた（第6章）．もう1つの大型モバイルロボットは**SAIL**プラットフォームで，HuangとWeng（2002）により新奇性と馴化に関する発達的研究に用いられた．

　発達ロボティクスに用いられるその他のロボットとしては，アームマニピュレータで，6つの自由度を持つ**Lynx6 robotic arm**（lynxmotion.com）は，DomineyとWarnekenにより，協力と利他性の発達的モデルの研究に用いられた（第6章）．

2.5　赤ちゃんロボットシミュレータ

　ロボットプラットフォームは，高価な研究器具になりがちで，これを手頃な価格だと考える研究室は世界でもそう多くはない．2012年にiCubのフルセットを購入するには25万ユーロが必要で，大規模な研究助成金を得ることが必要だった．ASIMOやQRIOのようなプラットフォームは市販されていないし，もし購入できるとしても100万ドル以上の価格になるだろう．NAOのような手頃な価格のロボットは6,000ユーロ前後で，中規模の研究所や助成金にとっては購入できるが，研究機関による審査が必要になるだろう．さらに，ロボットをセットアップするコストとランニングコストまで手頃だと感じるのは，ごく少数の研究者と研究所のみである．これは，既存のロボティクスプラットフォームを高品質に，リアルにシミュレートできるソフトウェアシミュレータが，発達ロボティクスの実験をするのにきわめて有用であるということの主な理由の1つになる．

　もちろん，ロボットシミュレータは実際のロボットを使った実験の完全な代わりとなるわけではなく，ロボットのメカニカルな構造の身体的特徴の限定的なシミュレーションができるだけである（外部世界を期待どおりに，現実的な方法でシミュレーションすることは，さらに難しいということを考えないにしても！）．これは，シミュレーションの結果を現実のロボットに移す場合，重要な影響を与えることになる．しかし，認知モデリングと認知ロボティクスにとって，ソフトウェアシミュレータが有用である科学的な理由は無数にある(Tikhanoff, Cangelosi and Metta 2011; Ziemke 2003; Cangelosi 2010)．そのメリットは，(1) ロボットのプロトタイプの試験，(2) 形態的変化実験，(3) マルチエージェント進化ロボティクス研究，(4) 共同研究などである．

　シミュレータを使う第一のメリットは，ロボットのプロトタイプを試験できることで，新しいプラットフォーム設計の初期段階には特に有用である．無償で使えるOpen Dynamics System（ode.org）のような高性能物理シミュレータがあり，レンダリングした物体と，物

体としての身体を持ったロボットのインタラクション力学系を作り出すことができる．設計者は，実際の製品を開発する前に，さまざまなセンサとアクチュエータの設定を使ったシミュレーションを試すことができる．2つ目のメリットは，設計者の形態学的な設定の仮説を，必要なハードウェアを開発せずに設計できることである．例えば，ロボットの制御器，身体と環境のインタラクションをモデル化して，形態学的な進化を研究する場合などである（Kumar and Bentley 2003; Bongard and Pfeifer 2003）．発達ロボティクスでは，シミュレーションにより，身体形状の変化に関わる成熟現象を調べることができる．例えば，成長するロボットの手足の長さと身長の比を変えて，子どもの形態学的変化をモデル化する場合などである．ロボットシミュレータの3つ目のメリットは，複数ロボットのシナリオで社会的インタラクションを研究できることである．現実のロボットを複数扱うのは，時間がかかりすぎて現実的ではない（Vaughan 2008）．例えば，進化ロボティクスでは，コンピュータシミュレーションがロボットエージェントの各世代での試験の時間を劇的に減らしてくれる（Nolfi and Floreano 2000）．最後に，ロボットシミュレータソフトウェアを使うより現実的なメリットが，異なる研究室間で共同研究ができることである．別々の研究室の研究者たちが，同じロボット設定，同じ課題設定のパラメータを使って，同じロボットシミュレーションソフトウェアを使って計算機内実験をすることができる．これはまた，研究者がロボットを使うことなく，実際のロボットを持っている研究室と共同作業ができ，シミュレーション上で適合性と妥当性を検討することもできる．

　次の節では，iCubロボットのモデリング実験に簡単に使えるオープンソースシミュレータの詳細（2.5.1節参照），さまざまなロボットの身体をモデル化できる市販ロボットシミュレータWebotsの例（2.5.2節参照）を紹介する．その次の節では，東京大学で開発された人間の胎児，新生児のコンピュータシミュレータの例（2.5.3節参照）も紹介する．このようなソフトウェアのほか，文献に見える無償のシミュレータ，市販のシミュレータもある．1つはフリーウェアのPlayerで，さまざまなロボットセンサハードウェアにネットワークインタフェースであるPlayerモジュール，簡素な2D環境のStageモジュール，ロボットと環境の3DシミュレーションをするGazeboモジュールからなっている（Collett, MacDonald, and Gerkey 2005）．他の無償ロボティクスシミュレータは，EvoRobot*（Nolfi and Gigliotta 2010），Simbad（Hugues and Bredenche 2006）である．ロボットサッカーのためのさまざまなシミュレータもある．SimsparkとSimTwo（Shafii, Reis and Rossetti 2011）などである．さらに，Microsoft Robotics Developer Studioは，NAOなど既存のロボットをモデル化できる（www.microsoft.com/robotics）．

2.5.1　iCubシミュレータ

　もっとも使われるオープンソースiCubシミュレータ（Tikhanoff et al. 2008; Tikhanoff, Cangelosi and Metta 2011）は，iCubの身体的特徴，力学的特徴を可能な限り正確に再現

するもので，iCubを発達ロボティクス研究のベンチマークプラットフォームとして使う目的をサポートするものである．ソフトウェアはwww.icub.orgで自由に入手できる．

シミュレータは，Open Dynamics Engine（ODE）がロボットの関節と身体をレンダリングし，衝突検出手法で環境内でのロボットと物体の物理的なインタラクションを扱う．ODEは，シンプルなC/C++のAPIを使った身体ダイナミクスをシミュレートする高性能のライブラリからなり，関節タイプ，身体，地形，複雑な物体を生成するメッシュのさまざまな設定が用意され，質量や摩擦など無数の物体のパラメータを操作することができる．

シミュレートされたiCubは，物理ロボットの仕様どおりに生成され，身長は105cm前後，体重は約23kgとなり，物理ロボットと同じ数の自由度53を持つ．ロボットの身体は，iCubのアクチュエータに対応する関節によって結合された複数の部品からなる．すべてのセンサは，シミュレートされた身体に設置され，手には接触センサ（指先と手のひら），肩と股関節には力・トルクセンサが設置されている．シミュレートされたロボットのトルクパラメータは，静的な課題，動作課題でも検証され，信頼性が検証されている（Nava et al. 2008）．

シミュレーションから実際のiCubへの移行を円滑にするために，YARPミドルウェアに基づいたコミュニケーションソフトウェアが使われる．シミュレータと実際のロボットは，デバイスAPIやネットワーク経由で見た場合，同じインタフェースを持つことになり，ユーザの視点を交換することができる．シミュレータは，実際のロボットと同じように，ソケットとシンプルなテキストモードプロトコルで直接制御できる．ロボットとやりとりされるすべてのコマンドは，YARPスクリプト命令が使われる．視覚センサでは，ロボットの眼の部分に2つのカメラが備えられている．これで仮想ロボットに現実の世界を見させたり，標準カメラと接続して人間とインタラクションを持たせたり，ロボットの仮想環境内のスクリーンに画像を投影させることができる．このようにすればロボットの仮想の目は外の世界を見ることができるようになる．

シミュレートされたiCubは仮想の世界のすべてとインタラクションすることができる（図2.14）．ソフトウェアは，YARP文法に似た簡単な命令で，世界の中に物体を力学的に生成し，変形し，呼び出すルーチンが含まれている．標準的な3Dファイルフォーマットを使った統合CADオブジェクトモデルをインポートすることもできる．このシミュレータは，言語学習（Tikhanoff, Cangelosi, and Metta 2011），協調の精神モデル（Dominey and Warneken 2011，第6章），数の認知と抽象概念（第8章）などさまざまなiCubシミュレーション実験に用いられている．

iCubには，他のソフトウェアシミュレータも存在する（例えばGihetti and Ijspeert 2006a, 2006b）が，Tikhanoffのシミュレータほどの精密さには達していない．しかし，市販ソフトウェアWebots（2.5.2節参照）は，iCubロボットを走らせるにはライセンスの購入が必要である．Nolfiらはもう1つのiCubシミュレータFARSAを開発し，オープンソースのNewton Game Dyanamics物理エンジンを使い，進化ロボティクス実験に用いている

2.5 赤ちゃんロボットシミュレータ

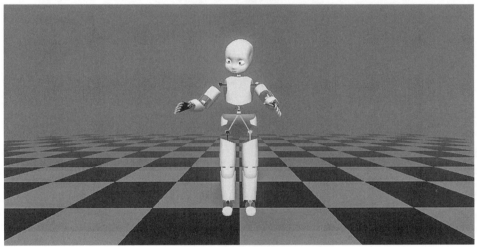

図2.14 iCubシミュレータの画面.

(Massera et al. 2013; laral.istc.cnr.it/farsa).

2.5.2 Webots

Webotsは，Cyberbotics社により開発，販売されている市販ロボットシミュレータである（Michel 2004; www.cyberbotics.com）．認知ロボティクスの研究では広く使われている．車輪ロボット，脚歩行ヒューマノイドロボット，飛行ロボットなどさまざまなモバイルロボットのシミュレーションができる．Webotsの標準バージョンには，発達ロボティクスで用いられるヒューマノイドプラットフォームNAO（図2.15），AIBOの3Dモデルが含まれている．さらに，腕ロボットKatana™ IPR（Neuronics），車輪ロボットe-puck（EPFL Lausanne），

第2章 赤ちゃんロボット

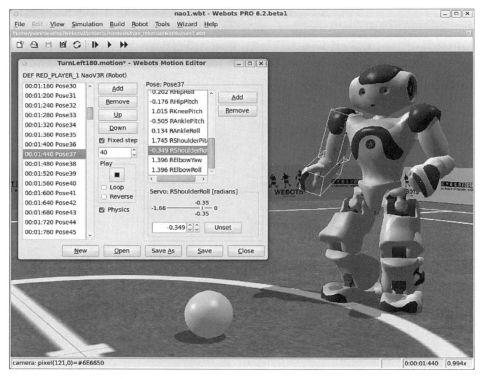

図2.15・WebotsシミュレータでのNAOの3Dモデル．

Khepera III（K-Team Corporation），Hoap-2™（富士通オートメーション），ヒューマノイドロボット KHR-2HV™（近藤科学），DARwIn-OP™（Robotis Ltd.），Pioneer 3-AT™とPioneer 3-DX™プラットフォーム（Adept Ltd.），KHR-3HV™，KHR-2HV™などのさまざまなプラットフォームの3Dモデルが含まれている．

ソフトウェアにはロボットエディタがあり，新しいロボットプラットフォームの設定を構築することやVRMLファイルフォーマットのインポートができ，ワールドエディタで物体と環境の地形を生成できる（例：物体の形，色，触感，質量，摩擦などの特徴）．またデフォルトの世界設定を利用することもできる．新しいロボットを編集する場合は，Webotsにセンサとアクチュエータの拡張ライブラリが用意されている．赤外線や超音波による距離センサ，1D／2D，モノクロ／カラーカメラ，圧力センサ，衝突センサ，GPSセンサ，サーボモータの位置センサ，力センサ，車輪エンコーダ，3D加速度センサ，3Dジャイロスコープなど，あらかじめ定義されたセンサモジュールを利用できる．このようなセンサは，測定範囲，ノイズ，応答性，カメラの視野などを調整できる．アクチュエータのライブラリには，ディファレンシャル車輪モータユニット，サーボモータ（脚，腕，車輪などに使う），グリッパー，LED，ディスプレイなどがある．

ロボットエディタは，ロボット間通信のための受信機と送信機を入れることもできるので，

マルチエージェントシステムをシミュレートし，ロボットコミュニケーション，ロボット言語の実験も可能になる．モーションエディタもあり，一連の動作を連結して作成したり，再利用したりすることもできる．さらに，実験の管理セッションも設定することができる．例えば，さまざまな実験をオフラインで実行する場合などである（異なる課題設定で，遺伝アルゴリズムや訓練を行う）．この管理能力を使って，実験者は，物体の特性や位置を変える，ロボットにメッセージを送る，ロボットの軌跡を記録する，映像を記録するなどのスクリプトを書くことができるようになる．

Webotsは，Windows, MacOS, Linuxで動くマルチプラットフォームアプリケーションである．シミュレータは，ODE物理シミュレータエンジンを採用している．さまざまな言語（例，C/C++, Java, Python），MATLAB，そのほかのロボティクスソフトウェア・アプリケーション（ROS, URBI）を使って，サードパーティのソフトウェアと同様に，TCP/IP経由のコミュニケーションインタフェースを書くことができる．

実際のプラットフォームの3Dモデルを使えるようにするだけでなく，シミュレーションで開発したロボット制御器を実際のロボットプラットフォームに移行することを円滑にするため，標準的なロボットソフトウェアアプリケーションへのインタフェースも持っている．例えば，NAOロボットを用いた実験では，URBI for Webots（Gostai SAS），NaoQi，Nao_in_webots（Aldebaran Robotics SA）などが使え，実際のロボットとシミュレートされたエージェントの間で直接コミュニケートさせることもできる．

Webotsのすべての機能を使うにはライセンスを購入する必要がある．簡素化した無料バージョンもあるが，認知ロボティクス実験に必要な機能は制限されている．

Webotsシミュレータは，認知ロボティクス研究，発達ロボティクス研究で用いられている．Hoap-2ロボットモデルを使った二足歩行の実験（Righetti and Ijspeert 2006b），Webotsでシミュレートしたi Cubを使ったハイハイの実験（Righetti and Ijspeert 2006a），NAOモデルを使った歩行実験（Lee, Lowe and Ziemke 2011）などである．

2.5.3 胎児シミュレータと新生児シミュレータ

胎児と新生児の3Dコンピュータシミュレーションモデルが，JST ERATO 浅田共創知能システムプロジェクトの國吉康夫らによって開発された．最初のモデル，**Fetus Model 1**（Kuniyoshi and Sangawa 2006）は，当初，胎児と新生児の「可能な限りシンプルな」モデルだった．次のFetus Model 2（Mori and Kuniyoshi 2010）は，胎児の知覚運動器官を持ち，より学習実験に焦点を絞るために，リアルなレンダリングを施したものになった．

この胎児の発達モデルは，コンピュータシミュレーションによって実現されているので，電子機器の胎児ロボットを羊水の中に浮かべるという技術的な困難を避けることができる．そのため，胎児の知覚のリアルな表現，重力や子宮壁に対する胎児のリアルな反応により，出生前の知覚運動の発達を研究する有用な道具となっている．

第2章 赤ちゃんロボット

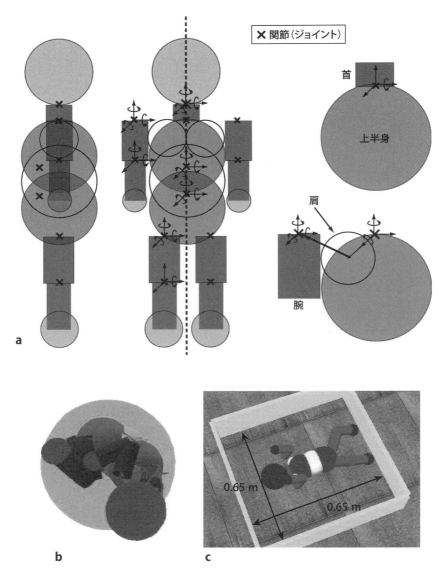

図2.16 （a）19個の部品からなるFetus Model 1．（b）子宮の中の胎児を3Dで視覚化したもの．（c）環境に置かれた新生児（Kuniyoshi and Sangawa 2006）．

　Fetus Model 1は，子宮の中の胎児と生まれたばかりの新生児の両方をシミュレートできる胎児の3Dモデルが入っている（Kuniyoshi and Sangawa 2006; Sangawa and Kuniyoshi 2006）（図2.16）．モデルは，19の球で骨格が作られ，198のシリンダーで筋肉が作られている（指と顔の筋肉はモデル化されていない）．シミュレーションは，iCubシミュレータ，Webotsシミュレータと同じように，ODE物理エンジンによって行われる．筋肉の運動特性とその大きさ，重量，内部パラメータは人間の生理学文献に基づいている．関節は，胎児の自然な姿勢と動きをシミュレートするように設定されている．1,448の接触センサは，身体

中に張られ，胎児の既知の接触知覚の感受性を再現する．子宮環境は，球形で，重力，浮力，液体抵抗などの物理パラメータをシミュレートする．胎児と子宮壁を結ぶへその緒も胎児の運動に影響を与える．子宮壁は，衝撃を吸収する非線形バネでモデル化されている．

このモデルは，初期の知覚運動学習での一般的な個体発達原理の役割の研究をするために設計されている．特に，混沌状態にある妊娠中の身体と，脳，環境のインタラクションの中から，部分的に秩序のある力学パターンが生まれてくるという仮説を検証することを目的にしている．これは後に，新生児になって寝返りやハイハイのような意味のある運動行動の出現を促すことになる．この仮説は，外部の刺激に反応した運動ではなく，**全身運動**のように自発的な滑らかな運動が，出生してから2ヶ月目（8-10週間）にはすでに生まれているという観察と関連している（Kisilevsky and Low 1998）．モデルは，感覚器官，骨髄，脊柱など精密な神経構造も持っている．筋肉感覚器官のモデルには，紡錘体（筋肉の伸展速度を感知する）とゴルジ腱器官（筋肉への負荷の量を感知する）がある．脊柱のモデルは，紡錘体と腱器官からの入力を処理して，筋肉の伸縮を制御し，阻害物質を用いて筋肉の緊張を抑制する．骨髄のモデルは，筋肉ごとに1つの神経振動子（CPG）がある．2つの筋肉のCPGは直接対にはなっていないが，環境とそれに反応する筋肉の身体インタラクションによって，機能的には対になっている．対になったCPGは，定期的な活動パターンを生成する．周期的な入力に対しても周期的なパターンを生成し，一様でない知覚入力に対しては乱れたパターンを生成する．神経皮質モデルでは，一次体性感覚野（S1）と一次運動野（M1）が，自己組織化マップにより実現されている．

モデルは，発達タイムスケールに対応したメインパラメータを持っており，これによって胎児と新生児を分けている．子宮内の胎児のモデルは35週の胚，新生児のモデルは0日の新生児になっている．新生児の環境は，立方体の領域としてモデル化されており，重力だけが適用され，羊水のような液体抵抗は考えられていない．

子宮内の胎児と，壁に囲まれた環境で床の上で寝返りをする新生児の自発的運動のシミュレーションは，意味のある運動パターンがさまざまに出現すること，体性感覚性構造により知覚領域が組織化されることを示す．胎児のシミュレーションは，胎児の自発的な運動が重要な役割をしていることを示す．ただし，この運動は球形の子宮環境の中で制約も受けている．子宮壁があるため，身体はほぼ回転運動しかできず，これが脚と首の協調を学習する要因となる．つまり感覚野S1が運動野M1の組織化を促すことのきっかけとなる．このような胎児の環境上の制約と体験がなければ，胎児は頭主体の運動しか経験できず，身体の各部分を協調させることはないだろう．

胚のより洗練されたシミュレーション **Fetus Model 2** は，子宮内学習の精密なメカニズムを研究するために後に開発されたものである（Mori and Kuniyoshi 2010）（図2.17）．特に行動パターンの学習に対する接触感覚の役割に対して大きな寄与を行った．これは，接触センサが1,542もある洗練された胎児で（図2.17a），頭部（365ヶ所）と手（173ヶ所）に

第2章 赤ちゃんロボット

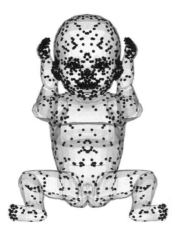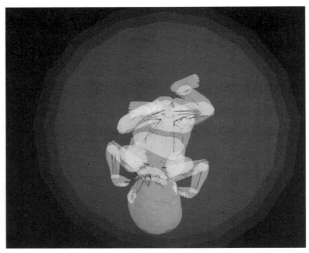

図2.17 （a）子宮内の胎児の接触センサと（b）3Dレンダリング（Mori and Kuniyoshi 2010）．

集中している．残りは，首（6），胸と腹部（54），腰（22），肩（15），腕（31），太腿（22），下肢（17），足（43）となっている．

　さきほどの胎児モデルと同じように，シミュレーション実験は，全身運動の後に発達する，より複雑な行動の学習に焦点が当てられている．特に，触覚が胎児の運動を引き出していくという仮説を検証することができる．結果は，胎児の身体に張り巡らされた触覚が，胚の全身運動の後に観察される2つの反応運動の学習を促すというものだった．つまり，(1) 腕と脚の独立運動（IALM）．身体の他の部分とは独立したぎこちない運動のことで，人間の胎児では胎齢10週前後に観察される．(2) 手と顔の接触運動（HFC）．手で顔をゆっくりと触ることで，胎齢11週以降に観察される．このような結果は，誕生前の運動学習の役割の研究に加えて，臨床研究に影響を与えた．特に，新生児ICUの中の早産新生児に適用する巣ごもり処置やくるみ処置のような発達的治療を受けているときの学習能力を理解するのに役立つ（Mori and Kuniyoshi 2010; van Sleuwen et al. 2007）．

　この胎児シミュレーションモデル，新生児シミュレーションモデルのソフトウェアは，オープンソースのiCubシミュレータや市販されているWebotsアプリケーションと異なり，まだ自由に入手することはできない．しかし，発達ロボティクスの原理を胚段階でも研究できる3D物理シミュレーションモデルを使うことの可能性を強調したデモンストレーションを公開している．これを使うと，胎児の自発的運動とその他の認知能力の役割に関する仮説を検証することができる．行動の起源，運動と認知の起源が素質なのか環境なのかという評価，また胚のときの体験が誕生後のより複雑な能力を引き出していくという仮説を検証することができる．

2.6 まとめ

　この章では，ロボティクスの鍵となる概念，さらにはロボティクスでよく使われるセンサとアクチュエータの技術を紹介した．また，発達ロボティクスで使われる主なヒューマノイドプラットフォームと関連するシミュレーションソフトウェアを，「赤ちゃん」ロボットに重点を置いて紹介した．発達ロボティクス研究のヒューマノイドプラットフォームが多様かつ，複雑になっていることは，この分野に活力があり，10年足らずで有力な技術が登場してきたことを意味している．

　この分野は今でも急速に成長している．ロボットプラットフォーム設計に関係する技術が今でも改善され続けているからである．新素材，新センサ，より効率的なバッテリー，より小さく省電力のマイクロプロセッサなどの発達がすべて，より先進的で完全に自律的なロボットの設計に寄与している．

　物質科学の分野では，ロボットのエフェクタとして利用できる新しい柔らかい素材が登場し，その柔らかい素材（Pfeifer, Lungarella, and Iida 2012）と人間に筋骨格のアクチュエータ（Holland and Knight 2006; Marques et al. 2010）を使ってロボットを製造できるようになっている．典型的な柔らかいロボットの素材には，空気圧式人工筋アクチュエータ，電気活性ポリマーなどがあり，場合によっては，電磁アクチュエータ，圧電アクチュエータ，熱化学アクチュエータや可変追従アクチュエータといった柔軟な力学を持った個体素材も使われる（Trivedi et al. 2008; Albu-Schaffer et al. 2008）．このような解決策は，タコの腕やゾウの鼻の流体筋肉のような柔らかい構造で複雑な動きをする動物や植物から着想を得ている．センサ技術にも大きな進化があり，ロボットの皮膚センサ，接触センサが製造できるようになり，柔らかいカバーに合わせることもできるようになった（Cannata et al. 2008）．

　完全に自律的なロボットの設計に寄与したのが，軽くて効率的なバッテリーの進化である．ロボットはへその緒の電源コードは不要になったし，寿命の短いバッテリーを何度も充電する必要はなくなった．これは主にスマートフォン用のバッテリーの研究開発によるもので，小さく，効率的で，安価なバッテリーの製造につながった．さらに革新的な技術が，有機物質の代謝によりロボットが自らエネルギーを生み出すというものである（例：バイオ燃料電池）．動きは緩慢だが，ハエを食べて完全にエネルギー自立するBristol Robotics labのEcoBotなどがある（Ieropoulos et al. 2012）．

　ヒューマノイドロボティクスの革新に貢献したもう1つの技術発展が，小さく，省電力で，低価格のマルチコアマイクロプロセッサで，ロボットの計算処理に利用できる．特に，並行処理にますます使われるGPU（graphic prosessing units）がある．一般的なコンピュータに使われるCPUと異なり，GPUには限定的な並列処理能力がある．GPUは，グラフィック処理計算に使われるが，ニューラルネットワークや遺伝的アルゴリズム，数値シミュレーショ

ンの並列処理にも使うことができる．GPUは，高価で大きく，高電力消費で，常にロボットと通信しなければならない高性能コンピュータの代わりとなる．例えば，GPUにCUDAのようなプログラミング言語を使うと，iCubロボットの運動学習のような膨大なニューラルネットワーク計算を高速で行うことができる（Peniak et al. 2011）．

次章以降では，発達研究でロボティクスプラットフォームがどのように利用されているか，そして赤ちゃんロボットの動機，感覚運動，社会的，コミュニケーション能力のモデル化の重要な進展を紹介する．発展し続けるロボット技術と計算システムは，ロボットの認知能力の設計をさらに進化させていくことになるだろう．

参考書籍

Matarić, M. J. *The Robotics Primer*. Cambridge, MA: MIT Press, 2007.

この小冊子は，非技術系の学生と読者のために，ロボティクスの概念と技術の明解で読みやすい入門になっている．ロボットを開発するための主なセンサとアクチュエータの基本的な考え方と，移動，操作，群ロボット，学習などの行動モデルの現在の進展を解説している．また，無料のロボットプログラミング練習ワークブックも付属している．ロボティクスの考え方と技術についてより技術寄りの入門を求めている人間科学の学生と研究者にお薦めできる．

Siciliano, B. and O. Khatib, eds. *Springer Handbook of Robotics*. Berlin and Heidelberg: Springer, 2008.

もっとも網羅的なロボティクスの小冊子である．この分野を国際的にリードする著者たちによって64章が書かれている．内容は7つの章に整理されている．（1）ロボティクスの基礎，（2）構造，（3）センサと知覚，（4）操作とインタフェース，（5）移動と分散型ロボティクス，（6）非商用／商用のアプリケーション，（7）人間中心・生物的なロボティクス．（7）は本書の読者にとってもっとも関連性が高い．ヒューマノイドロボット，進化ロボット，神経ロボティクス，人間とロボットのインタラクション，ロボット倫理学など認知ロボティクス，生物に着想を得たロボティクスのさまざまな分野を紹介しているからである．

第3章　新奇性と好奇心と驚き
Novelty, Curiosity, and Surprise

　発達ロボティクスの鍵になる設計原理は**自律性**である．それは発達中のロボットや機械，エージェントが環境と自由にインタラクションし，環境を自由に探索することができることを意味する．意思決定や行動が厳格にプログラムされているロボットや遠隔制御によるロボットとは異なり，自律的ロボットは，内部状態と外部環境を知覚することで，適応的に行動を**自分で選ぶ**ことができる（例えばNolfi and Paris 1999, Schlesinger and Parisi 2001）．この章では，**学習**の自律性（エージェントが**何を**，**いつ**，**どのように**学ぶかを選ぶ自由）について重点的に紹介する．

　この自由から生じる1つの基本的な問題として，環境の探査のための最適な戦略とは何かということがある．新しい体験や，その体験を調べたり検証したりするさまざまな選択肢に直面したとき，ロボットはどのようにして，どの行為あるいは選択肢を最初に試してみるのか，いつ次の選択肢を試してみるのかということを決めるべきなのだろうか．従来のAI研究の手法では，この問題を最適化問題（例えばエネルギー最小化や報酬探索）として扱うことが多く，については，最適な探索戦略を特定するような分析手法や学習手法に焦点を当ててきた．発達ロボティクスの研究でも同様の計算手法を利用するが，問題を明確にし，捉えるやり方やこうしたモデルを導くための理論的視点は，従来の手法とは異なっている．特に，本章では**内発的動機**という新しい領域に注目をする．これはロボットに「人工的な好奇心」を与えてくれる．そのため，内発的動機ロボットは，特定の課題を解くというより，学習プロセスそのものに焦点を当てることになる（例えばOudeyer and Kaplan 2007）．

　自律的学習を引き起こすメカニズムとして内発的動機（intrinsic motivation: IM）を利用することには，発達ロボティクスだけでなく，より広範な機械学習の分野にとっても，従来の学習手法に比べて重要な長所が3つある（例えばMirolli and Baldassarre 2013; Oudeyer and Kaplan 2007）．1つ目の長所は，内発的動機は**課題から独立している**ことである．つまり，ロボットやエージェントをまったく新しい環境に置くことができるということであり，モデル制作者に事前の知識や経験がなくても，ロボットは自分で探索を行って，環境の重要な特徴だけでなく，環境に対応するのに必要な行動を学んでいくことができる．2つ目の長所は，内発的動機はスキルの階層的な**学習と再利用**を促進するということである．学習は，特定の事前に定義された課題を解決することにではなく，知識の獲得やスキルの獲

得，あるいはその両方に直接向かうことになる．これにより，内発的動機ロボットが，ある文脈（またはある発達段階）の中ですぐには利益がない能力を獲得し，それが後により複雑なスキルの重要な構成要素になるかもしれない．3つ目の長所は，内発的動機は**オープンエンド**であるということである．ある環境での学習は，あらかじめ決められている手順や外部から与えられた目標へ近づくというより，ロボットのスキルや知識のレベルによって決定される．後で見るように，この原理を表す内発的動機モデルはいくつか存在する．すなわち，ある分野を習得することで，ロボットはまだ学んだことのない環境の新しい特徴や新しいスキルに効率的に注意を移していくことができる．

　発達ロボティクスでの研究課題としての内発的動機の研究は，2つの近接した領域から着想を得ている．1つ目の領域は，主に心理学のさまざまな理論的研究と実践的研究で，人間と人間以外の両方において内発的動機がどのように発達するかを研究するものである（例えばBerlyne 1960; Harlow 1950; Hull 1943; Hunt 1965; Kagan 1972; Ryan and Deci 2000; White 1959）．2つ目の領域として，神経科学の分野でも注目すべきかなりの数の研究があり，内発的動機の神経的基盤を特定するだけでなく，こうした生体メカニズムの挙動を説明しようとしている（例えばBromberg-Martin and Hikosaka 2009; Horvits 2000; Isoda and Hikosaka 2008; Kumaran and Maguire 2007; Matsumoto et al. 2007; Redgrave and Gurney 2006）．

　発達ロボティクスのその他の研究（例えば運動スキルの発達や言語の獲得）と異なり，ロボットやエージェントの内発的動機の研究は，比較的初期段階にある．そのため，本章の構成と，本章以外で現れるテーマとの間には，いくつかの重要な違いがある．1つ目は，主要な研究や子どもの研究で使われる実験パラダイムとロボティクスモデルの間にはまだ明確な対応がないということである．内発的動機に関する発達ロボティクスの研究の多くは，効率的なアルゴリズムとアーキテクチャを設計することに集中していて，人間の発達を直接扱う研究は比較的少ない（例えば自他認識，Kaplan and Oudeyer 2007）．3.3.1節では，内発的動機をシミュレートできるさまざまなアーキテクチャを詳細に紹介する．2つ目は，今までに行われてきたモデル化研究の多くが，シミュレーション研究を扱っているということである．そのため，実世界のロボットプラットフォームから得られたデータは多くはない．それでも，ロボットを用いて内発的動機を研究する事例は増える傾向にある．この章の後半では，シミュレーションと現実世界の両方の研究の事例をいくつか紹介する．

3.1　内発的動機：考え方の概観

　内発的動機の考え方は心理学のデータと理論の両方に大きな影響を受けているということを強調しておきたい．それにもかかわらず，おそらく驚くべきことに，発達ロボティクス（より一般的には機械学習の分野）で使われる「外発的動機」「内発的動機」という用語の使い

方は，心理学のものとは異なっている．心理学者は，内発的動機による行動を個体が「自由に」，すなわち外的な誘発要因や影響なしに選んだ行動と定義し，外的動機による行動は外部の刺激やきっかけに応じて生まれるものとする傾向がある．このような見方からすると，子どもがお絵かきをするのは，楽しみのため（内発的動機）であったり，お金やキャンディといったご褒美（外発的動機）であったりすることになる．一方で，筆者らはBaldassarre (2011)の考え方に従い，外的動機による行動は基本的な生物学的機能（例えば渇きや空腹）の必要を直接満たすものである一方，内発的動機による行動は，明確なゴールや目的，生物学的機能などは持たず，ただそれだけのために遂行されるものだと考える．

3.1.1 初期の影響

内発的動機を理解しようとする初期の手法は，既存の行動理論，特に動因に基づいた恒常性理論の影響を受けていた．よく知られた恒常性理論はHullの理論（1943）で，すべての行動は，(a) 空腹や渇きといった「一次的な」生理学的動因，(b) 一次動因を満たす過程で生じる「二次的な」心理学的動因のいずれかの結果により起こるとしている．Hullの考え方には重要な要素が2つある．1つ目は，一次動因は生得的なもので，生物特有のものだということである．それは生物の生存を守る（促進する）という目的で進化してきた．2つ目は，一次動因は恒常的であるということである．これはつまり，生理学的システムには理想的な「設定状態」があり，一次動因は生物を常にできるだけこの状態に近づけるのに役立つということである．例えば，動物は寒さを感じたとき，体温を上げようとして震えるか，陽の当たるところに移動しようとする．言い換えれば，恒常的な動因は，環境が生体の状態を変えたり悪化させたりするときに，動物を均衡状態つまり「バランスの取れた状態」に戻そうとする．

遊びやオブジェクト探索のような行動（特に人間以外の行動）にもHullの理論が適用できるのだろうかと考えた研究者がいた．例えばHarlow（1950; Harlow, Harlow, and Meyer 1950）は，図3.1に描かれたような機械的なパズル（例えばレバーと蝶つがい，鎖がある）を見せられたアカゲザルの行動を観察した．多くのサルは，このパズルに夢中になって，いつまでも遊び続けた．注目すべきなのは，この行動は外部からの報酬（例えば食べ物）の存在には関係なく，何度も実験を繰り返すとサルは徐々にうまくパズルを解くようになっていったことである．つまり，Harlowの研究では，サルがパズルの解き方を学習しただけでなく，より重要なこととして，パズルを操作したり調べたりする試みが**仕組みを理解する**という目標に向けられているようにも見える．

他の研究者も似たような探査行動の例を観察している（例えばButler 1953; Kish and Anonitis 1956）．このような行動を説明する1つの方法は，Hullのフレームワークを用いて「操作」「探査」などの動因または動機を考えてみることである（例えばMontgomery 1954）．しかし，White（1959）が指摘するように，Marlowによって観察された調査や遊

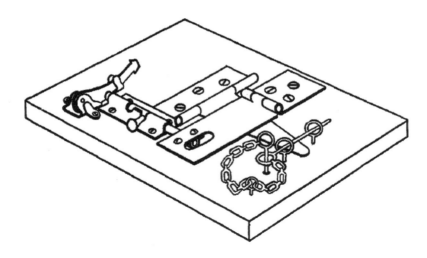

図3.1　Harlow（1950）が用いた機械的パズル．

びの行動は恒常的なものではなく，古典的な動因とは2つの根本的な違いがある．1つ目は，これらは食べ物や水の欠乏といった環境の乱れに応じたものではないということである．2つ目に，このような行動をしても動物が望ましい生理学的な状態には戻るわけではないということがある．それどころか，この行動には終わりがなく，明確な目標もなく，個体にとって直接の利益もないのである．

3.1.2　知識と能力

その後の内発的動機の研究は，動因に基づいた，恒常性理論の限界を確かめることに焦点を当てている．その手法は2つの大きな理論的な観点，すなわち知識に基づく観点と能力に基づく観点に分けることができる（例えばBaldassarre 2011; Mirolli and Baldassarre 2013; Oudeyer and Kaplan 2007）．1つ目の**知識に基づく観点**は，内発的動機とは，個体が環境の中から新奇な，あるいは予期しなかった特徴やオブジェクト，事象を探知できるようにする認知メカニズムだとする考え方である．この考え方によると，内発的動機は個体の現在の知識状況から生まれてくることになる．特に，個体は環境を体系的に探索し，なじみがなくまだ理解できていない経験を探索することで，知識ベースを広げる（つまり学習する）よう動機づけられているというわけである．

知識に基づく内発的動機は，2つの小分類に分けることができる．新奇性に基づく内発的動機と予測に基づく内発的動機である．**新奇性に基づく内発的動機**は，発達理論家たちが提唱する「経験は認知構造に組織化される」という原理を反映したものである．新しい情報は，この認知構造を使って解釈される（例えばFischer 1980; Kagan 1972; Piaget 1952）．新奇性のある状況は，現在経験していることと蓄積された知識の間に不一致，不調和を生み出す．その結果，この不一致を解消しようとすることが試みられる（例えば，より注意してオブジェ

クトや状況を見る：以下の「比較理論」を参照）．新奇性に基づく内発的動機は，新奇性が低いあるいは中程度の状況と，新奇性が高い状況では決定的な違いがあることも示唆ししている．新奇性が低いということは慣れ親しんだ経験のことで，新奇性が高い経験とは個体の現在の知識ベース内では解釈ができないもののことである．これに対して，中程度の新奇性は，理解はできるが，慣れ親しんでいないことから，学習に最適である可能性がある（例えばBerlyne 1960; Ginsburg and Opper 1988; Hunt 1965）．もう1つの知識に基づく内発的動機は，**予測に基づく内発的動機**である．この考え方は個体と環境のインタラクションに注目したもので，個体を自分の知識ベースの中でまだ慣れ親しんでいない部分の「境界」を積極的に探索する存在だと考える．予測に基づく内発的動機は好奇心や驚きという考え方と矛盾しない．環境を探査しているときに，個体は自分の行動に対してオブジェクトや事象がどのように反応するのかを予測し，予期しなかった結果が生じたとき，状況をより知ろうとすることによりエネルギーや注目が注がれることになる（例えばPiaget 1952）．

　新奇性に基づく内発的動機，予測に基づく内発的動機のいずれも環境に関する新しい知識をもたらすが，この2つの学習メカニズムには微妙だが重要な違いがある．新奇性に基づく内発的動機の場合，個体は**受動的**であるとみなされ，新奇性のある体験を探すために行うことは，主に空間内の移動（例えば頭や目を動かす）である．それに対して，予測に基づく内発的動機では，個体は能動的で，環境に対して一定の操作（例えばオブジェクトを握る，持ち上げる，落とす）を行い，それに対する結果を観察する．しかし，この区別はやや恣意的で，新奇性の探索と行動の予測の2つは互いに排他的なものでなく，現実にはしばしば同時に起こり得るものだということも強調しておくべきだろう．

　知識に基づく内発的動機は，環境の特徴に注目し，個体がどのように特徴（オブジェクトと事象）を知り，理解するようになるのかに注目する．予測に基づく内発的動機の場合は，個体の一連の行動により特徴がどのように変化するかに注目する．また，別のアプローチとして**能力に基づく観点**があり，個体と個体が持っている特定の能力やスキルに注目する．能力に基づく内発的動機にはいくつかの理論的な動機が存在する．例えば，White（1959）は，「エフェクタンス」という考え方を提唱している．これは，自分の行動が状況の結果に影響を与えるという主観的な経験のことである（Bandura 1986の関連用語「効力感」も参照）．同様にde Charms（1968）は「自己原因性」という用語を提唱している．最近では，この分野で**自己決定理論**が論じられていて，内発的動機の考え方を自律性と能力の主観的な体験に結びつけるだけでなく，能力そのものが改善と習熟度をあげる傾向として現れるのだと議論されている．ピアジェにより記述された非常に近い現象として，**機能的同化**がある（Piaget 1952; Ginsburg and Opper 1988も参照）．これは，乳児や幼い子どもには新たに身に付けつつあるスキル（例えば，握ったり歩いたりすることの学習）を体系的に練習し，繰り返す傾向があることを指している．それゆえ，能力に基づく内発的動機の基本的な意味は，挑戦しがいのある体験を求めるよう個体を導くことで，スキルの発達を促進することにある．

3.1.3　内発的動機の神経的な基盤

ここまでで述べた考え方や手法は，心理学の理論と結びつけて行動の観察と分析をしたものだが，これは内発的動機が発達ロボティクスに与えた基本的な影響の半分でしかない．この章の冒頭で述べたように，基本的な影響を与えるもう1つの研究領域として神経科学がある．特に，これまでに触れた内発的動機のそれぞれについて，脳のどの部分の活動が関係しているのかをここで述べておきたい．

新奇性の探索に重要な領域は海馬で，ここは長期記憶に重要な役割をするだけでなく，新たなオブジェクトや事象に対応する処理でも重要な役割を果たしている（例えばKumaran and Maguire 2007; Vinogradova 1975）．機能面で言えば，新奇性のある体験に遭遇したとき，海馬は腹側被蓋野（ventral tegmental area: VTA）との間のリカレント回路を起動する．VTAはドーパミンを放出して海馬に新たな記憶痕跡を確立する．このメカニズムは反応がなくなる（馴化；Sirois and Mareschal 2004を参照）まで繰り返し動作する．より一般的には，中脳辺縁系回路（VTA，海馬，扁桃体，前頭前野皮質を含む）で放出されたドーパミンは，新奇性や「警戒」すべき事象の検出に関係する（例えばBromberg-Martin and Hikosaka 2009; Horvitz 2000）．これらの領域に視床下部，側坐核その他の周辺構造を加えて統合する広範な理論的説明がPankseppにより提出されている（例えばWright and Panksepp 2012）．Pankseppは，このネットワークの活性化により「探索」行動（つまり好奇心，探査など）が動機づけられると論じている．

さらに，さまざまな脳の領域が，予測学習や未知のオブジェクト・事象の検知の基盤となりうる感覚運動処理に関係している．例えば，随意眼球運動に関係している前頭眼運動野（frontal eye field: FEF）は，視覚運動走査時の眼球運動に重要な役割を果たしている（例えばBarborica and Ferrera 2004）．サルのFEF細胞からの単一細胞記録によると，FEFの活動は予見的であるという（例えば目で追っているオブジェクトが短期間消えるとき）．さらに，オブジェクトが一度消えて再び出現した際，予測した位置と観察した位置が異なる場合にもFEFの活動は増大する（例えばFerrera and Barborica 2010）．このように，この領域での神経活動は，予測的であるばかりでなく，将来の知覚運動的な予測を調整しうる「学習信号」も提供する．

最後に，能力に基づく内発的動機の基盤となるのではないかとされてきた脳領域は上丘（superior colliculus: SC）である．RedgraveとGurney（2006）により提唱された最新のモデルでは，閃光などの予測できない事象は上丘を活性化させ，短時間（一過）のドーパミン放出量増加をもたらすと示唆する．しかし，この回路は単なる「新奇性の検出器」ではないということに注意しなければならない．特にRedgraveとGurneyは，一過性の（上丘の活性化による）ドーパミン放出の増加は線条体で合流する運動信号と感覚信号の連合を強化するのではないかと指摘している．こうして，上丘は随伴性や因果性の検出器として機能

するのだが，それは個体の現在の行動が顕著であったり予測できなかったりする結果をもたらしたときに信号を出すだけでなく，より重要なこととして，そうした行動が同様の文脈の中で繰り返される可能性も高めるのである．

3.2 内発的動機の発達

次に，乳児や幼い子どもがどのように内発的動機を発達させるのかという問題に目を転じよう．内発的動機は，特定の研究課題や知識領域のものではなく，複数の研究分野（例えば知覚的認知的発達）を横断する広範な研究課題の一部だということに注意する必要がある．まず，知識に基づく内発的動機に関わる研究を紹介し，それから能力に基づく内発的動機を紹介する．

3.2.1 乳児の知識に基づく内発的動機：新奇性

行動の観点から見ると，環境の中から新奇性のあるオブジェクトや事象を特定する処理は，2つの重要な能力・スキルに分けることができる．1つ目は**探索行動**で，環境を探査して興味を持つべき場所を探すことである．2つ目は**新奇性検知**で，これは状況に新奇性があるかどうかを決定，認知し，そうしたオブジェクトや事象に注意を向けることである．この2つの現象は，いずれもさまざまな形で現れることに注意する必要がある．例えば，探索と新奇性はバブリングや動かしている手を注視するなどの子ども自身の行動によって生み出されるし，環境を探索した結果生み出されることもある．具体的な例として，ここでは幼い乳児の視覚探索の現象をとりあげてみたい．

視覚探索はどのようにして発達するのだろうか？　この問いに答える1つの方法は，乳児が自由に単純な図形を眺めているときの探索パターンを計測してみることである．例えば，図3.2は，2週および12週齢の乳児の視線研究から注視行動の例を2つ示したものである（Bronson 1991）．実験の間，乳児は逆V字型を見つめ，その眼球の動きは逆V字型の下にあるカメラで記録された．それぞれの乳児が最初に見た場所が小さな点で示され，その後の視線の動きは点を結んだ線で表されている．それぞれの点の大きさは，注視した時間の相対的な長さを示している．大きな点は長く見つめていたことを示す．左の幼い乳児の例（図3.2a，2週齢の乳児）では探索行動に2つの特徴が観察された．(1) それぞれの凝視点（大きな点）は図形全体に分散しているのではなく，小さな領域に固まっている．(2) 凝視時間は長めである（例：数秒）．一方で，12週齢の乳児の探索パターン（図3.2b）では凝視点はより全体に分散している．ほぼ同齢の乳児に対して行った他の研究でも同様な発見が報告されている．例えばMaurerとSalapatek（1976）は，1ヶ月齢から2ヶ月齢の乳児が顔の絵を見るときの注視パターンを分析した．幼い方の乳児は顔の外縁部を注視する傾向があり，年上の方

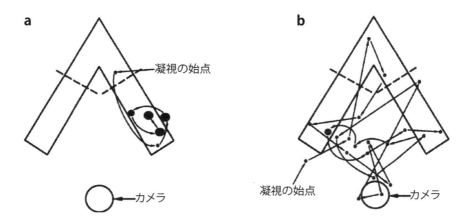

図3.2　左（a）の視線パターンは，2週齢のもの．刺激の端に少数の長目の凝視が集まっている．（b）は12週齢のもの．多数の短めの凝視が刺激全体に散らばる．Bronson（1991）より．

の乳児は目を含めた顔全体を体系的に探索する傾向があった．

　この発達パターンを説明する1つの方法は，**内因的方向性**が**外因的方向性**に変化したと考えることである（例えばColombo and Cheatham 2006; Dannemiller 2000; Johnson 1990）．このように，出生後の最初の数週間で，乳児の方向性行動は顕著性のある感覚情報に強い影響を受ける．1ヶ月から2ヶ月の間に，乳児は視覚的に探索する行動をよりうまく制御できるようになりはじめ，徐々により意図的，戦略的な方法で注意をある場所から他の場所に移す能力を獲得していく．この問題については，**視覚の選択的注意**を論じる次の章でもう一度扱う．

　もう1つの説明は，新奇性のあるオブジェクトや事象を特定する中心的要素は新奇性検知であるとする．この能力に関する研究は2つの疑問に焦点を当てている．（1）乳児は生まれてどれだけ経ったときから新奇性のあるオブジェクトや事象に対応し始めるのだろうか．（2）乳児の行動の中に新奇性検知はどのように現れてくるのだろうか．この疑問を調べることができる複数の手法があるが，主要な手法では，2つのやり方に問題を絞り込んできた．1つ目のやり方では，多くの研究で，乳児に視覚的な画像やオブジェクトを見せ，視覚的刺激に費やす時間（つまり**注視時間**）を計測する．2つ目のやり方では，注視時間の変化，特に画像やオブジェクトの呈示による体系的な増加または減少が新奇性検知の指標あるいは代理として利用される（例えばColombo and Mitchell 2009; Gilmore and Thomas 2002）．乳児の新奇性知覚の研究でもっともよく使われるパラダイムは，**馴化・脱馴化**というものである．第4章でこのパラダイムを詳しく紹介し，知覚の発達（例：顔の認知）の研究に役立つツールとしての利用法も紹介する．ここでは，馴化・脱馴化がどのように乳児の認知処理への覗き窓になるのか，特にどのようにして新奇性のあるオブジェクトや事象に対する乳児の好みを計測するのに用いられるのか，というより一般的な疑問に集中したい．

3.2 内発的動機の発達

馴化・脱馴化研究では，乳児はオブジェクトや事象を何度も繰り返して見せられ（視覚刺激の非連続呈示），注視時間が毎回記録される．乳児はオブジェクトや事象に対する興味を徐々に失っていく．これが**馴化**で，試行ごとに注視時間が短くなっていく．この段階で，馴化する間に見せられたものと類似しているが，1つかそれ以上の点で決定的に異なった視覚刺激を与えられる．例えば，馴化段階で女性の顔を見せられていて，馴化が終わった後に男性の顔を見せられたとする．馴化後の新奇性のある視覚刺激に対する注視時間の統計的に有意な増加は**新奇性への嗜好**を反映したものだと解釈される．乳児は新しいオブジェクトや事象を検知するだけでなく，それに対する注意も増加させるのである．

このパラダイムにおいて，発達研究者らは，新奇性への嗜好が出生後12ヶ月の間にどのように発達するのだろうかという疑問を持った．この疑問に対する初期の研究は驚くべき解答を示している．とても幼い乳児（つまり誕生から2ヶ月まで）は，新奇性への嗜好を示すよりも，**慣れ親しんだオブジェクトを好む傾向**にあるのである（例えばHunt 1970; Wetherford and Cohen 1973）．3ヶ月から6ヶ月の間に，この嗜好は新奇性のあるオブジェクトと事象に移行するようになり，6ヶ月から12ヶ月の間に，新奇性のある刺激に対するしっかりとした嗜好が観察されるようになる（例えばColombo and Cheatham 2006; Roder, Bushnell, and Sasseville 2000）．

初期の乳児で観察されるなじみのあるものへの嗜好から新奇性のあるものへの嗜好への移行は，Sokolovの**コンパレーター理論**（Sokolov 1963）を適用することで理解できる．Sokolovは，乳児はオブジェクトを見ているときに徐々に内部表現（あるいは内部の「ひな形」）を形成すると提唱している．馴化のプロセスは，乳児が内部表現を構築するのに必要な時間であると解釈できる．内部表現が外部のオブジェクトと合致すると，注視時間（つまり視覚的注意）は減少する．新たなオブジェクトが出現したときは，内部表現とそのオブジェクトが合致しないため，乳児は脱馴化し，注視時間は内部表現を新しい情報で更新する分だけ長くなる．

新奇性の知覚に関するその後の研究は，コンパレーター理論を使って，幼い乳児の親しみへの嗜好から新奇性への嗜好への移行を説明しようとしてきた．コンパレーター理論によると，幼い乳児は，視覚処理能力と同様に視覚体験も限定されているので，オブジェクトや事象を認知するスキルが劣っていて，内部表現も不安定で未完成になっている．その結果，慣れ親しんだ視覚刺激に注目する傾向があるのである．この考え方によると，どの年齢の乳児も，処理速度と視覚体験を考慮したやり方で刺激が与えられると新奇性への嗜好を示すということになる（例えばColombo and Cheatham 2006）．こうして，新奇性の探索と新奇性への嗜好は，誕生したばかりの乳児でも見られることになり，慣れ親しんだものへの嗜好は，視覚のコード化が一部または不完全にしか行われないことにより起こるのだと理解されることとなった（例えばRoder, Bushnell, and Sasseville 2000）．

3.2.2 乳児の知識に基づく内発的動機：予測

乳児の予測能力の発達の研究は，主に単純な力学的な事象（例えば道筋に沿って転がるボール）に対する予測的な反応を調べることでなされてきた．この文脈では，「予測」は，知覚運動スキルとして定義されるのだが，そこでは事象を予測して視線を移動させたり，手を伸ばしたりといった乳児の行為が実行される．

幼い乳児の予測行動を測定する確立したテクニックとして，**視覚的期待のパラダイム**（visual expectation paradigm: VExP）がある（Haith, Hazan, and Goodman 1988; Haith, Wentworth, and Canfield 1993を参照）．複数の場所にある一連の画像を一定のパターンで乳児に見せ，乳児の画像への視覚パターンの位置とタイミングを記録する．Box 3.1でVExPの詳細を紹介し，この手法により明らかになった主な発達上の発見も紹介する．VExPが限られた月齢（2ヶ月齢から4ヶ月齢）の乳児の研究に主に用いられていることに注意する必要がある．これは予測的な視覚行動がこの年齢で急速に発達することを示唆しているだけでなく，人間の乳児のFEFの成熟についての推定（例えばJohnson 1990）とも一致する．

予測を測定するより難しい課題の一例は，スクリーンの裏側へ隠れることで視界から出入りするボールを追跡するというものである．ボールが再び出現することを予測するためには，2つのスキルが必要になる．1つは，ボールがスクリーンに隠れている間，ボールを「心に」留めておかねばならないということである（ピアジェが呼ぶところの**対象の永続性**）．もう1つは，ボールが現れる前に現れる場所を見るよう目の動きを予測的に制御しなければならないということである．第4章では，前者のスキルを対象物知覚の発達の基本段階とし

Box 3.1　視覚的期待のパラダイム（VExP）

もっとも早く観察され，もっとも基本的な幼い乳児の予測行動は，一連の事象（例えばビデオ画面に次から次へと表示される画像）を見て，表示される前に事象の位置を予測する能力である．Haith, HazanとGoodman（1988）は，この能力を検証するために，視覚期待パラダイム（VExP）を設計するという革新的な研究を行った．VExPでは，乳児は2ヶ所以上の場所に表示される一連の画像を見るが，その表示は規則的な空間パターン（例：A-B-A-B-A-B），不規則な順（例：A-B-B-A-B-A）のいずれかで行われる．ここで強調しておきたいのは，この研究の重要な発見は，2ヶ月齢の乳児は，規則的なパターンでは次に表示される画像の位置の予測を短時間で学習してしまうということである．Haithらによる後の研究では，幼い乳児は画像の空間的位置を反応するだけでなく，画像の表示されるタイミングや内容にも反応することが示されている．

実験手順

　下の図は，Haith, Hazan と Goodman が VExP による乳児の注視パターンを研究するために用いた器具を示している．実験では，3ヶ月半齢の乳児が仰向けに寝かせられ，鏡（鏡Y）を通して反射してくる一連のビデオ画像を見せられた．同時に，ビデオカメラ（アイカメラ）が，赤外線光源（光コリメーター）により照らされた乳児の片眼を接写記録する．実験は2つの手順に分割して行われる．**規則的交互手順**では，画像はスクリーンの左右に交互に表示される．**不規則的手順**では，画像は2つの位置にランダムに表示される（上図を参照）．すべての乳児に対して両方の手順が行われ，乳児間で均衡が取れる順番で実施された．

結果

　Haith, Hazan と Goodman（1988）は，各画像が現れてからその場所への凝視までの時間差の平均を計算することで，乳児の反応時間を系統的に分析した．2つの重要な発見があった．1つは，乳児の総反応時間は，規則手順で短く，不規則的手順では長かったことである（391ミリ秒対462ミリ秒）．もう1つは，画像が現れる200ミリ秒以内にその場所に視線を動かした場合を「**予測**」と定義すると，規則手順では，不規則手順の2倍の予測ができた（22％対11％）．

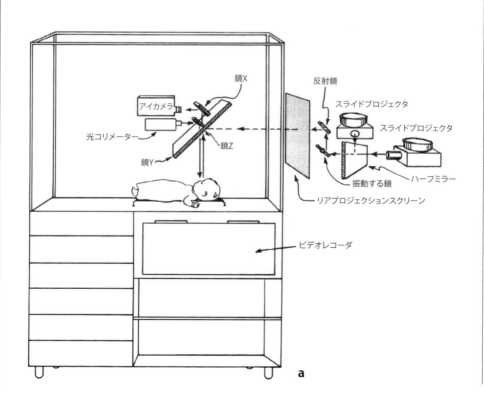

第3章 新奇性と好奇心と驚き

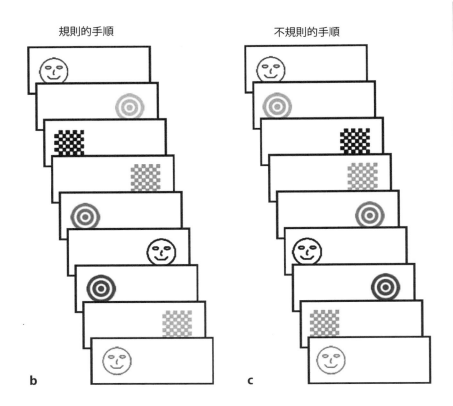

Haith, HazanとGoodman (1988) のVExPで使われた (a) 実験器具．(b) 規則的手順と (c) 不規則的手順．

その後の発見

　Canfieldと Haith (1991) は，3ヶ月半齢ではなく2ヶ月齢の乳児に対して追試を行い，より幼い乳児も2ヶ所の交互画像列の予測を学習することを示した．一方で，この年齢の限界として，2ヶ月齢では，A-A-B-A-A-Bのような非対称な系列を学習できないこともわかった．しかし，この限界は3ヶ月齢で消失する．3ヶ月齢では，他の興味深い能力も出現することもわかった．例えば，Wentworth, HaithとHood (2002) は，3ヶ月齢では，3つの位置の手順ばかりでなく，ある位置 (例えば中心) に出現する画像の内容から次の画像の位置 (例えば左と右) を正しく予測できる．また，Adlerら (2008) は，画像の (位置の代わりに) タイミングを系統的に変えて，3ヶ月齢で，間隔を予測の手がかりとして次の画像の予測を学習できることを発見した．

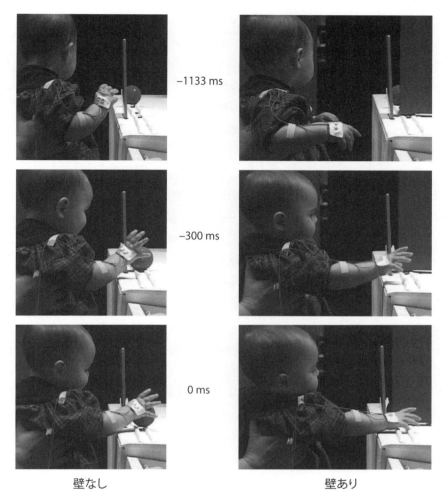

壁なし　　　　　　　　　　　　　　　　壁あり

図 3.3　目による予測的な追跡課題と手の予測的な運動についての実験．Berthiaer et al.（2001）より．

て扱う．ここでは，後者のスキル，つまり隠れたオブジェクトの追跡の間にどのようにして予測的な注視が発達するのかを論じる．

　4ヶ月齢の乳児は，見えている間は動くボールをうまく追跡することができる（Johnson, Amso, and Slemmer 2003a）が，隠れてしまうとボールを追跡できなくなる．ボールの出現を予測することはなく，出現してからそのボールに視線を向けるだけである．しかし，助けが与えられた場合，例えば隠すスクリーンの幅が狭い場合などは，4ヶ月の乳児でも予測的に目を動かせるようになる．このように，基本的なオブジェクトを予測的に追跡する予測運動メカニズムは4ヶ月齢で現れるが，確実になるまで知覚的な助けが必要になることもある．6ヶ月齢までには，乳児は幅の広いスクリーンに遮られても，ボールの再出現を完全に予測できるようになる．

　また，予測追跡課題は，乳児を本物のボールが転がる経路のそばに置くと，より難しくな

る．ここでも経路の一部が隠されて，ボールは一時的に視界から消え，再度現れる．ここで予測行動は同時に2つの方法で測定される．1つは予測的な目の動きで，もう1つは予測的に手を伸ばす動きである．Berthierら（2001）は，2つの経路がある条件下で，この課題を行う9ヶ月の乳児を研究した．図3.3で示したように，「壁がない」条件下では，乳児はボールが経路を転がり，スクリーンに隠れ，反対側に達するのを見る．「壁がある」条件下では，障害物がスクリーンの後方の経路に置かれ，ボールが隠れてから再び出現することはない（「壁」はスクリーンよりも数インチ高いので，乳児には壁が見えていることに注意）．

　3つの重要な発見が報告された．1つは，乳児の注視行動の解析の結果，Berthierら（2001）は，9ヶ月齢の乳児は壁がない条件下でのみボールの再出現を予測したことを指摘した．一方で，壁がある条件下では，乳児は壁がボールの再出現を阻んでいることをすぐに学習し，壁がない条件下でボールが再出現する場所に視線を向けなかった．2つ目の測定方法として乳児の手を伸ばす行動を分析してみると，壁がある条件下よりもない条件下で，乳児はより多く手を伸ばす行動を示した（前掲書）．つまり，壁の存在が手を伸ばすかどうかの手がかりになっているのだと考えられる．3つ目は，図3.3で示したように，いくつかの試行では，乳児は壁があるかどうかにかかわらず，ボールに手を伸ばした．面白いことに，Berthierら（前掲書）は，この手を伸ばす行動の運動学的特徴は壁の存在には無関係であることを発見した．つまり，手を伸ばす行動は「弾道」的に見え，いったん開始すると予測的ではあるものの，その後の視覚情報に影響されない．特に，Berthierらは，こうした手の伸ばす行動のときたまの失敗は，2歳での発達へつながる視覚スキルと視覚運動スキルの部分的な統合を反映するものではないかと述べている．

3.2.3　乳児の能力に基づく内発的動機

　さきほど触れたように，能力に基づく内発的動機は，環境の知識や情報を獲得するということよりも，個体の発達とスキルの獲得に着目しているという点で，知識に基づく内発的動機とは異なっている．乳児の初期に出現する能力に基づく内発的動機は，**自己効力感（エフェクタンス）**の発見である．これは自分自身の行動が，周囲のオブジェクトや人に影響を与えていることを認知することである．

　乳児の自己効力感を研究する1つの方法は，**「行動に基づく随伴性知覚」**（簡単には随伴性知覚）を用いるものである．随伴性知覚実験の一般的な設計は，知覚的に顕著な事象が起こる（スクリーンに画像が現れる，スピーカーから音が再生される）環境に乳児を置き，その事象を乳児の行動と「結びつける」というものである．よく知られた実例はRovee-Collierにより開発・研究された「モビール」パラダイムである（例えばRovee-Collier and Sullivan 1980）．乳児は柵の中に置かれ，リボンが乳児の足と頭の上に吊るされたモビールに結びつけられている（図3.4参照）．行動の面では，モビールは**共役強化**の形になっている．これが強化である理由は，乳児がモビールに結ばれた足を蹴る（もう片方の足は動かさない

3.2 内発的動機の発達

図3.4 Rovee-CollierとSullivan（1980）の「モビール」パラダイム．乳児はベビーベッドの中に置かれ，乳児の足に結ばれたリボンが，頭上のモビールに結ばれている．

ことが多い）ことをすぐに学習するからであり，これが共役強化である理由は，強化因子（おそらくモビールが揺れる視覚）が連続的に生起し，足の動きの量に比例するからである．

多くの研究を通じてRovee-Collierらはモビールパラダイムでの学習を系統的に調査した．面白いことに，このパラダイムに基づいた実験を通して，もっとも注目を集めた年齢グループは3ヶ月齢だった．この研究での重要な発見は，モビールを制御することを学習した後，3ヶ月齢の乳児が数日の間この体験の記憶を持ち続けたことである（例えばRovee-Collier and Sullivan 1980）．乳児は多くの場合1週間後には忘れたが，実際にモビールを制御しなくても短時間でも触れることがあれば，記憶が最長で4週間保たれることもあった（Rovee-Collier et al. 1980）．このパラダイムの重要な特徴は，体系的に研究されたわけではないが，乳児はモビールを動かすことを楽しんでいるように見え，足を蹴るときにしばしば声をあげたり，笑ったりするということである（図3.4参照）．

随伴性知覚を調べるための関連したパラダイムは，ビデオディスプレイを使って，1つのビデオ画面に自分の脚を，2つ目の画面に別の乳児の脚を表示するというものである（例えばBahrick and Watson 1985）．2つの画面（つまり自分と他人）を区別するためには，画

第3章　新奇性と好奇心と驚き

面に合わせて足を動かすことにより生まれる固有感覚フィードバックを照合できるようにならなければならない．このパラダイムから，興味深い疑問が2つ浮かび上がってくる．乳児は生まれてからどのくらい経ったときに，2つの画面を区別できるようになるのだろうか．そして，どちらを好むだろうか．BahrickとWatson（前掲書）は，5ヶ月齢の乳児を研究し，この年齢では自分ではないディスプレイ（つまり別の乳児の脚）を明らかに長く見ることを発見した．3ヶ月齢の乳児に実験を行うと，双峰分布が見られた．ほぼ半数の乳児は自分自身の脚を見ることを好み，残りの半分は自分ではない画面を長く見たのである．後にGergelyとWatson（1999）は，誕生後3ヶ月間，乳児は自分の身体の動きがどのように感覚を生み出すのか（ピアジェが言うところの**第一次循環反応**）に興味を持つと主張している．これが完全な随伴性への嗜好をもたらすことになる．GergelyとWatsonは，3ヶ月をすぎた乳児では，完全に随伴的な事象を避けるようになり，乳児の興味は養育者への社会的応答などの随伴性が高い（が完全ではない）事象に移ることになるという仮説を立てている（Kaplan and Oudeyer 2007の類似の変移をとらえた内発的動機モデルを参照のこと）．この考え方の興味深い点は，自閉症スペクトラム障害（ASDs）のリスクを持つ乳児は，このような変移を起こさない可能性があることである．GergelyとWatsonによると，自閉症の子どもの完全な随伴性への嗜好は，繰り返し行動や自己刺激で現れ，日常の環境や日課が変わることには嫌悪が現れるという．

最後に，乳児と子どもの能力に基づく内発的動機に対して，やや異なる観点から**自発的な遊び行動**の研究がなされている．表3.1は乳児期と初期子ども期に現れる遊びを複雑さの段階の順に示したものである（Bjorklund and Pellegrini 2002; Smilanksy 1968）．これらの段階は排他的ではなく，さまざまな遊び行動が現れ始める発達段階は重なり合っている．最初の段階は**機能的遊び**（感覚運動遊び，移動遊びとも言われる）である．これは，走る，登る，掘るなど全身を動かす運動である．機能的遊びでは，ゆりかごを揺らす，ボールを蹴る，積み木を落とすなどのようにオブジェクトを操作することもある．この段階の遊びは最初の1年で現れ，初期子ども期まで続き，次第に社会的なものになっていく．この遊び行動（特にいわゆるしっちゃかめっちゃか遊び）は，人間でも動物でも見られるもので，おそらく進化的な基盤をもっているのだろう（例えばSiviy and Panksepp 2011）．第2段階は**構成的な遊び**（あるいは**対象物遊び**）で，2年目に現れ，これも初期子ども期まで発達しながら続く．構成的な遊びには微細な運動スキルと1つ以上のオブジェクトの操作が関係し，構築または創造するという暗黙の目的がある．例えば，積み木遊び，パズル遊び，絵筆によるお絵かきなどである．

構成的な遊びの時期は，**ごっこ遊び**と大いに重なっている．ごっこ遊びは2歳前後で現れ，初期子ども期に主流の遊びの1つとなる．ごっこ遊び（空想遊び，象徴遊び，演技遊びともいわれる）の時期，子どもは自分の想像力を使って，現実の環境を空想のものに変え，例えばロケットの中や海賊船の中にいるふりをしたり，本物の台所で料理をしていると想像した

表3.1 遊び行動の段階（Smilansky 1968 より作成）

年齢	遊びの型式	例
0 – 2 歳	機能的または知覚運動	走る，はしごを登る，砂に穴を掘る
1 – 4 歳	構成的	積み木遊び，列車の線路をつなぐ，クレヨンでお絵かき
2 – 6 歳	ごっこ遊びまたは象徴遊び	飛行機で飛ぶ，朝食を作る，海賊船の船長になる
6 歳以上	ルールのあるゲーム	ボールけり，フォースクエア，チェッカー，けんけん

りする．初期のごっこ遊びは一人遊びになる傾向があるが，4歳までには社会・演技的になり，空想やごっこといった要素だけでなく，遊びのテーマを調整し維持するために複数の「演者」で協調して遊ぶようになる．社会インタラクションと協調への傾向は，野球やチェッカーのような**ルールのあるゲーム**という形で頂点に達する．これは子どもが通常の学校生活に移り始める6歳前後で現れる．

3.3　内発的動機エージェントと内発的動機ロボット

ここで，話題を内発的動機機械，内発的動機エージェント，内発的動機ロボットに変えよう．この節では，内発的動機をどうすれば計算の問題として扱えるかという考え方の概観を紹介する．特に，知識に基づく内発的動機と能力に基づく内発的動機をシミュレートするための基本的なアーキテクチャを紹介する．それから，このアーキテクチャをどうすればさまざまなシミュレーションやモデル，実世界のロボットプラットフォームに組み込めるのかを紹介していく．

3.3.1　内発的動機の計算フレームワーク

発達ロボティクスの手法の中で内発的動機を扱う多くの研究は，強化学習（reinforcement learning: RL）に注目する傾向がある．Barto, Singh と Chentanes（2004）は，強化学習は環境（つまり「外的」動機）が行動にどのような影響を与えるのかだけでなく，内部のまたは内的要因が行動にどのような影響を与えるのかを研究するための使いでのあるフレームワークを与えてくれると指摘している．興味のある読者にはSutton と Barto（1998）による強化学習の包括的な紹介を読むことを推奨するが，ここでは内発的動機のモデル化にもっとも関係のある基本要素を紹介していく．

強化学習モデルの中核になる要素は，自律エージェントと環境，環境内で体験する可能性のある感覚の状態，状態と可能な行動をマッピングする機能（つまりポリシー）である．図3.5aは，このような要素間の関係を示している．エージェントは環境を知覚し，方針に従って行動を選び，選んだ行動を実行する．環境は2つのフィードバックを返す．1つは報酬信号で，エージェントはこの信号を使って将来期待できる報酬を最大にするように方針を修正

第3章 新奇性と好奇心と驚き

していく（つまり選ばれた特定の行動の価値が増減する）．もう1つはセンサ信号の更新である．モバイルロボットの分野では，エージェントはモバイルロボットであり，環境は雑然とした室内であったりするが，可能な行動はロボットの車輪を回転させること（例：前進，後退，右左折）だったり，センサ信号は赤外センサ列の値や「グリッパー」や接触センサの状態だったりする．この例で，開発者がロボットを充電器に戻らせ，充電させたいとしよう．単純な報酬関数は，それぞれの行動（例：8方向のうちのいずれかに進んだ場合）の後に0の報酬をロボットに与えるが，充電器に達したときには1の報酬を与える．

図3.5aが示すように，報酬信号は環境の中で発生するので，エージェントは外的に動機づけされる．逆に，報酬信号がエージェントの内部で生じると考えてみよう．図3.5bは，そのような状況を示したもので，さきほどの条件とほとんど同じだが，異なるのは，環境はセンサ信号しか提供せず，（エージェント内の）内部の動機システムが報酬信号を出しているという点である．この場合，エージェントは内部から動機づけされる．

しかし，**内部**動機行動と**内発的**動機行動を混同してはならない．モバイルロボットが自分の報酬を計算するように設計されている場合は，これは内部動機となる．一方で，目標が充電をすることであれば，これは外発的動機となる．なぜなら，成功した行動（例：充電器に到達する）が直接ロボットに利益を与えるからである．一方で，ロボットが空間を歩き回って，例えばまだ歩いていない場所の予測に成功するたびに内部報酬を生じる場合は内発的動機となる．なぜならその報酬信号は，恒常性からの「要求」を満足させるようなものではなく，時間をかけて得られた情報の流れ，特にロボットの現在の知識と経験の水準に基づくものだからである．

このような計算フレームワークを用いて，OudeyerとKaplan（2007）は，内発的動機をシミュレートするアーキテクチャを体系的に分類した．分類に使った基本的なシナリオは，自律エージェントが環境とインタラクションすると，行動ごとに状態が更新され，内発的動機の報酬信号を受け取るというものである．簡潔にするため，ここでは状態空間が離散的で，行動後の状態遷移は決定的であるという場合を考える．しかし，ここで述べる報酬関数は，どれも連続空間および部分的に観察可能や確率的な環境に一般化あるいは適用できるということは強調しておかなければならない．

すべての可能な事象の集合Eの中のk番目の標本をe^kと定義しよう．通常，e^kは，ある時点のセンサ値（先述）のベクトルと仮定できるが，そうでなければ，用いる認知アーキテクチャに合致するよう十分に一般的なものとする．次に，エージェントが事象e^kを時間tで観察または経験したときの離散スカラー値の報酬を$r(e^k,t)$と定義する．このような定義のもとで，さきほど紹介したそれぞれの内発的動機学習メカニズムを検討してみることにしよう．

知識に基づく内発的動機：新奇性

エージェントを新奇性のある事象を探すように動機づける簡単な方法は，まず，時間tで

3.3 内発的動機エージェントと内発的動機ロボット

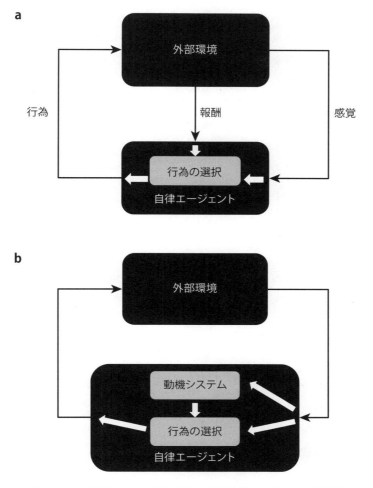

図3.5 OudeyerとKaplan（2007）により提案された外部動機システムと内部動機システム．（a）環境が報酬信号を発し，エージェントが外部から動機づけされる．（b）エージェントは内部動機システムを持っていて，自分で報酬信号を発する．環境は感覚信号のみを提供する．

観察される事象e^kの推定確率を返す関数$P(e^k,t)$を考えることである．1つの戦略は，この関数が当初未知であると仮定すること（例えば事象の分布が一様である．つまり，事象は等しい確率で起きる）で，環境のモデルが得られるにつれてエージェントは自らの経験を使ってPを修正していく．次に，Pと定数Cが与えられたとき，

$$r(e^k,t) = C \cdot (1 - P(e^k,t)) \tag{3.1}$$

は，与えられた事象の確率が減るのに比例して増える報酬をもたらす．この報酬関数が，一般的な強化学習問題（すなわち報酬の累積量を最大化することが目標になっている場合）に適用されると，エージェントは生起頻度が小さい事象を生じさせるように行動を選んでいく

ことになる．しかし，この数式の1つの問題は，新奇性がきわめて高かったり，起こる確率がきわめて低かったりする事象に最大の報酬を与えてしまうことである．さきほど見たように，このことは理論にも広範な実データにも合わない．つまり，**適度な新奇性**が最大の興味や報酬を与えてくれるのである．この問題については後にまた触れよう．

　OudeyerとKaplan（2007）は，報酬関数（3.1）は**不確実性動機**だと述べている．すなわち，エージェントは内発的動機によって新奇性があったり，なじみのなかったりする事象を探す．もう1つの定式化は**情報利得動機**である．これはエージェントが知識を増やすような事象を観察する際に報酬を受け取るということである．この場合，時間 t のすべての事象 E の合計エントロピーを $H(E,t)$ と定義し，次のように表す．

$$H(E,t) = -\sum_{e^k \in E} P(e^k,t) \ln(P(e^k,t)) \tag{3.2}$$

ここで $H(E)$ は，確率分布 $P(e^k)$ の形を特徴づける．この情報量を展開すると，報酬関数は次のようになる．

$$r(e^k,t) = C \cdot (H(E,t) - H(E,t+1)) \tag{3.3}$$

すなわち，連続する事象がエントロピーの減少をもたらすときに，エージェントは報酬を得ることになる．内発的動機を環境中の事象の絶対的な確率に関連づける不確実性動機とは異なり，情報利得動機の潜在的な強みは内発的動機がエージェントの知識状態の関数として変化しうるということにある．

知識に基づく内発的動機：予測

　エージェントは，静的な世界のモデル P を学習するのではなく，将来の状態を予測することを積極的に学習できる．予測あるいは期待される事象と実際に起こった事象の違いが，予測に基づく内発的動機の基礎を提供することができる．この定式化の鍵になる要素が関数 $SM(t)$ で，これは時間 t の感覚運動情報の文脈を表し，ロボットの現在のカメラ映像や赤外センサの値，モータの状態などの文脈情報を含む一般的な事象概念をコード化する．ここで $SM(\to t)$ という記述を使う．これは時間 t での状態情報だけでなく，必要に応じて過去の文脈からの情報も含む．次に，Π は $SM(\to t)$ を使って次の時間に起こると推定または期待される事象 $\tilde{e}^k$ を予測する予測関数である．

$$\Pi(SM(\to t)) = \tilde{e}^k(t+1) \tag{3.4}$$

この予測関数 Π で，予測誤差 $Er(t)$ は次のように定義される．

3.3 内発的動機エージェントと内発的動機ロボット

$$E_r(t) = \|\tilde{e}^k(t+1) - e^k(t+1)\| \tag{3.5}$$

これは，時間$t+1$での期待される事象と観察された事象の差である．最後に簡潔な報酬関数を報酬r，定数C，時間tの予測誤差Eで次のように定義する．

$$r(SM(\to t)) = C \cdot E_r(t) \tag{3.6}$$

興味深いことに、OudeyerとKaplan（2007）は報酬関数（3.6）を予測新奇性動機と呼んでいる。この場合、エージェントは「下手に」予測する，つまり予測誤差が最大になる事象を探すことで報酬を得られる．しかし，不確実性動機と同じように，この定式化にも，報酬は新奇性に従って大きくなるという問題がある．この制限を解決する1つの方法は，中程度の新奇性の「閾値」E_r^σで報酬が最大になるようにし，その他のところでは予測誤差はそれほど大きな報酬をもたらさないと仮定することである．

$$r(SM(\to t)) = C_1 \cdot e^{-C_2 \cdot \|E_r(t) - E_r^\sigma\|^2} \tag{3.7}$$

Schmidhuber（1991）により提出された数式（3.6）の代替案は，連続する予測$Er(t)$と$Er'(t)$の間で改善があれば報酬を与えることである．

$$r(SM(\to t)) = E_r(t) - E_r'(t) \tag{3.8}$$

ここで

$$E_r'(t) = \|\Pi'(SM(\to t)) - e^k(t+1)\| \tag{3.9}$$

こうして（3.8）は，時間tでの2つの予測を比較する．1つ目の予測$E_r(t)$は$e^k(t+1)$が観察される前に計算されるが，2つ目の$E_r'(t)$は観察の後，予測関数がΠ'に更新され，新しい予測モデルとなった後に計算される．

能力に基づく内発的動機

さきほど触れたように，能力に基づく内発的動機の独特な点は，環境の状態や環境に対する知識ではなく，スキルに注目していることである．したがって，能力に基づく内発的動機をモデル化する計算的な手法も，知識に基づく内発的動機をシミュレートする手法とは異なっている．この手法の重要な要素は，有限個の目標または選択肢のうちの1つを表すゴールg_k

という概念である．関連する考え方としては，ゴールに向かう行動は，有限の時間 t_g（すなわち目標 g を達成するのに割り当てられる時間）を持つ離散エピソード内で起き，より低レベルの行動の構成要素として，順方向・逆方向のモデルを学習するためのさまざまな手法や，それらを使うための計画戦略を含むかもしれないというものがある（このような階層的探索と学習アーキテクチャの議論については Baranes and Oudeyer 2013 を参照）．最後に，関数 l_a は期待される目標と観察された結果の差を計算する．

$$l_a(g_k, t_g) = \|\widehat{g_k(t_g)} - g_k(t_g)\| \tag{3.10}$$

ここで，l_a は目標の（不）達成度を表す．これらの要素により，報酬関数は試みた目標と達成した目標の差が大きいほどよいというように設計できる．

$$r(SM(\to t), g_k, t_g) = C \cdot l_a(g_k, t_g) \tag{3.11}$$

Oudeyer と Kaplan（2007）は，報酬関数（3.11）について，**無能力最大化動機**という面白い呼び方を与えている．実際，この関数はエージェントが，そのスキルレベル以上の目標を選ぶように報酬を与えてしまうのである（そしてみじめに失敗することになる！）．

この問題に対処するため，報酬関数（3.3）または（3.8）で用いられたのに似た戦略が使われ，前後の試行が比べられる．Oudeyer と Kaplan（2007）は，これを**能力最大化進歩**と呼んでいるのだが，それは以前の試行を改善するような目標指向行動をとるエージェントに報酬を与えられるからである．

$$r(SM(\to t), g_k, t_g) = C \cdot (l_a(g_k, t_g - \Theta) - l_a(g_k, t_g)) \tag{3.12}$$

ここで $t_g - \Theta$ は，g_k が試みられた以前のエピソードを表す．

3.3.2　知識に基づく内発的動機：新奇性

3.3.1節の一連のアーキテクチャは，計算レベルでの理想的に抽象化した内発的動機を表している．これらはまだ系統的に評価，比較されていないことには注意しなければならない．しかし，ここ数年で研究者らは，シミュレーションと現実世界のロボットプラットフォームのいずれでも，これらやその他の関連するアーキテクチャを採用し始めている．ここでは，それぞれの内発的動機ごとに最近の研究を紹介する．最初は新奇性に基づく内発的動機から始めよう．

3.2.1節で紹介したように，新奇性を探す行動は，探索と新奇性検知の2つに分けることができる．この2つを統合するモデルが Vieira-Neto と Nehmzow（2007）により提案された．

3.3 内発的動機エージェントと内発的動機ロボット

彼らはモバイルロボットの視覚探索と馴化を研究した．最初に，ロボットは障害物を回避する基本的な戦略で環境を探索する．環境を巡回するに従って，ロボットは視覚入力から顕著性マップを作る．次に，マップ上で顕著性が著しい場所を選んで，さらに視覚的な分析を行う．このような領域は，対応する領域の色値を入力とし，それを特徴の自己組織化マップ（self-organizing map: SOM）に投射する視覚新奇性フィルタにより処理される．馴化のメカニズムは，活性化し続けているSOMのノードの関連重みづけを低くしていくことでモデル化される．

図3.6aはロボットが環境を探索し始めたときの写真である．番号の位置が顕著性の高い場所に対応している（0がもっとも顕著性が高い場所になる）．またそれぞれの場所の丸は新奇性フィルタの出力を表している（閾値を超えた新奇性レベルを持つ場所を円で表している）．右のグラフから，新奇性フィルタの出力は最初大きいが，時間とともにゆっくりと小さくなっていくことがわかる．環境を5回巡回すると，ロボットは壁と床に慣れ，新奇性フィルタの出力は一貫して小さくなる．

図3.6bは，新しいオブジェクト，すなわち第2コーナーにある赤いボールが環境に導入されたときのロボットの反応を表している．ロボットが赤いボールに到達すると，顕著性マップのボールの位置に3つの最大値が現れ（0，4，5のラベル），この場所は新奇性フィルタによるさらなる処理を受けることになる．したがって，新奇性フィルタの出力は急激に大きくなっている．この実験では，ボールの新奇性が複数回推測できるよう，馴化メカニズムは新奇性フェーズでは停止させられている（ループ2〜5）．モデルは人間の乳児や子どもの視覚探索処理，学習の処理を把握するよう明示的に設計されているわけではないが，障害物回避のような基本的な行動メカニズムがどのように視覚探索を可能にするのかを簡潔に説明しているだけでなく，環境の中の新奇性のあるオブジェクトや特徴が，どのように検知され，選ばれて，さらなる視覚処理に役立つかということも説明している．

同様の手法がHuangとWeng（2002）により提案されている．彼らはSAIL（Self-organizing, Autonomous, Incremental Learner）モバイルロボットプラットフォームで新奇性と馴化を研究した（図3.7a参照）．視覚顕著性と色ヒストグラムを使って新奇性を決定するVieira-NetoとNehmzow（2007）のモデルとは異なり，HuangとWengのモデルは，新奇性は期待される知覚状態と観察された知覚状態の差であると定義している．さらに，このモデルは，さまざまな感覚（視覚，聴覚，触覚）の信号を結合する．HuangとWengのモデルのもう1つ重要な特徴は，新奇性検知と馴化を強化学習のフレームワークに組み込んでいることである．モデルは内的強化信号と外的強化信号の両方を持っている．内的訓練信号は感覚的な新奇性によりもたらされる一方，外的信号はロボットの「よし」ボタン，「だめ」ボタンをときどき押すことでロボットを褒めたり罰を与えたりする教師によって生み出される．

図3.7bは，モデルの認知アーキテクチャを表している．感覚の入力はIHDR（Incremental Hierarchical Decision Regression）ツリーに伝えられ，ここで現在の感覚状態が分類され，

第3章 新奇性と好奇心と驚き

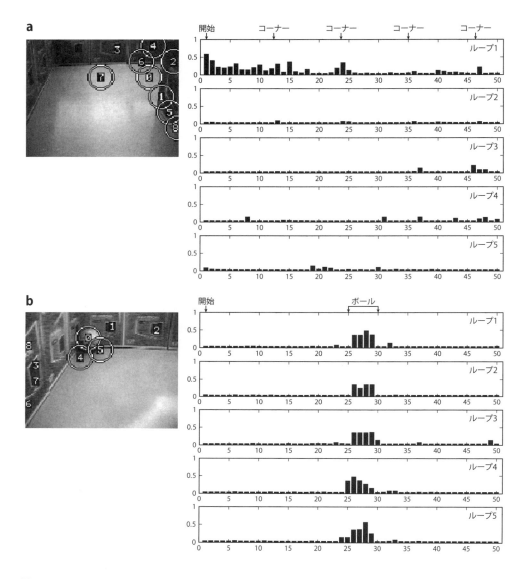

図3.6 モバイルロボットの視覚探索と馴化に関するVieira-NetoとNehmzow（2007）の実験結果．（a）環境を探索し始めたときのロボットへの入力の写真．（b）新しいオブジェクトに対するロボットの反応．

さらにモデルの現在の感覚文脈（文脈プロトタイプとして蓄積されている）の推測値を更新する．そしてモデルは文脈と状態を組み合わせて行動を選び，行動は価値システムにより評価される．次に，Q学習アルゴリズムにより文脈プロトタイプを更新するが，これには状態，行動，Q値が使われる．

$$r(t) = \alpha p(t) + \beta r(t) + (1 - \alpha - \beta) n(t) \tag{3.13}$$

3.3 内発的動機エージェントと内発的動機ロボット

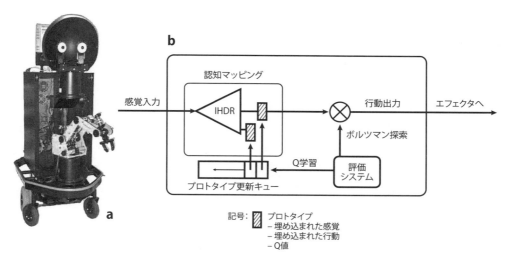

図3.7 (a) SAILロボットと (b) モデルの認知アーキテクチャ（Huang and Weng 2002）.

　数式（3.13）は，HuangとWengのモデルに用いられた報酬関数を表している．各時間ステップの報酬は，3つの要素の合計になる．教師により生み出される罰pと積極的強化r，およびロボットにより内発的に生み出される新奇性nである．αとβの値は3つの報酬信号の寄与率に重みづけするパラメータである．HuangとWengは，罰は行動に対して強化よりも強い影響を与え，この2つの外的報酬信号は内発的報酬よりも大きいと仮定している（$\alpha > \beta > 1-\alpha-\beta$）．

　このモデルの中の馴化は創発的な特徴である．新奇性はロボットの体験に応じて決まるので，最初はすべての感覚入力に新奇性がある．その結果，ロボットは環境を無差別的に探索することになる．しかし，数分後には，期待される感覚入力と観察された感覚入力の違いは小さくなり始め，その結果，ロボットはあまり経験していない視覚刺激，あるいは視覚的に複雑なもの（例えばミッキーマウスの人形）を選ぶようになっていく．こうして，ロボットは徐々にオブジェクトに慣れていき，新奇性のある感覚入力が得られるような行動を戦略的に選んでいくようになる．HuangとWengは，新奇性刺激に対応するこの指向も，教師によるフィードバックにより一部を調整したり打ち消したりすることができるということを示した．

　HiolleとCañamero（2008）は，ソニーのAIBOが養育者の下で環境を視覚的に探索するという関連するモデルの研究を行った．2人のモデルの面白い点は，興奮メカニズムにより探索が行われたことである．興奮は，養育者を見ることや養育者がロボットに触ることで変化する．HuangとWengのモデルと同じように，HiolleとCañameroのロボットは（コホネンの自己組織化マップにより表現される）環境の内的モデルを学習した．視覚探索の間，ロボットは視覚入力を自分の内部表現と比較し，3つの決定ルールにより見る行動を決定する．(1) 新奇性が低いとき，ロボットは現在の方向から顔を背け，(2) 新奇性が中程度のとき，

ロボットは動かず（現在の体験を解析し続け），（3）新奇性が高いとき，ロボットは吠え声をあげ，養育者を探す．この場合，養育者を見ると興奮はそこそこ下がり，養育者が触れると興奮レベルはかなり下がる．

訓練の間，HiolleとCañameroは2つの学習文脈でのロボットの成績を比較した．介助が多い文脈では，養育者が常に付き添い，ロボットが困った場合には積極的に介助をした．一方，介助が少ない文脈では，養育者はときどきしか現れず，積極的にはロボットに対応しなかった．この比較から2つの重要な発見があった．1つは，どちらの場合でもロボットは視覚探索行動を養護者の利用可能度に応じて学習していくということである．すなわち，介助が多い文脈では，興奮しているときにロボットはよく吠え，養育者を探した．対照的に，介助が少ない文脈ではロボットは新奇性が高く，よって問題を引き起こすような視覚体験から目をそらすことを学習する．もう1つの発見は，ロボットは介助が多い文脈ではより頑健な環境の内部モデルを作り出し，結果として長期的には新奇性の平均値を低くするということである．合わせて考えると，この2つの発見は視覚探索での養護者の役割が重要であることを示しているだけでなく，より重要なこととして，新奇性探索と興奮の調整と社会的インタラクションの関係も説明しているのである．

4つ目の手法は，Marshall, BlankとMeeden（2004）により提案された．彼らも，新奇性を期待される感覚入力と観察された感覚入力の関数として定義している．実際，Marshall, BlankとMeedenのモデルは新奇性に基づく計算と予測に基づく計算を明示的に取り入れている．彼らは，円の中心で動かないロボットが円の端から端へと横断する2体目のロボットを見るというシミュレーションを行った．動かないロボットが環境を観察して，動くロボットを見かけると，次の視覚入力の予測が生まれる．この期待される入力は，観察された入力と比較され，予測誤差を計算するのに使われる．数式（3.8）と同じように，新奇性は，2つの前後する時間における予測誤差の変化として定義される．このモデルから重要な発見が2つ得られた．1つは，新奇性が高い視覚刺激に相対していく過程で，動かないロボットは，動くロボットの追跡を「タダで」（つまり外部からの報酬なしに）学習するということである．おそらくより重要なもう1つの発見は，動くロボットの追跡が正確に学習できるようになると，動かないロボットが動くロボットに相対するのに割く時間が次第に少なくなっていくということである．こうして，HuangとWengのモデルと同じように，馴化メカニズムは，新奇性のある事象を検知することを学習した結果として創発してくるのである．

3.3.3　知識に基づく内発的動機：予測

さきほどの実例が示しているように，新奇性に基づく内発的動機のモデルと予測に基づく内発的動機のモデルには若干の重なりがある．この節では予測に基づくモデルを紹介するが，重要なのは，このモデルは新奇性に基づく手法と多くの特徴が重なっているだけでなく，場合によっては，同じ計算フレームワーク内で予測と新奇性の要素を結合させることもあると

いうことである．

野心的で興味深い予測に基づく内発的動機のモデルがSchimidhuber（1991, 2013）により提案されている．彼は，内発的動機の基礎となる認知メカニズムは，新奇性の探索や探索，好奇心だけでなく，問題解決，芸術表現や音楽表現（あるいはより一般的な美的体験），ユーモア，科学的発見などにも関係しているとしている．Schimidhuberの「創造性についての形式理論」には4つの主要な要素がある．

1. **世界モデル**．世界モデルの目的は，エージェントの体験のすべてを網羅し，表現することである．実際には，世界モデルは，選んだ行動，観察された感覚状態など，エージェントのすべての履歴を記録する．機能レベルでは，世界モデルは，経験におけるパターンや規則性を検出することで生データを簡潔な形に圧縮する**予測器**だとみなされる．
2. **学習アルゴリズム**．世界モデルは，エージェントの体験履歴を圧縮する能力を時間とともに改善していく．この改善は，新奇性のある感覚データや事象を特定する学習アルゴリズムの結果で，コード化の際に世界モデルに保存されるデータの圧縮率を高めていく．
3. **内的報酬**．世界モデルの改善（すなわち圧縮率の増大）は，価値のある学習信号となる．Schimidhuberは，新奇性や驚きは世界モデルの改善度として定義できると主張している．つまり，学習アルゴリズムがモデルの圧縮率を高める体験を検出するたびに，その体験を生み出した行動に報酬が与えられることになる．
4. **制御器**．最後の要素は制御器で，これは内的報酬信号からのフィードバックに基づいて，新奇性のある体験を生み出す行動を選ぶように学習していく．制御器はそれゆえ世界モデルに対して新しいデータを生む探索メカニズムとして機能し，特に世界モデルの予測力を高める体験を生む内発的動機を持つ．

Schimidhuberの理論が他の予測に基づくモデルと異なる重要な点は，予測誤差そのものに基づいて内発的動機報酬信号を生むのではなく，報酬が予測誤差の異なる時間での差異，すなわち**学習の進展**に基づいているということである（3.1.1節参照）．離散時間モデルでは，学習の進展は一連の予測誤差の差として計測することができる（数式3.8参照）．状態と行動計画が与えられているとき，世界モデルは次の状態の予測を行う．次の状態が観察されると，それは最初の予測誤差を計算するのに用いられる．この誤差に基づいて世界モデルが更新され，元の状態と行動を使って，更新されたモデルが次の状態の予測をする．予測誤差が再び計算され，この誤差は最初の誤差から減じられる．学習の改善に応じて一連の予測誤差によい変化があると，制御器によって選ばれた行動の値を高くするような内発的動機信号が生成される．心理学的には，この行動は予測を改善することになるために報酬づけられているということになる．一方で，予測誤差によくない変化があったり変化がなかったりした場

合は，対応する行動の値が減少する．

　Oudeyerらは，IAC（Intelligent Adaptive Curiosity）をはじめとする一連の計算アーキテクチャに関連する手法を採用した（Oudeyer, Kaplan, and Hefner 2007; Oudeyer et al. 2005; Gottlieb et al. 2013）．これらのアーキテクチャは，連続で高次元な状態行動空間を持つ現実のロボットが，効率的に生涯にわたる自律的学習と発達ができるように，内発的動機システムを拡張することを目的として設計された．特にIACアーキテクチャとその効果は，**遊び場実験**と呼ばれる一連の実験で研究された（Oudeyer and Kaplan 2006; Oudeyer, Kaplan, and Hafner 2007）．図3.8aは，IACに使われている認知アーキテクチャを示している．Schimidhuberのモデルと同様に，IACアーキテクチャでも予測学習が中心的な役割を担っている．将来の状態を予測するモデルには2つのモジュールがある．1つは予測学習器Mで，順モデルを学習するメカニズムである．順モデルには，現在の感覚状態と文脈，行動が入力され，計画した行為が感覚へもたらす影響の予測を生成する．誤差フィードバック信号は，予測した結果と観察した結果の差に基づいて生成され，Mが順モデルを更新するために用いられる．もう1つのモジュールはメタ認知モジュール（メタM）で，Mと同じ入力を受けるが，感覚の影響を予測するのではなく，低いレベルの順モデルの誤差が知覚行動空間の局所領域でどの程度減少するのかを予測できるようなメタモデル（すなわち局所的な進歩のモデリング）を学習する．感覚運動空間を区切って，いくつかの明確に定義された領域に分割するということは，この手法に関連する難しい課題である（Lee et al. 2009; Oudeyer, Kaplan and Hafner 2007）．

　IACアーキテクチャの実際のロボットに対する実装を評価するために，遊び場実験は開発された（Oudeyer and Kaplan 2006; Oudeyer, Kaplan and Hafner 2007）．実験中，AIBOが乳児用の遊びマットに置かれ，近くには，「成人」養育者ロボットといくつかの物体が置かれた（図3.8b参照）．ロボットは連続数のパラメータを持った4種類の運動プリミティブを持ち，それらを組み合わせることで，無限種類の行動を生成できる．（1）さまざまな方向に頭を向ける．（2）さまざまな大きさとタイミングで，しゃがみながら口を開けたり閉じたりする．（3）さまざまな角度，速度で脚を動かす．（4）さまざまな音程と長さで声を出す．同じようにいくつかの感覚プリミティブがあり，ロボットは視覚的な動きや顕著な視覚的特徴，口における接触の固有感覚，音の音程と長さを感知することができる．ロボットにとって，この運動プリミティブと感覚プリミティブは最初はブラックボックスになっていて，ロボットはその意味や効果，関係に関する知識を持っていない．そこで，IACアーキテクチャが用いられ，好奇心だけにより，つまり自分自身の学習の進展の探索によりロボットに探索と学習を行わせる．近くに置かれた物体には，ゾウ（噛んだり，口でくわえたりすることができる），吊るされた玩具（脚で蹴ったり，押したりすることができる）などがあり，成人「養育者」ロボットは，学習ロボットが成人ロボットを見たときに同時に声を出して，学習するロボットを模倣するようにプログラムされている．

3.3 内発的動機エージェントと内発的動機ロボット

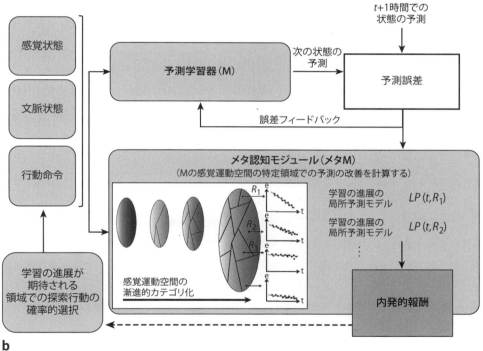

図3.8 遊び場実験（a）で使われたアーキテクチャ（b）とロボットプラットフォーム．(Gottlieb et al. 2013)

　遊び場実験での重要な発見は，構造的な発達経路の自己組織化である．ロボットは，後に再利用可能なさまざまなアフォーダンスとスキルを自律的に獲得しながら，オブジェクトや行動を次第により複雑な段階的方法で探索するようになる．このような実験を繰り返すと，以下のような発達過程が観察される．

1. ロボットは組織化されていない身体バブリングができるようになる．
2. 最初の大まかなモデルとメタモデルを学習すると，ロボットは運動プリミティブを1つずつ探索して組み合わせることをやめ，ランダムに各プリミティブを探索するようになる．
3. 外部の観察者には物体があるとわかっている（ロボットには**物体**の概念は与えられていない）場所に向かって，ロボットは行動をし始めるが，それはアフォーダンス的なものではない（例：反応しないゾウに声をかけたり，遠すぎて触れない成人ロボットを蹴ろうとしたりする）．
4. ロボットはアフォーダンス体験を探索する．ゾウをつかもうとする行動をとり，それから吊るされた玩具を叩く行動に移り，最後には成人ロボットを真似する声を探索するようになる．

この過程での重要な側面を2つ記しておく必要がある．1つは，開発者が報酬関数を与えていなくても，内発的動機システムがロボットにさまざまなアフォーダンスとスキルを自律的に学ばせるということである（BaranesとOudeyer 2009の制御の再利用を参照）．もう1つの側面は，観察された過程は今までほとんど説明されてこなかった乳児の発達の3つの特徴を自然に生成するということである．（1）質的に異なり，より複雑な行動と能力が時間とともに出現する（段階的発達）．（2）共通的だったり固有的であったりする時間的パターンを持つ広範囲の発達経路が生まれる．（3）コミュニケーションと社会的インタラクションが自律的に（モデル製作者の明示的な方向づけなしに）生まれる．

Barto，SinghとChentanez（2004）は，予測に基づく内発的動機を研究するための第三のモデルを提案している．このモデルの重要な特徴は，**選択肢フレームワーク**を採用しているという点である．このフレームワークは，毎時ステップごとに生じる**行動プリミティブ**と，複数の行動プリミティブからなり，より長い（長さは一定ではない）時間軸で起きる**選択肢**を含む．図3.9はこのモデルの課題領域を示したものである．5×5のグリッド上で，エージェントは手や目を動かしたり，T字型のアイコンで位置を指定したりすることができる．グリッド内のオブジェクトは手で操作されたときに顕著な反応を示す．例えば，あるブロックに触ったときには音楽を演奏するが，他のブロックに触れると音楽は止まる．しかし，いくつかのオブジェクトは適切な操作系列が実行されたときにだけ反応する．例えば，ベルはボールがそちらに転がされていったときに鳴る．つまり，プリミティブな行動を実行することで探索できるオブジェクトもあれば，正しい選択肢が実行されたときだけ反応するオブジェクトもあるということである．

このモデルにおける内発的動機に対する報酬信号は選択肢の実行結果に結びつけられている．ある選択肢が選ばれるとモデルは選択肢の最後の行為の結果を予測する．内的報酬は予測誤差の程度に比例する．初期の学習では，エージェントはときに「意図せず」に顕著性の

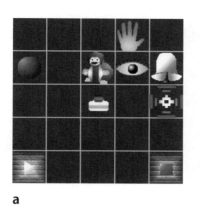
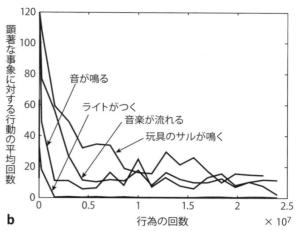

図3.9 （a）玩具世界の環境と（b）スキル学習のパターン（Barto, Singh and Chentanez 2004）．

高い事象を引き起こし，これが予期しない結果を招き，同じ事象を再び引き起こす方向にエージェントを動機づける．予測誤差が小さくなると報酬も小さくなり，エージェントは課題空間の他のオブジェクトに注意を移していくことになる．OudeyerのIACモデルと同じように，Barto，SinghとChentanez（2004）のモデルも規則的な順番でいくつかの安定した行動をとるようになる．最初はライトをつけるというような簡単な事象を起こすように学習していくが，それらは要素スキルとなって選択肢に統合され，より複雑な事象（例えば，サルを鳴かせるためには14もの行動プリミティブの連続が必要である！）を生み出していくようになる．

3.3.4 能力に基づいた内発的動機

ここまで述べたモデル化の研究は，新奇性があったりなじみのなかったりする体験を探すにせよ，行動がどのように感覚データの流れを変換するのかを予測するにせよ，ロボットや自律的エージェントが環境について何を学ぶのかということに焦点を当てている．この節では，能力に基づいた手法を強調したモデルを紹介する．このモデルの探索と学習の過程は，**ロボットができることを発見する**ことに焦点を当てる．

ロボティクス研究者は，まだ3.2節で述べたような発達現象のうち少ししかシミュレートしていないが，2つの学問を結びつける可能性がある重要な主題として**随伴性知覚**がある．随伴性知覚は，乳児初期に発達することと，行動が環境の事象に与える影響を検出する能力において現れることを思い出していただきたい．3.1.3節で述べたように，この能力を説明できるかもしれない神経メカニズムが，RedgraveとGurney（2006）によって提案されている．2人は新奇性があったり予期しなかったりする感覚事象を生む行動が上丘細胞からのドーパミンの大量放出に続いて起こることを示唆している．Baldassarre（2011; Mirolli and Baldassarre 2013）は，この一過性の放出が，2つの関連する機能を助ける学習信号になっ

第3章　新奇性と好奇心と驚き

ているのかもしれないという提案をしている．1つは，放出が個体の行為とそれによって感覚される結果を結びつける「随伴性信号」となるというものである．もう1つは，対応する行動に報酬を与える内発的強化信号となるというものである．

　この考え方を評価するために，Fioreら（2008）は，2つのレバーと1つのライトがある箱の中に置いたロボットネズミのシミュレーションのモデルを作った（図3.10a参照）．ネズミには環境を探索できるよういくつかの行動が組み込まれている．レバーを押す，壁に当たらないようにするなどである．この環境では，レバー1を押すとライトが2秒点灯するが，レバー2では何も起こらない．図3.10bはロボットが2つのレバーに対する反応を決定するモデルアーキテクチャを図解したものである．視覚入力は，連想層を経て大脳基底核に投射され，それから運動皮質に投射される．ライトの点灯は上丘を活性化し，その結果，ドーパミン（図3.10bのDA）信号が運動信号の遠心性コピーと合わさって，連合野と大脳基底核の間の連携の強さを制御する．Fioreら（2008）は，シミュレーション時間で25分以内に，ロボットネズミがレバー2のほぼ4倍もレバー1を押す傾向を獲得することを示した．こうして，このモデルはRedgraveとGurneyの学習メカニズムが実現できることを示したばかりでなく，シミュレーションロボットプラットフォーム上で行動に基づく機能を実装したのである．

　Fioreらのモデルは，神経生理学的な見地から知覚的に顕著な事象の役割を強調しているが，より一般的な疑問として，ある神経信号が内発的報酬として機能する能力をどのようにしてえるのかという問題がある．Schembri, MirolliとBaldassarre（2007）は，この疑問を，空間ナビゲーション課題を解くことを学習するモバイルロボット群をシミュレートすることによって研究した．このモデルには重要な特徴が2つある．1つは，各ロボットの一生が子ども時代と成人時代に分けられているということである．子ども時代にはロボットは環境を歩き回って探索するが，成人時代には目的のオブジェクトに到達する能力で評価される．報酬信号は，子ども時代には内的に生成され，成人時代には外的に生成される．もう1つの特徴は，ロボットの集団が世代を超えて進化するということである．特に，目標にもっともうまく到達したロボットが選抜されて，次世代を生むことになる（生殖時の突然変異操作により変異がもたらされる）．

　Actor-Criticアーキテクチャを用いて，Schembri, MirolliとBaldassarre（2007）は，子ども時代にロボットの探索行動を効率的に評価して動機づける内的な「批評家（Critic）」を，進化が生成できるのかどうかを調べた．言い換えれば，内発的動機システムは進化できるのか，だとしたら，それは成人時代のナビゲーション課題の成績を改善できるのだろうかということである．シミュレーションの結果は，この考え方を強く支持している．成人ロボットがナビゲーション課題の解決を簡単に学んでしまうばかりでなく，内発的動機システムは進化の過程で急速に出現して，子どもロボットにおける探索行動のパターンを生み出すのだが，そうしたパターンは成人ロボットの学習を容易にするのである．このモデルは，能力に基づ

3.3 内発的動機エージェントと内発的動機ロボット

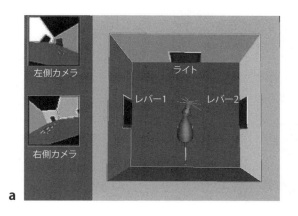

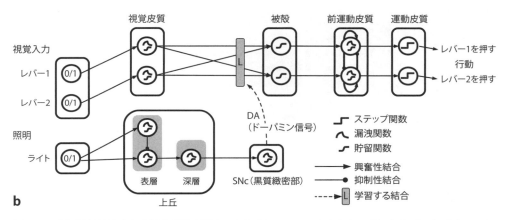

図3.10 (a) 随伴性検出と内発的動機を研究するためシミュレートされたロボットネズミと (b) モデルアーキテクチャ (Fiore et al. 2008).

く内発的動機に対して重要な意味を2つ持っている．1つは，内発的動機による行動とスキルは，個体にとってただちに利益をもたらしたり価値を与えたりするものではないかもしれないが，後の発達段階で活用できることを示しているということ．もう1つの意味は，進化が，間接的ではあるが測定可能な長期間の適応に影響する内的に動機づけされた学習の能力を確立するのに役立つことも示しているということである．

能力に基づく内発的動機モデルにより浮かび上がってくるもう1つの疑問は，他の手法と比べてどのくらい有用なのか，特に知識に基づいた内発的動機と比較した場合にどうなのかということである．Merrick（2010）は，この問題を解決するために両方の手法を用いることができる汎用的なニューラルネットワークアーキテクチャを提案した．図3.11aは，能力に基づく内発的動機をモデル化するのに用いられたネットワークを示したものである．はじめに，レゴで作られた「カニ」ロボット（図3.11b参照）からの感覚入力は，**観測層**に投射される．ここでは入力を分類する．次に，**観測層**は**誤差層**に投射し，観察された値のそれぞれに対応する誤差重みづけがなされる．この層からの活性値は**行動層**（強化学習層）に送ら

第3章　新奇性と好奇心と驚き

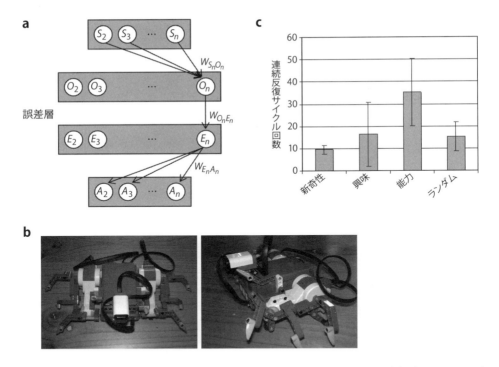

図3.11　ニューラルアーキテクチャ（a）と「カニ」ロボットプラットフォーム（b）（Merrick 2010）．能力に基づく内発的動機と知識に基づく内発的動機を比較する．それぞれのモデルの連続行動サイクルの数は（c）に示されている．

れ，ここで実際の行動が生成される．あるいは，**誤差層**はそれぞれの観察の新奇性を算出する新奇性ユニット群や，中程度の新奇性に対して最大の反応を示すよう調整された新奇性ユニット群である興味ユニット群に置き換えることもできる．どちらの場合でも，対応するネットワークがロボットの脚を制御する．ネットワークを訓練するのに使われる強化学習のルールは，モデルそれぞれの内発的動機システムによって異なる．特に，能力に基づく内発的動機は，高い学習誤差（TD誤差）を持つ行動を選ぶように報酬づけられていく．

Merrick（2010）は，モデルの4つのバージョンの成績を比較した．新奇性，興味，能力，そしてベースラインとして行動をランダムに選ぶモデルである．モデルが（脚を上げて下ろして再び持ち上げるなどの）行動サイクルを繰り返す頻度は，学習の測定値として重要である．図3.11cは，行動サイクル全体の中での連続した繰り返しの平均頻度を示している．図3.11cが示しているように，繰り返しの頻度は能力モデルで明らかに大きい．さらに，Merrick（前掲書）はこのような行動サイクルの長さも能力モデルで明らかに長いことを発見した．一方で，このような発見は，能力モデルがスキル発達の過程と改善に注目して設計されていることからすると想定できたことでもある．しかし，一方で，この一連の発見がピアジェにより強調された重要な発達原理である**機能的同化**も示していることに注意していただきたい．これはこの章の最初で述べたように，乳児と幼い子どもが発現しつつあるスキル

を練習したり繰り返したりする傾向のことである．

3.4 まとめ

　内発的動機は発達ロボティクス研究では比較的新しい分野である．一方で，内発的に動機づけられた乳児や子どもという考え方は心理学の歴史に深く根ざしている．それは，好奇心や探索，驚きや理解しようとする動因といった考え方に結びついている．Harlowのアカゲザルを使った研究は重要な疑問を提起している．伝統的な動因は空腹などの生物学的な要求を満たすのだが，パズルを解いたり新奇性のあるオブジェクトを探索したりすることによって，どのような要求が満足させられるのかということである．内発的動機の動因に基づいた理論に対して，近年より精巧な考え方が提案された．すなわち（1）知識に基づいた内発的動機（新奇性に基づいた内発的動機と予測に基づいた内発的動機に分けられる）と（2）能力に基づいた内発的動機である．これらはすべて哺乳類の脳の機能と関係づけられる．脳には，新奇性の検出に特化した領域，事象を予測することに特化した領域，自分で生成した行動の環境に対する影響（随伴性）を検出することに特化した領域などがあるのである．

　また，乳児と幼い子どもの新奇性に基づく内発的動機，予測に基づく内発的動機，能力に基づく内発的動機には，さまざまな行動的な証拠も存在する．1つは，乳児の視覚活動は探索の初期の形態であるということである．そこでの視覚注意は比較的なじみのないオブジェクトや事象に向けられる傾向がある．2つ目は，2ヶ月齢までに乳児は将来の事象を見越した行為を生成するようになるということである．例えば，オブジェクトが現れるであろう場所に視線を移動したりするようになる．その後の数ヶ月間で予測的な行動は洗練されていき，先回りして手を伸ばしたりできるようになる．3つ目は，やはり早ければ2ヶ月齢で乳児は自分の行動に随伴して生じるオブジェクトや事象を素早く検出できるようになるということである．事実，乳児は随伴的な事象に対して注意する強い傾向を持っている．これは環境を制御する知覚が非常に顕著な刺激であることを示唆している．

　発達ロボティクスが焦点を当ててきたことの1つは，計算のレベルで内発的動機をモデル化するアーキテクチャを分類することだった．この目標に目覚ましい進展を与えたのがOudeyerとKaplan（2007）である．彼らは，知識に基づく内発的動機と能力に基づく内発的動機という2つの分類中のさまざまなアーキテクチャを整理するための体系的なフレームワークを示した．

　乳児の特定の行動や特定の発達段階を研究するためにデザインされた内発的動機モデルはまだ存在しないが，新奇性に基づいた手法，予測に基づいた手法，能力に基づいた手法にうまく適合するものはたくさん存在する．1つは，複数の研究者が提案しているモバイルロボットの探索を動機づける新奇性に基づく戦略である．このモデルに共通しているのは，馴化メ

カニズムを用いることで，そこでは現在の状態と記憶された最近の経験の差を計算して新奇性とする．このようなモデルにはさまざまな特徴がある．例えば，新奇性を（1）視覚顕著性，（2）外部強化信号，（3）養育者からの社会的な手がかり，（4）感覚予測と結びつけるといったことである．

　2つ目として，予測を中心的な学習メカニズムとすることに焦点を当てたモデルもある．予測に基づく手法に大きな貢献をしたのがSchimidhuber（1991）である．彼は，予測（と圧縮された知識）が中心的な役割を果たすような野心的で包括的な理論的フレームワークを提案した．さらに，AIBOプラットフォームを使ったOudeyer, KaplanとHafner（2007）の研究では，予測に基づく内発的動機の重要な結果が示されている．すなわち，内発的動機を学習の進展に関連づけることで，ロボットはその注意と行動を環境のある領域から別の領域に系統的な方法で移していく．関連する手法がBarto, SinghとChentanez（2004）によって提案されている．3人は，予測に基づく内発的動機の玩具世界モデルにおいて，行動の影響の予測を学習することでエージェントの行為が階層的に組織化されていくと報告している．

　最後に，能力に基づく内発的動機にも実証研究がある．紹介する価値のあるモデルがFioreら（2008）により提案された．彼らは，RedgraveとGurney（2006）の随伴性検出と上丘でのドーパミンの放出の理論を検証した．特に，Fioreらは，この理論が2つのレバーの片方を押してライトの点灯を学習するシミュレートされたラットとしてうまく実装できることを示した．Merrick（2010）も，カニロボットの動きを制御するさまざまな内発的動機アーキテクチャを系統的に比較して，大きな貢献をした．この研究の重要な発見は，能力に基づく内発的動機が発達的に妥当なパターン，つまり新しく学習した行動の反復を生成するということである．

　結論として，ロボットと人工エージェントの内発的動機のモデルは，比較的新しい研究分野であるため，まだシミュレートされていない重要で興味深い行動がたくさんあり，まだまだ研究する価値があるということを記しておく．これにはVExPや馴化・脱馴化実験のような実験パラダイムだけでなく，ごっこ遊びや内発的に動機づけられた問題解決のような現象も含まれる．実際，長期の目標として，お絵描きや作曲，白昼夢を見るなどのような，さまざまな内発的に動機づけられた行動をする能力があるロボットの設計を挙げることができる．

参考書籍

Baldassarre, G. and M. Mirolli, eds. *Intrinsically Motivated Learning in Natural and Artificial Systems*. Berlin: Springer-Verlag, 2013.
　BaldassarreとMirolliが編集した本書は，内発的動機を理解するためのさまざまな手法を紹介している．神経心理学や生体の行動だけでなく，計算モデルとロボティクス実験にも触

れている．本書の重要な点は，理論と実践的データの両方，さらに内発的動機の研究者が直面する課題についての包括的な議論に焦点が当てられていることである．この分野での技術の状況も紹介されており，新しい発想と手法が登場しても影響力のある著作であり続けるだろう．

Berlyne, D. E. *Conflict, Arousal and Curiosity*. New York: McGraw-Hill, 1960.

すでに出版から50年以上が経つBerlyneの書籍は，内発的動機を学ぶ学生にとっての必読書である．本書の重要な部分は動因低減説の長所と限界を分析した章で，好奇心との学習の適応的な役割に重点を置いた代替的な手法に対する基礎を与えてくれる．他の章では，新奇性，不確実性，探索など，発達ロボティクスの中心となる内容を記している．もう1つ価値のある点は，動物の行動実験からのデータを使用していることで，これにより人工システムと人間の差異を埋めることができる．

Ryan, R. M. and E. L. Deci. "Self-Determination Theory and the Role of Basic Psychological Needs in Personality and the Organization of Behavior." In *Handbook of Personality: Theory and Research*, 3rd ed., ed. O. P. John, R. W. Robins and L. A. Pervin, 654-678. New York: Guilford Press, 2008.

心理学コミュニティのために書かれたものだが，RyanとDeciの章は，人間の経験における自律性と能力の役割を強調する自己決定理論（self-determination theory: SDT）の詳細な入門となっている．彼らは，質的側面，個人的側面，主観的側面といった，行動研究者がしばしば見落としたり無視したりしがちな経験の基本的な側面にも注目している．主観的体験の性質，特に自己効力感の発達における重要性を理解することは，ロボットや人工システムの内発的動機を研究する上で価値のある洞察を与えてくれるだろう．

第4章　世界を見る
Seeing the World

　児童心理学の学生はしばしば，ウィリアム・ジェームズの『心理学原理』の有名な一節を学ぶ．それは，乳児の最初の世界体験は，「咲きほこるガヤガヤとした巨大な混沌」(James 1890, 462) というものである．ジェームズの観察は，その後100年以上もの間，親や哲学者，科学者らに，乳児がどのように世界を捉えるのかという疑問を抱かせてきた．乳児は本当に，最初の知覚体験によって困惑と混乱に満ちた人生を歩み始めるのだろうか．ジェームズが正しいとすると，オブジェクトや空間，音，味，その他たくさんの形態の感覚データの知覚を，乳児はどうやって学んでいくのだろうか．

　知覚の研究は，従来5つの主要な感覚について行われてきた．視覚，聴覚，触覚，味覚，嗅覚である．そして，知覚を感覚体験の組織化を担う認知プロセスと定義し，感覚を超えて拡張するものとして扱ってきた．このフレームワークの下では，知覚は，感覚情報を特定，認識，分類などを行うことができる高次元パターンに変換する処理である．知覚システムの包括的な概観はこの章の守備範囲を超えているが，興味のある読者は，Chaudhuri (2011) の入門文献をぜひ読んでいただきたい．また，この章では目的を視覚の発達に限定する．これは初期の知覚発達研究の主要な領域であるだけでなく，発達ロボティクスにおいて，他の4つの感覚に比べれば，比較的よく研究されているからである．

　すでに強調したように，初学者にとって重要なのは，理論の全体像である．知覚発達の研究で生まれた主要な理論的視点は何かということである．発達過程での内因的な作用，生物学的な作用の役割を強調する見方もある．この見方では，ジェームズの考え方とは違って，乳児は時間とともに組織化されるべきまったく秩序のない感覚システムを持って生まれてくるわけではないと考える．その代わりに，人間の乳児は現実世界を感覚で捉える準備がうまくできていて，誕生後すぐに感覚データの解釈を始めることができるという知覚発達理論を提唱する理論家もいる．知覚活動が生得的あるいは事前にプログラムされていることに注目をする理論家もいる．例えば，Haith (1980) は，乳児の視覚活動を導く一連の生得的原理を記述している．この中には，乳児が高いコントラストを持つ視覚領域に注意を向けることで起きる単純な発見的探索である「高発火率原理」などが含まれている．生得的構造や生得的処理システムに注目する理論家もいる．このアプローチの代表的な研究分野は，乳児期の

第4章 世界を見る

顔認知の研究である．この研究で得られた大きな成果は，新生児は顔に似た刺激を好む強い傾向があるということである（例えばde Haan, Pascalis, and Johnson 2002; Maurer and Salapatek 1976）．この発見は，乳児は顔を知覚する生得的な能力を持っていることを示唆していると考えられている．この能力は，胎児のときに生まれ，誕生により機能し始める（例：Valenza et al. 1996）．同様に他の研究では，複数の感覚（例：視覚と触覚）にわたって感覚体験を統合する，あるいはすり合わせることができる新生児の能力が研究され，インターモーダル（つまり複数感覚間）の知覚は生得的な能力だという結論を導き出している（例えばMeltzoff and Borton 1979; Meltzoff and Moore 1977）．

もう1つの理論的視点として，低レベルの生得的な処理基盤（遺伝学的に決定された神経接続，神経経路）間のインタラクションに注目するものがある．これは感覚経験によって徐々に形づくられていく．この視点の基礎となる考え方は，GreenoughとBlack（1999）により提案されたもので，**体験予期型発達**と呼ばれるものである．この考え方によると，特殊な神経構造が，個体と環境の間で2つの段階を経て確実に現れる．最初の段階は，胎児の発達期に初期の粗い神経パターンが確立し，それから次に，このパターンが誕生後の感覚入力として機能するように精密に調整されていく．しかし，通常の時期に期待された環境体験がない場合は，発達の典型的なパターンからずれることもある．もう1つ重要なことは，知覚発達の相互作用派理論によって提起されているのが，発達過程での能動的な主体としての子どもの役割である．例えば，ピアジェ（Piaget 1952）は，知覚と認知の発達における**中程度の新奇性原理**を強調している．この原理によると，乳児の探索活動は，現在の知覚知識レベルによって決まり，とりわけ，中程度の新奇性やなじみのなさの感覚体験を探索し，指向する傾向があるという．ピアジェは，この傾向は乳児の知覚能力を拡張し，鍛えると述べている．これは乳児が，既存の知覚運動シェマに対してちょっとした変化や変更が必要な状況に置かれることによって起こる．

これらの理論的な考え方はいずれもロボティクス研究で見られるものだが，相互作用派（あるいは構成論派）の手法は，発達ロボティクスでの重要なテーマを補ってくれる（例えばGuerin and McKenzie 2008; Schlesinger and Parisi 2007; Weng et al. 2001）．例えば，環境に対する特定の知識がプログラミングされているのではなく，学習と発達が，原初的もしくは基礎的な行動の傾向（例：修正可能な反射）と物理的な環境のインタラクションにより起こると理解できる．さらに発達に影響を与えているのは，初期の神経処理の偏りとも符合するが，ロボットのモデル（例：人工ニューラルネットワーク，プロダクションシステム，スワームモデル）に組み込まれた数理構造や認知アーキテクチャの特定の形式である．このような構造は，先見的な感覚データがない，つまり知覚システムに何もない状態で「人生」をスタートさせるだろうが，ある特定の方法で組織化がなされていく．それは，何が体験され，どのように組織化されるのかという重要な制約を与える．Elmanら（1996）は，これを発達の生得的制限の弱い形式だと考えていて，**生得的なアーキテクチャ**と呼んでいる．相

互作用派の考え方においてもう1つ重要で，発達ロボティクスで用いられるのは，「不確実さ」の考え方である．これは，知覚発達研究から明らかになった．この考え方は，感覚データはノイズが多く，確率的であることを強調しており，事前に特定の知覚カテゴリをプログラミングするよりも，ロボットや自律的エージェントに環境とインタラクションをさせながら内部表現を構築させたり，発見させたりする方がより効果的かもしれないとしている．

　ここではこれから知覚の発達について深く見ていくことにするが，これは人間の乳児と同様に，人工システムやロボットの開発で研究されているためである．さきほど述べたように，主要感覚システムのそれぞれについてすべて網羅する代わりに，本章では視覚の発達に注目していく．さらに，人間の知覚発達の研究は，例えば運動の発達や言語の獲得などと比べて，広がりのある分野である．そこで4.1節では，人間の乳児における5つの基本的な知覚能力を取り上げ，その発達経路を追いかけてみたいと思う．その5つとは，顔，空間，自己認知，物体，アフォーダンスである．その他の節（4.2節から4.6節）では，この5つの能力のそれぞれが発達ロボティクスの分野でどのように研究されているか，系統的に概観していく．

4.1　人間の乳児の視覚の発達

　この節では，最初に2つの主な研究手法になじんでいただこうと思う．これらは，乳児の視覚の発達の研究に用いられるものである．そしてその後に，5つの必須知覚能力の発達について概観する．

4.1.1　乳児の知覚の測定

　乳児の知覚発達の研究は，発達研究者にとって独特な挑戦である．乳児が話し言葉を理解するようになるには数ヶ月かかり，話し出すには1年近くかかるからである．どのようにすれば乳児の知覚体験を測定できるのだろうか．特に，乳児がある課題（例：絵を見る，目的のオブジェクトを探す）に対して特定の方法を採るように指示できないとすれば，どのように測定したらいいのだろうか．同様に，乳児が言語に反応しない場合，どのようにすれば，研究者は乳児が何を知覚しているのか推測できるのだろうか．

　この問題は，主要な方法論が発達するまでの数十年の間，研究者を悩ませてきた．Robert Fantz（1956）は，**乳児観察箱**と呼ばれる器具を開発した．そこに乳児が横たわり，さまざまな画像を見るところを観察した．図4.1に示すように，乳児はあおむけに寝かされ，箱の上方を見ている．訓練された観察者は，小さな覗き穴から乳児の顔を観察する．Fantzは，この器具を用いて，色つき図形や幾何学パターン，単純化された顔などさまざまな視覚像を幼い乳児に見せた．乳児が画像を見つめた合計時間を計ってみると，乳児が特定の視覚刺激に強い嗜好を見せることを発見した．乳児は，平坦で一様な刺激よりも，パターンがあり，

第4章 世界を見る

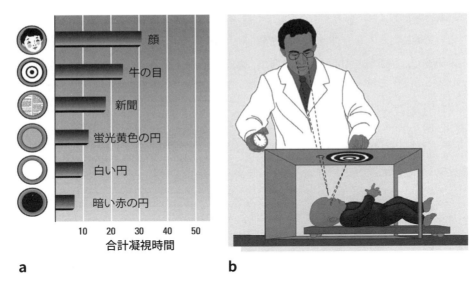

図4.1 Fantz（1956）が用いた視覚刺激の例（左）．観察箱の中で観察される乳児（右）．

コントラストが強く，細かい部分がある刺激を長く見る傾向があった．

　乳児観察箱からFantzが得たデータは，重要な考え方を生むことになった．もし乳児があるタイプの刺激を好むのであれば，その傾向は視知覚の実験での非言語的な手法として使えるということである．結果，Fantzの方法は，乳児・新生児の知覚の研究法としてあっという間に有力な研究パラダイムとなり，観察箱の設計と使用法の根本原理は**選好注視法**として知られるようになった．

　この手法の具体的な例として，乳児が男性の顔と女性の顔を見分けられるかどうかを研究者が知りたいとしよう．図4.2の左側は，この疑問を調べるのに，どのように選好注視法を用いるのかを示している．何度もの試行において，乳児は顔の対を見せられる．男性の顔と女性の顔は，乳児の正面に対して左側と右側にランダムに表示される．それぞれの試行の間，乳児がそれぞれの顔を見るのに費やした合計時間を記録する（例えば観察者はリモートカメラを通して観察したり，自動視線追跡システムを利用したりする）．統制条件として，いくつかの試行では両方とも男性あるいは女性の顔が提示される．データの収集後，乳児は男女の顔を見分けられるという仮説をそれぞれの顔に対する注視時間の差を計算することで検定する．面白いことに，選好注視法が用いられるときには，すべての乳児が同じ刺激を好む必要はない．例えば，ある乳児は女性の顔を好み，ある乳児は男性の顔を好んでもよい．結果として，選好注視に適切な標本統計量は，2つの刺激の注視時間の差の絶対値の全標本の平均ということになる．

　選好注視は，発達研究者によって体系的に研究された乳児の視覚認知の発達を理解する助けになる2つの行動パラダイムの1つである．もう1つの手法は，**馴化・脱馴化法**である．これも知覚処理の指標として，一連の刺激の注視時間を使う．しかし，この2つの手法の間

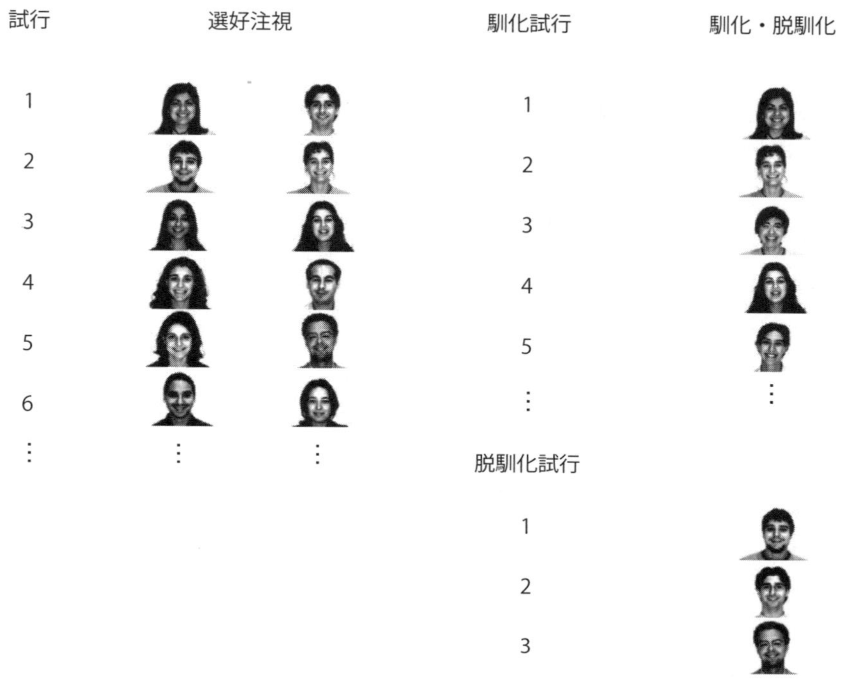

図4.2 選好注視法(左)と馴化・脱馴化パラダイム(右).男女の顔知覚に用いる刺激試験.

には重要な違いがある.選好注視法が視覚刺激のどちらを好むかということに基づいているのに対して,馴化・脱馴化法はどちらを好むかということは必要ない.その代わり,次のような仮定をする.もし乳児が2つの視覚刺激を区別できるのであれば,片方に慣れた後では,目新しい方を長い時間見て,そちらを好む(脱馴化)ことになるだろう.言い換えれば,馴化・脱馴化法は,乳児は新奇性のある刺激を好む(つまり長く注視する)という仮定を立てている.しかし,第3章で述べたように,新奇性を好むことは,乳児期で一定しているわけではなく,異なる年齢の乳児でばらつきが生じる可能性があることを覚えておかなければならない(例えばGilmore and Thomas 2002).

図4.2の右側に,馴化・脱馴化法を乳児の性別知覚問題に適用した場合の例を示した.この方法と選好注視には2つの重要な違いがあることに注意してほしい.1つ目は,馴化・脱馴化法ではそれぞれの試行で,1つの刺激もしくは画像のみ提示されるのに対し,選好注視では刺激のペアが提示されることである.2つ目は,順化の段階では,すべて同じクラスの刺激(例えば女性の顔)が無作為に選ばれ提示される.この場合,乳児は最初に,一連の女性の顔を見ることになる.それぞれの試行で異なる顔が提示されるが,乳児は徐々に興味をなくし,後の試行ほど顔を見る時間が短くなる.この興味の喪失は,知覚の符号化プロセスを反映していると考えられている.この符号化プロセスで乳児は,それぞれの顔に共通する特徴もしくは要素を抽出しているとされる(Charlesworth 1969, Sokolov 1963).一度,

十分に顔のクラスを符号化してしまうと，乳児は女性の顔に「飽きる」，より正確に言えば馴化することになる（2つ目の条件として，他の乳児グループは，最初に男性の顔に対して馴化させられることに注意）．そして乳児には，馴化後の段階として男性の顔が提示される．この際，統計的優位に注視時間が増えることは，乳児が男性と女性の顔を区別できるという仮説を支持すると解釈される．

選好注視法と馴化・脱馴化法は，特に乳幼児において知覚の発達を研究する有力な手法だが，その他の手法もたくさんある．例えば，乳児の頭と目の動きを記録する手法がある．さらに，心拍数，呼吸数，瞳孔の拡張などの生理学的な測定も，注意の指標として用いることができる．次の節では，顔，空間，自己の認識，物体，アフォーダンスの発達について概観する中で，これらの別の手法を簡単に紹介する．

4.1.2　顔

乳児は何歳ぐらいから顔を知覚し始めるのだろうか？　誕生時にその能力が存在しているということを支持する研究の流れが2つある．その1つとして，成人による舌を出すなどの単純なジェスチャーを新生児が模倣することを示した，MeltzoffとMooreの研究（1977）が挙げられる．彼らは，この行動は生得的な顔の内部表現と，自分の顔と他人の顔の対応を認識させる照合メカニズムによるものだと主張している．しかし，これには議論の余地があり，後の研究では，賛否両方の結果が出ている．もう1つの研究の流れは，より直接的な方法を用いて顔知覚を検証するものである．Bushnell（2001; Bushnell, Sai and Mullin 1989）は選好注視法を用いて，2日齢と3日齢の乳児の顔知覚を研究した．母親と数時間インタラクションをした後で，母親とよく似た別の人を見せ，観察者はそれぞれの顔を見る合計時間を記録した．注視時間を比べてみると，乳児は2つの顔を見分けられるという結論を支持する結果になったばかりでなく，明らかに母親の顔の方を好んだ．

しかし，Bushnellの研究の潜在的な限界は，それぞれの乳児に異なる顔の対を見せたということである．他の研究者らは，乳児の視覚体験をより体系的に制御するために，単純化した図式的な顔を見せた．この手法には有利な点が2つある．1つは，どの乳児にも一貫した視覚刺激を確保できることである（つまり，すべての乳児が同じ顔の対を見ることになる）．もう1つは，研究者が顔の特定の容貌を操作できることで，知覚処理でどの特徴が検出され，利用されるのかを特定できることである．例えば，図4.3はMaurerとBarrera（1981）により用いられた顔である．MaurerとBarreraは，選好注視法を用いて，1ヶ月齢と2ヶ月齢の乳児の顔知覚を研究した．図4.3の（a）は正常な容貌の顔であり，（b）は左右の対称性を維持したまま配置を変化させた顔，（c）は対称性もなくすべてのパーツの位置を変化させた顔である．MaurerとBarrera（前掲書）は，1ヶ月齢の乳児は，3つの顔の図を同じ長さの時間注視し，2ヶ月齢の乳児では明らかに正常の顔を好むことを発見した．この発見は，MortonとJohnson（1991）の追試でも再現された．

4.1 人間の乳児の視覚の発達

図4.3 MaurerとBarrera（1981）の乳児の顔認知研究で用いられた刺激の例.

合わせて考えると，2つの発見を一致させることは難しい．この研究間の明らかな矛盾を解消するため，MortonとJohnson（1991）は，人間の乳児の顔認知発達は2段階で行われるというモデルを提案した．皮質下の視覚経路は誕生時に存在し，誕生後1ヶ月後に皮質経路が発達すると主張したのである．MortonとJohnson（前掲書）は，次のように考えた．この2段階発達説が正しければ，皮質下を活用する行動指標と皮質を活用する行動指標はそれぞれ，顔知覚を最初に出現させる時期に関して異なった予測を出すに違いない．彼らは，動く顔刺激の追跡（皮質下を活用した処理）は，誕生時に見られるが，動かない顔を顔以外よりも長く注視する選好（皮質を活用した処理）は，2ヶ月齢まで現れないという仮説を立てた．MortonとJohnson（前掲書）は，動く顔と顔以外における乳児の追跡と注視時間について，同じ刺激で動かないものに対するものを体系的に比較することで，期待されたパターンを見出した．

この発見によって，ある意味では，生得派と構成論派の考え方の**いずれもが**支持された．乳児は簡単な視覚メカニズムをもって生まれ，顔に似た特徴を検出することができる．この初期能力はすぐに補われ，より進化したメカニズムになり，特定の特徴を学習できるようになる（例：目や鼻の相対的な位置）．そしてそれは，誕生後1ヶ月から2ヶ月以内に機能するようになるのである．

さらに顔認知は，いくつもの重要かつ興味深い方向で，誕生後数ヶ月間で発達し続ける．そしてそれは，養育者との社会的インタラクションの役割が重要であることを明らかにしている．例えば，男女の顔を見分ける能力は，3ヶ月齢ですでに存在する（例えばLeinbach and Fagot 1993; Quinn et al. 2002）．しかし，Quinnら（前掲書）は，この能力は養育者との豊富なインタラクションによりその一部が形成されることを示した．女性の養育者に育てられた乳児は，女性の顔を見ることを好み，男性の養育者により育てられた乳児は，男性の顔を見ることを好む．また，発達の興味深い到達点の1つが，乳児における**他人種効果**の出現である．他人種効果は，文献にもよく登場する視覚処理の偏りで，自分と同じ人種グループの顔の方が，他の人種グループの顔よりも，正確に認識できるというものである（例えばMeissner and Brigham 2001）．面白いことに，3ヶ月齢の白人の乳児は，4つの人種グルー

プ（アフリカ人，中東人，中国人，白人）の似た顔の対を認識し，見分けることができる．9ヶ月齢になると，この能力は失われ，白人の乳児は自分の人種グループの顔しか見分けられなくなる（Quinn et al. 2002）．

4.1.3 空間

　顔認知の発達は誕生後すぐに始まるが，空間認知は比較的ゆっくりと始まる．例えば，おおよそ2ヶ月齢までは，両眼視情報を使って奥行を認知することはできない（例えばCampos, Langer and Krowitz 1970）．この能力を検証する1つの方法は，**視覚的断崖**（visual cliff）と呼ばれる装置を使うことである（Gibson and Walk 1960）．図4.4に示すように，視覚的断崖とはガラスで覆われた大きな台のことである．台の片側は幾何学模様の面になっていて，もう片側は深い断崖になっているように見える．Campos, LangerとKrowitz（1970）は，ハーネスをつけた2ヶ月齢の乳児を置いて，さらにゆっくりと高さの差を小さくしていき，断崖の浅い側と深い側を見分けられるかどうかを研究した．乳児の知覚の測定値として，置かれている間の心拍数がモニターされた．Campos, LangerとKrowitz（前掲書）は，浅い側に置かれた乳児は心拍数が変わらないことを発見した．一方で，深い側に置かれた乳児は，心拍数が減少した．これは，体験に対する好奇心や興味が弱いことを意味する．

　面白いことに，9ヶ月齢になるまでは，断崖の深い側の近くに置かれても，乳児は恐怖や苦痛を示さない．高いところを怖がる発達上の「引き金」は何なのだろうか．一連の研究から，Camposらは，自己生成運動（つまりハイハイ）の出現が，空間知覚の発達に大きな影響を与えることを示した（例えばCampos, Bertenthal, and Kermoian 1992; Kermoian and Campos 1988）．ハイハイをし始めたばかりの乳児は，視覚的断崖を渡る．ハイハイの体験が数週間になると，恐れを表出し，断崖を渡ることを拒否するようになる．同じようなパターンが，**オプティカルフロー**の知覚の発達でも起こる．これは空間内で自分の動いている方向を検出するのに必要な能力である．移動する体験をしている乳児は，自分が動いていることを示すオプティカルフローに対応して，自分の姿勢を修正する．まだハイハイを始めていない乳児は，同じオプティカルフローに反応しない（例：Higgins, Campos, and Kermoian 1996）．

　空間認知の発達に関連する研究領域としては，自己中心的な空間参照から**他者中心的**（あるいは**世界中心的**）な空間参照への移行に関するものがある．特に，**自己中心性バイアス**とは，空間位置を，絶対的な位置ではなく，観察者に対しての相対的な位置として捉える傾向である．Acredolo（1978; Acredolo, Adams, and Goodwyn 1984; Acredolo, and Evans 1980）による一連の研究は，2つの重要な発見をした．1つは，乳児は空間の位置を自分を中心に捉える傾向があるが，この傾向は年齢とともに減少するということである．例えば，左側の窓に現れた人を見た後では，6ヶ月齢では，身体を180度回転させても，自分の左側を見続ける．一方で，9ヶ月齢になると，回転されたことを補正して，右側を見る（Acredolo

4.1 人間の乳児の視覚の発達

図4.4 視覚的断崖．奥行知覚と高さへの恐怖を研究するためのもの．Santrock（2011）より引用．

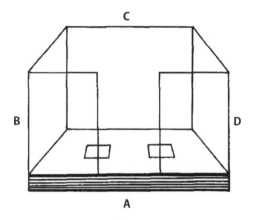

図4.5 Acredolo, AdamsとGoodwyn (1984) が，乳児の空間把握戦略の発達を研究するために使用した，2つの位置に関する装置．

and Evans 1980）．一方で，Acredolo, AdamsとGoodwyn（1984）は，自己生成運動の出現は，他者中心的空間認識の増加と関係していることを示した．この研究では，乳児は，2つの位置のどちらかに隠された物体を見る（図4.5参照）．それから乳児は装置の反対側に移動させられる．Acredoloら（前掲書）は，12ヶ月齢では，動かされている間も隠された場所を見続け，正しく見つけることができることを発見した．しかし，乳児を移動させている間に装置を隠し，目的の位置が目で追えないようにすると，自己中心的位置で対象を探してしまう．18ヶ月になると，装置が隠されても正しい場所を探すことができた．Acredoloら（前掲書）は，成長した乳児は，対象位置を「心的に追跡」することができ，このスキルは歩行を学び始めるとともに発達すると考えている．

4.1.4 自己認知

知覚発達と社会発達の境界を超える重要なスキルが自己認知，自己認識である．自己認知を研究する主要な手法は，子どもを鏡や絵，ビデオディスプレイの前に置いて，その行動を記録，分析することである．このパラダイムの1つでは，乳児は1つのディスプレイを見る（試行や条件ごとに映し出される内容が変化する）．もう1つでは，並べて置かれた2台のディスプレイを見る（例えば片方には乳児自身のライブ映像，もう片方には，遅れて表示される乳児自身の映像，あるいは別の乳児の映像）．それぞれで注視時間が記録される．乳児期間に自己認知を可能にするメカニズムについてさまざまな議論はあるが，発達の目安については，比較的多くの同意を集めている（例えばBahrick, Moss, and Fadil 1996; Courage and Howe 2002; Lewis and Brooks-Gunn 1979; Rochat and Striano 2002）．表4.1は，最初の2年間で重要な発達上の目安を時間順にまとめたものである．

自己認知の形跡がもっとも早く現れるのは3ヶ月齢である（例えばButterworth 1992）．鏡の前に置かれたとき，3ヶ月齢では，鏡の中の自分の手を見つめるなど，自分を探索する行動を取る頻度が上がる（例えばCourage and Howe 2002）．さらに，この月齢の乳児は自分と他人を視覚的に見分ける能力を持っている．2つのビデオ映像を見せたときは，3ヶ月齢では自分ではない方の映像を見ることを好んだ．自分と他人を見分ける能力は，5，6ヶ月齢まで発達し続け，インターモーダルな随伴性を自己認知の基礎として利用するようになるまで続く（例えばBahrick and Watson 1985; Rochat 1998）．例えば，BahrickとWatson（前掲書）は，5ヶ月齢の乳児にディスプレイ上で自分の脚のライブ映像を見せ，隣の2台目のディスプレイでは，（a）テープ録画して遅延させた自分の脚の映像，または，（b）他の乳児の脚の映像，のどちらかの映像を見せた．どちらの場合も，乳児は随伴性のないディスプレイを明らかに長く見た．乳児は，3ヶ月齢までは他人の映像を見る傾向を示したが，9ヶ月齢になると他者に対する社会交流行動（例：微笑む，声を上げる）を始めるようになった（Rochat and Striano 2002）．

鏡の自己認識は，顕著で重要な能力だが，15ヶ月齢から18ヶ月齢の間に現れる．自分と他人を見分けるより基礎的な能力である自己認知と対照的に，自己認識は鏡やビデオディスプレイに写っている人物が自分である（つまり時間が経過しても存在し続ける存在として）という，より進んだ意識のことである．この能力を測定する有力な手法が**マークテスト**である．マークテストは，Gallup（1970）により最初に研究された．チンパンジーの顔に赤いマークを描き，それから鏡の前でのチンパンジーの行動を観察した（図4.6）．Gallup（前掲書）は，チンパンジーはマークに気がついて手で触るが，2種類のサル（マカクザルとアカゲザル）では，鏡の前でも自身に向けた行動は見せないことを発見した．15ヶ月齢から18ヶ月齢の人間の乳児では，チンパンジーと同じようにマークに意識が向くだけでなく，困惑を示す行動を取った（例えばLewis and Brooks-Gunn 1979）．この行動は，乳児が自己意識を発達させ始めたことを示し，自分が他人にどう映るのかを気にし始めたことを示している．自己

4.1 人間の乳児の視覚の発達

表 4.1 月齢と自己認知の主な兆候. Courage and Howe（2002）; Butterworth（1992）より改変.

月齢	特徴
3ヶ月齢	鏡の中の自分を探索する. 自他の区別（他者を好む）
5〜6ヶ月齢	インターモーダルな随伴性手がかりの検出
9ヶ月齢	他者に向けた社会行動（例：微笑む, 声を出す）
15〜18ヶ月齢	鏡での自己認識（マークテスト）
22〜24ヶ月齢	画像の中の自分を正しく見分けられる

図 4.6 マークテスト. チンパンジーは, 自分の眉毛の上の赤い印を検出できる. 鏡を使って印を探すのである（Gallup 1970）.

認知のその後の発達は, 画像の中で自分を見分ける能力である. これは, 22ヶ月齢から24ヶ月齢の間に現れる（例えば Courage and Howe 2002）.

4.1.5 物体

空間認知の発達と同じように, 乳児の物体認知の発達は, 環境を操作する能力, 環境とインタラクションをとる能力に影響される（例えば Bushnell and Boudreau 1993）. 一般的に, 誕生後1年の発達パターンは段階的なものである. 乳児は最初に3次元物体の重要な特徴や次元を検出することを学習し, それからその特徴をすでに獲得している認知スキルに統合していく.

知覚発達の全体的なパターンは, 段階論派の視点と一致する一方で, 早期の例外もあり得る. それは, 非常に幼い乳児はオブジェクトの基本特性（つまりテクスチャ）を検出するだけでなく, より重要なことに, そのような特性の知覚を, センサモダリティを超えて照合することができる可能性があることである. この主張を支持するのが Meltzoff と Borton（1979）の研究である. 彼らは, 1ヶ月齢の乳児に滑らかなおしゃぶりとざらざらしたおしゃぶりを与えてみた. 口でおしゃぶりを確かめさせてから, 乳児の前に2種類のおしゃぶりを並べて置いた. 選好注視法を行っている間, 乳児は明らかにすでに慣れ親しんだおしゃぶりを長く見た. つまり, さきほど口に入れたおしゃぶりを長く見つめたのである. 新生児に対して行

第4章 世界を見る

われたその後の研究（例えばSann and Streri 2007）でも，同じ発見が繰り返され，インターモーダルな物体知覚は誕生時に備わっているというMeltzoffとBortonの主張をさらに支持することになった．しかし，面白いことに，SannとStreri（前掲書）は，**テクスチャ**に対しては，視覚と触覚の間の移行は双方向だが，**形**に対しては，一方向の移行（触覚から視覚へ）であることを発見した．この発見は示唆に富んでいるが，誕生時にどのような能力が備わっているのかは明らかになってはいないことを物語っている．

幸運なことに，物体知覚のその後の発達については研究者の間で幅広い合意が得られている（例えばFitzpatrick et al. 2008; Spelke 1990）．例えば，よく研究されたスキルの1つは，乳児はどのようにして視覚的な風景の中からオブジェクトを特定し，見分けることを学習するのかということである．重要な視覚的特徴は，面が接続していたり，連続していたりすることで，これがひとかたまりの物体を知覚する手がかりとなる（例えばMarr 1982）．3ヶ月齢では，乳児は連続した表面を検出できるだけでなく，この表面を物体知覚の手がかりとして利用する（例えばKestenbaum, Termine, and Spelke 1987）．しかし，この月齢での基本的な制約は，**知覚補完**を欠いているということである．これは部分的に遮蔽されているオブジェクトを統合された全体として知覚する能力のことである．Box 4.1で，**一体性知覚課題**について詳しく紹介している．これは，幼い乳児の知覚補完の発達を研究するときに用いられるものである．Box 4.1で強調するように，4ヶ月齢までの乳児の一体性知覚課題の結果は，乳児がさまざまな視覚的手がかりを，部分的に遮蔽されている物体知覚の助けにすることを学ぶことを示している．例えば，オブジェクトが同じように動くことや，配置などの手がかりである．

物体知覚は，4ヶ月齢から6ヶ月齢の間，発達し続ける．特に，この期間の乳児はすべてが隠れて移動するオブジェクトを知覚する能力を獲得する．例えば，6ヶ月齢では遮蔽物の向こう側を動くオブジェクトを追跡し，再び現れることを予測することができる（例えばJohnson, Amso, and Slemmer 2003a）．対照的に，4ヶ月齢では隠されたオブジェクトが再び現れることを自発的に予測することはできない．同様に，6ヶ月齢では経路に沿って移動する隠されたオブジェクトの軌道を知覚することができる（例えばJohnson et al. 2003b）．しかし，4ヶ月齢では同じ経路を不連続であると（物体がとびとびに移動しているかのように）知覚する．面白いことに，Johnsonら（前掲書）は，4ヶ月齢では完全に遮蔽された物体を知覚する能力を欠いているのに，この課題での成績は，視覚的オブジェクトの動きを見せる（追跡行動の助けとなる）か，遮蔽スクリーンの幅を短くする（必要な空間ワーキングメモリが少なくて済む）と，6ヶ月齢のレベルまで改善できることを示した．

4.1.6 アフォーダンス

自己認知が認知発達と社会発達を結びつけるのに対して，アフォーダンスの知覚は認知発達と運動スキル発達を結びつける．「アフォーダンス」という用語は，ジェームズ・J・ギブ

Box 4.1　一体性知覚課題

　物体知覚の発達の基礎となるのが，**知覚補完**である．これは，一部が遮蔽されたオブジェクトを，統合された整合性のある全体として知覚する能力のことである．機能レベルにおける知覚補完は，部分的に遮蔽されることで分割された面をつないで，オブジェクト体を「再構成」することになる．知覚補完は生得的なスキルなのだろうか，それとも構成的な学習プロセスなのだろうか．KellmanとSpelke（1983）は，**一体性知覚課題**を設計して，この問題を研究した．この課題では，乳児は水平方向に動く棒を見ることになる．棒の中心部分は大きく動かないスクリーンで隠されている．そして，乳児は2つの新しい事象を見る．1つのディスプレイには棒が表示され，もう1つのディスプレイには分割された2つの棒が表示される．この2つの事象に対する反応が，隠された棒に対する体験の非言語的な指標となるのである．ここではタスクとともに，異なる月齢の乳児に対する実験によって見られる発達のパターンについて，簡単に紹介する．

実験手順

　一体性知覚課題は，馴化・脱馴化パラダイムを採用している．乳児は，最初に隠された棒のディスプレイに対して馴化させられる（下図参照）．乳児の注視時間が，あらかじめ設定した閾値よりも下がるようになるまで，繰り返し見せられる．馴化すると，乳児は，完全な棒と分割された棒の両方を交互に見せられる．

　馴化後に長く注視する方が，新奇性への嗜好があると判断される．つまり分割された棒を新奇性のあるオブジェクトとして反応する乳児が「知覚者」と呼ばれ，隠され

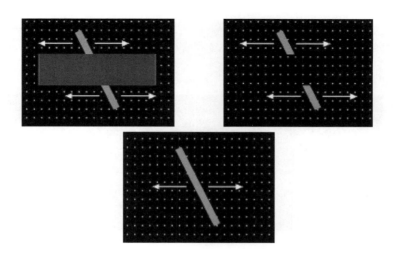

第4章 世界を見る

た棒を単一のオブジェクトとして知覚していたと考えられる．一方で，完全な棒を新奇性のあるオブジェクトとして知覚する乳児は「非知覚者」と呼ばれ，隠された棒を2つの異なるオブジェクトとして知覚していたと考えられる．一体性知覚課題で使われる刺激は，(a) 隠された棒，(b) 完全な棒，(c) 分割された棒である．

知覚補完の発達

知覚補完は，誕生時には存在しない（例えばSlater et al. 1996）．馴化後に，新生児が完全な棒を長く見るということは，分割された棒に慣れたのだということを示している（完全な棒よりも，隠された棒により慣れている）．このパターンは4ヶ月齢まで続き，その段階から，馴化後に分割された棒を嗜好するようになっていく（例えばJohnson 2004）．このようなデータは，乳児は，スクリーンで隠されて分割されているオブジェクトを結合されていない面として知覚できるが，4ヶ月齢になるまでは，面を統合して完全なオブジェクトとして知覚することはできないという結論を支持している．

知覚補完メカニズムとしての選択的注意

どのような認知的知覚メカニズムが，知覚補完を発達させるのだろうか．**能動視覚**（例えばBallard 1991）の概念から，Johnsonらは，視覚運動スキルの改善，特に視覚の**選択的注意**が，知覚補完をする視覚的な手がかりの発見を助けていると提唱している．この考え方は，AmsoとJohnson（2006）によっても支持されている．2人は，隠された棒を見ているときの3ヶ月齢の乳児の目の動きを記録した．続いて，完全な棒，分割された棒を見せられ，馴化後の嗜好により，知覚者と非知覚者に分類された．下の図（左）は3ヶ月齢の知覚者の累積プロットで，（右）は3ヶ月齢の非知覚者の累積プロットである．知覚者の視線は棒に集中しているのに対し，非知覚者の視線は棒を隠しているスクリーンなど，情報がほとんどない領域に集中していることに注意していただきたい．このパターンは，22人すべての乳幼児の定量解析により確認されている（前掲書）．

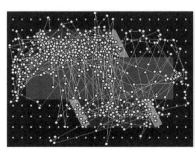
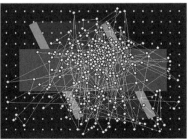

ソン（Gibson 1979）によって提唱された．ギブソンは，物体が観測者の目標と能力の関数として知覚されることを理論化した．つまり，物体のアフォーダンスとは，意味のある行為を生み出す知覚的な特性なのである．実例として，椅子を考えてみよう．一般的な感覚では，椅子は座るものである．しかし，状況によっては，電球を取り替えるときに上に乗るものになるかもしれないし，猛獣が現れたときは隠れるものになるかもしれない．ギブソンは，この椅子のようにそれぞれの場面での意図と使い方で変わるような物体のアフォーダンスを，どのように知覚するのかを議論した．

　ここまで述べてきた視覚的選択や注視パターンで知覚スキルを測定するというやり方とは異なり，アフォーダンスの知覚を研究するには，乳児の知覚反応だけでなく，運動反応も測定しなければならない．アフォーダンスの知覚の分野で研究されたものの1つが，乳児の道具使用の発達である．例えば，8ヶ月齢の乳児は，さまざまな道具を使うことを短い時間で学習する．手の届かない玩具を取るために，布や紐，長い鈎のある棒なども使うようになる（例えばSchlesinger and Langer 1999; van Leeuwen, Smitsman and van Leeuwen 1994）．面白いことに，道具と玩具の空間的な関係に対する感覚は，道具使用のスキルによって変わってくる．つまり，8ヶ月齢では，玩具が布の上に置いてあるときは，比較的簡単な道具である布を引っ張って引き寄せるが，玩具が布の横に置いてあるときは引っ張らない．より扱いが難しく複雑な道具である鈎を与えたときは，8ヶ月齢の乳児は，玩具との位置関係を無視して引っ張った．12ヶ月齢にならないと，鈎の適切な位置を使って，玩具を引き寄せる行動は見られない（Schlesinger and Langer 1999）．同じように，van Leeuwen, Smitsmanとvan Leeuwen（1994）は，体系的にオブジェクトの位置を変えて，乳児の道具と目的の物体との空間関係に対する感受性を研究した．例えば，図4.7は鈎との関係で目的の物体の位置をどのように変えたかを示している．特に，van Leeuwen, Smitsmanとvan Leeuwen（前掲書）は，乳児は道具をやみくもに使うが，成長した幼児や子どもは道具と目的の物体の間の適切なアフォーダンスに対して，道具の使用戦略を適応させることを見出した．

　他の道具についても，同じような発達パターンが見られる．例えば，McCarty, CliftonとCollard（2001b）は，スプーンやヘアブラシなどの一連の物体を9ヶ月齢から24ヶ月齢までの乳児に，左向きか右向きのいずれかで示した．この時乳児は，物体の向きにかかわらず，自分の利き手を使って物体に手を伸ばすが，成長した幼児は，手を伸ばしつかむ行動を，触れる以前にその向きに合わせて適応させる．さらに，McCarty, CliftonとCollard（前掲書）は，幼児の道具に対する動きの適応において，意図した行動が他に向けられたもの（ヘアブラシを人形に使う）よりも，自身に向けられたもの（スプーンを自分で使う）の場合においてより成功することを発見した．

　アフォーダンス知覚の研究のもう1つの分野が，ハイハイと歩行の発達である．例えば，図4.8に示したように，乳児は斜面に出会うと，斜面の角度に合わせて姿勢を調整する必要がある．Adolph（1997, 2008; Joh and Adolph 2006）による一連の研究では，2つの重要

第4章 世界を見る

図4.7 van Leeuwen, Smitsman と van Leeuwen（1994）は，目標物と道具の位置関係を変えることで，道具使用のアフォーダンス知覚を研究した．

ハイハイを始めたばかりの乳児　　　　　　　歩行経験のある乳児

図4.8 斜面を下る移動の発達．Santrock（2011）より引用．

で興味深い発達パターンが見られた．1つは，ハイハイを始めたばかりの乳児は，斜面の知覚が比較的乏しかったということである．斜面が浅いかきついかにかかわらず，ハイハイを始めたばかりの乳児は姿勢を調整しないし，ハイハイの戦略を変えることもなかった．数日から数週間ハイハイを経験した乳児は，斜面に対して効率的に接近し，通過していくようになる．もう1つは，おそらくより重要なことだが，幼児が歩き始めたときにも，もう一度同じ発達パターンが起こることである．言い換えれば，歩き始めた乳児は再び，斜面の角度に関係なく行動し，あらためて斜面に対する知覚を学習する．このような発見は，ギブソンのアフォーダンスの記述を強力に支持し，特に知覚の発達と行為，および目標志向の振る舞いのダイナミックな関係を浮き彫りにしている．

4.2 ロボットの顔認知

顔認知の発達モデルは，身体化されたロボットプラットフォームやヒューマノイドプラットフォームよりも，シミュレーションで広く用いられている．この傾向に対する重要な例外

は，福家，荻野と浅田（Fuke, Ogino, and Asada 2007）の研究である．福家らは，自分の顔がはっきりとは「見えない」時期に，乳児はどのようにして顔の表現を獲得するのだろうかという問題を研究した．彼らのモデルは，顔認知や新生児の模倣に直接注目したものではないが，新生児は舌を出すなどといった顔の表情を模倣することを発見したMeltzoffとMoore（1977）の研究に関連している．さきほど述べたように，マルチモーダルな顔表現の発達は，顔の模倣をするのに必要な能力である．彼らのモデルの中心になっている考え方は，乳児は直接自分の顔を見ることができないが，顔の状態を知ることのできる重要な3つの感覚データを取得できるということである．1つは，図4.9で示したように，乳児は，手が顔の前や近くにあるときは，手を見ることができるということ．2つ目は，その手の位置を示す固有感覚情報を得られるということ．3つ目は，手で顔を触ると，手も顔も見えないが，この自己探索の間，触覚情報を得られるということである．3人は，この3つの情報源を統合することで，シミュレートされたロボットが手の位置を推測することができ，手の位置の推定をきっかけにして，顔の内部表現を発達させていけることを示した（前掲書）．

BednarとMiikkulainen（2002, 2003）による関連研究は，より根源的な問題に注目した．新生児はなぜ顔に似た刺激に反応する傾向があるのかという問題である．Bednarらは，出生前の発達により，外側膝状体（lateal geniculate nucleus: LGN）から顔選択野（face-selective area: FSA）に連絡する神経活動形が内部で自然に生成されるとしてこの問題に取り組んでいる．図4.10aは，発達の2つの段階を示している．出生前の発達では，経路はまずPGO（ponto geniculo occipital）（橋・膝状体・後頭棘）パターン生成器による刺激を受ける．誕生すると，PGOからの入力は減少し，網膜からの視覚刺激に置き換わっていく．図4.10bは，2種類の訓練条件下でのFSAの受容野活動を示したものである．特に，出生前に作られたネットワークでは，顔状受容野は自然に形づくられるが，未熟なネットワークでは，受容野は典型的なガウス応答パターンを示す．図4.10cは，このモデルの図式化した顔と実際の顔の両方に対する網膜とLGN，FSAの活動を示したものである．MortonとJohnson（1991）により記述された発達パターンを再現する重要な発見が2つあった．1つは，出生前の訓練期間を終えたとき（FSA-0，つまり誕生）は，図式化された顔と実際の顔の両方にFSAは応答するが，顔ではない図には応答しなかった．もう1つは，出生後に1,000回以上学習させると，図式化された顔に対する応答は減少していくが，実際の顔に対する応答は減少しなかった（FSA-1000）．出生後に特定の顔を体験する頻度を操作することで，BednarとMiikkulainenのモデルも，「母親の」顔への嗜好を獲得することが，Bushnell, SaiとMullen（1989）により報告されている．

もう1つの疑問は，他人種効果の発達に関するものである．Furl, PhillipsとO'Toole（2002）は，数種類の顔認知モデルの性能を比べることで，この問題を研究した．彼らは**発達的接触仮説**を提唱した．初期の顔認知は顔の特徴のどれかに重みを置くということをしないが，自分と同じ人種との体験が増えるにつれて，この特徴空間を「歪ませて」，次第に他人種の顔

第4章　世界を見る

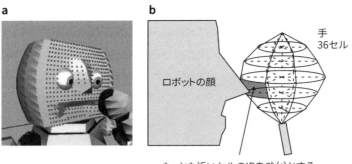

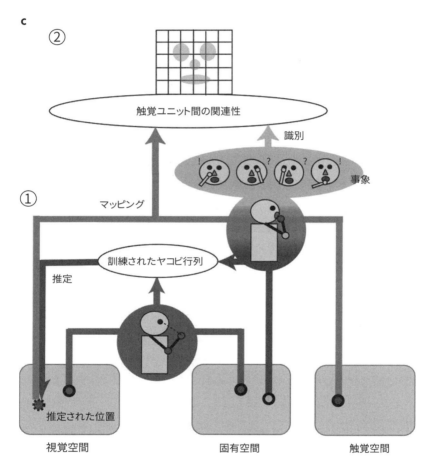

図4.9　シミュレートされた乳児の顔表現の発達．(a) 正面映像．(b) ロボットの手のモデル．(c) モデルのアーキテクチャ（Fuke, Ogino, and Asada 2007）．

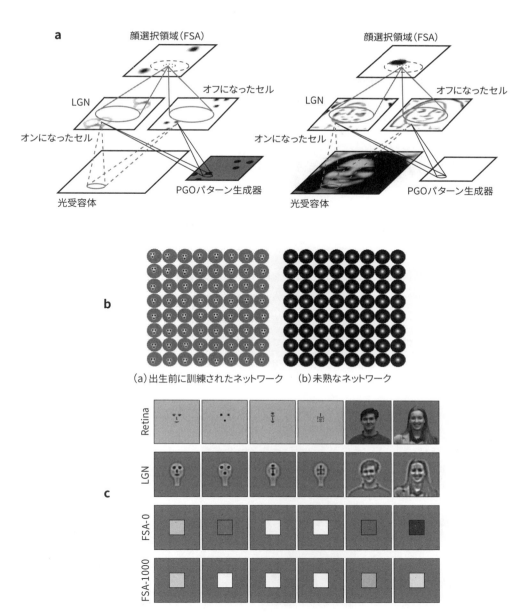

図4.10 (a) 2つの発達段階での顔処理の新生児モデル（Bednar and Miikkulainen 2003）．2つの発達段階を強調している．(b) 2つの訓練状況でのFSAの受容野活動．(c) 図式化された顔，現実の顔に対応する網膜，LGN，FSAの活動．

を見分ける能力が衰えていくというものである．Furl，PhillipsとO'Toole（前掲書）は，初期の学習期間にそれぞれのモデルが体験する顔を計画的に偏らせることで，この仮説を検証し，結果，他人種効果を生成させることに成功した．対照的にもう一方のモデルは，初期の視覚処理の計算プロセスを表現するようにその性能が設計されながらも，特定の種類の顔を見る体験によって調整されなかったことで，この現象を捉えることができなかった．あわせて考えると，これらの発見は，知覚の特化が特定の顔集団の中で起こる結果として，他人種効果が「自然に」出現するという考え方を支持している．

4.3 空間認知：ランドマークと空間関係

知覚学習と発達における他の領域とは対照的に，空間認知の発達的視点に立ったロボティクス研究は比較的少ない．この相違の1つの原因は，本質的に難しい課題（例：物体認識や自然言語処理）があることである．計算の困難性，情報処理のボトルネックがあり，センサのノイズや不確実性などもある．結果として研究者は，こうした課題を研究する助けとなる発達ロボティクスのような新しいアプローチを探しているのかもしれない．そうではない課題は，発達という視点ではあまり注目されていない．なぜなら，一般的なAI手法を使うことで，ほとんどが解決できてしまうからである．ナビゲーションや空間認知はこのカテゴリに入るであろう．移動ロボットにほぼ完全な位置計測機能を与えることは，ロボット設計者にとって比較的やさしいのである．ロボティクス研究者が，発達的視点を取り入れることにしたとすると，不正確な局所的計測手法に頼る必要があり，位置推定の戦略を自律航法のようなもので近似的に考えるべきであろう．

それでも，発達的手法を明確に使った空間認知のロボティクス研究の好例は存在する．特に，開，幸島とPhillips（Hiraki, Sashima and Phillips 1998）は，Acredolo, AdamsとGoodwyn（1984）により記述された探索課題に対する，移動ロボットの性能を調べた．この探索課題とは，観察者が新しい位置に移動させられ，隠されたオブジェクトを探すように求められるものである．この研究で特に重要なことは，Acredolo, AdamsとGoodwyn（前掲書）の研究と比較可能な実験パラダイムが用いられただけでなく，Acredoloの仮説を検証するために特別に設計されたモデルを提案したことである．これは，自己中心的な空間認知から他者中心的な空間認知への移行を，自己生成移動が促すという仮説である．

彼らのロボットは，順モデルと逆モデルを組み合わせたもので，目標物の位置を視覚フィールドの中心で捉え続ける．最初に獲得される**順モデル**はまず，計画した運動を，視覚フィールド内で予測される目標位置の変化にマッピングする（図4.11aの右側を参照）．次に，**逆モデル**が現在の感覚状態を最適な動きにマッピングするように訓練される（図4.11bの左側を参照）．そして，順モデルと逆モデルが獲得されるとロボットは，カメラからの視覚入力

4.3 空間認知：ランドマークと空間関係

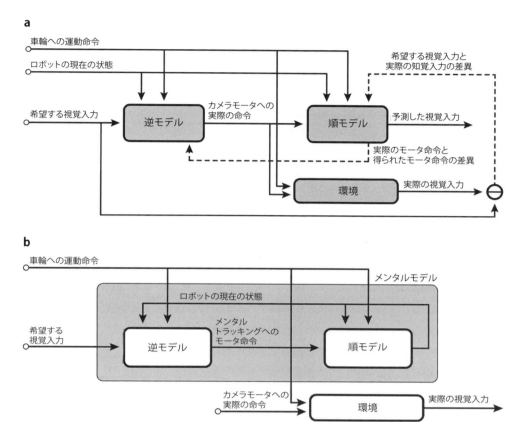

図4.11 Hiraki, Sahima and Phillips（1998）の（a）視覚追跡と（b）メンタルトラッキングの図解. 前掲書より改変.

を順モデルによって生成される予測視覚入力で置き換えることで**メンタルトラッキング**を実現できる（図4.11bを参照）．言い換えれば，目標位置に関する視覚情報が利用できないとき，このモデルは，自分自身の動きを補いながら，内部表現を利用して，目標位置を推測する．

自己生成移動が他者中心的な空間認知を生み出すという仮説を検証するため，ロボットは3つの段階で訓練される．段階1では，頭の動きだけが生成される．段階2では，頭と身体の動きが生成される．最後の段階3では，頭と身体，車輪（移動手段）の動きが生成される．順モデルと逆モデルの訓練は，それぞれの段階で行われることに注意していただきたい．各段階の終わりに，隠す課題が試される．目標物は隠され，隠した場所を視覚的に追跡できないようにしながら，ロボットは新しい場所に移動させられる．

段階1と段階2ではロボットは偶然発見する程度の成績だった（つまり，自己中心的な位置により隠されたオブジェクトを探している）．しかし，段階3では，自己生成移動が可能になり，他者中心的な空間把握戦略が出現し，試行の80％以上で正しい位置を探すことができた．この発見は，移動と他者中心的な空間把握に関するAcredoloの仮説を支持するだ

けでなく，特定の認知的知覚スキル（つまりメンタルトラッキング）が，このような関係を可能にする発達メカニズムとして働くということも示唆している．

4.4 ロボットの自己認知

　人間の乳児の自己認知で述べたように，自己認知の発達の重要な段階は，自己生成運動とその結果センサによって計測される情報との相関や時間的随伴性の検出である．結果として，多くのロボットの自己認知モデルは，同様の一般的な検出戦略を採用している．つまり，運動を生成し，運動によって生じるセンサ情報を観測し，一定以上の確率で起きる計測事象や影響を「自分」としてラベルづけ，もしくは分類している．このようなモデルを使った手法の例は，Stoytchev（2011）のものである．彼は，自己認知の発達をシミュレートするのに2段階処理を採用した．色づけされたマーカーが自由度3のロボットの腕につけられ，第一段階（運動バブリング）の間，ロボットは腕をやみくもに動かすが，その動きをビデオカメラで観察する（図4.12b参照）．モデルに用いた発見戦略が図4.12aに示されている．モデルでは，自己生成運動の後，あらかじめ設定された遅延内（遠心性信号，求心性信号）に観測された動きを視覚的に検出し，その検出された動きを「自己」であると仮定している．このロジックに従って，青い特徴だけが「自己」として分類された．この特徴の変化は，遠心性・求心性遅延の閾値内に起こるからである．対照的に，赤い特徴は遅く動き，緑の特徴は早く動きすぎた．

　第一段階の目的は，運動バブリングを実行中の遠心性・求心性遅延の分布を観測することにある．図4.12bは，環境の中で一体のみで動いているロボットと，この動作条件のロボットにおいて観測された遠心性・求心性遅延のヒストグラムを表している．このヒストグラムから遠心性・求心性遅延の平均を計算することで，自己認知の基盤となる遅延の閾値もしくは窓を定義する．第二段階でStoytchevは（ここには図示していないが），さまざまな新しい条件下でロボットが自身を検出する能力をテストした．そしてその精度が高いことを見出した．さらに鍵となる発見は，遠心性・求心性遅延のデータを取得する条件に関するものである．図4.12cは，もう1台のランダムに動くロボットが存在する中で腕をランダムに動かすという条件でロボットが訓練した結果を示している．この条件における学習の重要な結論は，観測される遠心性・求心性遅延のレンジが，1台のみで動きを観測する場合に比べて明らかに小さいことである．従ってこの発見は，複数のセンサデータによるノイズの多い環境における自己観測によって，自己認知の能力が促進されることを示唆している．

　Stoytchevのモデルは，比較的単純な特徴（色づけマーカーの動き）を使ったものだが，拡張した視覚特徴を使ったモデルもあり，より複雑な時空関係も検出し，利用することができる．このような手法の例には，視覚顕著性を計算するもの，律動的もしくは周期的運動，

4.4 ロボットの自己認知

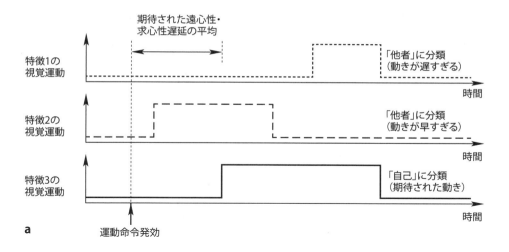

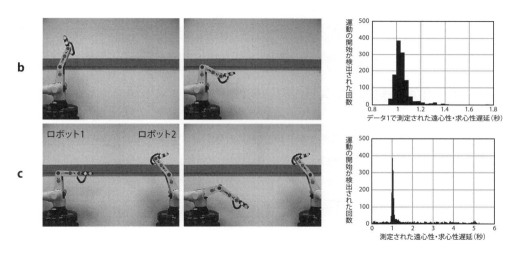

図4.12 （a）自己認知のアルゴリズムとロボットが一体のときの運動バブリング，（b）時間遅れ．（c）2台目のロボットがあるときの運動バブリングと時間遅れ．Stoytchev（2011）より引用．

身体的特徴の類似性を利用するものなどがある（例えばFitzpatrick and Arsenio 2004; Kaipa, Bongard, and Meltzoff 2010; Michel, Gold, and Scassellati 2004; Sturm, Plagemann, and Burgard 2008）．しかし，このようなモデルの多くに存在する重要な制限は，内部状態（例：運動指令）と外部センサデータ（例：視覚的な動き）間の経時的マッチングを必要とすることである．この問題を解決するために，GoldとScassellati（2009）は，ベイズモデリングの枠組みを提案した．このモデルでは，信念推定が3つのダイナミック信念モデルのために時間とともに計算され維持される．この手法の利点は，その信念推定に，ロボットのすべての観測履歴を組み入れることができるだけでなく，これらの推定が，新たな

125

センサデータの入力とともに変化することを許している点にある．訓練の間，自己認知モデルは最初に運動を手がかりにして，視覚入力を個々の領域に分割し，領域の動きを追跡していく．最初のベイズモデルは，物体が「自己」である（自己生成運動信号に動きが相関している）確率を推定する．2番目と3番目のモデルは，生物（他者）である確率と，無生物である確率をそれぞれ計算する．このような信念推定はロボットが腕の運動を観測し，次にロボットを鏡の前に置いて検証する4分間の訓練期間に計算される．検証の間，ロボットは鏡に映った自分の運動を正しく特定するだけでなく，鏡の中の自分の動きと近くの実験者の動きの違いも特定することができる．

さらに，浅田ら（Asada et al. 1999）は，経時的マッチングだけでなく，強化学習のスキームを用いた状態ベクトル推定手法も示した．これは，自己，受動的エージェント（静的物体），能動的エージェント（他者）の3つのカテゴリに，システム同定手法を適用することで自動的に分類する．自己と，受動的／能動的エージェントである他者とを自律的に区別する能力は，RoboCupサッカーのシナリオにおけるパサーとシューターの役割など，実際のロボットでも利用できる．

4.5 物体知覚の発達インスパイアモデル

物体知覚の領域では，2つの根本的な疑問が，発達ロボティクスの観点から研究されてきた．1つは，ロボットはどうやって視覚的光景からそれぞれの離散的な物体を切り出すことを学習するのかということである．この疑問に答える戦略の1つは運動スキルの発達，特に，手を伸ばす，握る，物体を探索するなどを物体知覚の発達のブートストラップとして使ってみることである．（例えばFitzpatrick and Arsenio 2004; Fitzpatrick et al. 2008; Natale et al. 2005）．例えば，Nataleら（前掲書）は，物体の視覚的な特徴（例：色のついた表面やブロブ）を，オブジェクトを握ったり，探索したりしている間に得られる自己受容性の情報と関係づけることを学習するヒューマノイドロボットについて述べている．自己受容性の情報は，握っている間の手の形状だけでなく，オブジェクトの重さなどの特徴もある．オブジェクトと十分にインタラクションした後，ロボットは，自然な背景に置かれたオブジェクトを視覚的に区分することができるようになり，さまざまな角度から認識することもできるようになる．ZhangとLee（2006）は，物体の切り出しに対する知覚的な手がかりとしての**オプティカルフロー**の役割に注目した別の手法を提案している．Zhangらのモデルでは，運動する物体が，半自然環境に置かれた．モデルは最初にオプティカルフローを検出し，それからこの特徴を使って，候補物体が存在する境界領域を特定する．そして，色フィルタと形フィルタが適用され，境界領域が物体として区分されていく．体系的な比較を通して，ZhangとLee（前掲書）は，このモデルが，分割のメカニズムとしてエッジ検出を使った従来のモデ

4.5 物体知覚の発達インスパイアモデル

ルを上回る性能を持っていることを示した．

もう1つはおそらくより難しい問題で，ロボットはどのようにして，遮蔽体によって分離された物体の複数の表面を統合するのかというものである（例：知覚補完）．ZhangとLee（2006）のモデルは，この問題を次のように解決することを試みた．まず，それぞれの物体を認識するように学習することで，物体情報を保持した表現を構築し，その後に人手で設計した充填機構を適用することで部分的に遮蔽された物体を認識することを学習する．しかし，機能レベルでは有効なものの，この手法では補完メカニズム自身がどのように発達していくのかを説明できない．補完メカニズムが，「生得的」能力や人によって設計された能力と規定することを避ける知覚補完の発達のモデルもいくつか存在している（例えばFranz and Triesch 2010; Mareschal and Johnson 2002; Schlesinger, Amso, and Johnson 2007）．このようなモデルは，一体性知覚課題によって調べることで，誕生から4ヶ月齢の間の乳児に観察された発達パターンの重要な観点のいくつかを説明できる（Box 4.1参照）．ここで，Schlesinger, AmsoとJohnson（2007）のモデルを紹介しておきたい．これは第一に，知覚処理と目の運動の両方をシミュレートしているからであり，第二に，乳児に使ったのと同じ刺激で検証されているからである（例えばAmso and Johnson 2006）．

Schelsinger, AmsoとJohnson（2007）のモデルは，IttiとKoch（2000）により提案された顕著性マップパラダイムの応用版が使われている．モデル内で行われる処理は，図4.13のaからdに示されている．（一体性知覚課題における）入力画像が，モデルに提示される（a）．4つの同期した視覚フィルタが，輝度，動き，色，方向性のあるエッジを入力画像から抽出する（b-c）．そして，それらのイメージマップを重ね合わせて，統合された顕著性マップとする（d）．目の動きは，顕著性マップ上で高い値を持つ場所を確率的に選択することで生成される．

Box 4.1で述べたように，3ヶ月齢の乳児は，棒と分割された棒のいずれを選好注視するかによって，知覚者と非知覚者に分類することができる．さらに，AmsoとJohnson（2006）が，知覚者か非知覚者によって，隠された棒を見るときの視線パターンに違いが生じることを発見したことを思い出していただきたい．特に，図4.13eが示しているように，知覚者は，非知覚者よりも棒をよく注視した（棒のスキャン）．対照的に，ディスプレイの上下の注視時間（垂直スキャン）は，2つのグループに違いはなかった．このような行動学上の発見は，SchelsingerとAmso, Johnson（2007）のモデルにおいても，それぞれの特徴マップ内の特徴間に起こる競合を変化させるパラメータを手動で調整することで再現することができる（図4.13c）．このパラメータ値の増加は，後頭頂葉での競合の増加に対応している．そして，知覚補完の発達は，眼球運動スキルと視覚的な選択的注意の段階的上達によるものだとするAmsoとJohnson（2006）の仮説を支持するさらなる証拠となる．しかし，このようなシミュレーションによる知見は，頭頂葉において予期される変化と，それに対応する知覚の発達が，成熟によるものか，経験によるものか，それともその両方なのかという問題を，依然として

第4章 世界を見る

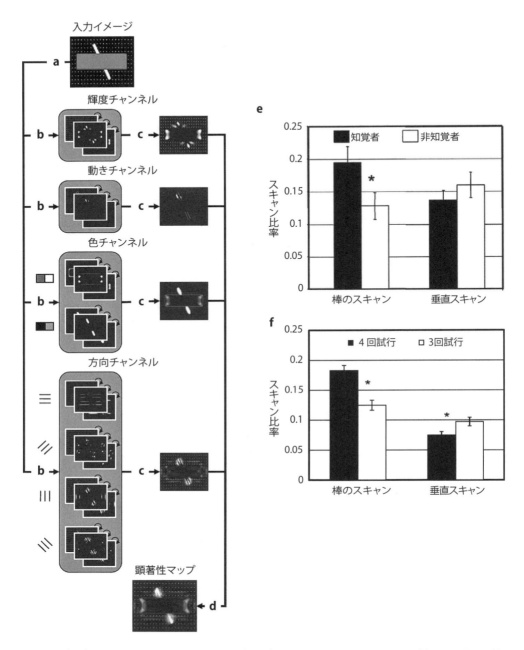

図4.13 (a-d) Schlesinger, Amso と Johnson (2007) の知覚補完のモデルの図解. (e) 3ヶ月齢と (f) モデルの成績の比較.

残していることを指摘しておくことは重要であろう（Schlesinger, Amso, and Johnson 2012）．

4.6 アフォーダンス：知覚により導かれる行動

ロボットのアフォーダンス知覚はよく研究されている領域であるが，これまでの研究の多くは，従来の認知ロボティクスの枠組みで，アフォーダンスを利用して性能を改善する戦略に用いることに焦点が当てられている（包括的な概観はSahin et al. 2007を参照）．それでも，発達の視点でアフォーダンス知覚を研究している研究者もいる．これには，予測学習や動機に基づく学習，模倣におけるアフォーダンスの役割を探究するモデルがある．（例えばCos-Aguilera, Cañamero, and Hayes 2003; Fritz et al. 2006; Montesano et al. 2008）．

ここで，すでに紹介した乳児に関する研究を補完する2つの研究を紹介したい（道具使用と移動・ナビゲーションに関する研究）．第一は，Stoytchev（2005; 2008）による道具のアフォーダンス知覚を学習するロボットである．このロボットは目標物を取るために，道具をさまざまな方法で握ったり動かしたりすることで，さまざまな道具のアフォーダンス知覚を獲得する．図4.14aはロボットの作業空間を示していて，目標物（オレンジ色のホッケーパック），硬い棒状の道具が数本，四角で示された目標位置があることがわかる．まずロボットは初期訓練の段階では，道具をさまざまな方向に動かし，ホッケーパックに対する効果を確かめながら，試行錯誤でそれぞれの道具を探索する．この探索で得られたデータを使って，**アフォーダンステーブル**を埋めていく．アフォーダンステーブルとは，それぞれの道具に対してどのような行為がされたか，パックにどのような影響を与えたか，そしてもっとも重要な道具の視覚的特徴がどのようなものかを関連づけたものである．図4.14bは，T字型の道具についてのアフォーダンステーブルの一部を概念的に示したものである．それぞれの行為に対して，矢印で，パックの移動に対して道具のどの部分が影響を与えたかを示している．

ロボットの訓練が終わると，Stoytchevはロボットに道具を見せ，テーブルの上にパックを置いた．そして，アフォーダンステーブルを使って，パックを目標の場所に動かす行為を特定する探索アルゴリズムによってロボットに道具を使わせることで，その性能を評価した．目標の場所を4ヶ所，道具を5つ使った試行で，ロボットはその86％を成功することができた．

この研究は，人間の乳児のアフォーダンス知覚の研究に対して，2つの大きな意味を持っている．1つは，物体の探索と試行錯誤的学習でアフォーダンスが獲得できるという説得力のある実例を示したことである．つまりこれが，乳児が同様の問題をどのようにして解決するのか，特に，どのような知覚的特徴を検出し活用するのかということに対して，重要なヒントを与えてくれるかもしれないことである．もう1つは，探索段階で繰り返しモデルをテストすることで，乳児の発達パターンと直接比べられる発達の軌跡を生成できることである

第4章 世界を見る

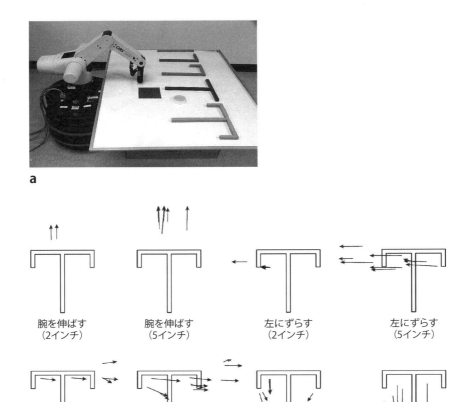

図4.14 物体探索による道具使用アフォーダンスの学習．(a) ロボットの作業空間，(b) T字型の道具のアフォーダンステーブルの一部．Stoytchev（2005; 2008）より引用．

（例えばSchlesinger and Langer 1999; van Leeuwen, Smitsman, and van Leeuwen 1994）．

　ロボットのアフォーダンス知覚の第二の研究分野は，ナビゲーションと障害物回避である．例えば，Sahinら（2007; Ugur et al. 2007）は，移動ロボットにおけるアフォーダンス学習のモデルを提案している．Stoytchevのモデルと同じように，Sahinらのモデルは，まず環境の中での運動と視覚センサの変化（3D距離センサから得られる）を関係づけることを学習する．すべての視覚的特徴を，運動の結果により重みづけし分類する過程を通して，アフォーダンスのカテゴリが発現する．例えば，図4.15は，シミュレーションでの訓練の後，新奇性のあるオブジェクトが置かれた実環境の中でのロボットの動作を示している．それぞれの場合で，経路上に物体があるときは「走行可能性」アフォーダンスを知覚し，現在の知覚と，障害物を回避する一連の運動を関連づけることができるようになる．乳児の移動とアフォーダンス知覚の研究で用いられているのと同じ実験パラダイム（例：視覚的断崖，斜面

図4.15 移動ロボットの「走行可能性」アフォーダンスの知覚学習．Ugur et al.（2007）より引用．

のハイハイと歩行）ではまだ実験がなされていないものの，原理的にこれを妨げる理由はないことは付記しておくべきだろう．

4.7 まとめ

この章では，乳児の視知覚研究で使われる2つの主要なパラダイムである，選好注視と馴化・脱馴化を最初に紹介した．また，それぞれの手法の理論的根拠や仮説も紹介した．この2つの手法が広く用いられているという事実から，重要な疑問が浮かび上がってくる．それは，発達ロボティクス研究者も，同じパラダイムを用いて，モデルの性能を評価すべきだろうかということである．現在のところ，そうしているモデルはさほど多くない（例えば Chen and Weng 2004; Lovett and Scassellati 2004）．その代わりに，視知覚の発達をシミュレートする現在の研究の多くは，特定の行動パラダイムや実験を再現するのではなく，手を伸ばす，つかむ，ナビゲーションといった一般的な課題やスキルを用いる傾向にある．うまくいけば，この溝は将来埋まっていくであろう．

顔知覚に関する概説では，乳児は非常に早く顔の検出を学習するだけでなく，慣れ親しんでいる顔と新奇性のある顔の区別もできるという実証的発見を紹介した．自然の顔と人工的な顔状の刺激に対する乳児の反応の系統的な研究は，発達の2段階パターンを支持している．これは，顔状の刺激に向かわせる生得的，または初期に出現するメカニズムのことで，その後に，特有の顔特徴を学習できるようになる．顔知覚は最初の1年で発達し，その間に男性と女性の顔や，同じ人種であるかどうかを区別できるようになることも紹介した．

空間知覚は，顔知覚よりもゆっくりと発達する．奥行や距離などの空間的な関係が，空間内での運動と密接に結びついていることも，その原因の1つである．また，ハイハイと歩行も，乳児の空間知覚が大きく変化することと関連している．加えて乳児は，空間知覚を自己中心的に行うバイアスを持っている．物体，位置，ランドマークを，自分の位置に関連づけてコード化するのである．しかし，9ヶ月齢から12ヶ月齢の間に，空間を他者的に知覚するように段階的に移っていき，空間を客観的に把握できるようになる．

空間知覚と同じように，自己知覚も運動能力により発達する．自己を認識させる基本的な手がかりは，自分自身の運動と環境の中の物体や他者の動きの時空間的随伴性である．実際，鏡の前に置かれた（あるいはビデオディスプレイで自分を見せられる）乳児は，自分の運動

を検出するスキルを急速に身に付けていく．

　乳児の物体知覚で起きる重要な発達上の進展についても紹介した．1つは，新生児は，物体に対する感覚情報を，ある感覚から別の感覚に転移できるという証拠が存在することである．もう1つは，1ヶ月齢から3ヶ月齢の間に，乳児は，物体の面を結合して，実体のある一貫した物体として知覚する能力を獲得するということである．その後の数ヶ月で，一部やすべてが隠されている物体を知覚するスキルを急激に高めていく．

　最後に紹介したのは，アフォーダンス知覚の発達である．これは，視覚の発達と運動スキルの獲得の両方に関連している．乳児の研究でよく研究されているアフォーダンスは，棒やひも，鈎といった単純な道具を使う能力である．このような道具は，6ヶ月齢で使うことができるようになり，2年目で上達し続ける．もう1つのアフォーダンス知覚は，ハイハイと歩行の能力と並行して発達するもので，乳児は環境の中で，斜面や階段，地形の安全性と危険度を見分ける視覚的な手がかりを発見するようになる．

　顔知覚の発達モデルは多くの場合，顔を検出したり区別したりする計算メカニズムに焦点を当てている．本章では特に，胎児での体験が重要な影響を与えているという考えに立脚した2つのモデルを紹介した．例えば，福家，荻野と浅田（Fuke, Ogino, and Asada 2007）は，乳児は，自分の顔を手で探索することで，マルチモーダルな顔表象を発達させると主張している．一方で，BednarとMikkulainen（2003）は，胎児の間に視覚経路を刺激する神経パターン生成器により，顔情報を処理する出生後の能力が出現すると主張している．また，他人種効果の計算モデルに関する研究も紹介した．これは，ある人種グループを頻繁に見ることで生まれる顔知覚の偏り効果を検証したものである．

　ここで紹介した空間知覚は，自己中心参照フレームから他者中心参照フレームへの移行に特に焦点を当てたものになっている．特に，Acredolo, AdamsとGoodwyn（1984）の実験パラダイムをシミュレートした移動ロボットである開，幸島とフィリップス（Hiraki, Sashima, and Phillips 1998）のモデルを紹介した．このモデルには，重要な特徴が2つある．1つは，Acredoloたちの採用した手法に似た手順でモデルを評価していることである．もう1つは，自己生成移動が空間の他者的認知を促すという，Acredoloの仮説を検証したことである．

　次に，自己認知の発達に関するモデル研究，ロボティクス研究を紹介した．驚くべきことではないが，多くの研究の主流の戦略が，ロボットの体の一部を動かすことで，環境の中のどのセンサイベントが，自己生成運動と相関しているかを検出させるというものである（これが「自己」としてラベリングされる）．一般的に，このようなモデルは自己知覚能力を説明することに成功しており，基礎的な手がかりとしての時空間的随伴性の役割を裏づけている．しかし，この説明が，乳児の初期から2年目までの自己知覚発達のすべての道筋に適用できるように拡張されることが，今後の研究に残された課題である．

　本章で紹介した視知覚の発達モデルと同じように，物体知覚のモデルも乳児で観察される

発達過程の重要な特徴を捉えることを目指している．例えば，ZhangとLee（2006）のモデルでは，オプティカルフローを物体の切り出しの視覚的な手がかりに使っている．しかしこのモデルに内在する弱点は，部分的に遮蔽されたオブジェクトを，1つではなく2つの異なる物体として扱ってしまう可能性があることである．Schelsinger, AmsoとJohnson（2007）のモデルでは，空間的な競合の増加が，遮蔽物で分割された物体の面に対する注意を増加させることを示すことで，この問題を解決している．

最後に紹介したのは，アフォーダンス知覚のロボティクスモデルである．例えば，Stoytchev（2008）は，試行錯誤で鈎状の道具を選び，目標物を回収することを学習するロボットについて述べている．乳児の研究と同じ道具使用パラダイムで評価したものではないが，このパラダイムを使うことは，比較的簡単なモデルの拡張で実現され得る．このことは，このモデルの重要な特徴である．もう1つの研究分野は，複雑な環境の中での移動に関するもので，2つのオブジェクトの間をすり抜けられるかどうか知覚することを学習するものである．

参考書籍

Gibson, J. J. *The Ecological Approach to Visual Perception*. Hillsdale, NJ: Lawrence Erlbaum Associates, 1986.（邦訳：J. J. ギブソン『生態学的視覚論——ヒトの知覚世界を探る』古崎敬訳、サイエンス社、1986）

　ギブソンの著書は，人間，動物，機械に限らず知覚を研究する学生にとって必読である．本書は知覚の生態学的理論を紹介している．これは発達ロボティクスにも2つの重要なテーマに影響を与えている．（1）環境の物理的な構造は，エージェント環境のインタラクションにより知覚される．（2）エージェントは環境の詳細を受動的に「吸収」するのではなく，積極的に探査することで学習していく．本書で紹介されている鍵になる概念は，アフォーダンスである．

Fitzpatrick, P., A. Needham, L. Natale, and G. Metta. "Shared Challenges in Object Perception for Robots and Infants." *Infant and Child Development* 17 (1) (Jan.-Feb. 2008): 7-24.

　Fitzpatrickたちの先駆的な論文は，乳児研究とロボット研究の相互的な寄与について，説得力のある議論をしているだけでなく，知覚発達研究の共通目標についても系統的に提示している．ケーススタディとして，視覚オブジェクトの切り出し問題（「分離」としても知られる）を取り上げている．また，人間と機械学習手法を結ぶ考え方，研究手法についての議論もされている．

第5章　運動スキルの獲得
Motor-Skill Acquisition

　人間の乳児にとって，2つの運動スキル——操作（例：リーチング［手を伸ばす動作］，把持する）と移動（例：ハイハイ，歩行）——は，出生後2年間に発達するさまざまな行動と能力の重要な基礎となる．さらに，親にとっては，乳児におけるこのような重要な運動スキルの出現は，感動的でもあり，慌てさせるものでもある．例えば，3ヶ月齢で寝返りを覚え，6ヶ月齢で立ち上がりを覚え，8ヶ月齢までにはハイハイを始め，最初の誕生日を迎える頃には歩き始める．第3章で述べたように，このような発達上のマイルストーンは，何か必要があって，あるいは目標が与えられて起きるのではなく，内的な動機によって起こる．スキルを改善しようとする自分自身の欲望により発達していくのである（例えばBaldassarre 2011; von Hofsten 2007）．乳児が親や兄弟姉妹を観察して学ぶことはあるかもしれないが，運動スキルの獲得について，家族が直接教えたり，フィードバックを与えたり，手伝ったりすることはない．そして多くの場合，このようなスキルは決まった年齢で発達していく（例えばGesell 1945）．

　この章では，乳児の最初の2年間で発達する基本的な運動スキルについて紹介し，その発達パターンを，運動スキルの学習をシミュレートするモデルやロボットの実験から得られたデータと比較していく．特に，第2章で紹介したような，乳児や子どもが生み出すさまざまな身体的行動が研究できる子どもサイズのロボットの設計と開発の最新動向を紹介する．そして，運動機能スキルの獲得を研究するために，ロボットプラットフォームが非常に価値のある道具であることにも触れる．ロボットは人間の子どもの大きさと形に似せて設計されており，場合によっては，骨格と筋肉の身体的な処理まで考えて設計されているため，iCubやNAO，CB^2といったヒューマノイドロボットの研究は，現実の個体と人工の個体の両方で，このようなスキルの出現の裏にある基本的な原理を明らかにするかもしれない．

　発達ロボティクスは，大きさと強度という点で一般のロボティクスと異なっているだけではなく，モデルそのものの哲学も異なっている．「成人」ヒューマノイドロボティクスでよく見られる伝統的な手法はロボットの現在の姿勢（視覚や関節の角度センサなど）を算出し，関節の角度やトルクや力をどの程度変えるべきかを計算し，望む運動や姿勢を生成するというものである．言い換えれば，この手法は，**逆運動学問題**と**逆動力学問題**を解くことに注目しているのだと言える（例えばHollerbach 1990などを参照）．一方で，これから紹介する

ように，発達ロボティクスで用いられている手法は，さまざまな探索のための運動を生成することで，空間的な位置と関節の位置，力の間の関係づけを学んでいくものである．ここでの重要な違いは，発達的手法は望む運動を計算ではなく試行錯誤で運動スキルを学ぶことを重視しているということであろう．

発達ロボティクスに適している研究対象の実例として，次のような発達パターンを考えてみよう．上手に物に手を伸ばす運動は，人間の子どもにとって身に付けるのに2, 3年もの時間を必要とする（例えばKonczak and Dichgans 1997）．その過程では，運動がぎくしゃくしたり，反射神経による運動のように見えたりする時期を通過する（例えばvon Hofsten and Ronnqvist 1993; McGraw 1945; Thelen and Ulrich 1991）．例えば，生まれたばかりの新生児は，自発的に手と腕の運動をする（例えばEnnouri and Bloch 1996; von Hofsten 1982）．このような「事前」運動は，オブジェクトのそばに達することはあるが，手まで触れることはまれである．次の2ヶ月を超えると，このような運動は少なくなっていく．3ヶ月齢では，より組織化されたリーチング運動が現れる．この運動はさまざまな重要で新しい特徴を持っている（例：把持などの矯正運動など．Berthier 2011; von Hofsten 1984）．同じようなパターンが，歩行の発達でも見ることができる．幼い乳児は典型的な足踏み行動を示す（いわゆる足踏み反射）．これは3ヶ月齢までに消えてしまうが，成長した乳児でも，水の中に入れたり，トレッドミル（編註：ランニングマシン）に乗せたりすると見られる（例えばThelen and Ulrich 1991）．手を伸ばす行動の発達のように，足踏み反射行動が消えてから数ヶ月後には，乳児はハイハイを始め，続いて歩き始める．

現在，このようなU字型発達パターンを考慮した計算モデルは存在しない．しかし，多くの運動スキル獲得モデルで重要な役割を果たす考え方であり，U字型パターンの解明に役立つのが，**運動バブリング**の現象である（例えばBullock, Grossberg, and Guenther 1993; Cligiore et al. 2008; Kuperstein 1991）．乳児の言語バブリングと同じように，運動バブリングも一般的な現象で，乳児は積極的にさまざまな運動を試行錯誤してみることで，身体を制御することを覚えていく．こうして，乳児が（予備的に）生み出す初期の運動は，運動バブリングとして理解できるかもしれない．しかし，説明できないのは，このような運動がいったん消え，より洗練された運動が再び出現することである．1つ可能な説明は，「消えていく」段階は，単純で典型的な運動から，複数の感覚入力の統合を必要とする視覚に連動した行動への転換期ではないかというものである（例：視覚と体性感覚．Savastano and Nolfi 2012; Schlesinger, Parisi and Langer 2000）．

次の節では，操作と移動が発達中の乳児で観察される主なマイルストーンを紹介する．特に，4つの基本的スキル——リーチング，把持，ハイハイ，歩行——に注目する．このようなスキルに注目するのには，理由が2つある．1つは，これらが種の生存に必要な必須スキルであるだけでなく，知覚の発達と認知の発達の両方に対して重要な影響を与えることである（例えばKermoian and Campos 1988）．もう1つは，操作と移動はロボティクス，特に

発達ロボティクスの視点からよく研究されているスキルであるからである（例えばAsada et al. 2009; Shadmehr and Wise 2004）．人間の発達パターンを見た後，章の後半では，運動スキル獲得をシミュレートするさまざまなモデルを紹介し，それを用いた研究による主な発見を紹介する．

5.1 人間の乳児の運動スキル獲得

第4章では，GreenoughとBlack（1999）の**経験予期型**発達の考え方を紹介した．これはスキルや能力がその種の全個体にわたって現れる発達パターンで，**経験依存型**発達とは対照的に，特定の条件下でのみ現れるスキルや能力である．この2つの発達パターンは，人間の乳児が運動スキルを獲得するときにも観察される．経験予期発達には，リーチング，歩行などの行動がある．これは，発達上の異常，特定の条件下での異常を除けばどの子どもも獲得するスキルで，文化，歴史，地理，言語などとは関係がない．同じものに分類できる初期のスキルには，眼球運動の制御，体幹や首の制御，保育などがある．一方で，経験に依存したスキルは，より成長してから発達し，より明確な指導を必要とする．水泳や楽器の演奏（バイオリンやピアノ），絵を描くなどである．このようなスキルは，文化，歴史，地理とも強く結びついている．

この節では，経験予期能力の発達について紹介する．特に乳児の4つの運動スキルについて紹介したい．リーチング，把持，ハイハイ，歩行の4つである．

5.1.1 操作：リーチング

リーチングの発達を議論するために，表5.1に，最初の2年間に起こるリーチング，把持動作の主なマイルストーンをまとめた．導入部で述べたように，最初に観察されるのは，新生児のリーチング行動である．新生児は，近くにあるオブジェクトの方向に手を伸ばす行動をする（例えばBower, Broughton and Moore 1970; Ennouri and Block 1996; Trevarthen 1975; von Hofsten 1984）．図5.1は，幼い乳児の予備行動の発達を研究するために，von Hofsten（1984）が用いた器具を示している．von Hofstenは，誕生から2ヶ月齢の間に，乳児がオブジェクトの方向に手を伸ばす行動が増えていくことを報告している（前掲書）．この行動は，7週齢から10週齢の間に減少していく．驚くことに，予備行動が少なくなっていくとともに，乳児が目標物に注意する時間は増加していく．10週齢から13週齢で，リーチング行動は再び増え始め，このときはオブジェクトへの注意とともに起こる．さらに，この年齢では，**手を伸ばすとき**（目標物に向かって手を動かしているとき）に手を開くことが多くなる傾向がある（例えばField 1977; von Hofsten 1984; White, Castle and Held 1964）．合わせて考えると，このような発見は，初期の予備行動が自発的で協調的な行動で

第5章　運動スキルの獲得

表 5.1　乳児のリーチング行動と把持動作の発達における主なマイルストーン．（Gerber, Wilks, and Erdie-Lalena 2010より改変）

月齢	能力
0〜2ヶ月齢	把持の反射運動 予備運動が現れ，頻度が増加する
2〜3ヶ月齢	予備運動の頻度が減少する
3〜4ヶ月齢	リーチング行動が始まる 多くの場合，手は開いている
4〜6ヶ月齢	手で形を作る運動が出現する 手のひらで，または力任せに把持する
6〜8ヶ月齢	手のひらを中心にして把持する はさむように把持する 手で形を作る運動が多くなる
8〜12ヶ月齢	指でつまんで把持する つまむ，正確に把持する リーチング行動をしながら修正できる
12〜24ヶ月齢	大人のような把持動作 腕の制御の予備運動

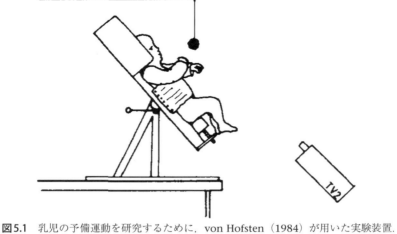

図 5.1　乳児の予備運動を研究するために，von Hofsten（1984）が用いた実験装置．

あるという考え方を支持している．この行動は，一次的に意識的に抑えられ，それから視覚に導かれたリーチング行動が3ヶ月齢と4ヶ月齢の間に現れる．

　誕生から3ヶ月齢の間に起こるリーチング行動の発達のU字型パターンは，主要な影響としての視覚の役割を示しているだけでなく，重要で興味深い疑問を提起する．それは，乳児は，手の運動が目標物に向かうように視覚によって制御することを学習するのだろうかということである（例えばBushnell 1985; Clifton et al. 1993; McCarty et al. 2001a）．Cliftonら（1993）は，6週齢から25週齢までの乳児を長期に観察することでこの疑問を解決しようとした．照明のある部屋にオブジェクトを置いた場合と，暗い部屋で発光する目標物（あるいは音を出す）を置いた場合で比べてみた．どちらの場合も，最初に目標物に手を伸ばすことに成功した平均年齢は12週齢で，最初に目標物を把持できた平均年齢は15週齢だった．この結果は，少なくともリーチング行動の初期では，目標物の位置と手と腕からの体性感覚は効率的に協調していることを示唆している．しかし，まだ疑問が残る．それはこの協調は，手の視覚的フィードバックが始まる数週前でも成立しているのだろうかという疑問である．

　4ヶ月齢でリーチング行動が始まると，一連の改善が始まる．例えば，4ヶ月齢から12ヶ月齢では，乳児は，目標物の視覚情報を使って，リーチング行動をより効率的にしていく．手を伸ばしている間に突然目標物の位置を変えても，5ヶ月齢では目標物の元の位置に手を伸ばすが，9ヶ月齢になると手を伸ばす方向を調整できるようになる（Ashmead et al. 1993）．さらに，手を伸ばす方向を修正するのは，目標物の現在の視覚映像を利用するだけでなく，目標物の位置についての保存情報も利用している．例えば，5ヶ月齢の乳児では，暗い部屋であっても目標物の方向に手を伸ばすのである（McCarty and Ashmead 1999）．この年齢の乳児は，目標物の位置をまったく変えてしまうプリズムを装着したときでも，リーチング行動を適応させることも学習できる（例えばMcDonnell and Abraham 1979）．

　さらに，リーチング行動は，起こり始めた後にも，その運動学的な特徴に多くの変化がある．重要な特徴は，乳児のリーチング行動は，年齢とともに無駄がなくなり洗練されていくということである（例えばBerthier and Keen 2005）．ひじの角度を固定したまま，肩を回転させることでリーチング行動をし始め，結果として曲線的な軌跡をたどって手を伸ばすようになる（例えばBerthier 1996）．2年目には，乳児はひじの回転と肩の回転を組み合わせるようになる（例えばKonczak and Dichgans 1997）．もう1つの特徴は，乳児が手を伸ばす速度は，成人と同じようになっていくということである．特に，最高速度は，リーチング行動の最後から，行動の最初に移っていく（例えばBerthier and Keen 2005）．この変化は，大きく速度のある初期運動を起こしてから，手が目標物に近くなると，小さく，ゆっくりとした正確な運動をする傾向があることを反映している．

5.1.2　操作：把持

　初期のリーチング行動と意識的に把持動作が始まる間には3ヶ月から4ヶ月の時間があるが，

第5章　運動スキルの獲得

この2つの行動はかなりの部分が重なっている．時間が重なっているだけでなく，発達期間が重なっているのである．そのため，リーチング行動を視覚で制御するようになると，手のひらで把持動作も現れ，発達し始める．ここで，把持動作の発達で現れる重要なパターンを2つ紹介する．

1つは，乳児の把持動作の後，6ヶ月から12ヶ月の間に一貫性のある発達が起きることである（図5.2参照．Erhardt 1994; Gerber, Wilks, and Erdie-Lalena 2010）．初期の意識的な把持動作は，**手のひらで把持する**（あるいは**力任せに把持する**）で，開いた手を目標物に移動させ，手のひらで接すると，指で目標物を包んでいく．手のひらでの把持動作は，8ヶ月齢で**はさむような把持**動作に移行する．4本の指を親指と向か合う形で1つにする．9ヶ月齢では，2本の指（人差し指と中指）だけを親指と向かい合わせ，**指でつまむ把持**をする．その後，10ヶ月齢になるまでに，親指と人差し指を使った**つまむ把持**（**精密把持**）の初期の形が現れるようになる．12ヶ月齢までには，乳児はこの技術を身に付けてしまい，**成熟したつまみ方**ができるようになり，食べ物のくずなどの小さなオブジェクトを拾うことができるようになる．

精密な運動スキルとしての把持動作の役割に加えて，その発達ももう1つの重要な機能を反映している．計画と予測行為である．第3章の予測に基づく内発的動機の議論でこの問題を扱った．第4章でも，アフォーダンス知覚の発達のところでこの問題に触れた．把持動作で見ると，この問題は，手の（あるいは**把持の**）**予備動作**の発達を研究することによって調べることができる．手の予備動作とは，動かしている間（オブジェクト方向へ腕と手を動かす）に，目標物の大きさと形，位置に応じて，手と指の方向を調整することである．

手の予備動作の出現は，リーチング行動が始まってから数週間遅れる．4ヶ月齢に達するまでは，乳児は目標物の大きさや形に関係なく，典型的なやり方そのままで手を伸ばす（例えばWitherington 2005）．予備動作の初期の形は，手の向きを目標物の向きに合わせることで，これは4ヶ月半齢で現れ始める（例：水平に向けた棒と垂直に向けた棒．von Hofsten and Fazel-Zandy 1984; Lockman, Ashmead, and Bushnell 1984）．目標物の向きに手の向きを合わせる行動は，次の数ヶ月間改善され続ける．例えば，9ヶ月齢になると，目標物を事前に見ることができるが，手を伸ばし始めてからは視覚情報が得られない状況でも，正しい向きでリーチングできるようになる（例えばMcCarty et al. 2001a）．

もう1つは，より複雑な手の予備動作で，オブジェクトに到達する前に正しく指を配置することである．Newellら（1989）は，4ヶ月齢から8ヶ月齢までの乳児に，小さな立方体とサイズが異なる3つのコップを与えて，把持動作を比較することで，このスキルを研究した．興味深いことは，どの年齢の乳児も，オブジェクトのサイズや形の違い（例：小さな立方体と大きなコップ）に応じて，指の配置を変えたことである．しかし，年齢によって，予備動作をするタイミングは違っていた．特に，もっとも幼い乳児のほとんどは，目標物に触れて**から**手の形を作る戦略をとった．年齢とともに，接する前に手の形を作る頻度が増えていく．

5.1 人間の乳児の運動スキル獲得

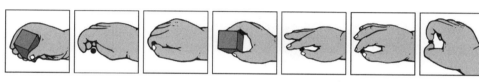

図5.2　6ヶ月齢と12ヶ月齢の手の把持動作の発達（Erhardt 1994）．

McCarty, CliftonとCollard（1999）は，9ヶ月齢から19ヶ月齢までの乳児で，道具（例：スプーンでアップルソースをすくう）をさまざまな方向に向けてオブジェクトを把持するという，より複雑な課題でも，同じような発達パターンが見られることを報告している．この研究については，Box 5.1で詳しく紹介している．

5.1.3　移動：ハイハイ

表5.2は，ハイハイと歩行の発達の主な段階を示している．乳児は6,7ヶ月齢になるまで

Box 5.1　予備的な把持動作の制御：アップルソース実験

概要

　McCarty, CliftonとCollard（1999）は，乳児の計画と期待行為を研究する単純で洗練された手法を記述している．アップルソースを乗せたスプーンを，子どもの前にある木のスタンドに置くのである（下図参照）．数回の試行では，スプーンは持ち手を左にして置かれ，その他の試行では右にして置かれた．この把持課題では，スプーンを3つの方法で把持することができる．（1）持ち手を同じ側の手で把持する（持ち手と同じ側の手を使う）．この場合，手のひらで把持することになる．（2）持ち手と

第5章　運動スキルの獲得

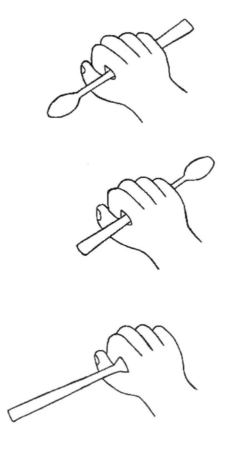

は反対側の手で把持する．この場合，逆手で把持することになる．（3）スプーンのさじの部分を，同じ側の手を使って直接握ってしまう．この場合，目標物を直接把持することになる（右ページのスプーンの持ち方の図を参照）．手のひらで把持するのがもっとも効率的である．最終目標物を直接口に運べるからである．一方で，逆手握りは，口に運ぶ前に持ち手をもう片方の手で持ち直すか，手と腕の向きを不器用に変えなければならない．McCarty, Clifton と Collard（前掲書）は，もし乳児がアップルソースを効率的に手に入れたいと考えていると仮定すると，まず（1）手を握る準備をする必要があり，（2）手をスプーンに伸ばす前に反対側の手を期待的に選択すると示唆している．

実験手順

　9ヶ月齢，14ヶ月齢，19ヶ月齢の乳児が研究に参加した．アップルソース課題の前に，正面に玩具を置いて，それぞれの乳児の手の嗜好が評価され，オブジェクトを把持するのにどちらの手を使うかという偏りはないことが確認された．それから数回の試行が行われた．最初は持ち手に取り付けられた玩具（例：ガラガラ）で行われ，そ

5.1 人間の乳児の運動スキル獲得

れからアップルソースを乗せたスプーンが使われた．持ち手の向きは，試行ごとに変えられた．

結果

2つの条件（玩具 対 アップルソース）での結果が比較された．ここではアップルソース条件下での発見を紹介する．それぞれの乳児の手の嗜好がわかってから，試行は2つに分類された．やさしい試行は，スプーンの持ち手を，乳児の利き手と同じ側に置くもので，難しい試行は，持ち手を乳児の利き手とは反対側に置くものである．下のグラフは，やさしい試行，難しい試行，それぞれで，3つの年齢グループの手のひら握り，逆手握り，鷲掴みの比率を示している．やさしい試行では，手のひら握りの割合が成長した乳児で明らかに多くなる．つまり，持ち手の向きが手のひら握りを促すように置かれていても，幼い乳児はあまり手のひら握りをしないということになる．難しい試行でも，似たようなパターンが生まれている．しかし，下側のグラフが示すように，9ヶ月齢の乳児では，持ち手が利き手とは逆の側に置かれているときは，3つの握り方をほぼ同じ割合で使う．難しい試行で手のひら握りを使う傾向は，年齢と

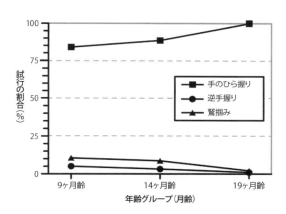

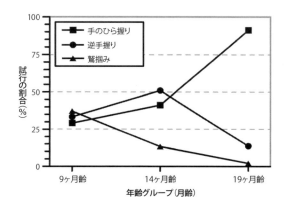

第5章　運動スキルの獲得

> ともに増大し，19ヶ月齢ではほぼ90％に達する．
>
> 　追跡研究として，McCarty, CliftonとCollard（2001b）は，同じパラダイムを用いて，乳児がヘアブラシなどの持ち手のついた道具をどう握り（そしてどう使うか），期待される把持動作が，その目標の行為が自分に向けられているか，外部のものに向けられているかで変化するかどうかを研究した．その前の研究で，McCartyら（前掲書）は手のひら握りの頻度は年齢とともに上がることを発見している．さらにどの年齢であっても，手のひら握りは，外部に向いた行為よりも，自分に向いた行為でより起こることも発見している．

　自力で移動，つまりハイハイすることはないが，ハイハイの発達に結びつく前段階がいくつかある．例えば，乳児は3ヶ月齢で横に寝返りを打ち始め，4ヶ月齢では仰向けから腹ばいになることができ，5ヶ月齢では腹ばいから仰向けになることができるようになる（Gerber, Wilks, and Erdie-Lalena 2010）．多くの乳児は，6ヶ月齢で支えなしで座れるようになる．このような体幹制御の発達は，運動スキル全体が成長するということだけでなく，移動に必要な筋肉が強くなっていくことも示している．

　ハイハイを始める直前，乳児はいわば「前ハイハイ」とも呼べる行動を盛んに取るようになる．腹ばいの状態と座る姿勢を換える，手とひざを揺らす，腹ばいの状態で寝返りをする，頭の方向を変えるなどである（例えばAdolph, Vereijken and Denny 1998; Goldfield 1989; Vereijken and Adolph 1999）．Adolph, VereijkenとDenny（1998）は，7ヶ月齢のハイハイの前段階の行動を特定し，「腹ばいでのハイハイ」と記述している．お腹を床につけたままで，脚を使って，身体を押す行動である．腹ばいハイハイの経験の有無が，手とひざを使ったハイハイの平均開始年齢に影響を与えることはなかったが，Adolph, VereijkenとDenny（前掲書）は，手とひざを使ったハイハイを始めたばかりの頃は，腹ばいハイハイの方が効率よく，対角線にある手脚を使って安定して進む（例：左脚と右腕を協調させて進む）ことを報告している．

　図5.3は，幼い乳児の手と脚を使ったハイハイの例である．8ヶ月齢の手と脚を使ったハイハイの発達中に，対角パターンが現れることは，さまざまな理由から重要である．1つは，腕と脚のタイミングを合わせ協調させるというスキルレベルの進歩を示している点である（例えばFreeedland and Bertenthal 1994）．もう1つは，この進歩が，バランスをとりながら移動するさまざまな戦略をとることを可能にする点である．同じ側の手脚を使ったハイハイに比べて安定性が高くなる（例えばFreedland and Bertenthal 1994）．最後に，対角ハイハイパターンは，**非対称性**があることが重要である．Gesell（1946）のような理論家は，ある運動スキルから次の運動スキルへ発達するには，生物機械システム特有の対称的な組織化から抜け出す必要があると主張している．リーチング行動，ハイハイ行動で，Goldfield（1989）

表5.2　最初の1年間での移動の発達の主な段階．（Vereijken and Adolph 1999より作成）

年齢（月齢）	移動発達の段階
0〜6ヶ月齢	動かない
7ヶ月齢	腹ばいによるハイハイ（這う）
8ヶ月齢	手とひざを使ったハイハイ
9ヶ月齢	側方クルージング
10ヶ月齢	前方クルージング
12ヶ月齢	独立歩行

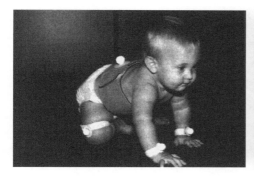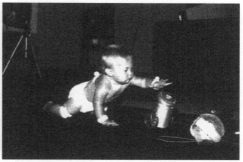

図5.3　FreedlandとBertenthal（1994）の研究で乳児が見せた手とひざを使ったハイハイ．

はこの主張を支持している．彼は乳児が手を使って何かを選ぶ行動（手を伸ばして，何かを選ぶ行動）の出現は，ハイハイ行動の出現にきわめて強く関わっていることを発見した．

5.1.4　移動：歩行

　この章のはじめで述べたように，リーチングと歩行は，最初は新生児の神経反射行動として現れる．歩行の場合は，新生児は，身体を持ち上げてから，足を水平な床につけるようにすると，足踏み反射を行う（例えばBril and Breniere 1992; Zelazo, Zelazo and Kolb 1972）．こう考えると，幼い乳児はうまく組織化された足踏み運動を生み出していることになる．しかし，3ヶ月齢になると，このような反応は起こらなくなる．

　この初期の足踏み行動は，歩行を学ぶ上でどのような役割をしているのだろうか．1つの考え方は，足踏み反射の消失は，成熟することで，神経制御が脊髄と脳幹から皮質へ移行することによるのではないかというものである（例えばMacGraw 1941）．言い換えれば，歩行を学習するために，筋肉群を意識的に制御するようになると，足踏み反射を抑えるか，禁じなければならないということである．しかし，一連の研究では，例えばThelen（1986; Thelen, Ulrich, and Niles 1987; Thelen and Ulrich 1991）は，2ヶ月齢から9ヶ月齢では，安定した床面では足踏み運動を見せない乳児であっても，動いているトレッドミルの上では足踏みパターンを見せることを発見した．さらに，この年齢でのトレッドミル上の足踏みは

純粋な神経反射ではなく，比較的柔軟でうまく調整されていることも発見した．例えば，トレッドミルに2本のベルトが並行して動いていて，それぞれの速度が異なっている場合，7ヶ月齢ではそれぞれの脚の足踏み行動のタイミングを調整して，規則正しく脚を出すことができる（Thelen, Ulrich, and Niles 1987）．合わせて考えると，このような結果は，新生児の脚の運動は，体幹レベルでの**中枢パターン生成器**（central pattern generator: **CPG**）から生まれた結果であるとする考え方と一致する．このCPGは，脚の動きの基本的な協調とタイミングに対応するもので，抑制するのではなく，脚の意識的な制御や体幹と上半身の姿勢制御などの他の能力と協調するものである（Thelen and Ulrich 1991）．強調したいのは，CPGは，発達ロボティクス研究においても，ハイハイと歩行を可能にする神経メカニズムとして中心的な役割を果たすということである．

　ThelenとUlrich（1991）は，初期の足踏みパターンは消えるのではなく，発達し，改善されていき（例：仰向けでの足蹴り），他の必要なスキルが整うまで支持がある歩行，独立した歩行として表現されないだけなのだと主張している．独立歩行の出現を妨げているボトルネックとなっている要因（制御パラメータ）は姿勢制御である（例えばBril and Breniere 1992; Clark and Phillips 1993; Thelen 1986）．姿勢制御は，誕生後すぐ発達し始め，最初の1年で頭尾方向（上から下へ）の発達パターンを示す．0ヶ月から3ヶ月齢まで，乳児は頭を持ち上げることができるようになる（腹ばいになっているとき）．それから頭と胸を持ち上げることができるようになり，最後には腕を支えとして上半身を持ち上げることができるようになる（Johnson and Blasco 1997）．3ヶ月齢から6ヶ月齢では，すでに触れたように，乳児は寝返りを学習し，座って上半身を立てる姿勢をとれるようになる．6ヶ月齢から9ヶ月齢では，自分で腹ばいから座った姿勢に移れるようになり，立ち姿勢に移ることもできるようになる．10ヶ月齢では，クルージング（支持つきの歩行）ができるようになり，11ヶ月齢では支持なしで立てるようになる．最初の誕生日を迎える頃には，多くの乳児がついに最初の第一歩を踏み出し，支持なし歩行を発達させ始める．

　姿勢制御（強さとバランス）は，最初の第一歩を踏み出す手助けをするが，初期の歩行行動は成人のものとは大きく違っている（例えばBril and Breniere 1992; Clark and Phillips 1993; Vereijken and Adolph 1999）．2年目には重要な変化が2つ起こる．1つは，手の動きと脚の動きをうまく同期させ，協調させるようになることである．例えば，歩行を始めたとき，上脚と下脚（腿とすね）の回転はほとんど連動せず，動きの同期も不規則である．しかし，歩き始めて3ヶ月以内に，腿とすねの回転はうまく協調するようになり，動きの同期も成人と同じようなパターンになる（Clark and Phillips 1993）．同様に，歩き始めた乳児は，腕を伸ばして浮かしている．これは「バラスト」の役目をしているが，腕を振ることを妨げてしまっている．しかし，経験を積むと，腕を下げるようになり，脚と腰を回転させるときに腕を振るようになる（Thelen and Ulrich 1991）．

　乳児は，ハイハイ，クルージング，歩行を学習するときに，四肢間の協調をいろいろ試し

ている．興味深い例が跳ねる動作である．これはハイハイの動作が出現する頃に発達するが，脚の動きを同時に行う（交互ではなく）という点が異なっている．Goldfield, Kay と Warren（1993）は，乳児にスプリング入りのハーネス（ジョリージャンパー）をつけ，跳ねる動作の映像解析をして，このスキルの発達を研究した．6週間にわたって，実験が繰り返された．Goldfield, Kay と Warren（前掲書）は，3つの学習段階を仮定した．(1) 初期段階．蹴る動作と跳ねる動作の関係を模索している段階（組み立て期）．(2) 第二段階．各動作のタイミングと力を修正することに集中する段階．(3) 最終段階．最適な跳ねパターンが出現する．最適とは，安定したパターンを示すことで，スプリングの変化の周期が安定し，振幅が大きくなるスプリング・質量系の共鳴期になっていることを指している．運動学的な解析は，それぞれの学習段階を解析する上で大きな力となる．特に，8ヶ月齢で安定パターンが出現すると，乳児のタイミングのいい蹴り動作は，振幅の最下点で起こるようになる．

　2年目で出現する歩行で，四肢間の協調の次に重要なのが，動きながら力学的なバランスをとる能力である．そのため，歩行し始めたときは，「脚を固める」戦略をとる傾向がある．これは，直立姿勢を維持することには役立つが，脚と腰の自由度をうまく使えなくしてしまうことがある（例えば Clark and Phillips 1993）．しかし，経験を積むと，関節を緩め，足踏み動作に合わせて回転させることを学習していく（例えば Vereijen and Adolph 1999）．これは，リーチング動作の発達で見られるのと同じ質的パターンであることに注意していただきたい．初期の動作は，ぎこちなく，融通が利かないが，しだいに滑らかで，柔軟になり，関節の自由度を多く使うようになっていく．実際，固定状態から自由度を解放していく戦略は，運動スキルモデルでは中心的な役割を果たす．このことはまた後で触れる（例えば Berthouze and Lungarella 2004; Lee, Meng, and Chao 2007; Schlesinger, Parisi, and Langer 2000）．この発達パターンの結果，2年目で現れる歩行にさまざまな改善が行われる．(1) 歩幅が長くなる．(2) 足の移動距離が短くなる．(3) より前方向に脚を出せるようになる．(4) 歩行の軌跡が直線になっていく（例えば Bril and Breniere 1992; Vereijken and Adolph 1999）．

5.2　リーチングするロボット

　ここでは，リーチング動作をする発達ロボティクスのモデルを2つ紹介する．1つは，**人間の発達に着想を得た**モデルである．これは，人間の乳児が運動スキルを獲得する既知の特徴と原理を応用している．もう1つは，人間の乳児のリーチング動作の発達から着想を得ているだけでなく，発達パターンを自ら生み出していくこともできる人工エージェントやロボットである．

　発達に着想を得たモデルの目標は，人間の乳児の鍵となる特徴（例：身体的，神経生理学

的特徴）を応用して，認知アーキテクチャ，学習アルゴリズム，身体の設計をし，このような特徴がリーチング動作の問題を単純化することを示すことである（例えばKuperstein 1988, 1991; Schlesinger, Parisi、and Langer 2000; Sporns and Edelman 1993; Vos and Scheepstra 1993）．さらに，このモデルは運動の発達を形づくる基礎となる神経メカニズムを明らかにする助けとなる．例えば，Schlesinger, ParisiとLanger（2000）は，バーンスタインの**自由度問題**（Bernstein 1967）に注目している．これは，生物機械系は，関節，筋肉，神経などに冗長な自由度を持っているということで，知覚制御の面から見れば，運動経路を生成するのに無限の方法があるということを意味している．Schlesinger, ParisiとLanger（2000）は，この問題を，1つの自由度を持つ目と，3つの自由度を持つ腕を制御する人工ニューラルネットワークの集団で，試行錯誤検索（つまり山登り方式）の代わりに遺伝的アルゴリズム（genetic algorithm: GA）を用いた研究を行った．前節で述べたように，関節での自由度問題を解決する1つの戦略は，余計な関節を固定してしまうことである．これで，研究する関節が動く次元を減らすことができる．Schlesinger, ParisiとLanger（前掲書）は，この凍結戦略をモデルにプログラムする必要はなく，学習の結果，自然に生まれてくることを示した．モデルは肩の関節を固定することをすぐに学習し，体軸を回転させ，ひじの関節を使うことで，手を伸ばすことをすぐに学習した．

関連する問題として，目標物の視覚入力とオブジェクトの位置まで動かす運動プログラムを関係づける機能の学習がある．この問題に関して，その初期に大きな影響を与えた手法が，KupersteinのINFANTモデル（1988, 1991）である．これは，双眼カメラシステムと複関節の腕からなるモデルである．INFANTでは，視覚と運動の協調プロセスを2つの段階に分けて考える．第一段階では，手ではオブジェクトを握りながら，腕はランダムな姿勢をとる．それぞれの姿勢をとったとき，視覚システムがオブジェクトをつかんだ様子を記録する．そして，階層型ニューラルネットワークが，その視覚入力に対応した運動信号を生成するように学習されていく．特に，最初の運動信号（ランダムに生成される）は，学習信号として，計算された運動信号と比較される．この章のはじめで述べたように，この学習戦略，つまりランダムな動作の中から自分を学習するデータを生成する乳児のシミュレートは，**運動バブリング**現象を表している．第二段階では，新たな位置に置かれた目標物の視覚入力が，神経制御器に伝えられる．神経制御器は，腕に姿勢を学習させ，結果，目標物の位置に手を伸ばすことができる．最近では，Caligioreら（2008）が，運動バブリングを利用する似た手法を提案しており，これは，より複雑なリーチング課題（障害物を避けて手を伸ばす）を解くことができる．Caligioreのモデルの鍵になる特徴は，CPGを用いているということである．これは，周期的な動作を生み出すことに寄与し，運動バブリングとともに，障害物を避けてリーチング課題を解くことに寄与する．

INFANTに対する2つの有力な批判がある．1つは，手を伸ばす前に，視覚運動学習に時間がかかること．もう1つは，動作の誤りを修正したフィードバックを受けることで利益を

得ていることである．より最新の手法では，この問題は解決されている（例えばBerthier 1996; Berthier, Rosenstein, and Barto 2005; Sporns and Edleman 1993）．例えば，Berthier（1996）は，2次元平面での乳児の手の動作をシミュレートする強化学習モデルを提案している．その後のバージョンでは，3D空間でも腕の力を制御できるように改良された（Berthier, Rosenstein, and Barto 2005）．肩とひじの関節を制御する筋肉は，直線的なバネとしてモデル化されている．モデルは，管理された学習信号ではなく，目標に届いた時間による量的な報酬信号を生成する．この報酬信号は，腕がどのように動くべきか決定しない．それゆえ，モデルはガウスノイズを出力運動信号に加えることで生成される動作を探索することで学習していく．

Berthierのモデルは，多くの重要な発見をもたらした．1つは，**速度と正確さのトレードオフ**があることである．小さな目標物に対する動作は，大きな目標物に対するよりも長い時間がかかる．2つ目は，動作信号に加えられたガウスノイズの量に成績が比例したことである．面白いことに，そして直感に反して，モデルは**ノイズが多いほど**より正確になったのである．Berthier, RosensteinとBarto（2005）は，この結果を，運動信号に偶然性が加わることが探索プロセスを生成させ，学習を容易にさせていると解釈した．3つ目は，モデルが，幼児のリーチング動作の重要な運動学特徴を再現している点である．（1）リーチング動作以外の無数の「副動作」．（2）速度の変化の仕方．（3）動作の初期に最速状態が生まれる傾向（つまり動作の開始時．Berthier and Keen 2005参照）などである．

こうして，モデルは発達に着想を得た原理がリーチング動作を学習できることを示すことに成功した．実ロボットにこのモデルを組み込むことで，このような発見を拡張したモデルもある．このモデルは，人間の乳児の経験に似た方法でリーチング能力を発達させる．この手法の実例は，Leeらによって記述されている（例えばHulse et al. 2010; Law et al. 2011）．彼らは，同じ空間で視覚入力と腕の姿勢，動作の協調問題に注目した．図5.4aは，この問題を解決するために提案された一般的なアーキテクチャを示したものである．視覚データは，双眼カメラ入力から得られる．このデータは，網膜位相座標系からアクティブビジョン系へ対応づけられる（図5.4b参照）．同時に，もう1つのマップでは，腕からの感覚データと視線・空間系を対応づける．

こうして，視線・空間系は，視覚と体性感覚（腕の位置）に対して共通の参照フレームを与えるだけでなく，他の動作に直結するモダリティの意味を与えることで，視線を腕の最終位置に移動させたり，腕を現在の視線位置に移動させたりすることもできる．

このモデルの重要な特徴は，学習データを生成するのに使われるメカニズムである．すでに述べた戦略（例：運動バブリングとガウスノイズ）に比べて，Leeのモデルは，**視覚探索行動**（スキャンとサーチ）を視覚活動の入力源として利用する．これは，網膜視線空間マップの生成を学習させるだけでなく，リーチング動作（固定された目標物にリーチング）を生成させ，改良させる動機にもなる．一連の分析は，このモデルが視覚と腕の動作の協調を短

第5章 運動スキルの獲得

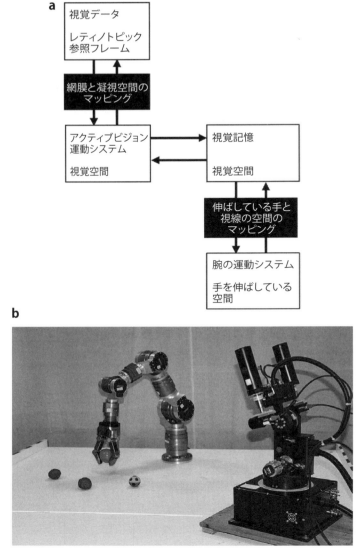

図 5.4 （a）Hulse et al.（2010）のアーキテクチャの図解と，（b）アクティブビジョンとロボットの腕のシステム．

時間で学習することを示していて，感覚入力が空間内で変化したときには，視覚運動マップが再調整することも学習することを示している（例：カメラが30cm移動したときなど．Hulse, McBride, and Lee 2010）．カメラの位置の変化に対応して瞬時に調整する能力は，とりわけ注目すべきことで，乳児がプリズムを装着しているときにもリーチングできることを説明する助けになるであろう．

　Leeのモデルと同じように，Metta, SandiniとKonczak（1999）は，視線位置を利用した学習戦略を提案した．視線が視覚的目標に向かい，目標物を「中心窩で捉える」と，目の

位置が視覚空間の中での目標物の位置を特定するのに利用できる固有の手がかりを与える．Mettaのモデルの主要な課題は，目の位置と腕の動作を関係づけ，位置を特定することを学習することだった．この課題を達成するために，モデルは**非対称緊張性頸反射**（asymetric tonic neck reflex: ATNR）を利用した．ときおり「フェンシングの姿勢」とも言われるATNRは，乳児の頭と腕の協調動作である．幼い乳児が頭を横に向けると，向けた側の腕が上がり，力が入る現象である．Mettaのモデルは，このメカニズムを，手が視覚フィールドに入ったら視線を手に向ける（手を見つめる）ようにして，4自由度のロボットプラットフォームに採用した．こうして手の位置が決まると，モデルは目と腕の位置を関係づける感覚マップの調整を短時間で学習する．実際，Metta, SandiniとKonczak（前掲書）は，手と目の動作をほぼ5分間体験させると，ロボットは腕を視覚的に特定した位置に正確に伸ばせるようになることを示した．しかし，この手法の限界は，手をほとんど伸ばしたことがない（あるいはまったく伸ばしたことがない）場所には正確には手を伸ばせないことである．Nataleら（2007; Nori et al. 2007も参照）はこの問題を解決するために，22自由度を持つ上半身ヒューマノイドに拡張し，手をさまざまな方向に伸ばせる運動バブリング戦略を採用した．手と目のマップを調整した後では，ロボットはなじみのある場所にも新しい場所にも手を伸ばせるようになった．

　この章のはじめで述べたように，iCubロボットは乳児のリーチングの発達をシミュレートするのに理想的なプラットフォームである（例：Metta et al. 2010．図5.5a参照）．実際，多くの研究者がこのプラットフォームを運動スキル学習の研究に用い始めていて，特に，リーチング動作の設計と試験をするモデルとして用いられている．しかし，このような研究のすべてが発達ロボティクスの観点に適合しているわけではない．例えば動的な動作制御の計算戦略など，認知ロボティクスとヒューマノイドロボティクス，機械学習全般にわたる問題を研究することを目指しているものもある（例えばMohan et al. 2009; Pattachini et al. 2010; Reinhart and Steil 2009）．

　発達ロボティクスの観点に即したiCubを用いた最新の研究では，SavastanoとNolfi（2012）により提案されたモデルがある．彼らは，iCubを用いて14自由度の場合でのリーチング動作の発達をシミュレートしている．図5.5aで示したように，iCubは，von Hofsten（1984; 図5.1参照）により使われた手法に対応した方法で学習し評価された．乳児は直立姿勢をとるように支持され，手の届く範囲に目標物が置かれた．Shlesinger, ParisiとLanger（2000）と同じように，Savastanoのモデルは，GAを使って，身体の動作と頭の動作，腕の動作を制御するニューラルネットワークを学習した（図5.5b．実線は，学習前に固定された関連づけを示す．つまり，方向づけと視線反射である．点線は，学習された関連づけを示す）．このモデルには特徴が2つある．（1）最初は視覚が敏感ではない状態で学習される．時間とともに改善されていく．（2）動作を皮質で制御する第二の経路（つまり「内部」神経）は，学習の途中まで活動しないままである．重要な結果がいくつか報告されている．1つは，モ

第5章　運動スキルの獲得

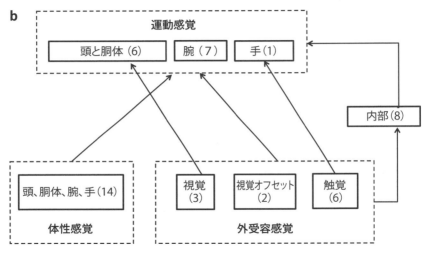

図5.5　(a) iCubロボットシミュレータと (b) 神経ロボット制御器．Savastano and Nolfi (2012) による．

デルは予備動作をするように設計されているが，視覚が鋭敏になるにつれ，この動作の割合は減少し，von Hofsten (1984) やその他の研究者が報告している発達パターンを示すようになる．2つ目は，経験を積むと，リーチング動作は直線的になっていく（例えばBerthier and Keen 2006）．3つ目に，一番興味深いことは，視覚鋭敏性の限界と第二の経路が学習の最初からあったとしたら，リーチング動作の成績は低下する．これは，運動スキル発達の初期の制限が，長期にわたる成績を押し上げるという考え方を強く支持している（例：Schlesinger, Parisi, and Langer 2000）．

5.3 把持を行うロボット

5.1.2節で述べたように，リーチングスキルと把持スキルは，発達の面でも重なっていて，実行される時間も重なっている．さらに，把持動作は「指を目標物に伸ばし」，目標物の位置を特定する動作だと考えることもできる（例えばSmeets and Brenner 1999）ので，リーチング研究に使われているのと同じ考え方が把持モデルに使われていても驚くことではない．このような例には，Caligioreら（2008）が提案したモデルがある．これは前節で述べたように，運動バブリングを，障害物を回り込んでリーチング動作を学習する発達メカニズムとして利用することを研究するものである．同じ考え方で，Caligioreら（前掲書）は，運動バブリングが把持動作の学習の手がかりになると主張している．彼らはiCubシミュレータを用いて，ダイナミックに手を伸ばすロボットを研究した．このモデルは，次のような方法で，把持能力を発達させる．（1）小さなオブジェクトか大きなオブジェクトのいずれかをiCubの手に置く．（2）事前にプログラムされている把持反射により，手が「無意識に」手のひらで握り込む（図5.2参照）．（3）運動バブリングモジュールが，腕にランダムな姿勢を取らせる．そして，ある姿勢が有効であると，（4）iCubはオブジェクトをしっかりと把持する．図5.6aで示したように，目標物の位置の情報と形状の情報は，2つの並行したネットワークを通じて伝えられ，それに応じた感覚入力と腕と手の体性感覚を統合する（例：腕の姿勢と握った状態）．ヘッブ学習により，モデルは腕をオブジェクトが見えている位置に移動させ，把持状態を「再構築」することができるようになる．図5.6bは，学習後のモデルの成績を示したものである．リーチング動作が終わると，空間内の12の位置に置かれた小さいオブジェクト（上）と大きなオブジェクト（下）を見せられる．細線は手を伸ばすことに成功したことを示し，太線は手を伸ばし，把持動作に成功したことを示している．Caligioreら（2008）は，モデルが把持動作に成功した合計の割合は比較的低く（小さなオブジェクトで2.8%，大きなオブジェクトで11.1%），その原因は単純な基本的メカニズムを学習に使ったことにあると記述している．それでも，モデルが大きなオブジェクトを把持することの方がより成功率が高いという事実は，正確な握り動作よりも早く，力任せの把持（意識的に手のひらで把持する）が生じるという発達パターンと合致する（Erhardt 1994）．

似た手法が，Natale, MettaとSandini（2005a）によって提案されている．彼らはBabybotプラットフォームを用いて，リーチング動作と把持動作を研究した．Nataleら（2007）により用いられた戦略と比較すると，Babybotはまず手を固定することを学び，これが運動バブリングによりさまざまな位置に移動する．一度腕のさまざまな姿勢が生まれると，それが視線位置と協調し，Babybotは見えているオブジェクトを把持することを学習していく．図5.7bにそのプロセスを示した．（1）オブジェクトをBabybotの手に置き，あらかじめプログラムされた把持動作が実行される（画像1–2）．（2）オブジェクトが視野の中心に移さ

第5章　運動スキルの獲得

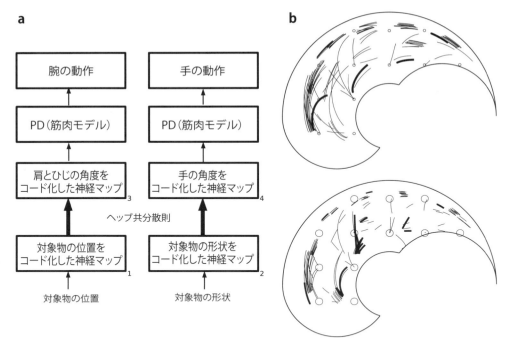

図5.6　(a) Caligioreら (2008) で用いられたモデルアーキテクチャの図解と (b) モデルの把持する動作の成績（上が小さなオブジェクト，下が大きなオブジェクト）．

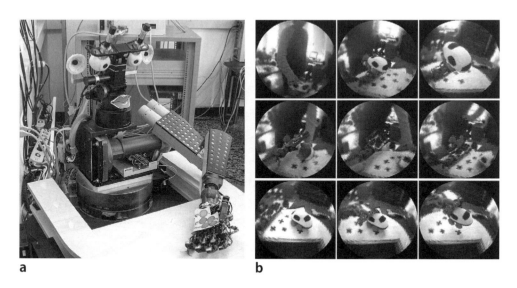

図5.7　Natale，MettaとSantini (2005) により設計されたBabybotロボット．(a) 把持する動作の手順と (b) Babybotの左側カメラにより記録された画像．

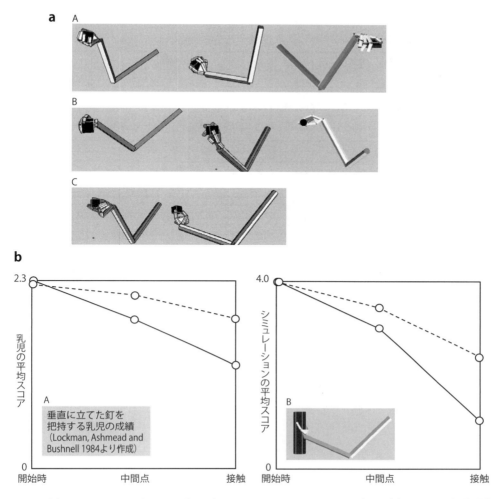

図 5.8 （a）Oztop，Bradle と Arbib（2004）のモデルアーキテクチャの図解と（b）モデルの把持動作の成績（左が小さいオブジェクト，右が大きなオブジェクト）．

れる（画像3）．（3）オブジェクトが作業空間に戻され，Babybotが，あらかじめプログラムされたオブジェクト認知モジュールを使って探索する（画像4-6）．（4）位置が確認できると，すでに獲得しているリーチング行動を使って，手をオブジェクトに伸ばし，把持する（画像7-9）．Natale，MettaとSandini（2005a）により記述された把持動作は，系統的には評価されていない．Caligioreたちのモデル（Caligiore et al. 2008）と同じように，スキルは，把持動作の発達の比較的初期の段階にある．しかし，リーチング動作を学習している間に利用，発達する要素（例：運動バブリング，視覚的探索）が，どのように手を伸ばすかの動作の学習の基礎となっていることを示すのに重要な寄与をしている．

Caligioreのモデル，Nataleのモデルは，把持動作が初期に出現するが，Oztop，BradleyとArbib（2004）は，さまざまな把持の方法を発達させるモデルを記述している．図5.8aは，

17自由度アームハンドのプラットフォームを示し，それぞれの力任せの把持（A）と精密な把持（BとC）が，学習後のモデルにより生成される実例を示している．学習中，モデルには目標物の位置と方向を特定する入力情報が示され，これが対応するアームとハンドの状態を起動する層に伝えられる．この層は，腕と手をオブジェクトの方向に向かわせ，結果として手を伸ばして把持することになる．強化学習アルゴリズムは，モデルの入力とアームとハンドの状態，動作層の間の結合を更新する．図5.8bはLockman, AshmeadとBushnell（1984）のモデルを模倣した結果を示している．このモデルは，5ヶ月齢から9ヶ月齢の乳児が，筒に手を伸ばすというものである．最初のグラフは，人間の研究データを示しており，9ヶ月齢（点線）は5ヶ月齢（実線）よりも，直立の棒に対して手をうまく向けることを発見した．Oztop, BradleyとArbib（2004）は，幼い乳児は，オブジェクトの視覚情報をうまく利用できないために成功率が低いという仮説を立てている．3人は，5ヶ月齢の乳児には，オブジェクトの位置情報だけを，9ヶ月齢には，位置情報と方向情報の両方を与えるモデルをシミュレートした．図5.8bの2番目のグラフがシミュレーション結果を示している．これは，人間の乳児で観察されるパターンにも合致し，Oztop, BradleyとArbib（前掲書）の仮説も支持している．

　Box 5.1で述べたように，把持動作の発展した形は，スプーンでアップルソースをすくうなどのように，目標物に手を伸ばしてそれを操作することである．Box 5.2で，「アップルソース課題」のWheeler, FaggとGrupen（2002）によるモデルについて述べる．このモデルでは，ヒューマノイドロボットは，手を伸ばすこと，把持すること，道具をコンテナの中に置くことを学習する．

5.4　ハイハイするロボット

　5.1.4節で述べたように，CPGは，移動についての理論モデルと計算モデルの両方に基礎的な役割を果たしている（例えばArena 2000; Ijspeert 2008; Wu et al. 2009）．実際，この節で述べるモデルのすべてが，CPGメカニズムを中心的な要素として利用している．例として，図5.9aに，國吉と寒川（Kuniyoshi and Sangawa 2006）により提案された移動のCPGモデルを示した．彼らのモデルは，周期的な信号を生成する（脳幹内の）髄質にある神経をCPGで表している．その出力は，筋肉の紡錘体を活性化させ，これが身体の動作を生成する．同時に，脊髄の求心性信号（S0）が，一次体性感覚野（S1）に伝わり，一次運動野（M1）を活性化させる．感覚運動回路は，M1からCPGに戻る信号により閉じられる．これはM1のパターン化された活動により，CPGの出力を調整する回路である．図5.9bは，関節が19，筋肉が198ある乳児のシミュレーションの写真である．この関節と筋肉は，図5.9aで示したような2つの回路で制御されている（1つの回路が，左または右の脳半球と半身を

Box 5.2　予備的な把持動作の制御：「つかんで置く」ロボット

概要

　McCarty, Clifton と Collard（1999）の「アップルソース」実験は，リーチング動作と把持動作が，動作計画と予期的行動の発達の指標として利用できるということを明らかにしただけでなく，この能力が乳児の間に発達することも示した．この研究から，さまざまな重要な疑問が湧き上がってくる．把持を行う手を柔軟に使うように移行させる発達メカニズムとはどのようなものだろうか．どのような経験がこの移行にあたるのだろうか．使う手の傾向はこのプロセスにどのような影響を与えているのだろうか．

　この問題を研究するために，Wheeler, Fagg と Grupen（2002）は，2本の腕と双眼視覚システムを持った上半身ロボット（Dexter）を設計した．Dexterには，アップルソース実験とよく似たつかんで置く課題が与えられた．オブジェクト（持ち手が取り付けられている）をつかみ，所定の位置に置くというものである．スプーンと同じように，オブジェクトはどちらかの端を把持する．しかし，持ち手を握りさえすれば，所定の位置に置くことができる．このパラダイムを用いて，Wheeler, Fagg と Grupen（前掲書）は，試行錯誤学習により，乳児の発達パターンのような学習過程が生成されるかどうかを研究した．さらに，使う手の嗜好の効果を研究するために，Dexterを系統的に横にずらすことも行われた．

実験手順

　次ページの図は，Wheeler, Fagg と Grupen（2002）により設計された認知アーキテクチャを示している．高次の制御器が組み込まれていて，6つの基本的行為を選択する．（1/2）左右のいずれかの手で把持する．（3/4）左手から右手へオブジェクトを移す，あるいはその逆．（5/6）左右のいずれかの手に持っているオブジェクトを所

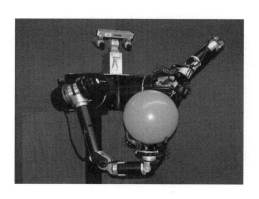

第5章 運動スキルの獲得

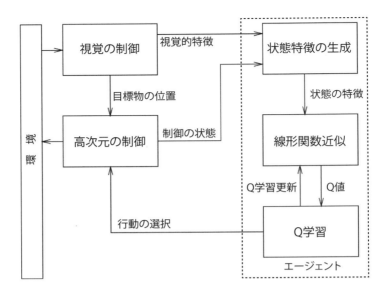

定の位置に置く．事前に設定された特徴生成器が，Dexterの現在の状態をコード化し，これにより行為が生成される．探索は，ランダムに行為を選ぶことで行われる（ε選択）．オブジェクトをうまく所定の位置に置くことができると，1の報酬が与えられ，失敗した場合は0が与えられる．使う手の選好の発達をシミュレートするため，同じ方向に向いたオブジェクトで400回の予備学習が行われた．残りの600回では，オブジェクトは試行ごとにランダムな向きに置かれた．

結果

乳児の研究では，やさしい課題と難しい課題は別々に分析された．やさしい課題とは，予備学習時と同じようにオブジェクトが同じ向きに置かれたもので，難しい課題とは異なる向きに置かれたものである．次ページのグラフの実線は，最適試行の割合，つまり，Dexterが手と同じ側のハンドルを握った場合を示している．上のグラフは，予備学習中は最適に近い成績だが，オブジェクトの向きが変わるようになる試行（400回目以降）では，成績が急激に落ち，それからゆっくりと最適に再び近づいていく．

興味深いことに，この発見は，乳児が利き手を使いやすい方向にスプーンが置かれているときですら，ときどき利き手ではない方を使う，準最適解を用いるという観察を反映している．Wheeler, FaggとGrupen（2002）のモデルの場合は，この行動は探索方針として現れる．それは，利き手ではない方の手を伸ばすという難しい課題への対応を学習できるようにする．次ページのグラフは，矯正対象の合計（逆手握り，鷲掴みなど）はやさしい課題でも難しい課題（それぞれ上図，下図）でも最初は増加していくが，Dexterが持ち手の方向を，適切な方の手を選ぶ視覚的な手がかりとして学習していくにつれて，徐々に減少していく．

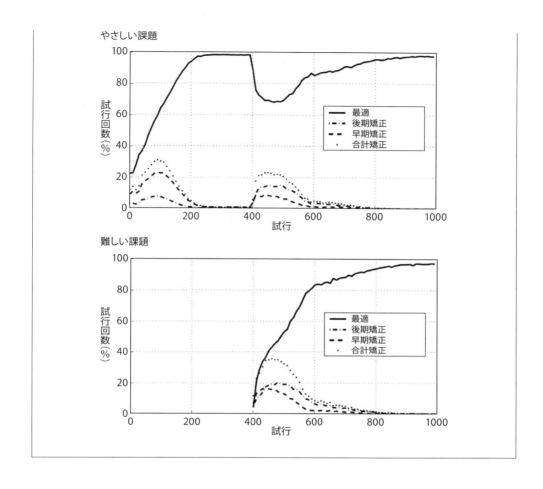

制御する）．このモデルから重要な結果が2つ得られた．1つは，シミュレートされた乳児は，しばしば「組織化されていない」動作を示したことである．これは適切な探索機能を与えるかもしれない（自発的な運動バブリング）．もう1つは，協調する動作も起きたことである．例えば，最初に，乳児は顔をうつむける．さらに，寝返りをして，ハイハイのような行動をとる．この協調する行動は，あらかじめプログラムされたものではなく，CPGが生み出している連鎖と共振の結果なのである．

　RighettiとIjspeert（2006a; 2006b）により提案されたモデルもCPGに着目しているが，彼らはまず乳児から運動学的データを収集するというユニークな手法を採用し，このデータをモデルに組み込んである．また，モーションキャプチャシステムが，ハイハイしているときの乳児の四肢と関節の位置を特定して記録するために使われた．この運動学的分析での重要な発見は，ハイハイに慣れた乳児は「早足のような」足使いをすることだった．これは，対角線上の脚と腕を同時に使うもので，一周期の後半は，四肢の反対の対を使って動く（つまり，5.1.3節で述べた対角線・交互パターン）．しかし，早足的なハイハイが，典型的な早足と異なる重要な違いは，乳児は移動サイクルの70%を姿勢を支持するために使うという

第5章 運動スキルの獲得

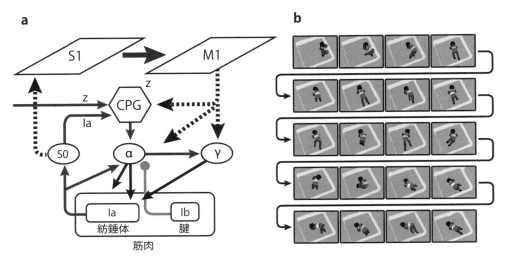

図5.9 國吉と寒川（Kuniyoshi and Sangawa 2006）により提案された（a）CPG回路の図解と，（b）シミュレートされた乳児のハイハイ行動.

ことだった．この姿勢支持と四肢振幅の一次的な非対称性の問題を解明するために，RighettiとIjspeert（2006a）は，CPGをバネのような周期システムとしてモデル化し，2種類の硬さパラメータを位相によって切り替えることにした．図5.10aは，肩と股関節（つまり腕と脚の動き）による軌跡を比較したもので，乳児（実線）と，モデルがそれに対応した周期により生成したもの（点線）である．さらに，RighettiとIjspeert（前掲書）は，iCubロボットのハイハイ行動の制御にモデルを適用することで評価を行った．図5.10bで示したように，ロボット（図5.10b下）によるハイハイパターンは，人間の乳児（図5.10b上）の足取りパターンと対応している．iCubプラットフォームに続く研究では，いくつもの重要な進歩が見られた．例えば，周期的なハイハイ動作を，手を伸ばすときの手の動作のように，最短の軌跡で行う能力などが可能になった（例えばDegallier, Righetti, and Ijspeert 2007; Degallier et al. 2008）．

iCubを用いた研究のほか，ハイハイの発達研究に用いられる他のヒューマノイドロボットプラットフォームがNAOである（第2章参照）．Liら（Li et al. 2011; Li, Lowe, and Ziemke 2013）は重要な指摘を行った．彼らは，移動を可能にするモデルは，あるプラットフォームから別のプラットフォームに最小限の改変で移植できるほど一般的なものでなければならないと主張した．この提案を検証するために，彼らは，RighettiによりiCubプラットフォーム用に設計されたCPGアーキテクチャ（例えばRighetti and Ijspeert 2006a）をNAOに組み込んである．しかし，Liら（2011）は，2つのプラットフォームの重要な違いは，NAOの方が足裏が大きいことだと記している．この問題を解決するため，（iCubよりも）脚を広く離し，前進動作を助けるようにした．図5.11aは，4細胞のCPGアーキテクチャを示している．四肢のそれぞれの対の間には抑制的な接続，対角線の対（例：右腕と左脚）に

5.4 ハイハイするロボット

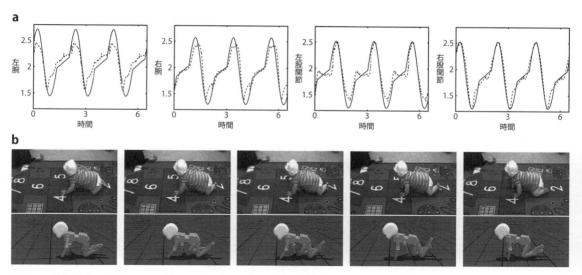

図 5.10 （a）乳児で観察された肩と股関節の軌跡（実線）と Righetti and Ijspeert 2006 のハイハイモデルにより生成された対応する軌跡（点線）．（b）人間とシミュレートされた iCub ロボットのハイハイ実験．

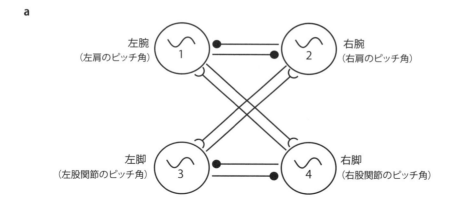

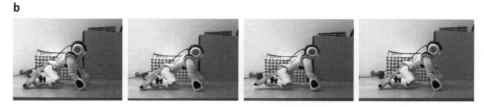

図 5.11 （a）Li ら（Li et al. 2011; Li, Lowe, and Ziemke 2013）によって採用された CPG アーキテクチャによりハイハイを生成する．（b）NAO ロボットプラットフォームのハイハイ行動．

は興奮性の接続がなされている．抑制的な接続は，四肢の動きを半周期ずらすが，興奮性の接続は周期的な動きをさせる．期待どおり，NAOにもハイハイ行動をさせることができた．図5.11bは，NAOロボットのハイハイ行動を示したもので，iCubのパターンとよく似ている（図5.10b参照）．同じくCPGメカニズムが移動のさまざまな行動を生成することができるという考え方を支持するために，Li, LoweとZiemke（2013）は，近年，自分たちのモデルを6細胞のCPGアーキテクチャに拡張し，直立二足歩行行動の初期の形態を生成しようとしている．

5.5　歩行するロボット

発達ロボティクス研究者は，ハイハイから独立歩行に完全に移行することはできていないが，このプロセスがどのように生じるのかという洞察を与えてくれる歩行モデルは存在する．本章のはじめで述べたように，重要な役割をするかもしれないメカニズムは，身体の動作に使われる関節や神経筋肉の自由度を変化させることである．多賀（Taga 2006）は，システムのさまざまな部分を系統的に固定したり，開放したりできる（つまり自由度を増減できる）CPGモデルを提案した．図5.12は，このモデルを示している．PC（posture-control）は姿勢制御システムのことで，RG（rhythm generator）は周期的信号を生成するリズム生成器のことである．新生児では，PCシステムは機能していないが，RGの周期信号が興奮性接続により連結される．この段階では，シミュレートされた乳児が支持されて直立姿勢になったときに，システムが反射的な足踏み動作をする．その後，RG内とRGとPC間の興奮性接続と抑制性接続が調整される過程を通じて，モデルにその後の一連の動作（例：直立，独立歩行）が生じるようになる．

Luら（2012）は，支持つき歩行に特化したモデルについて記述している．車輪プラットフォームがiCubロボット用に設計され，上半身の体幹を支え，バランスをとることができるようになる．この「歩行者」によってもたらされた興味深い制限は，iCubがしっかりと固定されているため垂直方向に動けないことである．つまり歩いている間，iCubは腰と上半身の高さを変えずに，移動戦略を見つけなければならない．この問題に対する解決策が，「曲げ脚」による歩行，つまりひざを曲げたまま足を出すというものである．iCubシミュレータの「曲げ脚」歩行の一連の検証で，歩行者の高さの幅が比べられた．その結果，iCubの足が約45度という最大に曲げられたときに，安定した解決が得られることがわかった．Luら（前掲書）は，このシミュレーションで得られた解決策は，現実のロボットプラットフォームにも応用できることを示した．

長谷と山崎（Hase and Yamazaki 1998）は同様の手法を採ったが，独自の特徴も取り入れた．乳児を一定の高さに保つために硬い身体にして支えるのではなく，力を調整する方法

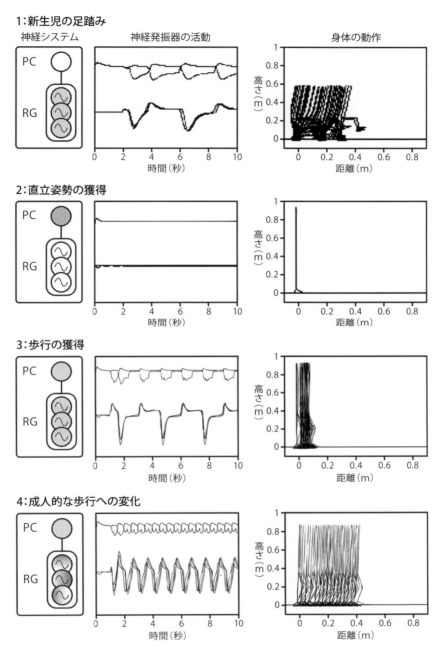

図5.12 多賀（Taga 2006）により提案されたCPGモデル．自由度を固定，解放することで，歩行の段階を研究するためのもの．

第5章 運動スキルの獲得

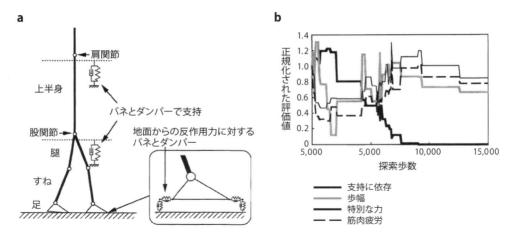

図5.13 長谷と山崎（Hase and Yamazaki 1998）で研究された（a）12ヶ月齢の乳児シミュレーションと，（b）学習中のモデルの成績．

を採用した．図5.13aは，シミュレートした乳児を図示したもので，12ヶ月齢の身体的特徴（大きさと筋力）を備えている．図で示したように，支持力はバネとダンパーのシステムでモデル化されている．これは肩と腰の関節を操作し，一定の高さ以下に下がる（復元力が評価される）と対応した関節に上向きの力が加わる．モデルの動作は，CPGアーキテクチャにより制御されていて，主なシステムパラメータはGAにより以下の4つの成績値を最適化するように調整される．（1）支持力を最小限にする．（2）歩幅を目標値にする（22cm．測定値から決定された）．（3）エネルギー使用を最小限にする．（4）筋肉の緊張（あるいは疲労）を最小限にする．図5.13bは，シミュレートされたモデルから得られた結果を示している．0歩から5,000歩までの探索歩行（発達時間をシミュレートしている）では，乳児は支持つき歩行をし（実線），エネルギーレベルを抑え（細線），筋肉の緊張も最小限だった（点線）．5,000歩から10,000歩の間になると，独立歩行への転換が始まり，10,000歩以降は，外からの支持なしに歩けるようになった．独立歩行にはコストがかかることは興味深い．独立歩行の始まりでは，エネルギーレベル，疲労レベルともに上がっていき，その後に減少し始める．

5.1.4節で述べたスキルに再び触れることで，この節を締めくくりたい．それは，跳躍動作のことで，ハイハイと歩行と同じ関節と筋肉の協調を利用するが，質的に違ったパターンで行われる．跳躍動作はリズム感のある行動で，ハイハイと歩行のように数学的にCPGを使って記述できるのである．LungarellaとBerthouze（2003, 2004）は，スプリングつきのハーネスで支えられた12自由度を持つヒューマノイドロボットの跳躍動作を研究した（図5.14a参照）．他の移動モデルと同じように，彼らはCPGのネットワークを使って，蹴る動作をする（ひざ関節を曲げたり伸ばしたりする）ロボットの運動を制御した．このモデルの跳躍動作と，感覚フィードバックなしの跳躍動作を比較したところ，重要な発見があった．フィードバックがある場合は，ない場合よりも安定して跳躍動作を行えたのである．こうして，感

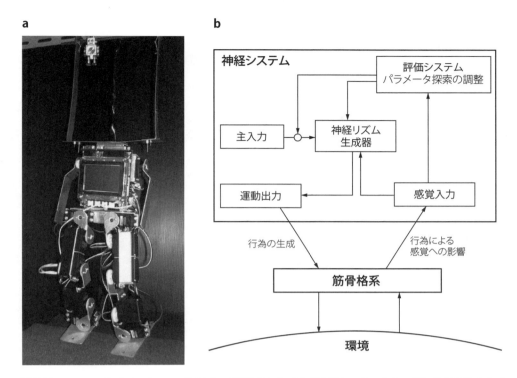

図 5.14 Lungarella と Berthouze（2004）で設計された（a）「跳躍」ロボットと，（b）跳躍動作を生成するために使われる神経制御器.

覚フィードバックが，CPG ネットワークの出力を調整するために使われ，自己支持，リミットサイクルパターンを生み出した．しかし，重要なのは，この結果は手動の調整に依存しているということである．図 5.14b は，モデルに動機システムや価値システムを組み込むことで，パラメータ空間を探索し，望ましいパターンを生成するパラメータ設定を選択させてくれる可能性を示している（例：安定した跳躍，最高長の跳躍）．

5.6 まとめ

　操作と移動が，幼い乳児において発達する基本的なスキルであるというところからこの章を始めた．これら2つは必須のものである．なぜなら，物理的世界と社会的世界の両方を探査し，探索し，相互作用できるようにさせることを通じて，それが身体だけでなく，知覚，認知，社会性，言語などの発達を促す「駆動源」となるからである．乳児の運動スキルの発達では，リーチング，把持，ハイハイ，歩行に焦点を当てたが，その他にもたくさんの運動スキルがある．あるスキルは生存に必須であり，どの個体にも生じるが，これらとは別に生存には関係がなく，文化や時代に依存して生じるスキルもある．このようなスキルは，発達

第5章 運動スキルの獲得

ロボティクスの観点からは，まだモデル化されておらず，研究されていない．研究の最先端が前に進み続け，より領域全般的な手法が使われるようになれば，研究者もモデルの運動スキルの発達をより広く研究するようになるかもしれない．

乳児のリーチング動作と把持動作の研究は，たくさんの重要なテーマを提起し，そのうちのいくつかは，発達計算モデルに組み込まれた．1つは，いずれのスキルも最初は単純で反射運動のような行動として現れ，その後，乳児の目前の目標に応じて，意識的な行為へと転換していく．リーチング動作の発達でユニークなのは，初期の形（予備行動）の頻度がまず減少していき，それから意識的な，あるいは目標のある行動として再び出現することである．2つ目は，リーチング動作も把持動作も**分化する**方向に発達していくことである．初期の行動は，ある意味で弾丸的で，開ループ的な行動がいったん出現すると，ステレオタイプ的なリーチングに収まることはない．一方で，より成熟したリーチング運動と把持運動には，柔軟性があり，課題の内容（例：目標物の位置と大きさ）により調整することができる．図5.2は，6ヶ月齢から12ヶ月齢までの乳児の把持能力の変化を示したもので，このパターンの見事な例になっている．3つ目は，リーチングと把持の際に視覚情報を使うことが多くなるだけでなく，閉ループ運動戦略をとることである．これは，課題の要求が変わったときに，運動を柔軟に調整し，修正する戦略のことである．

ハイハイと歩行の発達についても触れた．これは移動の初期の形である．操作と同じく，自己生成移動も発達に長期間にわたって影響を与える．例えば，第4章で，ハイハイの出現が，乳児の空間知覚，空間体験（視覚断崖での高さに対する恐れの始まり）をどのように変えていくかについて紹介した．ハイハイの発達で重要なのは，姿勢制御がボトルネックになっているということである．乳児はまず，ハイハイを始める前に，身体の各部位の行為（例：頭を持ち上げて支持する，脚と腕の交互運動）を生成するのに必要な強さと協調を獲得しなければならない．さらに，乳児は，腹ばい移動や回転といったさまざまな運動パターンを探索してから，手とひざを使う正式なハイハイをするようになる．ハイハイを始めて2ヶ月以内に，乳児はすぐに自分で直立するようになり始め，環境の中の安定した面を使ってバランスを取る支持つき歩行ができるようになる．支持つき歩行から2ヶ月経つと，乳児はソファやコーヒーテーブルから離れ，独立歩行を始める．歩行の発達で重要なのは，中枢パターン生成器（CPG）で，移動の発達モデルでは中心的な役割を果たしている．

運動スキル獲得に関する発達ロボティクスの研究も，同じ4つの能力に焦点を当てている．1つは，乳児の特性，戦略，制限を組み入れたモデルをいくつも紹介し，そのような特徴がリーチング動作の学習を容易にし，促していることを紹介した．よく知られた例は，運動バブリングである．これにより，シミュレートされた乳児やロボットが，同時にさまざまな体験ができるようになり，さまざまな腕の姿勢と視覚入力を関係づけたり，調整することを学習できたりするようになる．もう1つ，発達モデルにより解決されたのが，自由度問題である．この問題を解決するのに共通して用いられる計算戦略は，乳児によって利用される戦略を反

映したもので，ひじなどのリーチング運動に使う関節の一部を「固定」して，運動空間を減らしてから関節を「解放」するというものである．

　子どもサイズのロボットプラットフォームと異なり，リーチング動作の発達を研究するためのロボットは，まだ初期段階にある．例えば，iCubプラットフォームで行われる今日の研究の多くは，より一般的なテーマに集中していて，乳児の発達過程をモデル化することに特化した研究はわずかしかない．把持動作の発達モデルについても同じことが言える．それでも，このような研究から重要な発見がされている．1つ目は，リーチング動作では，目標物の視覚情報を把持位置に関連づけるだけでなく，より複雑な，指を望む配置にする運動にも関連づけるということがもっとも基礎的な挑戦的課題であるということである．この問題に明確に発達的手法を用いているモデルは少ないが，どれもが乳児にも通用するだけでなく，シミュレーションやロボットプラットフォームでも成功する可能性があることを示している．2つ目は，紹介したどのモデルでも，学習過程で鍵になるのは，試行錯誤学習から得られる運動の多様性と学習メカニズムであるということである．

　最後の3つ目は，ハイハイと歩行の発達ロボティクスモデルはいくつかあるが，iCubとNAOなどの市販ロボットプラットフォームに優位性があるということである．しかし，この研究はまだ初期段階にあり，すべての移動行動が既存のモデルに組み込まれているわけではないことは記しておく必要があるだろう．多くのモデルは，手とひざのハイハイなどの移動スキルの一部に焦点を当てていて，ハイハイの開始から独立歩行の習熟までのすべてを扱おうとはしていない．リーチング動作と把持する動作のモデルでの運動バブリングと同じように，多くの乳児の移動モデルで共通している要素がCPGである．この研究で繰り返し登場するテーマが，以下の2つの問題を解決する発達過程である．1つの発達は，CPGユニット間あるいは神経間に，適切な興奮性接続，抑制性接続を確立し，四肢の運動の協調を最適化する問題である．もう1つは，感覚システムからの入力（例：視覚，前庭，体性感覚）を利用することを学習して，CPG神経の出力を調整する問題である．

参考書籍

Thelen, E. and B. D. Ulrich. "Hidden Skills: A Dynamic Systems Analysis of Treadmill Stepping during the First Year." *Monographs of the Society for Research in Child Development* 56(1) (1991) : 1-98.

　足踏み行動の発達に関するThelenとUlrichの包括的な研究は，いくつもの鍵になる現象を紹介している．U字型発達，不安なときの顔の運動パターンの安定性，感覚運動の調整の新たな方式の出現などである．理論面では，やや力学系理論に偏っているが，探索行動による身体化された認知と学習のような中心になる考え方の多くは，現在の発達ロボティクス研

第5章　運動スキルの獲得

究と見事に合致している．

Asada, M., K. Hosoda, Y. Kuniyoshi, H. Ishiguro, T. Inui, Y. Yoshikawa, M. Ogino and C. Yoshida. "Cognitive Developmental Robotics: A Survey." *IEEE Transactions on Autonomous Mental Development* 1, no. 1（May 2009）: 12-34.

Metta, G., L. Natale, F. Nori, G. Sandini, D. Vernon, L. Fadiga, C. von Hofsten, K. Rosander, J. Santos-Victor, A. Bernardino and L. Montesano. "The iCub Humanoid Robot: An Open-Systems Platform for Research in Cognitive Development." *Neural Networks* 23（2010）: 1125-1134.

　浅田らとMettaらの研究チームは，発達ロボティクスについての素晴らしい調査報告を2本執筆している．どちらも運動スキルの獲得を超えた内容で，この問題に関する傑出した入門になっており，最先端の研究も数多く紹介されている．浅田の概観のユニークな点は，胎児の運動と，姿勢運動発達におけるその役割を論じていることである．一方，Mettaの記事では，iCubプラットフォームの使用に焦点が当てられている．特に，視覚と手の運動がどのようにして協調するかのような重要な問題を研究するためにロボットの物理構造をどう設計するかについて，詳しい議論がなされている．

第6章　社会的ロボット
Social Robots

　動機の発達，視覚の発達，運動の発達を扱う児童心理学や，内発的動機，知覚運動学習を扱う発達ロボティクスのモデルの多くは，子ども一人・ロボット単体の能力の獲得に焦点を当てている．しかし，人間の基本的な特徴は（その他の高い社会性を示す動物と同じように），誕生した乳児が，親や養育者，兄弟姉妹という社会的文脈に組み入れられ，自然に社会性に対応し，他者と協調しようとする本能を持っていることである（Tomasello 2009）．新生児が，生まれたその日から他者の行動を模倣しようとする本能と能力を持っていることには証拠が存在する．誕生からわずか36分後には，笑顔や驚きの顔など複雑な顔の表現を模倣するのである（Field et al. 1983; Meltzoff and Moore 1983; Meltzoff 1988）．最初の誕生日を迎えるあたりまで子どもは歩くことはできないので，親や養育者による養育，表現，インタラクションに依存している．これが，乳児と，親，家族，養育者との社会的な絆を強めている．さらに，社会的インタラクションと学習は，コミュニケーション能力や言語能力と同様に，共感や感情を発達させる基本的なメカニズムになっている．

　乳児の社会的発達は，さまざまな社会的インタラクション能力を段階的に獲得し，洗練させ，拡張することで起こる．認知能力によりインタラクションの文脈が理解できるようになるのと同じように，アイコンタクトと共同注意が，養育者との感情的な結びつきを確立することに役立っている．例えば，乳児は，成人と視線を合わせることを最初に学習し，それから視野にある対象物を見ている成人の視線を追いかける能力を発達させるが，その後には，視野の外にあるオブジェクトに対する成人の視線を追いかける能力も発達させる．さらに，乳児が段階的に学習していくアイコンタクトは，指をさす動作で成人の注意をそちらに向かわせ，食べ物や玩具などのオブジェクトを要求するようになり（命令的指さし），その後は，オブジェクトに対してただ注意を向けるだけになる（宣言的指さし）．生後1日の新生児の顔真似の研究にもあるように，模倣能力も，単純な身体バブリングと身体の一部の模倣から，行為が繰り返されたときの目的と演者の意図の推測へと，模倣戦略を質的に変えながらさまざまな段階を経て発達する（Meltzoff 1995）．進歩した共同注意と模倣の能力は，後の協調行動と利他行動の発達の基礎となる．子どもは大人や他の子どもたちと協調して，計画を共有し達成することを学ぶ．最後に，このような社会的能力と社会的スキルが並行して発達していくことで，他人に信頼と目標を的確に与える複雑な能力を獲得し，成人するまでの子ど

もの社会インタラクション能力を支える「心の理論」が出現する．

　以下の節では，はじめに共同注意，模倣，協調に関する発達心理学の研究と理論，それから心の理論を紹介する．次に，このような社会性能力の発達を反映した現在の発達ロボティクスモデルを分析する．視線追跡と模倣をすることで，ロボットは人間の目標を理解し，予測する．ロボットと人間の滑らかなインタラクションを実現するには，このようなスキルが必須になる．また，人間はロボットからの社会的シグナルを中心としたフィードバックを利用することで，ロボットの感覚運動や認知の内容に適切に対応することができるようになる．

6.1　子どもの社会発達

6.1.1　共同注意

　共同注意とは，他者の顔と立ち位置を認識する能力に基づいており，視線の方向を特定し，他者が見ているオブジェクトの方を見ることである．しかし，これは簡単な知覚行動では達成できない．事実，Tomaselloら（2005）やKaplanとHafner（2006b）などの研究（Fasel et al. 2002も参照）では，二者間の社会的インタラクションの文脈では，共同注意は二者の意図的な行動を組み合わせた形で観察されることが指摘されている．発達の文脈では，共同注意とは，親が見つめているのと同じ目標物を見る子どもが，注意を共有して目標物に行動を起こしたり，目標物の名前や視覚的特徴，機能的特徴について会話をしたりすることを意味する．そのため，子どもの発達において共同注意は，社会的行動と協調的行動を獲得するための中心的な役割を果たしている．

　第4章（4.1.2節と4.2節）では，顔を認知する子ども（とロボット）の能力について述べた．子どもが顔を認識して見つめる能力を持っているという前提を受け入れるのであれば，我々は，意図的な共同注意を支える視線追跡の発達を見ていく必要があるだろう．Butterworth（1991）は，初期段階の視線追跡を研究し，鍵となる4つの発達段階を特定した（図6.1）．（1）**感受的段階**．6ヶ月齢前後．養育者の視線が左であるか，右であるかを区別できるようになる．（2）**生態的段階**．9ヶ月齢前後．目立つオブジェクトに対する視線を追跡できるようになる．（3）**幾何的段階**．12ヶ月齢前後．遠方のオブジェクトに対する養護者の視線の角度を認知できるようになる．（4）**表象的段階**．18ヶ月齢前後．養護者が見ている視野の外のあるオブジェクトに目を向けることができるようになる．

　Scassellati（1999）は，この4段階を使って，ヒューマノイドロボットで，心の理論に対して視線追跡能力がどのように寄与をするのかを調べた．KaplanとHafner（2006b）も，別の共同注意の戦略を提案している．それは表6.1にまとめられた発達段階で，見つめる行動と指を指す行動に関する発達科学の文献に基づいて作成されたものである．4つの段階とは次のようなものである．（1）**相互注視**：それぞれの個体が互いの目に同時に注意してい

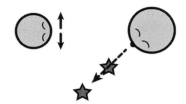

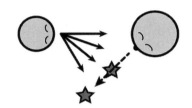
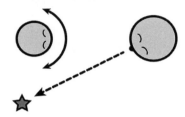

図6.1　視線追跡の発達.（Scassellati 2002 より作成）

表6.1　共同注意スキルの発達段階.（Kaplan and Hafner 2006b より作成）

月齢	注意の察知	注意の操作	社会性協調	意図的理解
0～3ヶ月齢	アイコンタクトによる相互注視	アイコンタクトを維持することによる相互注視	原始的な会話，養育者によって促されるシンプルな発話の交代	初期段階の他者の特定
6ヶ月齢	養育者が左右のどちらを見ているかのみを感知する能力	注意操作に関わる基本的行動	手順の共有：養育者と子どもでの会話遊び	生物と非生物の区別．物理的因果関係と社会的因果関係の区別
9ヶ月齢	視線方向の検出，最も顕著性のあるオブジェクトの注視	オブジェクト，食べ物への命令的指さし	共同活動．養育者の動作の真似遊び	初めての目標志向の行動
12ヶ月齢	視線方向の検出，顕著性のあるすべてのオブジェクトの注視	宣言的指さし，身振りで注意を引く	目標を共有した共同活動，真似遊び	目標の理解，目標志向の行動の理解
18ヶ月齢	視野の外にあるオブジェクトへの視線追跡	最初の言葉や身振りによる表現	共有された行為計画に対する協調	意図の理解，同じ目標に対して異なる行為計画を立てられる

る状態．（2）**視線追跡**：片方がオブジェクトを見つめているとき，もう片方がその目を見つめ，相手が何を見ているのか探す状態．（3）**命令的指さし**：相手が注意しているかどうかを考えずに，オブジェクトを指さししている状態．（4）**宣言的指さし**：オブジェクトを指さししているときに，相手もそれを見ていて，互いに注意している状態．これらは，ソニー

のAIBOの4つの注意戦略にもなっている（詳細は6.2節以下を参照）．

　KaplanとHafner（2006b）は，共有注意スキルと社会性スキルの発達は，4つの鍵となる必要条件に基づいていると提案している．(1) 注意の察知，(2) 注意の操作，(3) 社会的協調，(4) 意図的理解．表6.1に発達過程をまとめた．このような認知能力は，二者間の共有注意を完全に達成するための必要条件となる．**注意の察知**は，他者の注意行動を知覚し，追跡する能力のことである．乳児では，相手の視線を探して，アイコンタクト（最初の3ヶ月）をする相互注視という単純な能力として始まり，相手の視線を追跡することで，視野の外にあるオブジェクトも見ることができる段階（18ヶ月）に到達する．**注意の操作**は，他者の注意行動に影響を与える，より積極的な能力である．相互注視に加えて，注意の操作は，9ヶ月齢前後で命令的指さし（例：お腹が空いているときに，食べ物を指さす），12ヶ月齢では宣言的指さし（オブジェクトに注意を払っている動作）とともにできるようになり，18ヶ月齢になると言葉と身振りを組み合わせた表現ができるようになり，後には複雑な言語インタラクションができるようになる．

　社会性協調の能力は，二者間の個体の協調インタラクションを可能にする．発達のきわめて初期の段階では，乳児は，養育者の助けにより寝返りをすることができる．それから，養育者の行動を真似する遊びなどの共同活動ができるようになる（9ヶ月齢）．さらに，共有された目標のある真似遊び（12ヶ月齢），そして計画に従った社会協調ができるようになる（社会協調の詳細は，6.1.3節を参照）．最後の**意図的理解**は，自分と同じように他者も意図と目標を持っていることを理解できる能力のことである．発達上は，これは最初，他者の身体的の特定として始まり（0ヶ月齢から3ヶ月齢），生物と無生物の区別（6ヶ月齢）ができるようになる．さらに，同じ目標に対する共有された行為の計画を用いて，他者の行動の目的と行動の予測を理解できるようになる（18ヶ月齢）．

　乳児の社会性発達のタイムスケールと段階の詳細は，共有注意に関する発達ロボティクス研究のロードマップにもなる（Kaplan and Hafner 2006b）．

6.1.2　模倣

　誕生後数時間の新生児にすら模倣能力が備わっている（Field et al. 1983; Meltzoff and Moore 1983）という証拠は，知覚運動発達，社会発達，認知発達に対する先天的な見方と後天的な見方の橋渡しになってくれる（Meltzoff 2007）．模倣は，運動スキルの発達を促すだけでなく，社会的な生物の基礎能力でもある．生後42分の新生児は顔の表情を模倣できるということが報告されている（Meltzoff and Moore 1983, 1989）．この事実は，五感を使って状態を比較する基本メカニズムが存在するという証拠になり，他の個体を模倣する本能があるという証拠にもなっている．発達心理学と比較心理学の文献では，「模倣」(imitation)，「エミュレーション」(emulation)，「真似」(mimicry)といったいくつもの言葉が使われるが，CallとCarpenter（2002）は，真似や見習うといった言葉と異なる「模倣」(imitation)

という言葉の定義を提案した．2体の社会的個体の片方（模倣者）が他の個体（実演者）を模倣するという状態を考えるとき，目標と行動と結果という3つの情報を区別して考えなければならない．例えば，実演者が紙に包まれた贈り物の箱を開けているとき，目標は階層的に存在し（紙包みを取る，箱を開ける，中身を取り出す），結果が階層的に存在する（箱の紙包みが取られる，箱が開けられる，中身を手にする）．CallとCarpenterは，模倣者が，この3つ，目標と行動と結果のすべてをコピーするときにだけ「模倣」という言葉を使うべきだと提案した．一方で，「エミュレーション」は目標と結果をコピーしているが，行動そのものは正確にコピーしていない（例：中身を取り出すのにハサミを使って箱を開ける）．また「真似」は行動と結果はコピーしているが，目標はコピーしていない（紙包みを取って箱を開けるが，中身は中に残したままにする）．この模倣行動の異なる3つのタイプを区別すること，3つの情報のどれが使われているかを考えることで，動物や人間のさまざまな模倣能力をより区別しやすくなり，乳児の模倣戦略の発達段階も区別しやすくなる．さらに，ロボットの模倣実験でも，よりモデル化がしやすくなる（Call and Carpenter 2002）．

　Meltzoffらは，模倣能力の発達には，（1）身体バブリング，（2）身体動作の模倣，（3）オブジェクトに対する行動の模倣，（4）意図の推測，の4つの段階があることを特定した（Rao, Shon, and Meltzoff 2007）．第一段階の**身体バブリング**は，乳児がランダムに（試行錯誤で）身体を動かすことで，自分自身の行動に対する知覚運動的な影響（固有状態と視覚状態）について学習し，身体スキーマ（活動空間）を徐々に発達させていく．第二段階は**身体動作の模倣**である．1ヶ月齢の乳児の研究では，新生児は自分がしたこともない顔の動作（例：舌を出す）を模倣できることがわかっており，12日齢から21日齢では，身体の部位を特定して，同じ部位を使って異なる動作パターンを模倣できる．これは児童心理学では「器官識別」として知られるもので（Melzoff and Moore 1997），ロボティクスでは「自己意識」として知られるものだ（Gold and Scassellati 2009）．これらの研究は，新生児には，観察・実行メカニズムと具体的な構造が生得的に備わっていて，これによりフィードバックなしに模倣をして，応答を修正できることを示している．第三段階は，**オブジェクトに対する行動の模倣**である．1年齢から1年半齢の乳児は，顔と四肢の動作を模倣できるだけでなく，さまざまな文脈でのオブジェクトに対する動作も模倣することができる．第四段階は，**意図の推測**で，乳児は演者の行動の裏にある目標や意図を理解できるようになる．Meltzoffの実験では，18ヶ月齢の子どもに，演者が試みたが目標を達成することができなかった失敗行動を見せるというものだった（Meltzoff 2007）．子どもは，単に行動だけを模倣するだけでなく，成人が達成しようとしたことを模倣できた．これは子どもが他者の意図を理解できるということを示している．この模倣スキルの発達の4段階は，他者の目標と意図を理解し，推測することが，成人の模倣能力にとってきわめて重要であることを示している．CarpenterとCallの模倣に関する用語の分類で言うと，模倣は，演じられた行動の目的を理解し，第四段階のように意図を推測する能力を必要としている．第一段階から第三段階については，単純なエ

第6章 社会的ロボット

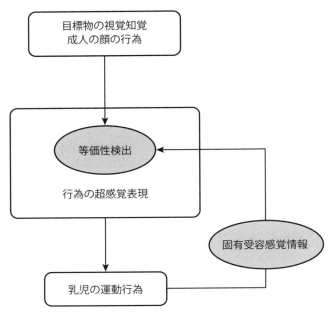

図6.2 模倣のためのアクティブ・インターモーダル・マッチングモデル（Meltzoff and Moore 1997）．

ミュレーションから意図的な模倣へと移っていく段階だと考える必要がある．

　MeltzoffとMoore（1997）は，顔の行為，手の行為の両方の模倣を説明する発達モデルを提案した．アクティブ・インターモーダル・マッチング（Active Intermodal Matching: AIM）モデルである（図6.2）．このモデルは，（1）知覚システム，（2）運動行為システム，（3）超感覚表現システム，の3つのサブシステムからできている．**知覚システム**は，観察した顔の行為と運動行動の視覚知覚に特化している．**運動行為システム**は，演じられた行動を模倣するもので，固有情報の必須特徴により実行される．固有フィードバックにより，視覚入力と乳児自身の行為のコアマッチングを行い，修正の基準とする．ここで重要なのは，**超感覚表現システム**の役割である．これは，知覚した行動と生成した行動の中から等価のものを検出して，エンコードし，共通（超感覚）フレームワークを与えるものである．模倣の知覚運動メカニズムと表現メカニズムの操作記述を与えてくれるAIMモデルは，モバイルロボットとヒューマノイドロボットでの模倣の発達ロボティクス研究の設計に大きなヒントを与えてくれる（Demiris and Meltzoff 2008）．

　模倣の神経的基礎に関する理論と実験結果については，この10年で目覚ましい進歩があった．特に，Rizzolattiら（Rizzolatti, Fogassi, and Gallese 2001）による「ミラーニューロン」の発見は，この分野の新しい方向性を示すこととなった．ミラーニューロンは，当初サルの前運動野（F5領域）で研究された．サルがある行為をしたときと，他のサルや人間のが同じ行為をしたことを観察したときのいずれでも活性化される部位である．この，行為の知覚と生成の両方に関係するニューロンは，AIMモデルと同じように，視覚システムと運動シ

ステムの協調が必要であることを裏付ける有力な実験課題である．さらに，サルのミラーニューロンは，目標に基づいた模倣と同じように，行為の目標が同じときだけ活性化する．しかし，サルのミラーシステムは原始的すぎて，観察した行為を詳細にコード化することはできないため，行為まで模倣することはできない（Rizzolatti and Craighere 2004）．

人間にミラーニューロンが存在すること，そして模倣課題に関係することは，近年実験的な証拠が得られた（Iacoboni et al. 1999; Fadiga et al. 1995）．これはサルのF5領域と人間のブローカ野が解剖学的にも進化学的にも類似しているという初期の理論を支持するもので，運動の模倣と言語の模倣で果たす役割，人間の言語の進化に果たす役割も支持するものである（Rizzolatti and Arbib 1998）．

6.1.3　計画の協調と共有

他者と協調して共通の目標を達成することは，社会性スキルの発達での重要なマイルストーンとなる．協調をするには，複数の個体間で計画と意図を共有する能力が必要となる．この能力は子どもや，霊長類でも観察される利他的行動を説明することができる．

子どもの社会的協調能力の発達研究は，人間やチンパンジーのような霊長類で行われる比較心理学実験と密接に結びついている．協調に関する発達比較心理学での重要な発見は，人間の子どもは他者との間で目的と意図を共有する独自の能力と動機を持っているということである．しかし，霊長類にはこの能力は存在しない．Tomaselloら（Tomasello et al. 2005; Tomasello 2009）は，人間の子どもが意図を共有する能力は，（1）意図の解読，（2）意図を共有する動機，の2つの能力の相互作用から生まれると提唱した．**意図の解読**は，他者の行動を観察し，その人の意図を推察する能力のことである．これは他者が意図して目標を遂行する存在であると理解する，より一般的な能力でもある．**意図を共有する動機**は，他者の意図を理解したら，それを協調的な方法で共有することである．Tomaselloは，霊長類と人間の両方は，他者の行動を観察して，その方向を注視することで，他者の意図を解読するスキルを持っていることを数多くの実験で示した．しかし，人間の子どもだけが，利他的に意図を共有する能力を持っていた．

この人間の子どもと霊長類の違いを鮮やかに示した画期的な研究が，Warneken, ChenとTomasello（2006）により行われた．Warnekenらは，18ヶ月齢から24ヶ月齢までの子どもと，33ヶ月齢から51ヶ月齢までの若いチンパンジーを用いた比較実験を行った．この研究では，目標を設定して問題解決をする課題が2つと，協調が必要な社会的なゲームを2つずつ行った（詳細はBox 6.1を参照）．彼らは，互いに助け合う課題と並行して事を進める課題における関係性の条件をさまざまに操作した．互いに助け合う役割が必要な活動では，同じ問題解決やゲームの目標を達成するために，子どもと大人は違った動作をしなければならない．並行的な役割が必要な課題では，課題をこなすために両者は同時に同じような動作をしなければならない．例えば，2本の筒ゲーム課題は，実験者（協調する大人）が，2つ

のチューブの片方の上方の穴に木片ブロックを入れることから始まる．チューブを傾けるとブロックが移動し，最後には，チューブの反対側でブリキのコップを持っている子どもやチンパンジーの手に渡る．この課題では補完的役割が必要になる．片方がブロックを入れ，もう片方が容器を使ってそれを受け取らなければならない．トランポリンゲームでは，両者は同じ課題を行うことになる．トランポリンの片側をそれぞれ持って，木片ブロックを跳ねさせるのである．

このような実験的課題を用いて，Warneken, Chen と Tomasello（2006）は，最初に標準条件での協調を研究した．両者がゲームに協調しなければならない条件である．協調が妨害される条件でも，子どもとチンパンジーの行動を観察した．大人の実験者が，トランポリンを使わなかったり，チューブにブロックを入れなかったりする条件である．

実験結果は，標準協調条件下では，どの子どもも，共同問題解決課題と社会性ゲームのいずれにも目標に向かって，熱心に参加した．共同目標を達成するというだけでなく，協調することそのもののために協調をした．チンパンジーも簡単な課題であれば協調することができた．しかし，大人の実験者が協調を中止してしまうような条件下では，子どもは自ら何回も大人に参加を請うが，チンパンジーは目標がなくなってしまった社会性ゲームに興味を失ってしまった．動物は，協調とは関係なく，目標である食べ物を得ることだけに集中しているのである．Warneken, Chen と Tomasello（2006）は，人間には，積極的に協調活動に参加する独特の能力があると結論づけている．

追跡研究で，Warneken, Chen と Tomasello は，18ヶ月齢の乳児は，さまざまな状況で大人を自発的，利他的に手伝うことを示した．例えば，大人が目標（助けを必要としている）を達成しようとしているとき，子どもはその行動から何の利益も得られなくても協調するのである．子どもは10種類の異なる条件で試験された．大人が課題を実行できなくなっている状況で，4つの条件をもとに難易度を変えた．（1）オブジェクトが手の届く範囲の外にある，（2）オブジェクトが障害物によって隠されている，（3）子どもにより修正されない限り誤った目標を達成してしまう，（4）子どもにより修正されない限り間違った手段を用いてしまう．結果は，子どもの利他行動の明白な証拠となった．24人の乳児のうち22人が，最低でも1つの課題を助けたのである．Warneken らは，同じ4タイプの課題を用いて，若いチンパンジーでの比較実験も行った．3頭のチンパンジーすべてが，オブジェクトが手の届かない範囲にある課題を助けた．オブジェクトが食べ物でなくても同様であった．しかし，障害物がある課題，誤った結果，誤った手段の課題では，助けなかった．チンパンジーの手を伸ばす課題での利他行動は，この課題の目標が他の課題の目標よりも簡単に理解できるということで説明できる．これは，子どもとチンパンジーの両者が利他行動をする能力を持っているが，他者が助けを必要としていることを理解する能力には違いがあるということを示唆している．

協調行動に関するこのような研究は，Carpenter, Tomasello と Striano（2005）による役割交換分析とも結果が一致する．Carpenter らは，役割を交換することで，子ども，協力す

6.1 子どもの社会発達

る大人あるいは子ども，オブジェクトの「三者の」協調戦略が出現することを観察した．例えば，大人が容器を持っていて，子どもがその中に玩具を置くことができる場合などである．続いて，役割が交換され，子どもが容器を持てば，大人が玩具をその中に入れることができるようになる．このことは，子どもが大人の意図した目標を解読する能力を持ち，自分の利益のために大人が望む行動を取る能力を持っていることを示唆している．役割を交換する能力は，俯瞰した見方や意図の第三者的表現に対応しており，協調課題で，子どもにどちらの役割もできるようにする．このような子どもの研究は，異なる協調戦略を組み込んだ発達ロボティクスモデルの設計に大きな着想を与えた（Dominey and Warneken 2011．6.4節参照）．

Box 6.1　人間とチンパンジーの協調スキル（Warneken, Chen, and Tomasello 2006）

概観

　人間の子どもと若いチンパンジーの共同行動を比較する研究は，注意の共有などの共同活動を特定し，これが人間特有の能力であるかどうかを確定するものである．4つの共同課題が使われた（共同問題解決活動が2つ，社会性ゲームが2つ）．いずれの課題でも人間の成人が相手の行動を補助する役割，および同じ行動をする役割を務めた．各実験の後半部では，成人は共同行動をやめるように指示された．例えば，立ち去ったり，子ども（あるいはチンパンジー）の要求に応えなかったりなどである．この設定の目的は，研究対象が，協調課題で成人と再び関係を結ぶ能力を検証することである．

参加者

　4つの実験に参加したのは，18ヶ月齢の子どもが16人，24ヶ月齢の子どもが16人であった．2つの年齢グループを選んだのは，年長の子どもの方が成人との協調行動をうまく調整でき，協調を妨害したときもうまく行動できるという仮説を検証するためである．

　動物グループには3匹の若いチンパンジーが使われた．51ヶ月齢のメスのチンパンジーが2匹（アネットとアレキサンドリア）と33ヶ月齢のオスのチンパンジーが1匹（アレックス）で，ライプツィヒ動物園で飼育されていた．実験に使われた素材は，多少の調整をして（例：素材や大きさを変える．玩具ではなく食べ物をご褒美にあげる），人間の子どもとの協調課題をこなすのに適切なものにした．

第6章 社会的ロボット

相手の行為を補助する役割

課題1 エレベーター

この課題の目標は、上下に動く円筒の中にあるオブジェクトを回収することである。1人では解決することができず、2人が装置の両側で補完的な行為をする必要がある。1人が最初に円筒を押し上げて、そのまま維持する（役割1）。こうすることで、もう1人が反対側から円筒を開けて、中のオブジェクトを取ることができる（役割2）。

同じ行為を並行して行う役割

課題2 持ち手つきの筒

この課題の目標は、2つの持ち手がついた長い筒の中にある玩具を回収することである。1人では解決することができない。筒は長いので、握りながら、同時に両方の持ち手を引っ張ることができないからである。2人が両方の持ち手を引っ張るという役割を同時に行うことで、玩具を取り出すことができる。

問題解決

6.1 子どもの社会発達

課題3 2本の筒

このゲームは、1人が2本の筒のいずれかに木片を入れ、もう1人が入れた方の筒の端から取り出すということをしなければならない。1人が、筒の開いている側から木片を入れ（役割1）、もう1人が筒の端から、ブリキのコップの中に木片を受け止める（役割2）。

課題4 トランポリン

このゲームは、2人で、反対側の枠を持って、トランポリンの上で木片を跳ねさせなければならない。トランポリンは2本のC字型の管を柔らかいジョイントでつなぎ、そこに布を張ったものなので、管の輪を同時に動かすという対等の役割が必要になる。

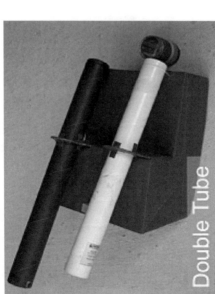

Double Tube　　Trampoline

社会的ゲーム

結果のまとめ
・協調課題が単純な場合は、18ヶ月齢とも24ヶ月齢とも協調が行えた。チンパンジーも単純な協調が行えた。
・子どもは自発的に協調した。目標だけではなく、協調すること自体に動機づけられていた。
・妨害条件では、どの子どもも協力者と再び協調しようとしたが、チンパンジーは協調するためのコミュニケーションをしようとしなかった。

179

6.1.4 心の理論

社会的学習能力の発達と並行して，さまざまなスキルも発達していく．視線検出，顔認識，他者の行動の観察と模倣，段階的な協調などによって，他者に意図と目標があるということを理解する複雑な能力の獲得が促されていく．これは一般的に心の理論（theory of mind: ToM）と呼ばれる．他者の行動と表現を理解する能力，他の社会的存在にも心理状態と意図があると理解する能力のことである．ToMを生み出す認知メカニズムを理解することは，他の人間やロボットの意図と心理状態を理解する能力を持った社会的ロボットを設計する上で重要である．ここで，もっとも影響を与えた2つのToM仮説を考える．これはLeslieとBaron-Cohenにより提案されたもので，社会的発達ロボティクスに大きな影響を与えた（Leslie 1994; Baron-Cohen 1995）．さらに，Breazealら（2005）は，シミュレーション理論に基づくToMとMeltzoffのAIMモデルを発達ロボティクスに応用した．さらに，動物の心の理論も心の理論の（進化的）発達メカニズムに有用な知見を与えてくれる（Call and Tomasello 2008）．

Leslie（1994）のToMは，事象を知覚している主体とオブジェクトとの間の因果関係の属性という考え方が中心になっている．Leslieは，因果関係の性質に従って，(1) 物理的主体性，(2) 行為的主体性，(3) 態度的主体性の3つに事象を区別した．**物理的主体性**とは，オブジェクト間の機械的な相互作用と物理的な相互作用のことである．**行為的主体性**は，個体の意図と目標の観点から事象と行為の意思を記述したものである．**態度的主体性**とは，個体の態度と信頼の観点から事象を記述したものである．

Leslie（1994）は，人間は，それぞれの主体性に特化した3つの独立した認知モジュールを進化させてきて，これが発達の過程で徐々に出現してくると主張した．身体モジュールの理論（the theory of body module: ToBY）が物理的主体性に対応し，オブジェクト体が相互作用する際の物理的特徴，機械的特徴を理解する．これは，オブジェクトの相互作用における時空間的特徴に対して，乳児が感受性を持っていることを意味している．物理的主体性の古典的な実例は，Leslieの実験で，乳児に2つの動くブロックの因果性を知覚させるというものである．直接発射（静止しているブロックに，動いているブロックが当たることで動き出す），遅延反応（同じく衝突するが，2つ目のブロックは遅れて動き出す），衝突なしの発射，発射なしの衝突，静止など条件を変えた．6ヶ月齢以降の子どもはToBYを完全に発達させ，最初の条件下での相互作用の因果性を知覚することができたが，他の条件では知覚できなかった．Leslieは，これは生得的な能力で，物理的主体性が誕生後1ヶ月の早い段階で現れるのではないかと示唆している（表6.2）．

2つ目のモジュールは，心の理論システム1（theory of mind system 1: ToM-S1）で，行為をしている主体に，目標と動作の観点から事象を理解させる働きをする．これは，視線追跡行動を通じて現れ，子どもに動作と目標を特定させる．この能力は，6ヶ月齢で現れ始める．3つ目のモジュールは，心の理論システム2（theory of mind system 2: ToM-S2）で，他者

6.1 子どもの社会発達

表6.2 LeslieとBaron-Cohenによる心の理論の発達段階

月齢	Leslie	Baron-Cohen
0〜3ヶ月齢	自己の身体イメージの空間へのマッピングの感受性（生得的である可能性あり）	生物と非生物の持つ意図を検出する能力（生得的である可能性あり）
6ヶ月齢	ToM-S1での（視線による）行為と目標の検出	視線方向検出器
9ヶ月齢		注意共有メカニズムの出現
18ヶ月齢	ToM-S2の態度的主体性の初期発達	ToMメカニズムの初期発達
48ヶ月齢	ToM-S2の完全な発達 メタ表現	ToMメカニズムの完全な発達

の信念は自分自身の知識や観察された世界とは異なる可能性があることを表現する態度的主体性のために使われる．子どもは，観察された世界ではなく，心理的な状態に基づいて正しいと判断した特徴をメタ表現という形で発達させ利用する．このモジュールは，18ヶ月齢で発達し始め，48ヶ月齢で完全に発達する．

　Baron-Cohenの心の理論は，「心を読むシステム」と呼ばれるが，これは（1）意図検出器，（2）視線方向検出器，（3）注意共有メカニズム，（4）心の理論メカニズム，の4つの認知能力に基づいている．**意図検出器**（intentionality detector: ID）は，自己推進動作をともなう視覚刺激と聴覚刺激，触覚刺激の知覚に特化している．また，動く物体（個体）と動かない物体（オブジェクト）を見分けることができる．これが「接近」や「回避」といった考え方を理解させ，「彼は食べ物を欲しがっている」や「彼は去った」という表現を理解させる．意図検出器は，乳児では生得的な能力として現れる（表6.2）．**視線方向検出器**（eye direction detector: EDD）は，顔知覚と視線のような刺激の検出に特化している．Baron-Cohenは，EDDのさまざまな機能を特定した．注視の検出や注視しているオブジェクトの検出（オブジェクトや他者を見つめる），視線方向を知覚状態として理解する（他者が自分を見ている）などである．視線検出能力は，9ヶ月齢で現れる．IDとEDDは，いずれも二項表現を生成する．1つは個体のもの，もう1つは，オブジェクトまたは他者のもので，「彼は食べ物をほしがっている」「他者が自分を見ている」のようなものである．

　注意共有メカニズム（shared attention mechanism: SAM）は，二項表現を組み合わせて，3つの考え方に変換する．例えば，「私は何かを見ている」と「あなたは食べ物がほしい」という二項のことを知覚した場合，「（あなたは食べ物がほしい）ということを私は知っている」という表現に変換する．IDの表現とEDDの表現を組み合わせると，乳児は他者の視線の意図を理解できるようになる．SAMは，9ヶ月齢から18ヶ月齢の間に発達する．最後の**心の理論メカニズム**（theory of mind mechanism: ToMM）は，他者の心理状態と信念を理解し，表現することで，三項の表現をメタ表現（LeslieのToM-S2として）に変換する．ToMMは「（私がお腹をすかせている）とメアリーは思っている」という表現構造を可能に

する．また，「（犬は話すことができる）とメアリーは思っている」というような世界の中では正しくない知識表現も可能にする．進歩したToMMは18ヶ月齢あたりで現れ始め，48ヶ月齢までに完全に発達する．このような理論の重要な利点は，4つの能力の発達での個体発生的な障害を特定できることで，さまざまな自閉症スペクトラム障害（ASD）を説明することにも使えることである．

　LeslieとBaron-Cohenの乳児の心の理論の発達メカニズムの説明のほかに，模倣理論とシミュレーション理論に焦点を当てている理論もある（Breazeal et al. 2005; Davies and Stone 1995）．シミュレーション理論は，他者の行動と感覚状態をシミュレートすることで，他者の行動と心理状態を予測するというものである．自分の模倣スキルと認知メカニズムを使って，他者の状況の中で，自分であればどのように考えるか，どのように感じるか，どのように行動するかを再現し，他者の感情，信念，目標，行動を推測する．シミュレーション理論は，身体化された認知手法（Barsalou 2008）と，行為知覚と行為実行を連結するミラーニューロンの役割とも結びついている（Rizzolatti, Fogassi, and Gallese 2001）．

　人間の心の理論の発達以外にも，心の理論の進化的な由来についての議論，動物にも心の理論に基づく能力が存在するかどうかという議論がある．この分野で重要な貢献をしたのが，CallとTomasello（2008）である．この研究では，チンパンジーのような霊長類で，他者の目標と意図を推測する能力を調べた．チンパンジーは他者（人間とチンパンジー）の知覚と知識だけでなく，少なくとも他者の目標と意図の両方を理解するという仮説を支持する強力な証拠についてCallらは調査を行った．霊長類は，このような社会能力を使って，意図的な行動を起こすことができる．しかし，霊長類が誤信念を，LeslieとBaron-Cohen理論のメタ表現として理解できることを支持する証拠はなく，さらに，他者が世界の心理表現を使って行為を生み出し，それが現実と合っていないかもしれないということを理解できるという考え方を支持する証拠もない．

　LeslieとBaron-Cohenの理論や動物の進化の研究のように，心の理論の発達に関わるさまざまな認知メカニズムの展開によって，認知ロボットを使った心の理論のモデル化の有用なフレームワークが確立する（Scassellati 2002）．また，自閉症の対応にロボットを使う上でも有用なフレームワークとなる（Fancois, Dautenhahn, and Polani 2009a; Francois, Powell, and Dautenhahn 2009b; Tapus, Matarić, and Scassellati 2007）．

6.2　ロボットの共同注意

　発達ロボティクスはロボットの共同注意の研究に焦点を当て続けてきた．なぜなら，それが社会性スキルと，人間・ロボット間のインタラクション，コミュニケーションと関連しているからである．KaplanとHafner（2006b）は，注意と社会性スキルの発達を分類した．

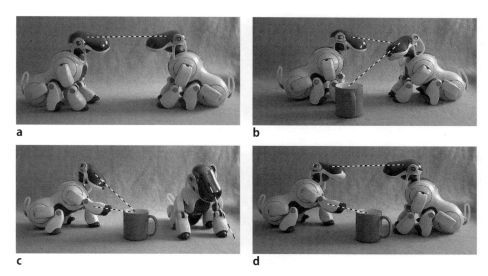

図 6.3 共同注意のさまざまな戦略：(a) 相互注視，(b) 視線追跡，(c) 命令的指さし，(d) 宣言的指さし．（Kaplan and Hafner 2006b より引用）

この分類は，共同注意の発達ロボティクスモデルを考える上で有用なフレームワークとなっている．彼らは，向かい合ってさまざまな視線共有，指さし動作をする 2 体の AIBO を使った．図 6.3a と図 6.3b は，ロボットの注意検出戦略を 2 種類示したものである．(1) 相互注視：2 体のロボットが互いにアイコンタクトしている状態，(2) 視線追跡：片方が注視しているオブジェクトを，相手も注視している状態である．図 6.3c，図 6.3d は，2 種類の注意操作行動を示している．(3) 命令的指さし：相手が注視していないときに，オブジェクトや食べ物がほしいことを示すために指をさす状態，(4) 宣言的指さし：インタラクションの中で注目されているオブジェクトを強調し，注意を共有するために指をさす状態である．

指さし動作の認識学習に対する発達ロボティクス研究は，Hafner と Kaplan（2005）によって AIBO を使って始められた．また，近年では Hafner と Schillaci（2011）が NAO を使って行っている．最初の Hafner と Kaplan の研究では，「成人」と「子ども」役の 2 体の AIBO を向かい合わせに床の上に置き，その間にオブジェクトを置いた．「成人」ロボットは，オブジェクトの位置を認知しそれを指さす能力を備えている．「子ども」ロボットは，相手の指さし動作を認知することを学習できる．まず，成人の指さし動作を見てオブジェクトの方向を推測し，それから頭を向けてオブジェクトを見る．学習システムは，学習者が正しい方向を見ているかどうかを確認し，これを教師信号として神経制御アーキテクチャが更新される．ロボットの神経制御器を訓練するため，学習側のロボットのカメラは，相手の指さし動作（半分は左手による指さし，半分は右手による指さし）をさまざまな背景，照明条件，ロボット間の距離で，2,300 枚も撮影する．それぞれの画像は，左右に分割され，二値の輝度画像およびソーベルフィルタによる，水平方向のエッジと垂直方向のエッジの抽出処理が行われる．また，対象画像の垂直重心と水平重心を特定する．このような特徴はロボットが腕

を上げたとき，垂直方向の明るさの変化量検出に対応しており，指をさしている側の水平エッジを増加させ，垂直エッジを減少させる．貪欲な山登り法に基づいた刈り込み手法により，さまざまな特徴と演算子の組み合わせの中から3つの鍵になる特徴を選び出すことで，指さしの認識の精度を95%以上にすることができた．

　ロボットに左手，右手の指さし動作の認識を学習させるため，HafnerとKaplanは，多層パーセプトロンを使った．このパーセプトロンには，選択した視覚特徴に対する入力ニューロンが3つ，隠れ層に3つのニューロン，左右の指さし方向に2つの出力ニューロンがある．左右のいずれかが決定すると，その情報に基づいて誤差逆伝播アルゴリズムによる多層パーセプトロンの訓練が実行される．これは報酬系として考えることができる．HafnerとKaplan（2005）は，指さしの方向の認識を学習する能力は，命令的指さし行動や宣言的指さし行動を発達させる，注意を操作する能力の基礎になると主張している．視線共有の創発に注目しているロボティクスモデルもある．視線追跡できる範囲を徐々に拡大していく長井ら（Nagai et al. 2003; Nagai, Hosoda, and Asada 2003）のモデルなどである．長井らは，Butterworth（1991; Buterworth and Jarrett 1991）の生態学的注視戦略（乳児が，養育者の視線方向を無視して興味のあるオブジェクトを注視する），空間的注視戦略（オブジェクトが視野の中にあるときだけ共同注意する），表象的注視戦略（乳児は視野の外にあっても顕著性のあるオブジェクトを見つけることができる）を段階的に獲得する発達フレームワークを使っている．

　実験ではロボットの頭に2つのカメラを装着した．このカメラはパン方向とチルト方向に回転することができる．さらに，人間の養育者とさまざまな顕著性のあるオブジェクトが用意された（図6.4）．各試行で，オブジェクトはランダムな位置に置かれ，養育者はそのうちの1つを見つめる．試行ごとに見るオブジェクトを変えていく．ロボットは最初に，テンプレートマッチングによって顔画像の抽出をして養育者を見つめなくてはならない．

　図6.5のような認知アーキテクチャにより，カメラ画像とカメラヘッドが向いている角度を入力とし，次の瞬間にカメラを回転させるための運動命令が出力される．アーキテクチャには，視覚注視モジュールがあり，これは特徴（色，エッジ，動き，顔）の検出を行い，視野の中の特徴の高いオブジェクトの方へロボットの頭を向ける視覚フィードバック制御器として使われる．自己評価型学習モジュールは，フィードフォワードニューラルネットワークと内部評価系に基づいた学習モジュールである．内部評価器は，注視行動の成功率（共同注意の成否にかかわらず，オブジェクトが画像の中心にあるかどうか）を測定する．ニューラルネットワークは，顔画像と現在の頭の位置の知覚運動を調整することを学習し，必要な運動信号を学習していく．ゲートモジュールは，視覚フィードバック制御器からの出力と学習器からの出力を受け取り，そのいずれかを選択する．訓練の開始時には，主に注視モジュールの出力を選ぶような選択率が設定されており，その後は徐々に学習モジュールの出力を選ぶようになっていく．選択率はシグモイド関数を使ってモデル化する．これはボトムアップ

6.2 ロボットの共同注意

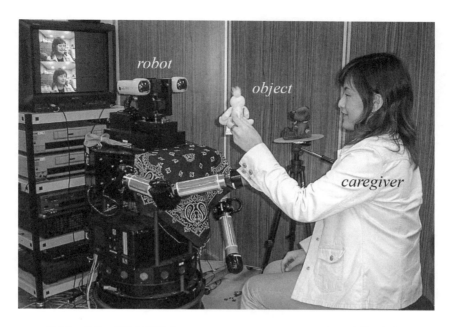

図6.4 長井，細田と浅田（Nagai, Hosoda, and Asada 2003）の実験の設定．

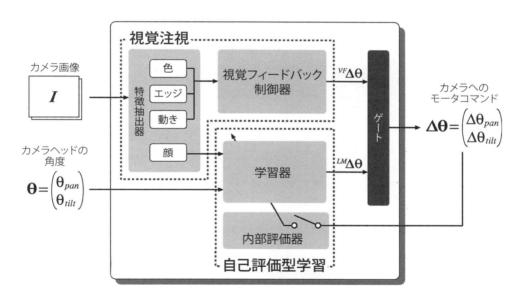

図6.5 長井，細田と浅田（Nagai, Hosoda, and Asada 2003）の視線共有の認知制御アーキテクチャ．

の視覚注意とトップダウンな学習された行動の非線形的な発達曲線を表現する．

　ロボットの訓練は次のように行う．顔を検出すると，ロボットはまず養育者を見て，画像を取得する．フィルタ処理された画像とカメラの方向角が，視覚注視モジュールに入力される．注視モジュールが特徴のあるオブジェクトを検出すると，ロボットはモータの回転信号

第6章 社会的ロボット

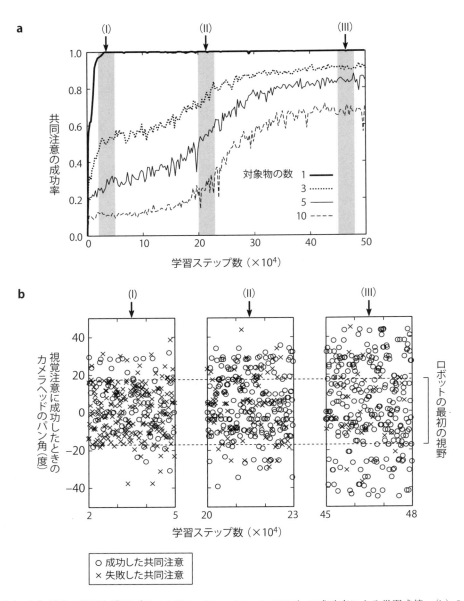

図6.6 (a) 長井，細田と浅田（Nagai, Hosoda, and Asada 2003）の成功率による学習成績．(b) 3段階のデータ．共同注意戦略の (I) 生態学的，(II) 幾何学的，(III) 表現的段階．

を生成して，オブジェクトを見る．それと同時に，学習モジュールではカメラ画像とカメラヘッドの方向角からモータの回転信号が出力される．ゲートモジュールは，選択率を使って注視モジュールの出力信号か，学習モジュールの出力信号のいずれかを選び，カメラヘッドを回転させてオブジェクトの方向を向く．ロボットがオブジェクトを注視することに成功すると，学習モジュールはモータの回転信号が出力されるようにフィードフォワードニューラルネットワークを学習する．注視の成功は，それを養育者が見ているかどうかにかかわらず，

カメラの中心でオブジェクトを捉えることで定義される．しかし，フィードフォワードネットワークは，視線方向の画像とオブジェクトの位置の関係性（誤ったオブジェクトを注視したときは，ロボットが注視するオブジェクトの位置は養育者の顔の画像と対応しない）により，オブジェクトを注視することを学習できる．このメカニズムは，課題の評価や養育者からの直接のフィードバックなしに，共同注意能力を発達させることができるというメリットがある．ゲートモジュールが，学習モジュールに視線方向の制御を学習させるため，これが共有注視行動を段階的に改善させていく．

　長井，細田と浅田（Nagai et al. 2003; Nagai, Hosoda, and Asada 2003）は，オブジェクトの数を1個から10個まで変えて一連の実験を行った．オブジェクトが1つだけの場合は簡単で，ロボットは100％成功した．オブジェクトが5つになると，共同注意学習の初期段階の成功率は20％であった．これは，5つのオブジェクトからランダムに1つを選ぶことに相当する．しかし，訓練の終わりになると成功率は85％に達し，ランダムに選択する確率よりも高くなる．学習モジュールの出力が訓練誤差を低くし，もっとも顕著性の高い視覚的オブジェクトに対してボトムアップの視覚注意選択をするからである．オブジェクトが10個になると学習は非常に難しく，訓練をしても60％の成功率をわずかに超えることしかできなかった．

　もっとも重要なのは，Butterworth（1991）の注視と共有注意の3段階の分析である．第一段階の生態学的段階，第二段階の幾何学的段階，第三段階の表現的段階である．図6.6aは実験全体で，共同注意の成功率が増加していくことを示している．図6.6bでさらなる分析を行うため，3つの段階を抜き出し，ハイライト表示した．図6.6bは，3つの発達段階（サンプル分析として，オブジェクトが5つの場合）の共同注意事象成功回数（○記号），失敗回数（×記号）を示している．訓練の初期（第一段階）は，ほとんどが視野の中のオブジェクトを見つめ，共同注意の成功率はチャンスレベルでしかない．これは，ゲートモジュールのシグモイド選択率よりも，ボトムアップの視覚注意モジュールにより選択されることが多いためである．訓練の中間段階（第二段階）では，個体はオブジェクトが画像内にあるときのほとんどで共同注意をすることができ，同時に，ロボットは視野の外にある場所を見ることもできるようになっていく．最終期（第三段階）ではロボットはほぼ毎回，オブジェクトがどのような位置であっても共同注意ができるようになる．

　ロボットは，第三段階で，どうやって視野の外にある目標物（養育者が見ている方向にある）を見ることができるようになるのだろうか．訓練の間，ロボットの学習モジュールは，養育者の顔画像の中の目の位置とカメラが向いている方向の感覚運動的な関係性を検出する能力を段階的に獲得していく．この協調は，第一段階と第二段階でオブジェクトが見えているときに，共同注意に成功するときに学習される．しかし，オブジェクトが見えていないときですら，ロボットは養育者の視線方向に対応したモータ回転信号を生成しようとする傾向がある．ロボットが視線の方向に頭を回転させると，目標物の映像は徐々に画像の端に移動

第6章 社会的ロボット

する．オブジェクトが画像の中で検出されると，ロボットはその位置を特定し，中心で直接注視することができるようになる．

長井ら（Nagai et al. 2003; Nagai, Asada, and Hosoda 2006）の研究は，Butterworth（1991）により提案された共同注意の段階として知られる発達段階を直接検証することのできる発達ロボティクスモデルの洗練された例である．さらに，この段階間の質的な変化が，ロボットの神経アーキテクチャの段階的な変化によるものであることも明らかにしている．これはロボットの神経制御器の分散表現が原始的な記号を表象している性質があるためで，ネットワークのパラメータ（重み）の小さな変化で学習されていくことに起因している．しかし，段階的な変化の蓄積は，過去形表現の学習（Plunkett and Marchaman 1996），語彙爆発（Mayor and Plunkett 2010），一般的なU字型モデル（Morse et al. 2011）のようなよく知られたコネクショニストモデルにおける非線形の学習現象を起こす（第8章も参照）．他にも，共同注意の発達ロボティクスモデルは数多く提案されている．人間とロボットのインタラクションに焦点を当てているもの，ロボットがどうやって人間と共同注意をするのかということに焦点を当てているものもある．例えば，今井，小野と石黒（Imai, Ono, and Ishiguro 2003）の実験では，Robovieロボット（Ishiguro et al. 2001）は，オブジェクトに指をさして相互注視をすることで，人間の注意を引くことができる．小嶋と矢野（Kozima and Yano 2001）は，Infanoidと呼ばれる赤ちゃんロボットを用いて，人間の顔とオブジェクトを追跡する能力をモデル化し，オブジェクトを指さし，手を伸ばし，顔とオブジェクトを交互に見られるようにした．Jasso, TrieschとDeak（2008）およびThomaz, BerlinとBreazeal（2005）の研究では，乳児が新奇性のあるオブジェクトを見せられ，オブジェクトに対応する前に大人の顔の表情を参考にするときの社会的参照，社会的意味解釈，社会的現象をモデル化した．大人の顔の表情がポジティブである（例：笑顔）ときは，乳児はオブジェクトに触れ，インタラクションを行うが，大人の顔がネガティブな反応を示したときは，オブジェクトを避ける．Jasso, TrieschとDeak（前掲書）は，TD誤差による強化学習による報酬駆動型のモデルを用いて，シミュレートした個体に社会的参照をさせた．Thomaz, BerlinとBreazeal（前掲書）はヒューマノイドLeonardoを用いて，オブジェクトの視覚入力とオブジェクトの内部情動評価の両方に依存する社会的参照をモデル化した．

共同注意の発達モデルは，正常な発達と非定型な発達の研究にも関連していて，自閉症スペクトラムなどの障害における共同注意と社会インタラクションの重要性を明らかにしてくれる．例えば，この分野では，Trieschら（2006; Carlson and Triesch 2004も参照）は，視線移行の選択傾向の特徴を変えることで，身体は健康だが自閉症であるウィリアムズ症候群の乳児をシミュレーション上でモデル化した．彼らは，乳児と養育者のインタラクションの中で視線追跡スキルが出現する計算モデルを提案している．乳児が養育者の視線方向を学習することで，顕著性のあるオブジェクトの位置を予測できるようになる．正常な発達，非定型な発達の場合の共有注意のモデル化も，6.5節で述べるように，心の理論のロボティク

スモデルに関連している．

6.3 模倣

社会性学習と模倣の研究は，認知ロボティクスとヒューマンロボットインタラクションの研究の大きなテーマであり続けている（例えばDemiris and Meltzoff 2008; Breazeal and Scassellati 2002; Nehaniv and Dautenhahn 2007; Schaal 1999; Wolpert and Kawato 1998）．ロボットは，さまざまな部品とメカニズムを明示的に操作する必要があるため，模倣の発達段階を研究するのに有用な道具となる．模倣をするためには，ロボットは次のようなスキルを持たなければならない．（a）他者を観察し模倣する動機，（b）動作の知覚，（c）観察した動作の自分自身の身体図式スキーマへの変換（対応問題）（Breazeal and Scassellati 2002; Hafner and Kaplan 2008; Kaplan and Hafner 2006a）．

模倣の動機の進化的起源と発達的起源を研究するために，多くの発達ロボティクスモデルは，ロボットが他者を観察して模倣する生得的な動機（本能）を備えていると仮定するところから出発している．多数の比較心理学研究，神経科学の研究が，動物と人間の模倣能力の起源に注目し（例えばFerrari et al. 2006; Nadel and Butterworth 1999），ミラーニューロンシステムにも注目している（Rizzolatti, Fogassi, and Gallese 2001; Ito and Tani 2004）が，模倣能力の起源を明確につきとめた計算モデルは存在していない．例えば，BorensteinとRuppin（2005）は，進化ロボティクスを用いて，霊長類のミラーニューロンシステムに似た神経モデルを創発させることによりエージェントに模倣の学習能力を持たせることに成功した．既存の発達ロボティクスモデルでは，模倣アルゴリズムを明示的に本能に組み込むことで，他者を観察し自分の模倣システムを更新していくようになる．

動作を知覚するために，さまざまなモーションキャプチャ技術と人工視覚システムが使われてきた．モーションキャプチャ技術には，関節の角度を測定するためのMicrosoft Kinect，外骨格型計測デバイス，デジタルグローブなどがある（例：人間の35の自由度を同時測定できるSarcos SenSuitシステムなど．Ijspeert, Nakanishi, and Schaal 2002）．また，磁気や視覚マーカーを使って追跡する方法もある（Aleotti, Caselli, and Maccherozzi 2005）．特に，扱いが簡単で低コストのMicrosoft Kinectとオープンソフトウェアシステムが，身振りによる遠隔操作やロボティクスでの模倣の研究に大きな機会を与えることになった（Tanz 2011）．視覚に基づいた動作検出システムは，一般的に自動で身体部分を検出し追跡する（例：Ude and Atkeson 2003）．一方で，Krügerら（2010）は，パラメトリックな隠れマルコフモデルを用いてオブジェクトの状態空間を分析することで，教師なし学習による動作プリミティブの獲得を行った．これは人間の身体動作に注目するのではなく，オブジェクトに起こる効果に注目することでその原因となる動作プリミティブを推測するというアプローチであ

第6章 社会的ロボット

る．

　動作の知覚に加えて，ロボットはインタラクションの対象になっている動作とオブジェクトに注意を集中させる能力を持っていなければならない．これは，ボトムアップ処理（例：オブジェクト，動作の顕著性）とトップダウン処理（例：予測と目標に向かうイメージ）の組み合わせを必要とする可能性がある．DemirisとKhadhouri（2006）の模倣実験では，ボトムアップメカニズムとトップダウンメカニズムの組み合わせによって，注意がロボットの認知の負荷を減らすことを示している．

　最後に，模倣を研究するには，研究者は**対応問題**（correspondence problem）を解決しなければならない（Nehaniv and Dautenhahn 2003）．対応問題とは，観察した動作を自分の運動に変換し，同じ結果を生み出すために必要となる知識のことである．BreazealとScassellati（2002）は，対応問題と知覚した動作の表現に対する主要な手法として（1）運動に基づく表現，（2）課題に基づく表現の2つを特定した．最初の方法は，運動的な観点での運動表現で，例えば演者の動作の軌跡をエンコードして，模倣者の運動座標系に変換する方法である．BillardとMatarić（2001）はこの手法を用いて，視覚追跡デバイスに対応する絶対座標系における演者の関節情報を，ヒューマノイドロボットのローカル座標系に投影させた．2つ目の手法は，模倣者自身が持つ課題達成モデルに基づいた動作表現方法である．模倣者が認識した動作を自分自身の身体で実行した場合，得られる結果が観察と一致するかどうかを動作の予測モデルを用いて確認する処理を用いる（例えばDemiris and Hayes 2002）．

　模倣の動機，動作の知覚，対応問題などのさまざまな手法の組み合わせにより，ロボットを用いた多くの模倣実験の方法論が提案されてきた．この節では，模倣の発達心理学研究から直接の影響を受けている独創的なロボット模倣実験を紹介する．Demirisらは，MeltzoffとMoore（1997）が提案した乳児の模倣能力の発達モデルであるアクティブ・インターモーダル・マッチング（active intermodal matching: AIM）モデルを組み込んだ計算アーキテクチャを提案した．このアーキテクチャは，階層的注意多重モデル（Hierarchical Attentive Multiple Models: HAMMER）と呼ばれている（図6.7）．これはAIMモデルのさまざまな面を取り込んでいて，「自分との類似性から他者を理解する」という原理に基づいている（Demiris and Hayes 2002; Demiris and Johnson 2003; Demiris and Khadhouri 2006）．これは，最初は演者の表面的な行動だけを模倣し，後にその背景にある意図を理解し，目標を模倣して別の行動戦略も採るようになるなどの，乳児の模倣行動の発達段階もモデル化している．HAMMERアーキテクチャの中のAIMは，さまざまなロボット模倣実験に用いられている．ロボットが，人間の頭の動作を観察して模倣するもの（Demiris et al. 1997）や，他の移動ロボットを模倣し追跡することでナビゲートすることを学習する移動ロボット（Demiris and Hayes 1996）などがある．

　HAMMERアーキテクチャは次のような原理に基づいている．

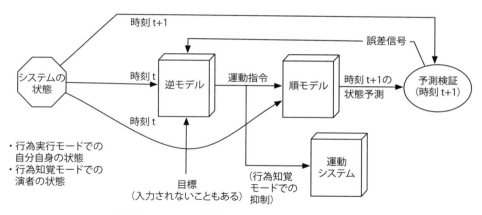

図6.7 Demirisの模倣のHAMMERアーキテクチャ.

- 基本的な構造ブロックは，逆モデルと順モデルの対になっており，行為の実行と動作の知覚の両方の役割を持っている．
- 逆モデルと順モデルの対は，並行的，階層的に構成されている．
- 観察者の知覚と記憶能力の限界を考慮するための，トップダウンな注意の制御メカニズム．

各構造ブロックは，逆モデルと順モデルの対により構成されている．逆モデルには，システムと目標の現在の状態が入力され，目標を達成するために必要な運動制御信号が出力される．順モデルには，現在の状態とこれから入力される予定の運動制御信号が入力され，制御された結果となる次の時刻でのシステムの予測状態が出力される．つまり，順モデルは内的予測シミュレーションモデルとして動作する．この順モデルは，人工ニューラルネットワーク，あるいは他の機械学習法によって実装される．HAMMERは複数の逆モデルと順モデルの対を用いて，行為を観察し行動を実行する．この逆モデルと順モデルの組み合わせは，運動制御の一般的な内的メカニズムとして，最初にWolpertと川人（Wolpert and Kawato 1998）によって，MOSAIC（modular selection and identification for control）モデルとして提案されたものである．Wolpertと川人は，脳も順モデル（予測）と逆モデル（制御）の複数の対を使っていると主張した．Demirisの階層的モデルも，順モデルと逆モデルの対モジュールという同じ考え方に基づいている．

HAMMERアーキテクチャを採用したロボットに，観察による新しい行為の模倣をするように命じると，逆モデルは模倣者が知覚した演者の現在の状態を入力として受け取る．逆モデルは，その状態を達成するのに必要な運動命令を生成する（ロボットが知覚学習，模倣学習をしている間は，行為そのものは実行されない）．順モデルは，この運動命令を使って，次の瞬間（時刻 *t*+1）に演者が取る将来の状態を推測する．実際の状態と予測した状態を比

第6章　社会的ロボット

較することで誤差信号が生成され，行為の実行パラメータが調整され，演者の動作が学習される．演者の行為と模倣者の行為がどれくらい一致しているかという情報が逆モデルの信頼値という形で計算され，これによって学習が実行される．模倣の学習をしている間に，多くの逆モデルと順モデルの対が演者の行為中に活性化し，演者の演技と自分の予測がもっともうまく一致するように予測モデルの信頼値を調整する．もっとも高い信頼値を得た予測モデルが選ばれ，実演が終わると行為が実行される．もし，演じられた行為を生成できるモデルが見つからない場合は，アーキテクチャはAIM部分を使って，表面的な行動を出発点として新しい行為を学習する．

　この逆モデルと順モデルの対は，階層的に組織化されている．高次のノードになるほど，目標の状態などの抽象度の高い行動をエンコードしている（Johnson and Demiris 2004）．これは，演者の動きを単に追従するのではなく，目標達成のために環境に与えた影響により行為をシミュレートできるという利点がある．これで，模倣の対応問題が解決できる．ロボットは，自分で行為を選んで，模倣の目標を達成することができるようになるのである．

　選択的注意能力と記憶能力の限界をモデル化するために，トップダウンの注意メカニズムが用いられる．各逆モデルは，全身のうち一部の状態だけに対応する．あるモデルは腕の動作に特化し，他のモデルは胴体の動作に特化するようなことになる．逆モデルに送られるタスクの情報およびモデルの選択については，行為が実演されている間にすべて観察可能であるとする仮定を用いる．また，仮説と状態の要求は複数が並行して存在するので，それぞれの要求の顕著性は各逆モデルの信頼値に依存することになる．さらに，このトップダウンの注意システムは，ボトムアップの注意処理と統合され，刺激そのものの顕著性特徴に依存する．ここで，DemirisたちのHAMMERアーキテクチャによるロボット模倣実験を2つ紹介する．Demirisは，人間の演者を模倣する乳児の児童心理学的研究と，同じ現象を扱ったロボティクス実験を比較するという発達ロボティクスの明快な方法論を提案した（Demiris and Meltzoff 2008）．子どもとロボットの比較は，模倣に必要な初期条件（例：乳児は生得的に何を持っているのか，どのような機能をロボットに組み込んでおくべきなのか），発達過程（例：乳児の成績は時間とともにどう変わっていくか，ロボットではどのような変化が模倣スキルを向上させるのか）に焦点を当てている．

　最初の実験（Demiris et al. 1997）は，Meltzoffにより研究された幼い乳児での顔の模倣行動をモデル化している．ESCHeR（Etl Stereo Compact Head for Robot vision）という名前のロボットヘッドは，人間の視覚システムに合わせて，双眼で，中心から120度を見渡せる広角レンズ，1度あたり20ピクセルの高解像度のカメラを持ち，人間の頭の動きに使われる速度と加速度と互換性を持っている（Kuniyoshi et al. 1995）．人間が演技をしている間，オプティカルフロー分割アルゴリズムによって垂直方向と水平方向の動きが検出され，その後にカルマンフィルタアルゴリズムを使って，パン・チルトの値を推定する．ロボット自身の頭の姿勢を推定できるようにするため，頭が正面を向いている状態を初期状態として

図6.8 オブジェクト操作行為を観察する PeopleBot．実演における関係の深い部分に選択的に注意を向けている．（Demiris and Khadhouri 2006 より）

エンコーダの値を記録しておく．

　質的模倣のアプローチでは，観察された目標の姿勢と現在の姿勢を一致させる．目標のパン・チルトの値と現在の頭の姿勢の違いに基づいて，目標の姿勢になるまで「上に動く」「左に動く」などの命令が生成される．目標行動の模倣に必要な動作の姿勢表現を得るために，時刻 t での姿勢を記憶し，姿勢の x 角，y 角の値のいずれかが極大値または極小値を取ったら，時刻 t の姿勢を取り続けるという単純なアルゴリズムが用いられる．この方法によりロボットは演者の頭の垂直方向と水平方向の動きをうまく模倣することができた．これは霊長類の脳にのみ存在することが知られている機能である．モデルの設定により，さまざまな動きをすることができ，時間と速度も変えることができる．さらに，姿勢表現だけを抽出するアルゴリズムを使って，演じられた動作をより滑らかに再現できる．

　HAMMERアーキテクチャを用いた2番目の実験は，ActivMedia PeopleBotによる操作課題であった（図6.8）（Demiris and Khadhouri 2006）．これは腕とオブジェクトを握るグリッパーを持ったモバイルロボットで，オンボードカメラだけが入力センサとして使われた．画像解像度は160 × 120ピクセル，サンプリングレート30Hzで2秒間演者の実演を撮影する．人間が演じる行為は，「Xをつまみ上げる」「手をXの方に向ける」「手をXから離す」「Xを落とす」で，ここでXとは飲料の缶かオレンジである．この2つのオブジェクトと人間の手の視覚的特徴（色相と彩度のヒストグラム）は事前処理され，後に逆モデルによって使われる．

　この4つの行為に対応する逆モデルを実装するには，ActivMedia PeopleBot用に提供されているソフトウェアのARIAライブラリが用いられ，さらに，行為を実行するのに必要な事前条件が指定された（例：オブジェクトをつまみあげる前に，手は近くまで移動する必要

第6章 社会的ロボット

がある). さきほどの4つの行為のそれぞれに, 2つの目標物があるため, 8つの逆モデルを準備した. 順モデルに運動学ルールを手動で入力した. これはシステムが次の時刻に取る状態を2つの可能な状態,「接近」か「離反」のいずれかの質的な状態予測をするのに使われる.

　トップダウンの注意調整メカニズムが, 8つの逆モデルの信頼値に基づいて(例:信頼値の高い逆モデルを使う, あるいは公平な当番制の手法を用いて, タイムステップごとにモデルを1つずつ順々に使っていく), どの逆モデルを使うかを選び(ロボットの選択的注意を成功させる), 行為を生成する. 使用する逆モデルが選択されると, 逆モデルはオブジェクト(缶, オレンジ, 手)の色, 動き, 大きさなどの特徴量を要求する. このような特徴は, 手やオブジェクトの位置が強調表示される結合顕著性マップを計算するときのバイアスとして作用する. この値を使って, 選択されている逆モデルは運動命令を生成し, これが対になっている順モデルに送られ, 次の「接近」「離反」の二値状態を質的に予測する. 逆モデルの信頼値は, 成功／失敗の二値的な誤り値に基づいて増減していく.

　組み込まれたHAMMERアーキテクチャの操作行為を検証するため, 2つのオブジェクトに対して課題を行っている演者のビデオ映像を8種類撮影し, モジュールの選択方法として異なる方法(当番制, 高い信頼度の選択, あるいはその組み合わせ)を用いて実験を行った. 異なる方法の実験結果は, 注意メカニズムを追加することで, 計算リソースを大きく節約できることを示している. さらに, 当番制と高い信頼度選択方法を組み合わせると, 初期モデルを最適化していれば, 最も信頼度が高い逆モデルを効率的かつ動的に選択可能であることも示している.

　HAMMERモデルをロボットの模倣実験に用いることで, さまざまな発達現象, 神経科学現象のデータを検証することができる(Demiris and Hayes 2002). また, MeltzoffのAIM理論モデルの妥当性も検証することができる. 特に, 逆モデルと順モデルの学習は, 乳児の発達過程の中で見られるプロセスであると考えられる. 順モデルを獲得することは, 乳児の発達の運動バブリング段階に似ている. 乳児でもそうだがロボットでも, 手を伸ばす行動を完全に身に付けるまでは, ランダムな動作を生成する段階を通過し, これが視覚や固有情報, 環境に影響を与える. 行為と影響の関係を学習すること, つまり他者を観察, 模倣することで, 基本的な逆モデルへの近似を獲得することができるようになる. (Demiris and Dearden 2005). これは, 目標とシステムへの入力との間にどの程度の関係性があるのかを学習することにもつながる. 後期発達段階になると, 環境と相互作用する複数の基礎的な逆モデルが並列に結合され, 環境と相互作用する行為に対応する複数の逆モデルと, その階層的な構造が複雑な目標と行為を制御できるように構成される.

　HAMMERアーキテクチャは, 霊長類の行動知覚システムと行動模倣システムに関係するさまざまな生物学データをモデル化することもできる(Demiris and Hayes 2002; Demiris and Simmons 2006). また, さまざまなロボットプラットフォームの模倣課題用に拡張することもできる. ロボット車椅子を人間とロボットが協調して制御し模倣する研究(Carlson and Demiris 2012）や，ダンスを模倣する大人と子どものインタラクション実験（Sarabia, Ros, and Demiris 2011）などへの展開がその例である．さらに，このロボット模倣アーキテクチャのほかにも，MeltzoffとMooreのAIMモデルを用いた模倣の発達ロボティクス実験を提案する研究者もいる．例えば，Breazealら（2005）はロボットと養育者役の人の間で，顔真似をするモデルを提案した．彼女らは，これがロボットと人間の自然な社会的インタラクションと心の理論を構築する重要なマイルストーンになると考えている．感情状態の模倣と学習に注目する研究者もいる．橋本ら（Hashimoto et al. 2006）は，顔の表情とその感情状態のラベルデータに基づいて，ロボットが感情を分類学習する方法を研究した．渡辺，荻野と浅田（Watanabe, Ogino, and Asada 2007）は，顔の表情を真似したり大げさに表現したりするような直感的な反応を取る人を模倣することで，顔の表情と内部状態の対応関係を獲得可能なコミュニケーションモデルを提案している．

6.4 協力と意図の共有

　子どもの協調行動と利他行動の発達は，意図を共有し，共有の計画を立てる能力に基づいているが，これは発達ロボティクスにおける社会的インタラクションモデルの研究対象になっている．Warnekenら（2006）の「ブロックを打ち上げる」課題などの協調課題を題材として，Domineyら（Dominey and Warneken 2011; Lallée et al. 2010）は認知的・知覚運動的スキルをモデル化した（Box 6.2）．

　DomineyとWarneken（2011）の実験では，ロボット（6つの自由度を持つロボットアームLynx6にグリッパーがついているもの）と人間が，机の上のオブジェクトに対して「犬をバラの横に置く」「馬を犬の後ろに置く」といった目標を達成するゲームで，計画を共有させた．人間とロボットは4つのオブジェクト（犬，馬，豚，アヒル）を動かすことができ，これを6つの固定されたランドマーク（電灯，亀，ハンマー，バラ，鍵，ライオンの絵）の横に置くことが要求される．動かせるオブジェクトは，木製のパズルピースで，動物の絵が描いてあり，人間やロボットがつかめるように垂直の棒がついている．6つのランドマークは，机にのりづけされたパズルピースである．位置が固定されていることで，ロボットにとってはより簡単にオブジェクトの位置を決めることができ，つかむ姿勢も取りやすくなる．

　協調するロボットの認知アーキテクチャと実験の設定を，図6.9に示した．この認知アーキテクチャの中心部は，行為手順の保存と検索システムである．動物ゲーム中の行為は，ある時刻においてロボットか人間のどちらか一方のみが行動を取るので，その連続的な構造が共有計画を説明することとなる．DomineyとWarnekenは，エージェントに関係づけられた行為の手順を保存する能力は，共有計画に対応していると主張している．これは，協調認知表現の中核であり，霊長類特有の能力である．行為の手順の保存と検索システムの設計は，

第6章 社会的ロボット

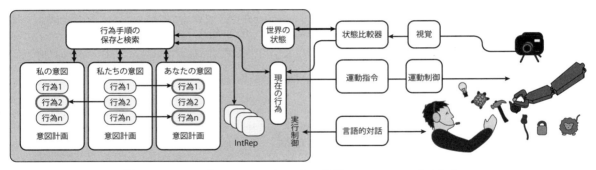

図6.9 DomineyとWarneken（2011）の協調システムのアーキテクチャ．

Box 6.2　DomineyとWarneken（2011）の実験の実装の詳細

ロボットと行為

　指グリッパーが2つついたロボットアームLynx6 arm（www.lynxmotion.com）が使われた．6つのモータによって腕の自由度が制御されている．モータ1はロボットアームの肩を回転させる．モータ2から5は，上腕と前腕の関節を制御，モータ6はグリッパーの開閉を行う．モータは，RS232ポートでPCに接続されたコントローラによって制御されている．ロボットは次のような行動プリミティブを持っている．（a）6ヶ所の場所のいずれかで，対応するオブジェクトを握る（例：Get(X)）．（b）別の場所に移動してオブジェクトを放す（例：PlaceAt(Y)）．

視覚

　4つのオブジェクトと6ヶ所のマークの合計10種類の画像を認識するために，SVN Spikenet視覚システム（http://www.spikenet-technology.com）が使われている．ロボットの作業空間上方1.25mに設置されたVGAウェブカメラが，机の上のオブジェクトの配置の俯瞰映像を撮影する．10種類の画像のそれぞれについて，3つの撮影方向に対応したSVNによる認識モデルがオフラインで学習される．リアルタイムの画像処理を通じてSVNが物体を認識すると，4つのオブジェクトそれぞれの（x, y）座標が出力される．次に，システムはそれぞれのオブジェクトから6つのランドマークまでの距離を計算し，もっとも近いランドマークを特定する．人間もロボットも，動かしたオブジェクトは，6つのランドマークの隣に設けられた場所に置かなければならない．この制約が，ロボットがランドマークにもっとも近い場所でオブジェクトを握る能力を手助けすることになる．最初のキャリブレーションの段階で，6つの目標位置は，それぞれの固定されたマークの隣であると認識されるようになる．この目標

位置はロボットの回転中心点から等距離に配置されている．

自然言語処理（NLP）と会話管理

ロボットとコミュニケーションを取るために，自動音声認識システムと会話管理システムが使われている．いずれもCSLU Rapid Application Developmentツールキット（http://www.cslu.ogi.edu/toolkit/）により実装されている．このシステムは，シリアルポート，視覚処理システム，ファイル入出力などのインタフェースで，ロボットとインタラクションすることを可能にする．話し言葉によるインタラクションを管理するために，会話制御の構造フローがCSLUに定義されている（上図参照．図版提供：Peter Dominey）．インタラクションの開始時にロボットは「行為」か「模倣／演技」のいずれかを選ぶことができる．「行為」では，人間が，声で「犬をバラの隣に置いて」などの要求を出す．文法構造テンプレート（Dominey and Boucher 2005b）を使い，行為が*Move(object,location)*のような「述語（引数）」の型式で表現される．行為を実行するにはロボットは環境表現を更新しなければならない（「世界の更新」）．「模倣」ではロボットはまず現在の状態（「世界の更新」）を検証し，それから人間に行為を依頼（「行為の依頼」）しなければならない．「述語（引数)」の型式で表現されている保存されている行為（「計画の保存」）表現に従って，オブジェクトの場所を変えることを決めたときに，「行為の検出」が起動する．人間は演技の間，だれがどの行為をしたのかを声に出す（例：「あなた」「私が」「これをする」）．最後に，

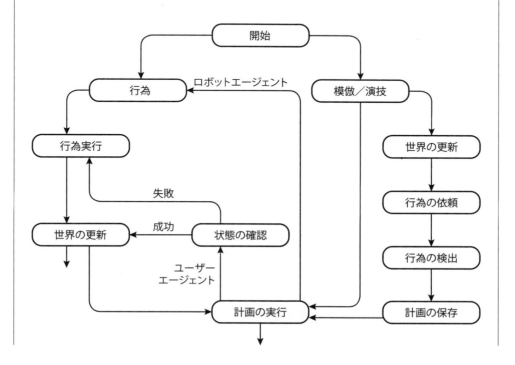

第6章　社会的ロボット

保存された行為がロボットにより実行される（「計画の実行」）．

実験例1：感覚運動制御の検証
行為
- 人間が「馬（horse）を金槌（hammer）の隣に置いて」と命令する．
- ロボットが確認を要求し，*Move(horse,hammer)* という述語と引数の表現を抽出する．

行為の実行
- *Move(horse,hammer)* を，*Get(horse)* と *Place-At(Hammer)* の2つに分割する．
- *Get(horse)* によって，馬にもっとも近いランドマークの場所を世界モデルに問い合わせる．
- ロボットは，対応する目標位置で馬を握る．
- *Place-At(Hammer)* によって，目標位置の金槌に移動させて，そこでオブジェクトを離す．
- 世界モデルが新しいオブジェクトの位置を記憶する．

認識した行為をリアルタイムで保存し検索する人間の脳の皮質野BA46と，そのシーケンス処理や言語や関係性，ミラーニューロンシステムなどの神経科学研究から着想を得ている（Rizzolatti and Craighero 2004; Dominey, Hoen and Inui 2006）．

エージェントがオブジェクトを操作する際には，行為とオブジェクトの場所の目標が，意図的で目標指向型の行為表現に使われることになる．*Move(object,goal,agent)* という目標指向型の形式表現は，行為を他人に依頼したり，言葉として記述するなどのさまざまな課題に用いることができる．意図的な計画のタイプとしては（1）私の意図，（2）私たちの意図，（3）あなたの意図の3つが考えられる．「私の意図」と「あなたの意図」のタイプにおける計画では，人間またはロボットのどちらか一方のみがすべての行為を順次実行していく．「私たちの意図」タイプでは，手順の中のそれぞれの行為はロボットか人間のいずれかに属していて，どちらがその行為を実行するのかという順序も最初は固定されている．しかし，Carpenter, Tomaselloと Striano（2005）の役割交換の研究では，それぞれの行為を実行する役割を変更できる能力がロボットに備わっている．ロボットは，計画を実行できる状態になると，人間に先にやりたいかどうかを問い合わせる．もし，人間がイエスと答えると，人間とロボットの役割は，記憶された手順のまま固定される．ノーの場合は，役割は交換され，ロボットは行為の実行役の割り当てをやり直すことになる．

ロボットの認知アーキテクチャのもう1つの中心部品が世界モデルである．これは環境の中でのオブジェクトの物理的な位置を表現し，メンタルモデルの中で自分自身がふるまう様子をシミュレーションするために必要となるものである（Mavridis and Roy 2006）．人間

かロボットかにかかわらずオブジェクトが動かされたことが検出されると，世界モデルは連続的に更新されていく．視覚認識システムがオブジェクトの位置追跡を行い，音声認識システムおよび会話管理システムが，人間とロボットの協調的インタラクションを可能にする（技術実装の詳細については，Box 6.2を参照）．

ゲームの開始時にはロボットは視覚システムを使って世界モデルの中のオブジェクトの位置を更新する．世界モデルの正確さを確認するために，ロボットは，「犬は鍵の隣，馬はライオンの隣」というようなオブジェクトの位置のリストを作っていく．それから，「実行，模倣，演技のいずれをしてほしいですか，それとも，もう一度確認しますか？」と尋ねる．オブジェクトの記述が正しい場合は，人間は「犬をバラの隣に置いて」などの表現を使うことで，ロボットに実行を依頼し，ロボットはそれを実行に移す．それ以外の場合には，人間が新しいゲームを実演してみせることもできる．この場合はロボットは人間が演じた一連の行為を記憶し，それを繰り返す．1つ1つの行為を演じている間，人間はロボットに対し，「これはあなたが実行して」とか「これは私が実行する」と指示を出す．このような役割は，「私たちが意図する計画」における基本的な役割手順として割り当てられる．

7つの実験が行われ，さまざまなゲーム，インタラクション，協調戦略が研究された（実験手順と結果については表6.3を参照）．実験1と実験2は，システム全体を検証し，1つの行為を実行し模倣するロボットの能力を検証する．実験3と実験4は，複数の行為による「私たちが意図した計画」を構築するロボットの能力を調べるためのものである．各行為は，「私」（ロボット），「あなた」（人間）のいずれかに割り当てられる．特に実験4では，人間が割り当てられた行為を行わないとき，ロボットは「私たちが意図した計画」を使って，行われなかった行為を代わりに行う．

実験5と実験6では，手順学習能力が，より複雑なゲームに拡張される．各行為の目標が，固定されたランドマークではなく，動的に人間により動かされる．ロボットは，人間によって動かされた犬の後ろに馬を置かなければならなくなる（図6.10）．実験6では，ロボットはこの追跡ゲームを理解して人間の代わりをし，犬を元の場所に戻す．この課題は，エージェントが協調しながら複雑な意図のある計画を定義するという演技による学習シナリオに関連している（Zollner, Asfour, and Dillmann 2004）．

最後に実験7で，DomineyとWarneken（2011）は共有された意図的な計画を「鳥瞰図」で表現することで，ロボットの役割交換の能力の可能性を示した．人間が，演技のときはできたのに，ゲームでは犬で追いかけることができないとき，ロボットは，人間と役割を交代して，犬を動かして，ゲームを進めることができるというものである．これは，Carpenter, TomaselloとStriano（2005）の18ヶ月齢の子どもで観察された役割交換能力に対応している．

この認知アーキテクチャは，他の人間とロボットの協調課題に拡張することができる．例えば，Lallée（2010）は，ヒューマノイドロボットiCubに人間の協力の下で，大きな板に

表6.3 DomineyとWarneken（2011）の協調研究の7つの実験

実験	内容	結果
1：感覚運動制御	人間が行為を選んで，「馬を金槌の隣に置いて」と言う．ロボットは*Move(Horse, Hammer)*を抽出し，*Get(Horse)*と*Place-At(Hammer)*に分解する．ロボットは行為を実行し，世界モデルを確認し，更新する	話し言葉を*Move(X to Y)*命令に変換し，成分分解する能力．目標物の視覚的位置を確認する能力．オブジェクトを握り，特定の場所に置く能力
2：模倣	人間が模倣を選び行為を実行する．ロボットが，視覚システムでオブジェクトの場所の変化を検出し，*Move(object, location)*の行為表現を確立する．ロボットが人間に行為表現の確認をし，行為を実行する	視覚知覚状態の変化により定義される人間による行為の最終「目標」の検出能力．目標の達成により定義される模倣．知覚，記述，実行に対する共通表現の利用可能性
3：協調ゲーム	基本的には模倣と同じだが，複数の行為ごとに人間が「これはあなたがして」「これは私がします」などと指定していく．「私たちの意図する計画」で，実演時とは異なるエージェントが実演とは異なる行為をする．ロボットと人間が一連の行為を交代で行っていく	人間とロボットに割り当てられた複数の行為列を単純な意図的な計画として学習する能力．人間とロボットで協力して行為を交代しながら実行する
4：妨害協調ゲーム	上と同じように，交代で「模倣」を行う．2回目の模倣では，人間は，割り当てられている行為を行わない．ロボットが「手伝いましょうか？」と言い，行為を実行する	ロボットの保存された行為表現が，人間を手伝うことを可能にする
5：複雑ゲーム	実験3と同じだが，「馬の後に犬」などの複雑さが加わる．人間が犬を動かし，ロボットは，適切な位置になるように犬を動かす	協調的活動の状況での，複雑な意図的計画の演技による学習
6：妨害複雑ゲーム	実験4と同じく，犬で追いかけるが，複雑な行為シーケンスが要求される．人間は最後の移動をわざと失敗し，犬を固定されたランドマークに戻してしまう．ロボットが人に代わって最終目標を達成する	人が困難に直面していることを検出したときに手伝う汎用的な能力
7：役割交代複雑ゲーム	実験5と同じゲームだが，ロボットはゲームをする前に，「先にやりますか？」と尋ねる．人間が「いいえ」と答える（人間は，最初にゲームが演じられるのを見る）．ロボットがゲームを始め，役割を系統的に割り当て直す	共有されている意図的計画の俯瞰表現を役割の交代に活かす能力

6.4 協力と意図の共有

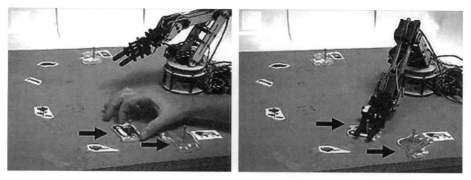

図6.10 ロボットアームと人間の協調ゲーム．DomineyとWarneken（2011）の「犬の後に馬」．（a）人間が追跡ゲームを演じてみせる．（b）ロボットが学習したゲームを実行する．

図6.11 Lalléeら（2010）のiCubプラットフォームを使ったテーブル組み立て協調課題．（a）ロボットと人間は，テーブルを組み立てるために協調しなければならない．（b）ロボットがテーブルの足を握る．（c）それを人間に渡す．（d）人間が脚をネジ止めしている間，テーブルを押さえておく．

201

4本の脚がついたテーブルを組み立てることを学習させた（図6.11）. これを達成するためにはロボットは経験から学習を行い, 4本の脚をうまく取り付けられるように作業を予測しなければならない. Lallée（前掲書）はiCubに共有計画を学習する能力を組み込むことで, 人間との協調課題を行う能力を備えさせ, 役割を交換し, そこから得られた知識をインターネットで接続されている別のiCubと共有させることも行った.

このアプローチは, 協調課題において行為を観察し, 目標を決定し, 役割を動的に割りあてる社会的ロボットの認知アーキテクチャを構築できる可能性を示した. このような社会的認知アーキテクチャの設計は, 初期の発達段階での利他スキルと社会性スキルの発達心理学, 比較心理学から直接着想を得ている.

6.5 心の理論（ToM）

インタラクションができるロボットの心の理論能力の設計は, ロボットの社会性能力と認知能力を, 他者の目標や意図, 欲望, 思考を認知できるように拡張する上できわめて重要である. ロボットは自分の心の理論を使って, 人間とのインタラクションを改善していくことができる. 例えば, 他者の意図を理解し, 他者の感情状態や注意状態, 認知状態に適切に対応してその反応を予測し, その期待と要求を満たすように自分の行動を修正していくことができる（Scassellati 2002）.

前節では, 認知ロボットの心の理論に発達に寄与するさまざまな能力の実装を紹介した. 例えば, 注視行動のモデル化（6.2節参照）には, 完全な心の理論の発達が重要な必要条件となる. さらに, 第4章（4.2節）の顔知覚の研究はロボットの心の理論の重要なコンポーネントを設計することに役立つ. しかし, 社会性スキルの発達ロボティクスモデルは無数にあるにもかかわらず, 心の理論の処理を統合する汎用モデルへの試みは決して多くない（Scassellati 2002; Breazeal et al. 2005）. ここでScassellatiのヒューマノイドロボットCOGの心の理論のアーキテクチャを紹介する（Scassellati 2002）. Scassellatiは, LeslieとBaron-Cohenの乳児の発達理論（6.1.4節参照）に対応する心の理論の原理をモデル化した. Scassellatiは, 物理的, 行為的, 態度的な主体性の差異分別に通じる, Leslieの動くオブジェクトと動かないオブジェクトの知覚分別の実装に焦点を当てた. この手法では, Baron-Cohenの視線検出メカニズムが重要になる.

このロボットにおける心の理論モデルは, COGロボットが使われている. 上半身のヒューマノイドロボットで, 6自由度の腕, 3自由度の胴体, 7自由度の頭部を持っている（Breazeal and Scassellati 2002）. モデルには, 心の理論の発達に必要な, 次のような行動メカニズムと認知メカニズムが組み込まれている.

- 時前的注意視覚ルーチン
- 視覚的注意
- 顔と視線の検出（Baron-Cohenの視線検出）
- 動く物体と動かない物体の識別（Leslieの物理的主体性）
- 視線追跡
- 指示的なジェスチャー

　時前的注意視覚ルーチンは，乳児が本質的に明るいオブジェクトと動くオブジェクトに興味を示すという顕著性マップの分析に基づいている．COGに組み込まれている3つの基本検出能力は，色による顕著性，動作，肌の色の検出である（Breazeal and Scassellati 2002）．4種類の色飽和領域フィルタ（赤，緑，青，黄）を使って，4つの反対色チャンネルを生成する．これは，滑らかな色顕著性マップを生成する閾値となる．ロボットの視覚入力は，30Hzで処理され，この3つの顕著性のある特徴が抽出される．この速度が人間との社会的インタラクションを制御するのに適しているからである．動作の検出には，TD誤差と領域拡張法が使われ，動くオブジェクトの矩形境界領域が生成される．肌の検出は，手動で肌の色を分類して作成した色画像フィルタでマスクすることによって行う．

　次の段階の視覚注意では，視野の中から，眼球サッケードと首の動きを必要とするオブジェクト（人間の四肢を含む）が選ばれる．これは，肌，動き，色の3つのボトムアップな検出器とトップダウンな動機メカニズムと馴化メカニズム（遅延ガウス表現による馴化効果）を組み合わせることで可能になる．この視覚注意メカニズムは，Wolfe（1994）により提案された人間の視覚検索と視覚注意のモデルに基づいている．

　視線検出と顔検出により，ロボットは人間とのアイコンタクトを維持することができるようになる．最初に，顔検出技法が使われ，肌検出マップと動作検出マップを組み合わせて，顔を含んでいる可能性がある領域が特定される．この領域は，「レシオテンプレート」手法（Sinha 1995）によって処理される．これは，16種類の正面から見た顔の領域とそれらの間の23種類の関係をテンプレートにしたものに基づいている．ロボットは，これを用いて検出した顔の領域を注視し，目に対応する領域を特定する（Baron-Cohenの視線検出モジュールに対応している）．

　自分が生成した動作に対する視覚知覚から，動くオブジェクトと動かないオブジェクトを識別する機能は，Leslieの身体の理論モデルにおける物理的主体性のメカニズムに基づいており，2段階の発達過程がモデル化されている．第一段階では，オブジェクトの大きさと動作という空間的な特徴のみを使って，オブジェクトを追跡する．第二段階では，色，質感，形など，より複雑な特徴を使う．動作の追跡は，複数の仮説追跡アルゴリズム（Cox and Hingorani 1996）によって行われる．動作の顕著性マップの出力が処理され，オブジェクトの中心座標位置がラベルされた時系列の軌跡情報が生成される．システムは，視覚入力か

ら消えたオブジェクトに対応する能力も持っている．例えば，オブジェクトが隠れたり，向きの違いや，視野の広さの制限などによって検出されなくなったりした場合である．動作が検出されないときは，「消失点」が生成され，後にオブジェクトが視野に出入りしたり遮蔽物に隠されたりしたときでも，オブジェクトの軌跡を継続させることができる．動くオブジェクトを検出する，より発展した学習メカニズムがGaurとScassellati（2008）により開発されている．

視線追跡機能は，眼の検出を行う3つのサブ機能を必要とする．（1）視線方向の抽出，（2）目標物に向かう視線方向の推定，（3）目標物と実験者に視線を交互に移す運動ルーチン，である．これで，Butterworth（1991）により提案された段階的に複雑化する乳児の視線追跡戦略のモデル化ができるようになる．視野を単純に知覚することから始まり，完全に発達した表現能力を持つような視線追跡戦略がモデル化できる（6.1.1節参照）．

Scassellati（2002）は，視線追跡を補う認知能力は，理解，対応，指示動作であると示唆している．これには，命令的指さし，宣言的指さしも含まれる．命令的指さしは，手の届かない場所にあるオブジェクトを指さして，他者に対してそれを拾って，渡してもらえるように暗に頼むことである．宣言的指さしは，腕を伸ばして，指でさし，暗にそれを取るように頼むことはせずに，オブジェクトに注意を引くようにすることである．このような動作理解を組み込むことは，社会的ロボティクスでは重要で，例えば，要求と宣言をロボット自身，つまりエージェントの信念に一致させることにつながる．指さし動作は心の認知理論のモデルには組み込まれていないが，HafnerとKaplan（2005）のように指さし動作を解釈する手法を提案している研究者もいる．

2002年にScassellatiにより提案されたメカニズムのほかに，完全な心の理論メカニズムを持つロボットは，自己認識などの他の能力を必要ともしている．これは近年，GoldとScassellati（2009）により，1歳児の腕と頭の運動能力を持つ上半身ヒューマノイドロボットNicoを用いて研究された．この赤ちゃんロボットは，ベイズ推定アルゴリズムを使って，自分の身体の一部を認識し，鏡に映った自分も認識するように訓練された．この自己認識能力によって，ロボットは鏡の中の自分の姿を認識し，人間を「動く他者」として区別できるようになり，動かないオブジェクトを「動かないもの」と認識できるようになる．心の理論の最近の発達は，社会的スキルを持つ発達ロボティクスモデルの一般的な進歩と同様に，他者の意図を理解する能力と，それに基づいてロボット自身を制御するシステムとを統合し，効果的に人間とのインタラクションができるロボットを設計する上で大きな寄与をしている．

6.6 まとめ

本章では，社会的スキルの獲得に関する発達心理学，発達ロボティクスの研究を紹介した．

6.6 まとめ

児童心理学の文献は，乳児には他者とインタラクションをする強い本能が備わっていることを示している．誕生後1日以内に，顔の表情を模倣する能力などである．成人の養育者との継続的なインタラクション，乳児の刺激に対する行動などで，この社会的本能は強化されていく．この密接なインタラクションにより，子どもは徐々により複雑な共同注意スキル（視線共有と指さし動作），巧みな模倣スキル（身体バブリング，オブジェクトに繰り返される行為の身体動作模倣，演者の意図の推察），他者との利他的，協調的なインタラクション（自発的な手伝いと役割交換行動）を獲得することができ，最終的に心の理論（他者に帰属する信念と目標）を完全に発達させる．

発達ロボティクスモデルは，社会性スキルを設計するのに，児童心理学の文献から直接着想を得てきた（Gergley 2003）．時にはロボット研究者と心理学者の共同研究から着想を得ることもあった（例えばDemiris and Meltzoff 2008; Dominey and Warneken 2011）．表6.4は社会的ロボットの設計に関するさまざまなスキルが，本章で紹介したロボティクス研究でどのように扱われているかを示している．

この表は，社会的エージェントの基本能力である共有注意／共同注意が，ロボットを使った実験で広くモデル化されている重要な現象であることを示している．いくつかの研究では，共有注意は，成人である養育者（人間の実験者）と乳児（ロボット）間の相互注視として実装されている（Kaplan and Hafner 2006b; Imai, Ono, and Ishiguro 2003; Kozima and Yano 2001）．視線を移すパターンを正常／異常に操作することで，自閉症やウィリアムズ症候群などの社会性が損なわれる症状をモデル化している研究もある（Triesch et al. 2006）．また，視線追跡によって共有注意を達成している研究もある（Nagai et al. 2003）．特に，この研究は，乳児の研究（Butterworth 1991）と同じように，異なる視線追跡戦略が発達的に出現する素晴らしい実例を示した．発達学習の異なる段階における視線追跡の分析によると，ロボットの顔はまず生態的視線戦略（実験者の視線方向にかかわらず，興味のあるオブジェクトを見る）を用い，それが空間的戦略（ロボットと人間は，オブジェクトがロボットの視野の中にあるときだけ共同注意をする）となり，最後に表象的注視戦略（ロボットが，視野の外にある顕著性のあるオブジェクトを発見できる）になっていく．また，共同注意は，指さし行動を使うことでモデル化されている（Hafner and Kaplan 2005）．

発達ロボティクスで注目を集めている別の社会性能力が，模倣学習である．模倣は，認知ロボティクスや人間とロボットのインタラクションにおける幅の広い分野で，大きな研究テーマの1つにもなっている（Breazela and Scassellati 2002; Nehaniv and Dautenhahn 2007; Schaal 1999）．模倣の発達段階に焦点を当てている研究の中でも，DemirisやBreazealらにより提案されたモデル（Demiris and Meltzoff 2008; Demiris et al. 1997; Breazeal et al. 2005）は，MeltzoffとMooreにより提案された乳児のアクティブ・インターモーダル・マッチング・モデル（AIM）（Meltzoff and Moore 1997）を組み込んでいる．DemirisとHaithの研究では，AIMモデルがHAMMERアーキテクチャに採用され，新たな逆モデルを学習し

第6章 社会的ロボット

表6.4 社会的スキルの発達ロボティクスモデルと各社会的スキルの関係．（++はその研究の主要テーマ．+は部分的に認知的・社会的スキルを扱っている）

社会的スキルと認知的スキル	Kaplan and Hafner 2006b	Nagai et al. 2003	Imai, Ono, and Ishiguro 2003	Kozima and Yano 2001	Triesch et al. 2006	Demiris et al. 1997	Demiris and Khadhouri 2006	Breazeal et al. 2005	Watanabe, Ogino, and Asada 2007	Dominey and Warneken 2011	Lallee et al. 2012	Scassellati 2002	Gold and Scassellati 2009
（ロボット）	AIBO	Robot head	Robovie	Infanoid	Simulation	Robot head	PeopleBot	Leo	Virtual face	Robot arm	iCub	COG	Nico
相互注視	+		++	++	++								
視線追跡		++		+	++								
指さし動作	++		++	++	++								
注意（視覚）		++				++	++					+	
注意（トップダウン）		+					++						
共有注意／共同注意	+	++	+	+	++	++			+			+	
模倣：顔の表情								++	+				
模倣：顔の感情									++				
顔検出								+	+				
模倣：身体運動							++					+	
共動										++	++		++
役割交換										++	++		
心の理論								+				++	+
自己認識（鏡モデル）													++

206

行為を模倣する方法として，逆モデルと順モデルの対が使われている．このアーキテクチャでは，センシングや記憶能力の制限に対応するためにトップダウンの注意メカニズムが使われ，模倣時の適切な注意の制御が行われる．また，トップダウンの注意バイアスとボトムアップの視覚注意の手がかりが統合できるようになる．

　ロボットを用いた実験で研究されている他の社会性の発達の例は，協調行動と利他行動である．DomineyとWarneken（2011）は，発達理論に基づいた人間とロボットが協調する認知アーキテクチャを提案し，Warneken, ChenとTomasello（2006）が行った乳児とチンパンジーの7種類の実験を再検証した．その後のLalléeら（2012）の研究では，ヒューマノイドロボットiCubを使って，このモデルを協調課題に拡張した．この実験ではロボットに役割交換の能力と協調を俯瞰できる能力を持たせることが可能であることが示された（Carpneter, Tomasello, and Striano 2005）．言い換えれば，ロボットは人間の役割を状況に応じて引き受けて，課題の達成を手伝えるようになるということである．

　ロボットの心の理論の発達における問題に取り組んでいるモデルも提案されている．Scassellati（2002）では，時前的注意視覚ルーチン，視覚注意，顔検出，視線検出，生物と非生物の識別，視線追跡，指さし動作などの複数の社会認知的スキルをロボットに実装している．このアーキテクチャは，心理学文献の心の理論の発達に関する要素を検証できる．その要素とはロボットの顔検出能力，視線検出能力のBaron-Cohenの視線検出器の実装，生物と非生物の識別の感受性，Leslieの物理的主体性などである．生物と非生物の識別は，GoldとScassellati（2009）の研究のロボットの自己認知をモデル化するのにも使われている．

　本章では，社会的な学習と社会的インタラクションは，発達ロボティクス分野の中でも最も深い関係性を持つことを示した．なぜなら，社会性スキルを設計することが，ロボットコンパニオンとインタラクションする必須条件だからである．社会的な学習に関する実験は，他者の意図を理解する心の理論の能力や他者の要求や行動を予測する能力，効果的な人間とロボットの協調を促す能力など，より発展した能力を研究する基礎となる．

参考書籍

Tomasello, M. *Why We Cooperate*. Cambridge, MA: MIT Press, 2009.
　本書は，Tomaselloが提唱した人間同士の協調の理論について書かれている．他者を手伝い，協調する乳児の本質的な性質を支持するメカニズムを特定することを目的とした，幼い子どもと霊長類の一連の実験を紹介している．進化的な近縁種では観察されない，この人類特有の自発的行動は，人間特有の協調，信頼，集団帰属，社会形成に基づいた文化構造の基礎となっている．

Nehaniv, C. and K. Dautenhan eds. *Imitation and Social Learning in Robots, Humans and Animals*. Cambridge: Cambridge University Press, 2007.

　このきわめて学際的な書籍では，生物（動物，人間）と人工生命体（エージェント，ロボット）での模倣をモデル化する理論的手法，実験的手法，計算手法，ロボットモデル手法が紹介されている．本書は，Dautenhahn と Nehaniv により編集された書籍（Dautenhahn and Nehaniv, *Imitation in animals and Artifacts*, MIT Press, 2002）を継承するもので，この2人により開催された「the International series of Imitation in Animals and Artifacts workshop」という国際ワークショップをフォローアップするものである．2007年版には，発達心理学者（例：M. Carpenter, A. Meltzoff, J. Nadel），動物心理学者（例：I. Pepperberg, J. Call），ロボットの模倣研究者（例：Y. Demiris, A. Billard, G. Cheng, K. Dautenhahn and C. Nehaniv）が寄稿している．

第7章 初めての語
First Words

　音声，記号，文字を使って他者とコミュニケートする能力である言語は，人間の認知の典型的な特徴の1つである（Barrett 1999; Tomasello 2003, 2008）．言語学習と言語使用の研究は，心理学（心理言語学と子どもの言語獲得）と神経科学（言語処理の神経的基盤）から言語学（人間の言語の形式面）まで広範囲のさまざまな分野の研究者を惹きつけている．それゆえ，発達ロボティクスや一般的な認知モデリングにおいて，認知エージェントや認知ロボットの言語学習能力を設計する研究が多数行われてきていることも驚くことではない．

　言語研究における重要な観点は，「生得論」と「経験主義論」の議論である．生得論者は，人間は普遍的な言語原理の知識を持って生まれてくると信じているし，経験主義論者は，人間は言語を話す共同体の中でのインタラクションを通じて，すべての言語能力を獲得するのだと考えている．生得論者の視点では，普遍的な文法ルールと生成文法原理というものがあり，これは人間の脳の中に生まれつき備わっているのだと考えている（Pinker 1994; Chomsky 1957, 1965）．例えば，チョムスキーは，言語獲得器官と呼ばれる言語用の「脳の器官」を持って生まれてくるのだと考えた．チョムスキーの原理とパラメータ理論では，人間の言語知識は，一連の生得的で普遍的な原理（例：決まった語順を常に使う）であり，それと関連して学習するパラメータ（例：動詞がいつも目的語の前にある言語もあれば，動詞が目的語の後にくる言語もある）だということになる．言語獲得器官は，あらかじめ定義されたパラメータのスイッチを持っていて，言語能力が発達する中で設定されていく．英語を話す共同体で育つ赤ちゃんは，語順パラメータ（スイッチ）がSVO（主語，動詞，目的語）に設定され，日本語を話す赤ちゃんはSOV（主語，目的語，動詞）に設定される．生得論者のもう1つの重要な観点は，刺激の貧困の議論である．この議論は，発達途上の子どもにとって利用できる情報に限りがある場合は，言語の文法を学ぶことができないというものである．例えば，まったく，あるいはほとんど誤った文法に触れなくても，子どもは，文法的に誤った文章と正しい文章を区別できるようになる．したがって，生得論者の説明では，発達過程における入力を，生得的な文法知識（つまり，言語獲得器官の原理とパラメータ）が補うと考える．

　経験主義論者の観点では，言語知識の本質は，発達中に言語を使うことで生まれるもので，生得的な言語知識の存在を考える必要はないとするものである．例えば，文法的な能力は，

第7章　初めての語

生得論者の生成文法のような普遍的なものには思えないし，あらかじめ持っている知識にも思えない．逆に，経験主義論を支持するMichael Tomaselloはこう言っている．「言語の文法的な側面は，**文法化**と呼ばれるものにまとめられる歴史的なプロセスと個体発生的なプロセスの産物である」（Tomasello 2003, 5）．子どもの言語発達は，臨界期のような，子ども自身の個体発生的なメカニズムと成熟メカニズム，および変わり続ける共通言語のダイナミクスに影響を与える文化的，歴史的な現象に依存している．この言語発達（言語構築）の見方は，言語獲得に影響する先天的成熟要因や社会認知要因を排除していない．事実，分類と世界学習における臨界期とバイアスのような遺伝的要因が言語獲得に影響するのである（7.1節参照）．しかし，一般的な学習バイアスは存在するが，生得的な言語（文法的な）能力は存在しない．例えば，言語獲得の臨界期は，言語発達の重要な現象の1つであり，典型的な子どもは，人生の最初の数年間に母国語に触れないと，母国語を使いこなすようにはなれない．この現象，一般的には言語能力の獲得に対する年齢の効果は，第二言語の獲得について詳しく研究されている（例えばFlege 1987）．刺激の貧困の議論については，文献によると，子どもが，文法的にありえない誤った文章に接したり，文法的な誤りをしたりしたときに親がそれを正す証拠が存在する．さらに，計算モデルでは，入力が少なかったり，質が悪かったりすると，学習の妨げにはなるが，子どもが言語の文法規則を発見する助けになることが示されている（Kirby 2001）．

この言語学習の経験主義的な見方は，一般には，構成主義，語用基盤，言語発達理論として知られている（Tomasello 2003; MacWhinney 1998）．なぜなら，子どもは，言葉の意味と使い方の統計的な規則と論理関係を観察して学ぶことで，自分自身の言語システムを積極的に構築する建設者のように見えるからである．言語学では，これが認知言語理論を発展させるのに役立っていると考える（Goldberg 2006; Langacker 1987）．この文法と意味論の密接な関係は，文法の分類と役割が，意味論システムでの語用基盤規則を生み出していることを示している．例えば，一般的な動詞の文法上の分類は，共通する特徴を有する動詞の段階的，階層的な類似性から生まれる（例えばTomasello 1992，動詞の島仮説．詳しくは7.3節参照）．

構成主義者の見方は，言語学習をモデル化する身体的発達ロボティクスの手法ときわめてよく一致している（Cangelosi et al. 2010）．第1章で述べた発達ロボティクスの原理のほとんどは，子どもの言語能力の獲得の研究で観察される言語の段階的な発見と獲得の現象，認知発達での環境との身体的インタラクション，状況依存的インタラクションの役割の影響を受けている．言語学習のロボティクスと身体化モデルの基本的な考え方は，**記号接地**である（Harnad 1990; Cangelosi 2010）．これは，生物と人工認知エージェントが，内的な記号表現と外界の言葉，内的状態の指示対象との間に固有（自律的）のリンクを獲得する能力のことである．基本的に，言語発達ロボティクスモデルは，言葉（いつも記号としてエンコードされるとは限らないが，準記号的力学表現にはなる）と外界の事物，内界の事物（オブジェ

クト，行為，内的状態）の間の接地を学習することに基づいており，このようなモデルは，Harnad（1990）が呼ぶ「記号接地問題」の影響は受けない．

　この章では，言語学習における身体化理論，構文主義理論と，発達ロボティクスモデルの関係を見ていく．次の2つの節では，まず，言語発達の主な現象とマイルストーン，さらに概念の獲得，語彙の獲得の原理について紹介する（7.1.2節参照）．次に，初期の言葉の学習での身体化の役割についての先駆的な児童心理学実験を詳しく紹介する（7.1.3節参照）．このような現象と原理は，さまざまな言語獲得の発達ロボティクス研究と関係づけることができる．特にバブリングによる音声能力の発達モデル（7.2節），初期の言葉の学習のロボット実験（7.3節），文法学習のモデル（7.4節）に関係づけることができる．

7.1 子どもの初めての語と文

7.1.1 タイムスケールとマイルストーン

　言語発達上もっとも意味のある事象は，生後3歳から4歳の間に集中している．これは，就学年齢になると言語能力の向上が止まってしまうというわけではない．逆に，小学校に通う年齢は，重要な発達段階であり，成人の言語能力を身に付けるのに必要なメタ認知能力とメタ言語能力（自分自身の言語システムを理解すること）を身に付ける時期である．しかし，発達心理学と発達ロボティクスのいずれも，認知発達の初期段階の中核部分に注目している．この言語獲得の初期のマイルストーンにより，音声処理能力，語彙と文法の増加，コミュニケーション能力，語用能力の洗練が，絡み合いながら並行して発達していくことになる．

　表7.1に，言語発達での主なマイルストーンをまとめた（Hoff 2009）．生後1年目のもっとも明快な兆候は，音声の探索，つまり音声バブリングである．最初のバブリングは，ささやいたり，叫んだり，うなったりという音で音遊びをすることである（「過渡期のバブリング」として知られる）．6ヶ月齢から9ヶ月齢になると，「規準バブリング」の段階になる（「重音

表7.1　言語発達の典型的な段階と主なマイルストーン（Hoff 2009より作成）

月齢	能力
0〜6ヶ月齢	過渡期のバブリング
6〜9ヶ月齢	規準バブリング
10〜12ヶ月齢	意図的なコミュニケーション，身振り
12ヶ月齢	単語，一語文，言葉と身振りの組み合わせ
18ヶ月齢	音声表現の再組織化，50以上の語彙，語彙爆発，2語の組み合わせ
24ヶ月齢	複数語文が増加し，長くなる．動詞の島
36ヶ月齢以上	成人のような文法構造，物語るスキル

第7章 初めての語

性バブリング」とも呼ばれる（Oller 2000）．規準バブリングは，「ダーダー」や「ババババ」といった音節がある言葉のような音を繰り返すことで，混合性バブリングに統合されていく．これは，コミュニケーションが目的ではなく，音の知覚と生成の間のフィードバック回路を洗練させる役割を持っていて，過渡期バブリングから規準バブリングへの移行は，音声発達の基礎的なステップになると考えられている．1年目の終わりになると，子どもはコミュニケーションの身振り（例：指さし）やアイコニックな身振り（例：投げる真似をしてボールを表す．こぶしを耳に当てて電話を表す）をし始めるようになる．このような身振りは，明らかに前言語的で意図性を持ったコミュニケーションスキル，協調スキルを表していて，心の理論の最初の表れでもある（Tomasello, Carpenter, and Liszkowski 2007; P. Bloom 2000）．

1年目の終わりに，重音性バブリングに続いて，子音と母音のさまざまな組み合わせが増えていき（混合性バブリング），言語の音声表現と能力が再構成され，はじめての単語を発することになる．このはじめての単語の多くは，何かを要求する（例：「バナナ」と言って果物を要求する），その存在を示す（「バナナ」フルーツの存在を示す）ことに使われる．あるいは親しい人を呼ぶ，行為を示す（「蹴る」，「引っ張る」），動きを示す（「上」，「下」），「なに？」のような質問などである（Tomasello and Brooks 1999）．このような単語は，「一語文」と呼ばれる．1つの言語的な記号で，内容を伝えようとするからである．場合によっては，一語文は，「それなに」のように組み合わせされることもあるが，この段階では子どもは，個々の単語を独立して使うことや柔軟に組み合わせて使う能力はまだ発達できていない．

2年目のはじめに，子どもは一語の語彙をゆっくりと増やしていく．社会的エージェントの名前（パパ，ママ），食べ物，物，体の部分の名前，要求する言葉（「もっと」）などである．子どもの語彙の成長は，その数の非線形な増加によって特徴づけられる．いわゆる「語彙爆発」である．語彙爆発（語彙数の爆発的増加）は，18ヶ月齢から24ヶ月で一般的には観察され，語彙の増加率が急激に上昇することである．これは，子どもが約50語を学んだ後に起こる（Fenson et al. 1994; L. Bloom 1973）．これは，語彙意味論表現の再構築に依存していて，語彙学習戦略を質的に変えてしまい，子どもが語彙を増やすに従い，2語文を話すことができるようになる．しかし，2歳のはじめ頃に2語の組み合わせが完全にできるようになるまでは，子どもは言葉と身振りの混合段階にいて，身振りと言葉を組み合わせて意味を表現する．例えば，子どもが「食べる」と言って，お菓子を指させば，「お菓子を食べる」という意味を伝えることになる．この初期段階ですら，身振りと言葉の組み合わせは，将来の語彙能力と文法能力，そして一般的な認知能力の兆候となっている（Iverson and Goldin-Meadow 2005）．

初めての2語の組み合わせは，約18ヶ月齢で現れ，その後，ピボット構造が構築される（Braine 1976）．「もっと」「見て」という特定の要素（ピボット）と，変数用のスロットに基づいて，「もっとミルク」「もっとパン」「見て犬」「見てボール」のような2語の組み合わせを作る．

3歳になると，子どもはより複雑な文法能力を発達（構築）させ始める．構成主義者にとっての文法発達の重要な例が，動詞の島仮説である（Tomasello 1992）．この年齢の子どもはさまざまな動詞を使うことができるが，文法的に孤立した要素であるかのように見えるので「動詞の島」と呼ぶ．例えば，ある動詞（例：「切る」）については，その動詞をさまざまな名詞と組み合わせて（「パン切る」「紙切る」）使うことしかできない．一方で，他の動詞については，文法的により豊かな使い方ができる．例えば，「かく」については「ボクかく」「絵かく」「絵かくキミの」「絵かく鉛筆で」のようにさまざまな組み合わせを使うことができる．このような動詞によって異なる複雑さと成熟度の違いは，使った経験の違いによるものである．「かく」という文法的に発達した動詞の島の場合は，その動詞を，さまざまな参加者のタイプ，さまざまな語用法的な役割，機能で組み合わせた経験をしている．しかし，この段階では，成人の動詞分類に比べれば，動作者，被動作者，道具に関する汎用的な文法的な分類，意味論的な分類が発達していない．一方で，「かくもの」「かいたもの」「だれかのためになにかをかく」「なにかを使ってなにかをかく」といった動詞の島特有の役割は獲得している．このような中間的な文法構造は，より洗練された形態学的スキル，文法スキルを発達させていく．なぜなら，ある動詞の島では，onやbyといった前置詞と動詞を組み合わせて使うことができるからである（Tomasello and Brooks 1999）．

多くの国で学校に通う前段階にあたる4歳から6歳では，子どもは，簡単な他動詞（"John likes sweets"のような動作者・動詞・目的），所格（"John puts sweets on table"のような動作者・動詞・目的・所格・場所），与格（"John gives sweets to Mary"のような動作者・動詞・目的・与格・被動作者）など，成人のような文法構造を徐々に発達させていく（Tomasello and Brooks 1999）．これがより複雑な文法形態的構造，より抽象的で汎用的な文法分類を発達させ，最後には品詞のような正規の言語分類形式にまで到達する．このような文法スキルと同時に語用スキル，コミュニケーションスキルが拡張されていき，物語を語る能力，論理を語る能力の洗練まで到達する．

7.1.2 概念の発達と語彙の発達の原理

言語は，並行して発達する他の知覚運動スキルと社会性スキルと密接に結びついているので，すでに述べた言語獲得のマイルストーンが達成できることを考えると，どのような要素と能力がこの発達を助けているのか知ることはきわめて重要である．

最初の節で述べた生得論と経験主義論の議論で，言語発達の理論は，子どもは生得的あるいはすでに発達した，さまざまな能力を利用して，語彙と文法の分類を学んでいくと考えている．生得論者と構成論者の間には，生得的な言語特有の能力，例えば文法能力があらかじめ存在するかどうかについては，意見の強い食い違いがあるが，初めての語と文法の獲得が，一連の前言語能力により支えられているということについては，すべての発達論者が同意している．そのうちのいくつかは生得的で，種特有の行動かもしれないし，いくつかは発達の

第7章 初めての語

初期の段階で徐々に獲得される社会性スキルかもしれないし，概念操作スキルかもしれない．

このような一般的な認知能力は，しばしば概念発達と語彙発達の「バイアス」や「原理」と呼ばれる（Golinkoff, Mervis, and Hirshpasek 1994; Clark 1993）が，知覚スキルと分類スキル（例：物体の中からオブジェクトを見分け特定する能力，そしてそれをグループに分類する能力）と社会性スキル（例：模倣し協調する本能）の組み合わせに依存している．このような原理は，新しい言葉を学ぶときに扱う必要のある情報量を減少させ，言葉の学習課題を「単純化」する機能を持っている．

表7.2は，語彙発達に寄与することがわかっている主な原理を示したものである．この表は，Golinkoff, MervisとHirshpasek（1994）による6つの原理に，発達心理学での最新の発見を加えて拡張したものである．

参照原理は言葉学習の基礎となるもので，子どもが現実世界の中で，言葉がオブジェクトや物体に結びつけられることに気がつく能力を発達させなければならないという事実を反映している．Mervis（1987）は，約12ヶ月齢の子どもが，純粋に楽しみからオブジェクトに名前をつけて学習することを最初に観察した．さらに**類似原理**が加わると，オブジェクトに一度名前づけをすると，同じ言葉を最初のオブジェクトと機能的な類似性，知覚的な類似性を共有する，別のオブジェクトに拡張できるようになる（Clark 1993）．

事物全体原理（オブジェクトスコープ原理としても知られる）は，子どもが初めて耳にした新奇性のあるラベルが，目の前のオブジェクトに対応していると考える観察から始まる．特に，名前づけが，オブジェクトの一部や素材，特徴などではなく，全体に対応していると考える（Markman and Wachtel 1988; Gleitman 1990）．**全体部分並列原理**は，子どもが，新奇なラベルがそのオブジェクト全体のラベルが参照しているオブジェクトに与えられたときに，そのラベルが一部分に対応していると理解できることである（Saylor, Sabbagh, and Baldwin 2002）．

分割原理は，6ヶ月齢の乳児が，自分の名前や他人の名前のように慣れ親しんだ言葉を利用し，会話の中から，隣接するなじみのない言葉を抜き出し認識できることである（Bortfeld et al. 2005）．

分類原理（分類スコープ原理とも呼ばれる）は，同種のものにある言葉を対応させ，その物体が所属する基本カテゴリの他の物体にも拡張することである（Markman and Hutchinson 1984; Golinkoff, Mervis and Hirshpasek 1994）．

相互排他原理（比較原理，新奇性のある名前と名前のない分類原理とも呼ばれる）は，それぞれのオブジェクトには1つのラベルしか関連づけられず，名詞が相互排他的な物体の分類をすると考えることである．（Markman and Wachtel 1988; Clark 1993）．そのため，子どもが新奇性のあるラベルを耳にして，見たことがなく名前もないオブジェクトを見たとき，新奇性のあるオブジェクトに新しい言葉を結びつける．これは，2つのオブジェクトがあって，1つはすでにラベルがついているのに，もう1つは言葉が対応づけられていないという場合

7.1 子どもの初めての語と文

表7.2 語の学習での言語獲得原理（バイアス）

原理（バイアス）	定義	参考文献
参照原理	現実世界の物体に対応させるために言葉が使われていることに気がつく	Golinkoff, Mervis, and Hirshapasek 1994; Merivis 1987
類似原理	オブジェクトの1つにラベルづけをし，機能的，知覚的に類似したものにそれを拡張する	Clark 1993
慣習原理	共通言語の話者は，ある意味を表現するのに，同じ言葉を使う傾向がある	Clark 1993
事物全体原理（オブジェクトスコープ原理）	新奇性のあるラベルは，オブジェクトの一部や素材，他の特徴ではなく，オブジェクト全体をさすのだと考える	Markman and Wachtel 1988; Gleitbahn 1990
全体部分並列原理	新奇性のあるラベルが，オブジェクト全体のラベルと同じオブジェクトに対して使われたときに，そのラベルが一部分に対応していると考える	Saylor, Sabbath, and Baldwin 2002
分割原理	強くなじみがある言葉を利用し，隣接するなじみのない言葉を分割し，認識する	Bortfeld et al. 2005
分類原理（分類スコープ原理）	同種のものに言葉を対応させる．	Markman and Hutchinson 1984
相互排他原理（新奇性のある名前と名前のない分類原理．比較原理）	相互排他的なオブジェクトの分類に対して，各分類に1つのラベルしかつけない	Markman and Wachtel 1988; Golinkoff, Mervis, and Hirshpasek 1994; Clark 1993
身体化原理	自分の身体とオブジェクト（例：空間位置，オブジェクトの形）を使って，新しいオブジェクトと言葉の関係を学習する	Smith 2005; Samuelson and Smith 2010
社会的認知原理	共同注意，模倣学習，協力	Baldwin and Meyer 2008 Carpenter, Nagel, and Tomasello 1998 Tomasello 2008

でもそうなる．

慣習原理は，共通言語を話す人はすべて，ある意味を表すのに同じ言葉を使うのだから，同じオブジェクトに対しては同じ名前を使わなければならないと考えることである（Clark 1993）．

身体化原理は，身体を使って外界と接触し，新たなオブジェクトと言葉の関係を学習するというものである．例えば，子どもは身体の姿勢とオブジェクトの空間的な位置の関係を使って，オブジェクトが一時的に見えなくなっても，新しい名前づけの関係を学ぶことができる（Smith 2005）．この原理は，次の節とBox 7.1の実験例で，詳しく紹介する．

第7章　初めての語

　最後に，言葉の学習に大きく寄与する**社会的認知原理**がある．この言語学習の社会的認知原理は，子ども同士の対等なインタラクションと，子どもと親の二者間の協調に注目したものである．例えば，Tomasello（2008）とCarpenter（2009）は，子どもと動物（サル）に，人間にはあるが霊長類にはない，人間の言語学習を助ける共同注意の形とメカニズムを観察する比較実験を行った．社会的な模倣スキルと協調スキルについても同様の研究が行われている（Tomasello 2008）．初期の言葉学習での共同注意と視線共有の役割を支持する証拠はたくさんある．例えば，約18ヶ月齢の子どもは，話している人の視線方向に注意を払う．これで会話の主題を特定する（Baldwin and Meyer 2008）．乳児が共同注意をしている時間の長さも，語彙発達の速度の兆候となる（Carpenter, Nagell, and Tomasello 1998）．このような社会的認知バイアス，関連する発達ロボティクスモデルについては，第6章で詳しく述べた．

　この章で述べた言葉学習のバイアスは，内発的動機の現れとしても観察される．この場合は，特に子どもに言語行動とコミュニケーション行動を発見させ，学習させる動機となる．これは発達ロボティクスでも，明確にモデル化されている．AIBOを用いたOudeyerとKaplan（2006）の実験がある．2人のモデルは，子どもは，意図を伝えるためではなく，新奇性のある状況を学習するという一般的な動機により，音声コミュニケーションするという仮説を支持している．つまり，他のエージェントと音声インタラクションができる状況では，環境の中で探索したり，遊びながら，学習動機により，ロボットは以前学習した課題ではなく，新奇性のある課題を選ぶようになるということである．

7.1.3　ケーススタディ：モディ実験

　子どもの言語発達を概観し，児童心理学の発見が発達ロボティクスの言語獲得モデルの設計に有用であることを示した．最後に，子どもの言語研究で用いられる画期的な実験手順を1つ詳しく紹介する．児童心理学の実験結果を利用した発達ロボティクス実験については，7.4節で紹介する．この2つを比較してみることで，実験的研究と計算論的研究を密接に関連づけることで，子どもとロボット両方の言語発達メカニズムの科学的な理解と，人工的に言語を学習するロボットの技術的な示唆が得られるようになる．この場合はロボットを用いることで，初期の概念学習，言葉学習での身体化知識，知覚運動知識の役割を明示的にテストできるようになる．

　実験は，結合実験，つまり「モディ」実験として知られる（Box 7.1）．これは，よく知られたピアジェ（Piaget 1952）のA-not-Bエラーに関連しているが，最近ではBaldwin（1993）と，SmithとSamuelson（2010）によって言語発達研究に用いられた実験手順である．SmithとSamuelsonは，この手順を用いて，初期の語の学習での身体化原理の役割を示し，名前づけは，名前とオブジェクトが結びついたときに起きるという一般的な仮説に挑戦をした．

7.1 子どもの初めての語と文

　Box 7.1に述べた4つの実験は，語の学習に影響する要素を系統的に操作している．つまり，ラベルのついたオブジェクトを見せられている場所には，オブジェクトはなく（実験1・実験2），オブジェクトを見せながらラベルが示されるときは時空関係に競合が生じている（実験3・実験4）．結果は，子どもは，オブジェクトが見えないときであっても，ラベルとオブジェクトを関係づけることができるというものだった．さらに，実験4のように，空間的条件，

Box 7.1　モディ実験（Smith and Samuelson 2010）

手順

　親はテーブルの前に座り，ひざに子どもを抱える．実験者は反対側に座り，2つの新奇性があり名前がついていないオブジェクトを，一度に1つずつ見せて訓練を行う（下図参照）．テーブルの上の2ヶ所（左と右）を使う．テスト段階では，2つのオブジェクトがテーブルの中央に一緒に置かれる．参加者の子どもは，18ヶ月齢から24ヶ月齢で，急速な語の学習と語彙爆発の典型的な発達段階にいる．このパラダイムで行われた4つの実験を紹介する（4つの実験の図解は次ページの表を参照）．

第7章 初めての語

	左　　　右	左　　　右	左　　　右	左　　　右
第1段階	■		■	■		
第2段階		●	●			
第3段階	■		■			
第4段階		●	●			
第5段階	モディを見て.	モディを見て.	モディを見て.	モディを見て.
第6段階	■		■			
第7段階		●	●			
テスト	モディはどこ？	モディはどこ？	モディはどこ？	モディはどこ？

実験1・実験2：オブジェクトが存在しないときの名前づけ

　この実験では，2つの新奇性のあるオブジェクトを，一度に1つずつ見せていく．オブジェクトの名前「モディ」は，オブジェクトを見せていないときにだけ発声される．実験1（スイッチなし条件）では，どちらのオブジェクトも必ず決まった位置で見せる．第一のオブジェクトは常に子どもの左側で見せ，もう1つのオブジェクトは常に右側で見せる．各オブジェクトを2回ずつ見せる（第1段階から第4段階）．続いて，子どもの注意を何もない場所（左）に惹きつけ，実験者が言語ラベル「モディ」を大きな声で言う（例：「モディを見て」）（第5段階）．2つのオブジェクトを，再び一度に1つずつ見せる（第6段階から第7段階）．続いて，テスト段階では，2つのオブジェクトを新しい位置（中央）で見せ，こう尋ねる．「モディを取ってくれる？」
　実験2（スイッチ条件）でも，同じ基本手順が用いられるが，2つのオブジェクトの左右位置の一貫性を弱める点で違いがある．最初に第一のオブジェクトを右で，第二のオブジェクトを左で見せる（第1段階から第2段階）．次は，オブジェクトの左右が交換される（第3段階から第4段階）．名前づけ段階（第5段階）と最後の提示（第6段階から第7段階）では，第3段階と第4段階の位置が用いられる．

実験3・実験4：オブジェクトが見えているときの名前づけ

　この2つの実験では，オブジェクトを子どもに見せたときに新しいラベルが告げられる．実験3（空間競合条件）では，第1段階から第4段階まで繰り返し2つのオブジェクトが左右を入れ替えながら見せる．第5段階では，第二のオブジェクトが見せられ，

「モディ」とラベルづけされる．ただし，第二のオブジェクトは，第一のオブジェクトがあったテーブルの左側に置かれる．実験4（対照条件）では，対称群の子どもに対して，スイッチなし条件と同じように，2つのオブジェクトの左右位置が示される．ただし，第5段階では，第一のオブジェクトが最初に見せられた際に「モディ」とラベルづけされる．これは，言葉の名前づけ実験の標準的なオブジェクトラベリング設定に対応している．

実験結果
　実験1（スイッチなし条件）では，名前を呼ばれたオブジェクトが左側にはないのに，ほとんどの子ども（71%）が，空間的に関係づけられたオブジェクト（左側で見せられたオブジェクト）を選んだ．実験2（スイッチ条件）では，「モディ」という言葉を言われても，わずか45%の子どもしか，同じ位置で見せられたオブジェクトを選ばなかった．実験3（空間競合条件）では，多くの子ども（60%）が，ラベルづけされた第二のオブジェクトではなく，空間的に関連づけられた第一のオブジェクトを選んだ．実験4（対照条件）では，80%の子どもが見ていないラベルづけられたオブジェクトを正しく選んだ．

時間的条件が異なっているときは，子どもの姿勢の身体的バイアスの方が，オブジェクトと同時に名前が示される事実よりも強かった．

　もう1つの重要な観察が，それぞれの実験で，親の姿勢を起立状態から座った状態に変えてみると（子どもの空間・身体知覚に異なるシェマを与える），視覚や音で邪魔されることがなくても，空間を通じて存在しないオブジェクトを名前と結びつける能力を混乱させるということである．これは言語学習の身体的要素の調整を再強化することになる．結局，この研究は，名前づけは名前を耳にしているときに行われるという単純な仮説に反駁する明らかな証拠となる．事実，実験では，空間内での身体一時的な姿勢との関係から予測されるオブジェクトの位置に基づいて，オブジェクトと名前を結びつけることに役立っているという強い証拠を示している．（Smith and Samuelson 2010; Morse et al. 2015）．

7.2　ロボットのバブリング

　この20年，無数の音声認識アプリケーション，音声合成アプリケーションが開発され，コンピュータや自動車，携帯電話の自然言語インタフェースに用いられている．最新の音声認識システムの多くは，隠れマルコフモデル（hidden Markov models: HMM）などの統

第7章 初めての語

計手法を利用している．これには，1つの言葉に対して数千のサンプル音声を使うオフラインのトレーニングが必要になる．しかし，音声学習の発達ロボティクス研究では，異なる手法で，音声処理能力を出現させ，発達させることを目標にしている．このような発達モデルは，膨大なコーパスをオフライントレーニングするのではなく，子どもの発達と同じように，オンライン学習と教師と生徒のインタラクションの模倣を利用する．発達に着想を得た会話システムを設計し，これを巨大なコーパスに拡張する目的は，現在の音声認識アプリケーションのボトルネック問題を克服し，変化が多く雑音が多い環境での認識の限界と不安定さを克服することにある．

現在の言語を学習するロボットの多くは，この事前トレーニング型の音声認識システムを採用していて，言葉の獲得と文法の獲得に焦点が当てられている（7.3節，7.4節参照）．しかし，音声運動バブリングの発達段階を経ることで，学習者と教師のインタラクションを通して音声システムを実現することに焦点を当てているロボットや認知エージェントのアプローチもある．このような研究の多くは，声道と聴覚器官の物理モデルを持った認知エージェントをシミュレートすることに基づいており，最近では，発達ロボティクス手法を用いようとしている．

Oudeyer（2006）とBoer（2001）は，エージェント同士のインタラクションにより言語的な音声システムを発現させようとする先駆的な研究を行った（Berrah et al. 1996; Browman and Goldstein 2000; Laurent et al. 2011の関連研究も参照）．Oudeyer（2006）は，音声の進化的な起源，特に，音声の組み合わせを共有する過程における自己組織化の役割について研究した．この研究は，脳の機能に着想を得た運動表現と知覚表現の計算モデルに基づいて，バブリングロボットの集団が，経験をすることでどのように変化していくかというものであった．エージェントは，音響信号を神経パルスに変換する人工の耳を持っていて，神経パルスが知覚神経マップに関連づけられる（図7.1）．また，この神経パルスは，声道モデルの調音運動を制御する運動神経マップにも関連づけられる．この2つのコホネン的なマップは，相互に影響し合う．最初，マップにおけるすべてのニューロンの内部パラメータ，接続の内部パラメータはランダムになっている．音声を発するために，ロボットはランダムに運動ニューロンを活性化させ，内部パラメータは次々に到達する調音設定をエンコードしていく．これにより，声道モデルを通じて，耳のモデルによって知覚できる音響信号が生成される．これがバブリングの基本である．このようなニューラルネットワークは，いくつかの適応性によって特徴づけられる．(1) インターモーダル接続．バブリング時に，聴覚と運動のマッピングを学習する．(2) 各マップのニューロンパラメータ．マップをエージェントが聞く音分布に変換する．(3) 運動マップにエンコードされた音分布は，知覚マップにエンコードされた音分布にほぼ従う．こうして，エージェントは，エージェント集団が聞いているのと同じ音分布を生成できるようになる．このアーキテクチャは，全体的な音声模倣の基礎神経基盤となる．

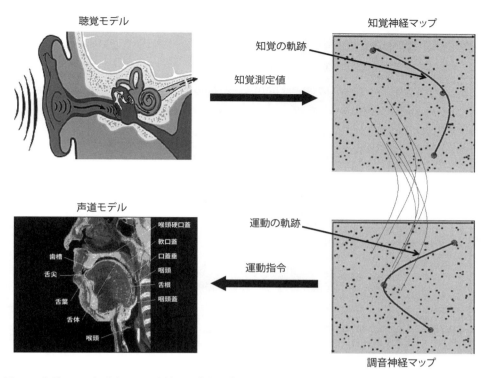

図7.1 聴覚モデルと発音モデルを持った音声の自己組織化モデルのアーキテクチャと知覚マップ，運動マップ．

　最初はランダムな音声発声は組織化されておらず，音声域全体に広がっている．この初期の均衡状態は不安定で，対称性は次第に崩れていく．エージェント集団は，共有化した発声の組み合わせシステムを自発的に生成していき，これに人間の言語で観察される発声システムの統計的な規則性と多様性が関連づけられていく．このような離散型音声システムの形成も，乳児で観察される周辺バブリングから求心バブリングへの移行を促す（Oller 2000）．この状況は，内的な形態学制限と生理学的制限のインタラクション（例：調音形状を音声波形と音声知覚に関連づけるときの非線形性）と自己組織化メカニズム，模倣メカニズムに基づいているように見える．これが，もっとも頻出する母音システムを理解する統一的なフレームワークを与えてくれる．これはロボットでも人間でもほとんど同じである．

　同様の手法がBoer（2001）によって用いられた．彼は，母音システムの自己組織化に特化したモデルを開発した．より最近では，このような音声の自己組織化計算モデルは洗練されてきている．例えば，男性話者，女性話者の音声調音システムの咽頭の位置をモデル化（前掲書）したリアルなモデルを用いたり，バブリング実験の結果などを利用したりしている（Hornstein and Santos-Victor 2007）．

　このようなモデルのほとんどは，共有言語音声システムが出現するときの進化的メカニズムと自己組織化メカニズムに焦点を当てている．近年では，発達ロボティクス実験を通じて，

第7章 初めての語

音声学習の発達メカニズムをモデル化することに焦点が当たるようになっている．このようなモデルは，初期の語彙獲得でのバブリングと音声模倣の初期段階を特に研究している．この分野での主な手法を紹介するために，まずiCubロボットでのバブリングから言葉への移行の発達ロボティクス研究（Lyon, Nehaniv, and Saunders 2012）について紹介し，それからASIMOの音声分割モデルを紹介したい（Brandl et al. 2008）．

Lyon，NehanivとSaunders（2010, 2012; Rothwell et al. 2011）による研究は，バブリングから初期の語の学習への遷移に関する発達的な仮説（Vihman 1996）を検証した．彼らは，基本的な文節が現れるマイルストーンをモデル化し，これが初期の語の獲得にどのように役立っているのかを調べる実験を行った．この行動は，約6ヶ月齢から14ヶ月齢の子どもの音素発達期間に対応している．このような研究は，意味を理解せずに語の音素表現を学習することをモデル化しており，言葉の意味の理解は，並行して発達する参照能力と統合されることになる．

実験は，最初，発達認知アーキテクチャ（linguistically enabled synthetic agent: LESA）をシミュレートすることで行われ，その後，子どものようなiCubロボットプラットフォームを用いた，人間とロボットのインタラクションによって検証された．言語獲得においては，偶発的で実時間でのインタラクションが本質的である．モデルは，話していることを聞き，それにバブリングで答えるという事前設定された動機をはじめから持っているものとした．この内的バブリング動機は，発声コミュニケーション本能の発見を行ったOudeyerとKaplan（2006）のモデルのものと類似している．

実験の初期段階ではロボットはランダムな音節のバブリングをする（Oller 2000）．教師と学習者の会話が進むと，ロボットの発話は徐々に，教師により使われた音を使う傾向が出てくる．教師の音声は，Microsoft SAPIを適用することで，連続した音素としてロボットにより知覚される．音節や言葉には分割されない．教師は，横の箱に印刷されている6つの絵を使って，自分の言葉で，ロボットに形と色の名前を教えることになっている（表7.3参照）．形と色の名前のほとんどは，1音節の言葉である（赤，黒，白，緑，星，箱，十字，四角など）．ロボットがこのような1音節の言葉を発したときは，教師はそれを褒めることでロボットの語彙を強化する．この処理は，乳児が音の統計的な分布に鋭敏であるという既知の現象をモデル化したものである（Saffran, Newport, and Aslin 1996）．ロボットが耳にした音節の頻度は，内部の音声頻度表に記録される．ロボットは，ランダムな音節バブリングや音節の新しい組み合わせを生成し続け，次第にもっともよく耳にする音が含まれる傾向に移行していく．これによりロボットは，教師が目標とする語彙にあった語と音節を次第に生成していくようになる．

音声エンコーディングは音節の4つの型に基づいている．V，CV，CVC，VCである（ここでVは母音，Cは子音または子音の集まり）．これは乳児の初期に発達する音声構造に対応している．乳児の音声と異なるのは，調音的な制約が強いということである．乳児は，音

7.2 ロボットのバブリング

表7.3 目標の語と発音 (Rothwell et al. 2011より作成)

語	発音
Circle	s-er-k-ah-l
Box	b-aa-ks, b-ao-ks
Heart	hh-ah-t, hh-aa-rt
Moon	m-uw-n
Round	r-ae-nd, r-ae-ah-nd, r-ae-uh-nd
Sun	s-ah-n
Shape	sh-ey-p
Square	skw-eh-r
Star	st-aa-r, st-ah-r

素を生成するよりも先に認識することができるようになる．子音の集まりは，英語という言語音声システムで組み合わせ可能なものに限られている．"square"のskwのように，音節のはじめだけに現れる組み合わせもあり，"box"のksのように音節の末尾にだけ現れるもの，"star"，"last"のstのようにさまざまな位置に現れるものもある．音素はCMUセットで表される．15の母音と23の子音を使ったセットである（CMU 2008）．表7.3は，いくつかの言葉とその発音を示している．その音声生成の多様性により，1回のエンコーディングだけではなく複数のエンコーディングが必要な言葉もある．

Lyon，NehanivとSaunders（2012）は，ロボットに慣れていない34人の初心者が参加した実験を報告している．参加者は，ランダムに5つの設定のうちの1つに割り当てられる．どの設定も手順は同じだが，参加者には少しずつ異なるガイドラインが与えられている．例えば，iCubの表現のどこに注意すべきかなどである．この実験の間，iCubの口（LEDライト）の表示は，音節を生成しているときは「話す」になり，教師の話を聞いているときは「笑う」の表現になる（図7.2）．iCubは，eSpeakシンセサイザー（espeak.sourceforge.net）により，3秒ごとにバブリングをする．

実験の最後は，4分間のセッションが2回連続し，ほとんどの場合，ロボットはいくつかの言葉を学習する．形と色の名前の学習結果はそれほど優れたものではない（音声認識の低い認識率による）が，興味深いのは，教師のようなインタラクション様式が観察されたことである．例えば，Rothwellら（2011）により報告された実験では，初心者である学生の参加者は，"moon"のような一語の発声をし，これを繰り返してロボットに覚えさせようとした．子どもに教えた経験がある参加者は，"do you remember the smile shape it's like your mouth"のように，会話の中に目的の言葉（形と色の名前）を埋め込んである．最初の繰り返し型の参加者が，もっとも効率的にロボットに覚えさせることができた．もっとも短い時間で，もっとも多くの言葉を覚えさせることができたのである．後の実験（Lyon, Nehaniv,

第7章 初めての語

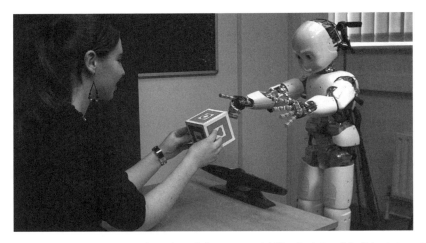

図7.2 Lyon, NehanivとSaunders（2012）の音声バブリング実験における，参加者とiCubのインタラクション．

and Saunders 2012）では，このような関係性は明らかではなかった．最高の結果は，言葉を多く発する教師のものだった．目的の言葉をはっきりとした方法で発する人の成績がよかったのである．

　この実験で明らかになったのは，ロボットが適切な言葉を発しているのに，教師がしばしば見逃し，それを強化できないということだった．これは人間とロボットのインタラクション（human-robot interaction: HRI）の知覚にまつわる問題である．この場合では，準ランダムなバブリングの中から言葉を拾い上げるのが難しかったようである．音知覚は明瞭性と関係しているのかもしれない（Peelle, Gross, and Davis 2013）．

　その他の音声学習の発達モデルは，言語獲得を導く養育者の模倣の役割に焦点を当てている．例えば，石原ら（Ishihara et al. 2009）は，相互模倣によって母音を獲得する発達エージェントのシミュレーションを行った．養育者の模倣には2つの役割があると考えられる．(1) 母音の対応情報を与える（知覚運動のマグネットバイアス）．(2) 乳児の母音を明瞭化する（自動ミラーリングバイアス）．学習するエージェントは，学習することで変化していく未熟な模倣メカニズムを持っている．養育者は成熟した模倣メカニズムを持っていて，これは2つのバイアスのうちの1つに基づいている．養育者と乳児のインタラクションのコンピュータシミュレーションでは，知覚運動マグネット戦略が小さなクラスタを作るのを助け，一方で，自動ミラーリングバイアスがそのクラスタを知覚運動マグネットと関係づけ明瞭な母音にする．吉川ら（Yoshikawa et al. 2003）の関連したモデルではロボットの調音システムでの音声発達に対して，人間とロボットの構成論的なインタラクション手法が提案された．この研究では，養育者が，成人の発声を繰り返すことで，乳児の自発的なつぶやきを強化し，それが子どもの発声を成人のような音声に導いていくのだという仮説を検証した．ロボットは自由度が5の機械的な調音システムを持っていて，人工喉頭に接続されたシリコン製の声道を

制御する．学習メカニズムには，聴覚と調音表現のために，2つの連動するコホネン自己組織化マップが使われる．この2つのマップの重みづけは，協調型ヘッブ学習を使って訓練される．このコホネンマップとヘッブ学習に基づく学習アーキテクチャは，発達ロボティクス

Box 7.2　モディ実験のニューロロボティクスモデル

　ここでは，MorseとBalpeameら（2010）のモデルに実装された技術の詳細を紹介する．これは，モディ実験の神経認知的な模倣実験をするためのものである．

ネットワークトポロジーと活性化関数と学習アルゴリズム
　神経モデルは，2種類のネットワークを用いて，簡単に実装できる．1つは，自己組織化マップ（self-organizing map: SOM）で，標準の方程式を使う．もう1つは，活性化拡散モデルである．SOMは，入力イメージの中心の平均化されたRGB値に対応した3つの入力を受け取る．姿勢マップは，iCubロボットの目，頭，胴体のパン角，チルト角に対応した6つの入力を受け取る．各SOMに対して，最適マッチングユニット（best matching unit: BMU）は，その時点での重み（初期はランダム）と入力パターンのユークリッド距離のうち最短のものになる（式7.1参照）．BMUに隣接するすべてのユニットの重みが更新され，入力パターンに近づけていく（式7.2参照）．

$$BMU = Max_i\left(1 - \sqrt{\Sigma(\acute{a}_j - \acute{u}_{ij})}\right) \quad (7.1)$$

$$\Delta \acute{u}_{ij} = \acute{a} \exp\left(-\frac{dist^2}{2\,size}\right)(a_j \acute{u}_{ij}) \quad (7.2)$$

　音声入力は，市販の音声認識ソフトウェア，Dragon Dictateを使って処理される．各単語（テキストとして）は，既知の単語辞書（初期は空になっている）と比較され，新奇性がある新しい単語があると，それに対応した新しいノードが作られる．単語を聞くたびに，単語に一対一で対応するユニットが活性化される．

　活性化拡散モデルは，オンラインヘッブ的学習規則（式7.4参照）によってオンラインで調整された接続（初期値0）により，身体姿勢SOMと他のマップの両方向に活性化を拡散できるようになる（標準的なIAC活性化拡散に従う．式7.3参照）．また，固定された抑制結合により各マップ内で活性化は拡散していく．

$$net_i = \Sigma \acute{u}_{ij} a_j + \hat{a} BMU_i \quad (7.3)$$

$$\begin{aligned}
&\text{If } net_i > 0,\ \Delta a_i = (max - a_i)\,net_i - decay(a_i - rest) \\
&\text{Else } \Delta a_i = (a_i - min)\,net_i - decay(a_i - rest) \\
&\text{If } a_i a_j > 0,\ \Delta \acute{u}_{ij} = \ddot{e} a_i a_j (1 + \acute{u}_{ij}) \\
&\text{Else } \Delta \acute{u}_{ij} = \ddot{e} a_i a_j (1 - \acute{u}_{ij})
\end{aligned} \quad (7.4)$$

第7章　初めての語

訓練手続き

　SOMは，近接サイズが1になるまで，ランダムなRGB値とランダムな関節位置によって訓練されていく．それから，Box 7.1で述べた実験を模倣して人とインタラクションすることで，iCubからの実際の入力を受け取ることになる．つまり，iCubを子どもに見立てて，元の実験の子どもと同じようにインタラクションさせるのである．学習規則は常に活性化されていて，学習段階とテスト段階の区別はない．モデルは，その体験から単純に学習し続けるだけである．カラーSOMの実例を下図に示した．初期の予備訓練（上図）と実験段階（下図）のものである．

テストと結果の概観

　iCubロボットが「モディを探して」と尋ねられると，「モディ」の言葉ユニットからの活性化の拡散は，身体姿勢マップを経由して，色マップに伝わる．活性化した

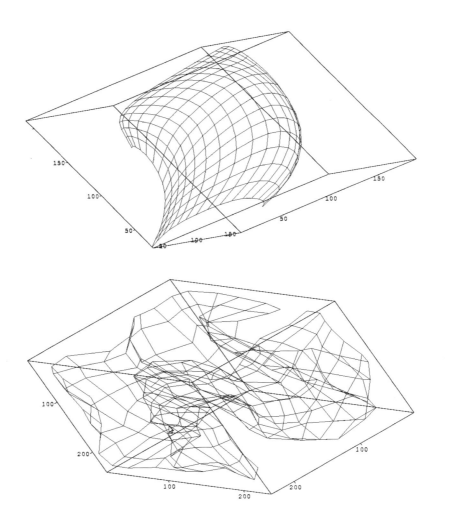

> SOMの重みはRGB値に対応していて，画像が，この目標値への近さに従ってフィルタリングされる．いずれかの画像ピクセルが，主要な色とマッチする（閾値以上）と，iCubは頭と目を画像の中のそのピクセルの方向に向け，適切なオブジェクトを見て，追跡できるようになる．実験では，iCubがモディを探すように命じられたときにiCubが見ているオブジェクトだけを記録した．実験は，条件ごとに20回行われ，毎回，接続重みをランダムに戻した．

ではよく用いられるものである（Box 7.2参照）．養育者とロボットの音声模倣インタラクションの実験は，事前の「生得的な」音声知識は用いず，養育者により繰り返される発声フィードバックだけを利用して徐々に人間的な音声を獲得していくということを示している．知覚した人間の発声音に一致する調音の選択の任意性を解決するために，ヘッブ学習が調音に関わる労力，声道と喉頭の形状変化をするためのトルクを最小化するように修正していく．この労力パラメータは，知覚した音声と生成した音声の任意性を減らし，人間の音素とロボットの音素が一致するようにさせていく．吉川ら（Yoshikawa et al. 2003）の研究は，養育者と直接インタラクションをすることで，人間的な音声を学習する物理的ロボティクス喉頭システムを採用した最初の発達ロボティクス研究である．声道の物理モデルを持ったロボットの頭についての最新の実例は，HofeとMoore（2008）を参照していただきたい．

発達ロボティクスは，認知はさまざまな知覚運動能力と認知能力の並行的な獲得とインタラクションの結果であるという原理に基づいているので，最後に，音素，音節，語彙の同時獲得にまで拡張されたバブリング発達モデルを紹介しておく．ヒューマノイドロボットASIMOで音素学習と語彙学習を子どものように発達させるBrandlら（2008）の研究がある．また，関連する研究として，ACORN欧州プロジェクトの実験がある（Driesen, ten Bosch, and van Hamme 2009; ten Bosch and Boves 2008）．Brandlらの研究は，音声を単語に分割する問題を扱ったもので，8ヶ月齢の乳児を減算の原理により新しい言葉を学ばせるものである（Jusczyk 1999; Bortfeld et al. 2005. 表7.2参照）．

Brandlら（2008）のモデルの音声獲得は，3層構造のフレームワークに基づいている．最初に，ロボットは，生の音声を聞くことで，音素と**音素配列モデル**の表現を発達させていく．次に，**音節表現モデル**が，音素配列モデルによって，そして乳児に向けて発声された音声の特徴によって，音節の制約に基づいて学習されていく．最後に，ロボットは，幼い乳児の言語発達の音節知識と語獲得原理に基づいて語彙を獲得していくことができる．この階層的なシステムは，接続されたHMMシステムにより実行される．これは音素，音節，語彙レベルでの不完全な音声単位表現の統計情報を使っている．

生の音声データは，孤立した単音節の語から，多くの複音節語からなる複雑な発話まで，異なる複雑さを持つ音声部分からなっている．モデルは，最初に音声部分を一状態のHMM

第7章　初めての語

の高い頻度の結合によって音記号列に変換する．この音表現は，言語の音素配列，つまり特定の言語で音素構造の規則を学習する必要条件となる．ロボットは，音素配列モデルを使って，音節モデルを音素HMMの連鎖として学習する．初期の音節獲得を促進させるために，入力する音声にはときどき孤立した単音節の語を含める．分割の発達原理は，初期の音節知識を探索して，新しい音節知識を作るために使われる（Bortfeld et al. 2005）．Brandlらは，"asimo"という言葉を複数の音節に分割する例を用いて，このようなブートストラップメカニズムを説明しようとした．ロボットがすでに"si"という音節を獲得していると仮定しよう．"asimo"という新しい語が入力されると，モデルはすでに知っている音節[si]を検出することから始める．そして，この検出された音節を減算して，[a][si][mo]という配列を生成する．これでロボットは[a]と[mo]という2つの新しい音節を学習できるようになる．このような段階的な手法を用いて，ロボットは複雑で豊かな音節要素を獲得していく．これで，物体の名前など，さらに複雑な音節の連続を学習していくことができる．

　Brandlら（2008）は，ASIMOを使い，この手法を使って，言語接地実験において，単音節の語だけだが，音声抽出と音節使用のモデル化を行った．ASIMOはオブジェクトを認識でき，オブジェクトの動き，高さ，表面形状などの特徴を検出でき，ロボットの上半身に対するオブジェクトの位置関係を検出できる．指さしやうなずきなどの動作によって，人間の参加者とコミュニケートすることもできる（Mikhailova et al. 2008）．音声の抽出と語の学習実験の間，ロボットは最初に，オブジェクトの高さなど，名前づけすべき特徴の1つに注意を注ぐ．この特徴の名前を学習するには，2回から5回，新しい語を繰り返す．音声の抽出メカニズムと新奇性検出メカニズムを使って，偶発的な言語インタラクションと身振りインタラクションだけで，20個ほどの語を学習することができた．ドイツのホンダ研究所でASIMOを使って行われた研究では，このような言語発達メカニズムの拡張，そして脳の機能から着想を得た学習アーキテクチャを使うことに焦点が当てられている（Mikhailova et al. 2008; Glaser and Joublin 2010）．

　このASIMOの実験は，子どものような学習メカニズムに基づいた音素発達と語の獲得の間の相互作用の探索を提案している．次の節では，語の獲得のさまざまな発達ロボティクスモデルを紹介する．その多くは，参照接地能力と記号接地能力の獲得に焦点が当てられている．

7.3　オブジェクトと行為に名前づけするロボット

　発達ロボティクスにおける語彙発達の最近の研究の多くは，環境の中にあるオブジェクトに名前をつけ，その特徴（例：色，形，重さ）にラベルをつける単語の獲得をモデル化している．ロボットや人間によって演じられた行為に名前をつけることを学習するモデルは多く

ない（例えばCangelosi and Riga 2006; Cangelosi et al. 2010; Mangin and Oudeyer 2012）.

　この節では，はじめに，オブジェクトにラベリングする初期の単語を獲得する画期的なロボティクスモデルを紹介する．続いて，実験データとモデリングデータの有益な関係を紹介し，モディ実験の発達ロボティクス的な追実験と拡張実験を詳細に紹介する（7.1節，Box 7.1参照）．この児童心理学モデル研究は，認知における身体化の役割のモデル化，児童心理学文献からの実験データの直接的な利用，人間とロボットのオープンで力学的なインタラクションシステムの実装などの発達ロボティクスアプローチにおける中心的な問題に取り組んだものである．最後に，行為に名前づけをする語彙発達のロボティクスモデルに関する研究を紹介する．多くは言語学習に関連したものだが，発達研究の問題を解決しているものもある．

7.3.1　オブジェクトの名前づけの学習

　数多くの計算認知モデルが，（分類学習と語の学習のコネクショニズムシミュレーションに基づいているものが典型的だが）語彙発達のロボットモデルの設計に寄与した．例えば，Plunkettら（1997）のランダムな点を分類し名前づけをするニューラルネットワークモデル，Regier（1996）による空間を表現する語彙の学習のモジュラーコネクショニズムモデル，記号接地における分類知覚の役割のモデル（Cangelosi, Greco, and Harnad 2000），さらに実際の音声と画像データから画像とオブジェクトの関係を学習する最新のニューラルネットワークモデル（Yu 2005）もある．

　発達ロボティクスを発展させ，直接的に影響を与えている言語学習の計算モデルでのもう1つの重要な進展は，複数エージェント，複数ロボットの言語進化モデルに関する研究である（Cangelosi and Parisi 2002; Steels 2003）．これらのモデルは，文化的な進化，遺伝的進化による共有語彙の出現を研究し，条件設定手法と身体化手法を用いている．コミュニケーションに利用できる語彙がすでに十分に発達していたとしても，エージェント集団は，環境に存在する物体に対して文化的な名前の共有セットを進化させる．このような進化モデルは，Oudeyer（2006）やde Boer（2001）の音声模倣とバブリングの自己組織化モデルと同じように，言語の起源の生物学的な進化，文化的な進化に重要な示唆を与えてくれる．

　AIBOを使ったSteelsとKaplan（2006）の研究は，直接的に従来の進化モデルに基づいて構築された，初めての語の獲得についての最初の発達ロボティクス研究の一例であり，個体発生的な言語獲得のプロセスをモデル化している．この研究は，人間とロボットのインタラクションにおける言語ゲームを行う．言語ゲームは，環境を共有している2体の言語学習者（例：ロボットとロボット，あるいは人間とロボット）のインタラクションのモデルである（Steels 2003）．これは，話者と学習者がインタラクションの中で決められた手順を使う．例えば，「言い当て」言語ゲームでは，聞き手は，話し手がどのオブジェクトをさしているのかを推測しなければならない．この研究で使われた「分類」言語ゲームでは，聞き手は1

第7章 初めての語

図7.3 SteelとKaplan（2002）の3つの実験条件．(a) 社会的インタラクション学習．(b) 教師あり観察学習．(c) 教師なし学習．

つのオブジェクトだけを見ることができ，名前とオブジェクトの内的表現を関係づける学習をしなければならない．この研究では，AIBOは，赤いボール，黄色い笑顔の人形，プーチーというAIBOのミニチュアに名前づけを学習しなければならなかった．実験者は，「ボール」「笑顔」「プーチー」といった言葉を使って，ロボットがオブジェクトとインタラクションしたり，オブジェクトを見たりしている間に，それらの名前をロボットに教える．AIBOは，言語ゲームで，インタラクションを異なるフェーズに切り替えるためにあらかじめ定義された言葉（「立って」「見て」「はい」「いいえ」「よし」「聞いて」「それはなに？」）を認識できる．例えば，「見て」は分類言語ゲームの開始を示し，「それはなに？」はロボットの語彙知識を検証することに使われる．オブジェクトの分類には実例に基づいた手法が用いられ，オブジェクトの複数の実例（見方）を使い，最近傍法アルゴリズムにより分類される．それぞれの画像は，RGB値の16×16の二次元のヒストグラムにコーディングされる．ここでオブジェクト画像のセグメンテーションは行われない．市販の音声認識システムが使われ，3つのオブジェクトの名前とインタラクションのための単語が認識される．言葉とオブジェクトの関連付けと学習は，言葉とオブジェクトの見かけと単語を関連させるメモリマトリクスによって行われる．学習している間，「はい」「いいえ」の言葉が，それぞれ視野の中のオブジェクトと耳にした言葉の関係度合いを増加／減少させていく．

3つの異なる条件が，言語学習実験のために設定された（図7.3）．(1) 社会的インタラクション学習，(2) 教師あり観察学習，(3) 教師なし学習．

最初の条件下（社会的インタラクションの学習），すなわち，完全に状況の中に完全に埋め込まれ身体性に基づいたインタラクションにおいて，ロボットは，実験者，3つのオブジェクト，周囲の部屋のレイアウトとインタラクションをするために，注意機構を用いる．実験者とロボット両方の動機システムに基づいた人間とロボットの言語ゲームでは，3つのオブジェクトの名前がロボットに教えられる．第二の条件下（教師ありの観察学習）ではロボットは，その動機システムに従って巡回するままにされ，人間の実験者はロボットが3つの目標オブジェクトのいずれかに偶然遭遇したときだけ，言語教示者として振る舞う．これにより，オブジェクトの見た目と名前の発話音声の対が作られ，教師ありの学習に使われる．最後の3

7.3 オブジェクトと行為に名前づけするロボット

つ目の条件（教師なし学習）下ではロボットは停止して，オブジェクトの画像が与えられ，教師なしのアルゴリズムによって，画像の中に何が映っているのかを特定する．

　この研究は，個別の学習ではなく，社会的な学習こそが子どもの初期の語彙を生み出し，初期の意味は条件と文脈に依存するという仮説を検証するものである．これは第1章で述べたように，発達ロボティクスの原理ときわめてよく一致している．実験データも明らかにこの仮説を支持している．社会的インタラクション学習の条件下で，言語ゲームを150回繰り返すと，AIBOは3つのオブジェクトの名前を82%の確かさで覚えることができた．赤いボールではもっとも成功して92%だった．関節のある人形や小さなロボットの複製である他の2つに比べて，単純で赤いオブジェクトの認識が簡単であることが理由である．観察学習の条件下では，実験者はロボットが偶然遭遇したときだけオブジェクトの名前を教えるという受け身の役割で，名づけ率の平均は，59%という低いものだった．最後の，教師なし学習の条件下では，分類と名づけ成功率はもっとも低く45%だった．

　SteelsとKaplan（2002）は，分類アルゴリズムのダイナミクスの分析に基づき，社会的な学習条件下でもっとも成績がよかった理由を説明している．人間と完全なインタラクションをすることで，ロボットはオブジェクトの映像と名前と画像の実例をよりうまく集めることができる．観察学習条件下では，実験者の役割が減り，受け身になるので，指導のないインタラクション中に集められるオブジェクトの画像データの質が下がってしまう．社会的インタラクションは，学習空間と制約に関する探索を導き，支持する足場づくりのメカニズムであるかのように見えるのである．著者らが語っているように，「社会的インタラクションが，学習者を学ぶ必要がある物に集中させる」のである（前掲書, 24）．

　その他にも，必ずしも発達研究に関したものではないが，言語学習のモデルはさまざまなものがある．例えば，BillardとDautenhahn（1999），Vogt（2000）の研究はいずれもモバイルロボットを使って，語彙の接地を研究したものである．Royら（Roy, Hsiao, and Mavridis 2004）は，RIPLEYロボット（手首にカメラのついた腕だけのロボット）に，インタラクションする物理世界の状態を類推する心理モデルに基づいて，物体とその特徴に名前をつけさせた．

　最近では，語彙学習のモデルは発達研究の課題と仮説に直接挑戦し始めている．このような研究の最初のモデルはLopesとChauhan（2007）の研究で，言葉の段階的獲得の力学的分類システム（One Class Learning System：OCLL）について研究したものである．この研究は，具体的なオブジェクトの名前づけでの語彙発達の初期段階を研究したもので，初期に名前づけされるオブジェクトの形状的な特徴の身体的言語学習バイアスを直接参照するものである（Samuelson and Smith 2005）．この発達ロボティクスモデルは，腕の操作プラットフォームに基づいていて，分類の境界を動的に調整していくことで6から12個の名前の語彙を段階的に発達させていく．形状分類バイアスに基づいて，ペンや箱，ボール，コップなどのオブジェクトの名前を認識することの学習に成功し，オブジェクトの中から名前づけ

第 7 章　初めての語

された目標物を拾い上げることにも成功した．言語発達が，動的でオープンエンドな語彙の増加であることから，オープンエンドの OCLL アルゴリズムを使うことが特に適している．しかし，この学習アルゴリズムの性能は，語彙が 10 程度より上になると落ちてしまった．さらに，この研究は，一般的な子どもの発達の原理を参照しているものの，最新の仮説と議論に特に取り組んではいない．

　語彙発達のより最近の発達ロボティクス研究は，7.1 節で述べたように，モディ実験の実験パラダイムを使って，児童心理学研究の模倣と拡張を直接目標にしている（Smith and Samuelson 2010; Baldwin 1993）．このモデルについては，以下の節でより詳しく触れ，言語獲得の発達モデルについて詳しい実例を示すことにする．

7.3.2　iCub モディ実験

　Box 7.1 で紹介したモディ実験は，言語獲得の身体性原理に直接基づいたもので，身体の姿勢が，言語情報と視覚情報を結びつける中心になっているという仮説を強く支持するものである（Smith 2005; Morse, Belpaeme et al. 2010）．例えば，Smith と Samuelson（2010）は，座った状態から立ち上がるなどして，姿勢が大きく変わると，言葉とオブジェクトの関係性効果が阻害され，最初の実験での成績をチャンスレベルまで下げてしまうことを報告している．モディ実験（Morse, Belpaeme et al. 2010）の発達ロボティクス研究では，この身体性原理がそのまま現れ，ロボットの姿勢の情報が，経験を通してさまざま感覚からの情報を結びつける「ハブ」として機能している．この身体的なハブを通した情報の結合により，モダリティ間における，信号の拡散と情報のプライミングが可能になっている．

　発達ロボティクスのモディ実験では，ヒューマノイドロボットプラットフォームである iCub が用いられた．初期の iCub 実験は，神経学習システムを調整できるオープンソースの iCub シミュレータ（Tikhanoff et al. 2008, 2011）を使ったシミュレーションが行われたが，ここでは実際のロボットを用いた実験について紹介する（Morse, Belpaeme et al. 2010）．

　ロボットの認知アーキテクチャは，神経アーキテクチャと包摂アーキテクチャのハイブリッドで，Morse ら（Morse, de Greeeff et al. 2010）によって提案された ERA 認知アーキテクチャに基づいている（図 7.4）．相互に接続された 2D の自己組織化マップ（self-organizing maps: SOM）の集合を用いて，姿勢ハブを通じて，オブジェクトと単語の関連性を学習する．特に，視覚的 SOM は，iCub のアイカメラ（中心窩の標準 RGB 色）からのデータ入力により，色によってオブジェクトを分類するように訓練される．姿勢「ハブ」に対する SOM はロボットの関節角度を入力として用い，姿勢の形態的表現を生成するように訓練される．頭の自由度は 2（上下と左右），目の自由度は 2（上下と左右）である．聴覚入力マップは，その単語を聞いたときだけ活性化される単語ノードの集合として抽象化される．このような単語の単位は，10 単語で訓練された音声認識システムにより活性化される．

　神経モデルは，包摂アーキテクチャの上層を形成している（Brooks 1986）．下層は，隣

7.3 オブジェクトと行為に名前づけするロボット

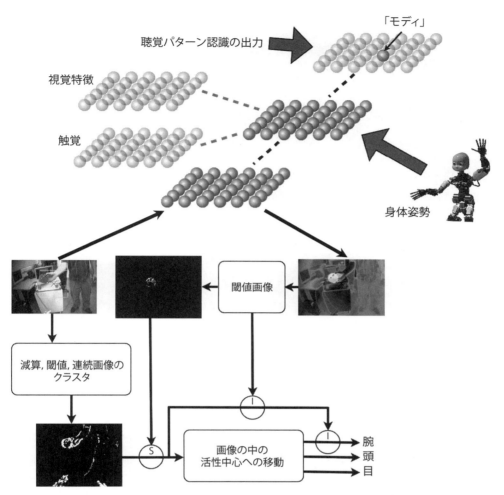

図7.4 ロボットの認知システムのアーキテクチャ．上図は，単語とオブジェクトの連合を学習するニューラルネットワーク制御器を図解したもの．下図は，実験の異なる局面で行動を切り替えるサブサンプションアーキテクチャ．

接する映像間の変化領域を結合するために全体の画像をスキャンし続ける（図7.4）．ロボットは，眼球の速いサッケード運動と頭のゆっくりとした回転で，映像の中心で変化領域（閾値以上）が最大になる位置に向かうようになっている．この運動顕著性のメカニズムは，神経モデルとは独立して操作され，運動システムを駆動して運動顕著性画像を生成する．この運動顕著性画像は，神経モデルが予測する色ともっとも適合する領域の方向へ動かすために，カラーフィルタ画像に置き換えることができる．

　SOMはヘッブ型連想結合によって接続されている．ヘッブ結合の重みづけは，実験中にオンラインで学習される．同じマップで同時に活性化されたノード間の抑制的競合は，相互活性化競合（Interactive Activation and Competition: IAC）モデル（McClelland and Rumelhart 1981）と同様の動的な複数のノード間の関係を調整する．これらのマップはロボッ

第7章 初めての語

図7.5 iCubロボットを使ったモディ実験の手順（Morse, Belpeame et al. 2010より引用）．

トの経験を通して，リアルタイムに結合されるので，特定の空間位置で遭遇するオブジェクト間に強い接続が作られ，その結果，類似した姿勢でも接続が作られる．同様に，「モディ」という言葉を耳にしたときも，同時に活性化している身体姿勢ノードと関係づけられる．競合がそれぞれのマップ内のノード間で生じ，マップ間では起きないのであれば，色マップにおける連続的な活性に比べて単語ノードの活性の相対的な頻度の低さは問題にはならない．実験の最後で，ロボットは「モディはどこ？」と尋ねられたとき，「モディ」という単語のノードの活性が，関連する姿勢に伝搬し，さらにその姿勢に関連した色マップノードに伝搬する．その結果，色マップに特定のノードが作られる．このようにして単語に特徴づけられた色が，全体画像をフィルタするのに使われ，ロボットはこの色にもっともよく合うような画像領域に視野の中心がくるように姿勢を調整する．これは画像の中の変化領域を検出して動くのと同じメカニズムを使って行われ，運動顕著性画像をカラーフィルタ画像に置き換える．ロボットはカラーフィルタ画像のもっとも明るい領域を見るように動く．

　無数の構築された関係が，反ヘップ学習がなく，変化する環境の中で増加していくことを考えると，身体姿勢の大きな変化は，座った姿勢から立ち上がるなどの変化のある心理学実験での空間バイアスを打ち消すため，このような連想接続を弱めるきっかけとなる．加えて，正しいオブジェクトが選択されたという外部状況が，言葉と色マップの間に直接築かれる，あるいは2つ目のパターン認識に基づく「ハブ」を通し，より恒久的な接続を作ることになる．ヘップと競合的SOM学習は，表7.2で述べた相互排他的原理を備えている．

　このモデルは，7.1節（Box 7.1）で述べたSmithとSamuelson（2010）の4つの児童心理学実験の各条件を再現するのに使われた．図7.5は，モディ実験の1「スイッチなし」条件での主な段階の画像である．

　各実験の各条件で，ロボットが「モディはどこ？」と尋ねられる最終段階の後，どのオブジェクトが視野の中心にあるかが記録された．実験1のスイッチなし条件では，試行の83%でロボットは空間に関係づけられたオブジェクトを選んだが，ほかの試行では空間的に関係づけられていないオブジェクトを選んだ．これは，同じ条件の人間の実験で，71%の子どもが空間に関係づけられたオブジェクトを選んだという結果と類似している（Smith and Samuelson 2010）．

　スイッチ条件で，オブジェクトと場所の関係の一貫性を減らした場合は，空間的なプライ

7.3 オブジェクトと行為に名前づけするロボット

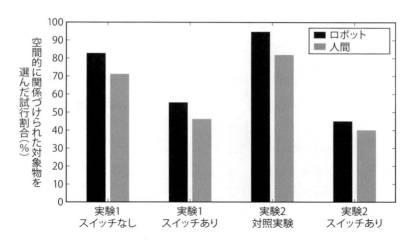

図7.6 ロボット実験とベンチマーク実証実験の結果の直接比較（Smith and Samuelson 2010）．Morse, Belpeame et al.（2010）より引用．

ミング効果が明らかに弱くなり，空間に関連づけられたオブジェクトがロボットの視覚の中心にくることで終わる確率が単なる偶然の確率に近い55％に近づいていく．残りの試行では，他のオブジェクトが選ばれた．実験3と実験4では，オブジェクトを注視しながらラベルづけをした．この場合，対照群は試行の95％でラベルされたオブジェクトを選んだが，スイッチ条件下では，45％しか選ばれなかった．そのほかの試行では，すべてで他のオブジェクトが選ばれた．この結果は，図7.6で人間の子どものデータと比較できる．

ロボット実験結果と子どもの実験結果の一致は，SmithとSamuelson（2010）によって報告され，身体姿勢が名前とオブジェクトを初期の関係をつける中心になっているという仮説を支持し，この実験で観測された空間バイアスを説明することができた．ここでの妥当性とは，さまざまに条件を変えた人間とロボットの実験での成功率の絶対値ではなく，相対的な結果のパターンが一致するということである．図7.6にあるように，ロボットのデータは，人間のデータよりも空間的に関連づけられたオブジェクトへのやや強いバイアスを生み出すが，これはロボットモデルがこの課題でのみ学習されているということが原因である．この一致はロボットに認知アーキテクチャを実装することで，身体姿勢と単語学習を統合できるという妥当性を支持していて，身体性に基づく言語学習の認知メカニズムの存在可能性を示している．

さらに，このモデルは，空間身体性バイアスと語彙学習との関係についての心理学における新たな予測を導く．実験の異なる段階（SmithとSamuelsonにより議論された，座る姿勢と直立姿勢に対応する）でのiCubのさまざまな姿勢設定を，乳児は自分の学習課題を組織化するときの戦略として使う．例えば，モディ学習課題に2つ目の阻害課題を加え，2つの課題のそれぞれに座る姿勢，直立の姿勢を用いると，ロボット（と子ども）は，姿勢の違いにより，2つの認識課題を区別し，阻害要因を回避できるようになる．このロボット実験

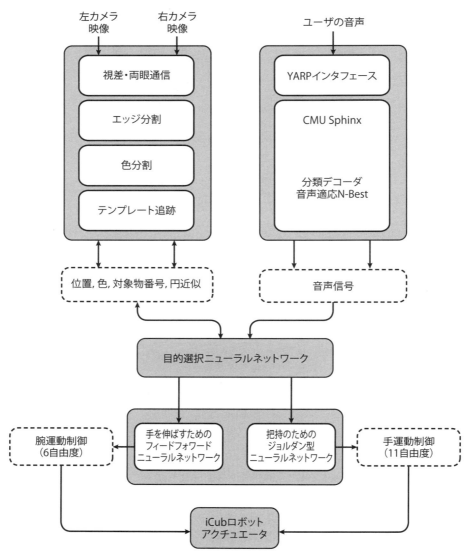

図7.7 Tikhanoff, Cangelosi と Metta（2011）の言語学習実験の認知アーキテクチャ．

により示唆される予測は，インディアナ大学のBabyLabで行われた乳児の新しい実験で検証されている（Morse et al. 2015）．

7.3.3 行為の名前づけの学習

　最新の言語獲得の発達ロボティクス研究は，動かないオブジェクトの名前づけを超えた進展をしている．これは状況依存的学習と身体的学習が発達ロボティクスの基本原理であり，ロボットが積極的に学習シナリオに参加することができ，言語インタラクションに応答して行為やオブジェクトの操作の名前づけをすることができるからである．この言語システムと

7.3 オブジェクトと行為に名前づけするロボット

図7.8 運動学習中のiCubシミュレータ画面.（左）運動バブリング学習中の150の腕の最終位置.（右）iCubの手の6つの触覚センサの位置.

知覚運動システムの緊密な相互作用は，特に認知科学，神経科学の分野で研究されてきて（例えばPulvermuller 2003; Pecher and Zwaan 2005），発達ロボティクスの現在の進展にも影響を与えている（Cangelosi et al. 2010; Cangelosi 2010）.

iCubロボットのシミュレーションによる言語学習モデルは，オブジェクトと行為の名前づけによる語彙の発達に焦点が当てられていて，語彙の組み合わせにより，"pick_up blue_ball"のような単純な命令が理解できるようになることに焦点が当てられている（Tikhanoff, Cangelosi, and Metta 2011）．この研究は，発達ロボティクスに関係したさまざまな知覚学習と運動学習，言語学習の統合の例として，後に詳しく紹介する.

Tikhanoff，CangelosiとMetta（2011）は，ニューラルネットワークと視覚・音声認識システムに基づいたモジュール認知アーキテクチャを使い，iCubのさまざまな認知能力，知覚運動能力を制御し，それを統合してオブジェクトと行為に名前をつけることを学習させた（図7.7）．iCubの運動は，2つのニューラルネットワーク制御に基づいており，ロボットの身体近傍空間のオブジェクトに手を伸ばし，片方の手でオブジェクトを握ろうとする．手を伸ばすモジュールは，フィードフォワードのニューラルネットワークを使い，誤差逆伝播アルゴリズムで訓練される．ネットワークへの入力はロボットの手の3つの空間座標（x，y，z）のベクトルで，0と1の間に正規化されている．この座標は，テンプレートマッチング法と奥行き推定に基づき，視覚システムで決定される．ネットワークからの出力はロボットの腕の5つの関節の角度のベクトルである．訓練として，iCubは，それぞれの関節の空間的な設定と制限の中で運動バブリングをしながら，5,000のランダムな手順を生成する．手順の生成が終わると，ロボットはその位置に到達したときの手と関節の座標を決定する．図7.8（左）は，150のロボットの手の最終位置を四角として示している.

把持モジュールはジョルダン・リカレント・ニューラルネットワークであり，これがオブジェクトをつかむことをシミュレートする．入力層は，手のタッチセンサの状態ベクトルで（図7.8右），出力は，8つの指関節の正規化された角度である．出力ユニットの活性化値は，

第7章 初めての語

ジョーダン文脈ユニットを通じて，入力層にフィードバックされる．把持ニューラルネットワークの学習は，オンラインで行われ，学習用の教師データを事前に用意する必要はない．アソシエイティブ・リワード・ペナルティ・アルゴリズムに基づき，オブジェクトに対する指の位置を最適化するようにネットワークの接続重みづけを調整する．学習中，オブジェクトはiCubシミュレータの手の下に置かれ，ネットワークは結合活性を最初はランダムに初期化する．指の動きが生じる，あるいはセンサ活性化トリガーにより停止されると，重力がオブジェクトに影響を与えるようにして，握る動作が検証される．手の中にオブジェクトが長く留まる（最大250タイムステップ）ほど，高い報酬が与えられる．オブジェクトが手からこぼれ落ちた場合は，握る行為が成功しなかったということで，負の報酬がネットワークに与えられる．手を伸ばすネットワークと把持のネットワークは，言語を導入する前に学習され，手を伸ばして物体を操作するために使われる．

ロボットの眼の中心窩にあるオブジェクトの画像入力処理は，カラーフィルタと形状分類（曲率値）による物体の分節化の標準的なアルゴリズムにより行われる．言語入力は，iCubシミュレータに実装されたSphinx音声認識システムにより処理される．

言語的な命令に応答するためのさまざまな処理能力を統合する中心モジュールは，目的選択ニューラルネットワークである．これはコネクショニズムに基づくオブジェクトの名前づけ実験で使われるフィードフォワードネットワークと同様のアーキテクチャである（例えばPlunkett et al. 1992）．このネットワークへの入力は，オブジェクトの大きさと位置をコーディングした7つの画像特徴と，音声認識システムにより活性化された言語入力ユニットである．出力層は，4つの行為を選択する4つのユニットになっている．「停止状態」「手を伸ばす」「握る」「落とす」の4つである．もっとも活性化された出力行為ユニットが，手を伸ばすモジュールと把持モジュールを活性化させ，それぞれが別々に学習される．目的選択ネットワークの学習中，ロボットは音声信号とともにオブジェクトを見せられる．青いオブジェクトを扱う命令は，"Blue_ball", "Reach blue_ball", "Grasp blue_ball", "Drop blue_ball into basket"などである．このネットワークは，5,000回もの命令とオブジェクトの組み合わせによって学習される．最終的な検証では，iCubが4つの行為の名前とオブジェクトの名前のすべての組み合わせに正しく対応できるようになった．

Tikahnoff, CangelosiとMetta（2011）によるヒューマノイドロボットiCubを用いた言語理解のモデルは，視覚と行為，言語の発達実験のための統合認知アーキテクチャの妥当性を与えている．このモデルは，単語の組み合わせによる単純な文を学習し使用することもできる．しかし，この単語の組み合わせでは，文法的な言語のすべてに対応できるわけではなく，新しい単語の組み合わせに対して，学習した行動を一般化することができない．ニューラルネットワーク制御器をすべての可能な言葉の組み合わせに対して訓練しておく必要があるのである．この研究での複数語の文は，典型的な子どもの2歳くらいの発達段階で見られる二語文やより多くの単語の生み合わせによる文よりは，1歳の子どもの一語文によく似て

いる．次の節では，文法能力の獲得を研究する発達ロボティクス研究を紹介する．

行為を表す単語の言語接地の同様な認知アーキテクチャを提案している関連研究もある．例えば，ManginとOudeyer（2012）は，複雑な準記号的運動行動と複雑な言語記述のペアを用いて，いかに新奇性があり，まだ学習されていない組み合わせが学習され，認識，理解のために再利用されるかを研究するモデルを提案している．CangelosiとRiga（2006）は，複雑な行為の言語的な模倣を通じて獲得する経験主義的なロボットモデルを提案している（8.3節参照）．Maroccoら（2010）は，行為の単語を知覚運動表現に接地して，動詞の文法的な分類を発達的に探索することのモデル化を目指した．彼らはiCubのシミュレータを使って，ロボットに，生じる力学的事象を表現する行為（例：サイコロをテーブルの上に置く，転がるボールを叩く）の単語の意味を教えた．異なる形と色の新奇性のあるオブジェクトに対する行為の生成実験の結果，行為の単語の意味は感覚運動のダイナミクスに依存していて，オブジェクトの視覚的特徴には依存していないことが明らかになった．

7.4 ロボットによる文法学習

子どもの言語獲得には，基礎的な音韻学習能力と単語学習能力が必要である．表7.1で示したように，単純な2つの単語の組み合わせは18ヶ月齢前後で現れる．これは，子どもの語彙が急激に増加する語彙爆発の時期に近い．さきほど触れた語彙獲得の発達ロボティクス研究，少なくともロボット自身の知覚運動経験に直接接地した語彙の学習のモデル化を行っているロボティクス研究において，語彙爆発現象が引き起こされるまでには至っていない．しかし，語彙は少ないが，文法の発達現象を研究するモデルも提案され始めている．このような文法学習モデルには，意味の構成性の出現に焦点を当てているものもある．つまり，複数の言葉の組み合わせの文法的な構成である（Sugita and Tani 2005; Tuci et al. 2010; Cangelosi and Riga 2006）．その他のものは，複雑な文法メカニズムのモデル化を目指していて，可塑的構文文法のロボティクス実験を行っている（Steels 2011, 2012）．これにより，動詞の時制と形態論のような文法的な特徴を研究できるようになる．いずれの手法も，認知言語学，および言語に対する身体的アプローチとの整合が取れている．ここでは，文法獲得に設置する2つの分野での進展を詳しく紹介する．

7.4.1 意味の構成性

杉田と谷（Sugita and Tani 2005）は，意味の構成性のモデルを最初に開発した．彼らの認知ロボットは，行為の構成的な構造を使って，新しい単語の組み合わせを生成する能力を持っている．構成性とは，意味の構造（空間的なトポロジー）と言語の構造（文法）の等尺写像のことであり，この写像は，全体の意味を構成する根底にある個々の意味の組み合わせ

第7章 初めての語

図7.9 杉田と谷 (Sugita and Tani 2005) の腕のあるモバイルロボットと3つのオブジェクトの俯瞰写真．

を反映した言葉の組み合わせを生成することに使われる．3つのエージェント（ジョン，メアリー，ローズ）と3つの行為（愛する，嫌う，好む）から構成される単純な意味空間を考えてみよう．意味は，それぞれに3つの名詞（ジョン，メアリー，ローズ）と3つの動詞（愛する，嫌う，好む）に等尺に写像される．構成性によって，話者は「名詞・動詞・名詞」のどのような組み合わせでも生成することができる．「ジョン，愛する，メアリー」「ローズ，嫌い，ジョン」などで，文は「エージェント・行為・エージェント」の組み合わせに直接写像される．

杉田と谷 (Sugita and Tani 2005) のロボットによる実験では，事前の語彙と文法知識がない状態での，構成的な意味と語彙の出現が研究された．Kheperaと似たモバイルロボットが用いられた．これは2つの車輪と，1本の腕，カラー視覚センサが備えられ，車輪と腕には3つのトルクセンサが備えられている（図7.9）．環境は，3つの色つきボール（赤，青，緑）が床の上の異なる場所に置かれた（視野の左側に赤いボール，視野の中心に青いボール，視野の右側に緑色のボール）．ロボットは，3つの行為（指さす，押す，叩く），いつも同じ位置（左，中，右）にある3つのオブジェクト（赤，青，緑）による9つの可能な行動に対応できる．表7.4（大文字）に，9つの可能な行動を示した．この表には，可能な言語的な組み合わせも示している（小文字）．

ロボットの学習システムは，2つの対になったパラメトリックバイアス付きのリカレントニューラルネットワーク（Recurrent Neural Network with Parametric Bias: RNNPB）から構成されている．1つは言語モジュールのためのもので，もう1つは行為運動モジュールのためのものである．RNNPBは，コネクショニズムアーキテクチャで，ジョルダン型リカレントニューラルネットワークに基づいており，行動時系列を活性化する入力状態の圧縮表現

7.4 ロボットによる文法学習

表7.4 杉田と谷 (Sugita and Tani 2005) の動作記述（大文字）と言語記述（小文字）．アンダーラインのあるものは学習中には使われず，汎化段階検証でネットワークに入力される．

	指さす		押す		叩く	
	動作	言語	動作	言語	動作	言語
赤	POINT-R	"point red"	PUSH-R	<u>"push red"</u>	HIT-R	"hit red"
左		"point left"		<u>"push left"</u>		"hit left"
青	POINT-B	"point blue"	PUSH-B	"push blue"	HIT-B	"hit blue"
中央		"point center"		"push center"		"hit center"
緑	POINT-G	<u>"point green"</u>	PUSH-G	"push green"	HIT-G	"hit green"
右		<u>"point right"</u>		"push right"		"hit right"

となるパラメトリックバイアスのベクトル（同時に学習される）を用いる (Tani 2003)．この実験では，誤差逆伝播アルゴリズムに基づいてネットワークが学習すると，表7.4のような3つのオブジェクト／位置に対する行為の教示が行われる．言語ユニットと運動ユニットは，それぞれ学習する単語と動作の時系列をエンコードする．2つのPNNPBモジュールは，それぞれの動作と単語の時系列に対して同じパラメトリック・バイアス・ベクトルを生成するように学習される．

ロボット実験は2つの段階に分割されている．学習と汎化である．学習段階ではロボットは，文と動作の時系列の関係を獲得する．テストでは，(1) 学習中に使われた文，(2) もっとも重要な新奇性のある単語の組み合わせの2つを認識して，正しい動作を生成する能力を検証する．14のオブジェクト／行為／位置の組み合わせが学習中に使われ，4つは汎化段階のために残される．

学習が成功すると，汎化段階では，残されている4つの新奇性のある文がロボットに与えられる．"point green"，"point right"，"push red"，"push left"である．観察されたロボットの行動の結果は，言語モジュールが背後にある構成性の文法を正しく獲得したことを示している．ロボットは，文法的に正しい文を生成することができるようになり，POINT-G，PUSH-Rの動作を見せられることでそれを理解することができるようになる．この汎化能力は与えられた文と一致する動作の生成のために正しいパラメトリックバイアスのベクトルで実現される．さらに，パラメトリックバイアスのパラメータ空間を分析することにより，動詞・名詞の構成性に関する知識を表す，ロボットのニューラルネットワークにおける内部状態を詳細に分析することが可能となる．図7.10は，全部で18の文章の中から選択した2つのパラメトリックバイアスノードに対する表現構造を示している．また，動詞と名詞に対する分割された部分構造も示している．特に，動詞と名詞の部分構造での一致は，意味論的，文法的構造の組み合わせが，ロボットのニューラルネットワークによりうまく抽出されたことを示している．図7.10aのグラフでは，4つの新奇性のある文に対するベクトルは，構成性を表す動詞・名詞空間の中の正しい位置にある．例えば，"push green"のパラメトリック

第7章 初めての語

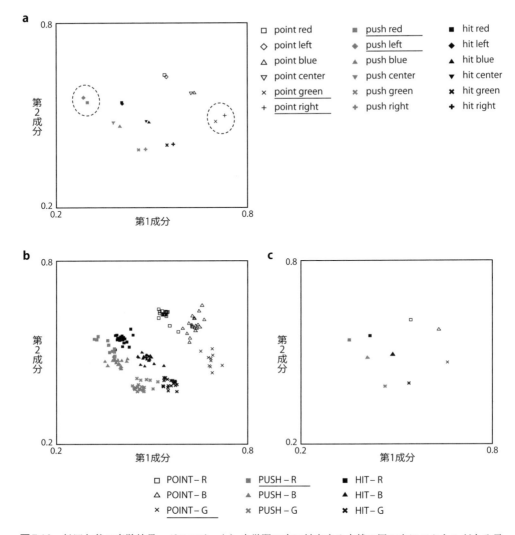

図7.10 杉田と谷の実験結果．グラフは，(a) 未学習の文に対応する点線の円の中にベクトルがある言語モジュールでの文の認識に対するPBベクトル．(b) 行動モジュールで動作時系列に対するPBベクトル．(c) 各動作カテゴリの平均PBベクトル．

バイアスのベクトルは，"push"と"green"の部分構造が交差するところにある．

　このような分析は，学習した文から可能な構成的特徴を抽出することで，文が汎化されたことを示している（さらなる詳細と分析はSugita and Tani 2005参照）．結局，このロボットモデルは，文法の構成性が行動表現と認知表現を組み合わせることから発現可能である構成主義心理学の仮説を支持している．次の節では，拡張された文法表現能力が，どのようにしてより複雑な文法構造の発達的獲得を支持するのかを見ていく．

7.4.2 文法の学習

文法知識の発達研究におけるロボット実験の重要なフレームワークは，Steels（2011, 2012）により開発された可塑的構文文法（Fluid Construction Grammer: FCG）である．FCGは，認知構文文法を，オープンエンドで接地する会話を扱えるようにした言語形式論で，言語学習のロボット実験で用いられる．この形式論は，もともと言語の文化的進化の実験のために開発されたが，状況依存的，身体的ロボットのインタラクションでの文法概念の接地問題に焦点を当てた言語発達研究にも適している（Steels 2012）．ここでは，FCG形式論のいくつかの特徴をし，ドイツ語の空間的語彙と文法の獲得のFCGロボット実験の例を示す（Spranger 2012a, 2012b）．

FCGを概観するために，Steelsとde Beule（2006）の研究を紹介するが，Steels（2011, 2012）のFCG形式論の記述も参考にする．FCGは手続き的意味論手法を使っている．すなわち，発話の意味を，それを聞いているエージェントが実行できる手続きに対応づけるものである．例えば，"the box"という句を聞いたエージェントが，話者が示した箱というオブジェクトの知覚体験を，内的カテゴリ（プロトタイプ）表現に対応してマッピングできるということである．この手続き的形式論は，IRL（Incremental Recuitment Language）と呼ばれる制約プログラミング言語に基づいている．これは必要なプランニングや，チャンキング，制約ネットワークの実行メカニズムを有する．FCGは，構造を持った発話の情報も組織化できる．例えば，"the box"では，Steelsとde Beule（2006）は次のようなIRL構造を用いた．

(equal-to-context ?s) （1）

(filter-set-prototype ?r ?s ?p) （2）

(prototype ?p **[BOX]**) （3）

(select-element ?o ?r ?d) （4）

(determiner ?d **[SINGLE-UNIQUE-THE]**) （5）

これらの要素は，基礎的な認知演算子を備えた原始的な制約である．（1）のequal-to-contextは，現在の文脈の要素で，それを?sに結びつける．（2）のfilter-set-prototypeは，プロトタイプの?pでフィルタリングされ，（3）で[BOX]に拘束される．（4）のslect-elementは，?rから?oまでの要素を選び，?dを決定し，（5）の[SINGLE-UNIQUE-THE]に拘束される．?rは，冠詞の"the"を使うことで，話者が参照する唯一の要素となる（不定冠詞のanではない．これは一般的なオブジェクトに使われる）．

図7.11は，"the ball"という発話の意味論構造（左）と文法構造（右）の対応を示している．この特徴に基づく表現システムでは，単位に名前があり特徴がある．

FCGの規則（テンプレートとも呼ばれる）は，可能な意味マッピングの制約を示している．規則は2つの部分に分かれる（左右列）．左部分は，変数つきの特徴構造として形式化され

第7章 初めての語

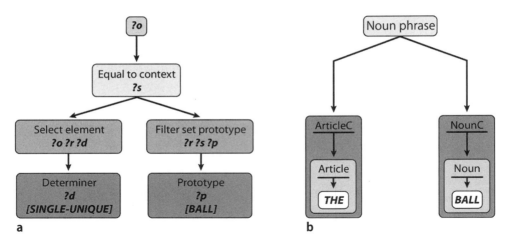

図7.11 Steelsとde Beule（2006）における意味論構造の"the ball"の制約プログラムの単純化FGC分析（a）．関連する文法構造（b）．

図7.12 Spranger（2012a）のQRIOロボット（中）を用いた空間表現言語ゲームの設定と2体のロボットの心理表現（左右）．

た意味論構造である．右部分は，文法構造で，これも変数つきの特徴構造として形式化される．例えば，さまざまなタイプの規則の中で，**con規則**は文法構造の部分と意味論構造の部分を関係づけさせる文法構造に対応している．このような規則は，言語の生成と解析の際のUnify演算子，Merge演算子により使われる．一般的に，単一化段階は規則が起動されたかどうかを検査するのに使われ，結合段階は規則の実際の適用を示している．例えば，言語の生成では，左の列は可能な結合の集合を生み出しながら構築中の意味論構造に統合される．理解と解析の間，右の列は文法構造に統合され，左部分の一部は意味論構造に加えられる．con規則は，すべての文法表現のすべての複雑さのレベルを含む高次元の構造を構築することに使われる．

FCGが実際のロボット言語実験でどのように働くかを示すために，ドイツ語の空間用語における文法の獲得研究の実例を紹介する（Spranger 2012a）．これは，ヒューマノイドロボットQRIOを用いて行われた実験である．ロボットは空間表現言語ゲームを行い，その中で，共有しているコンテキストの中でオブジェクトを特定しなければならない．環境は，2体の

ロボット，同じ大きさ，色の複数のブロック，壁にはランドマーク，前面に視覚的タグがつけられた箱となっている（図7.12）．

FCGは言語の文化的進化のモデル化のために開発されたものだが，ここでは，実験者によって意味と言葉があらかじめ定義（この場合は，ドイツ語の空間用語）されたときの，話者と聞き手の実験を紹介する．それぞれの言語ゲームの間，話者が最初に聞き手の注意を空間記述を使ってオブジェクトに引きつけ，それから聞き手は，話者が示していると思われるオブジェクトを指さす．ロボットの身体的機能（例：距離と角度の知覚）が，「近位分類」（「近い」「遠い」の副分類に分けられる）と「角分類」（前後，左右，上下，南北）のFCGの認知意味論的分類を決定する．空間用語を含む文は常にランドマークと参照の対を意味しているので，このような情報は，ランドマークの位置と参照しているオブジェクトの位置に写像される．

すべてのロボットは，次のような基本的なドイツ語の空間を表す用語の事前定義された空間的なオントロジーと語彙を持っている．*links*（左），*rechts*（右），*vorne*（前），*hinter*（後），*nahe*（近い），*ferne*（遠い），*nördlich*（北），*wetlich*（西），*östlich*（東），*südlich*（南）．学習の間，言語ゲームの成功によって，FCG要素のパラメータが調整される．中心の角度と距離に応じて，空間分類の幅を調整するなどである．異なる，あるいは並列する分類と空間次元の学習をする，別の実験が行われた．結果，ロボットはそれぞれの空間用語を目標とする空間的知覚特徴にマッピングすることを段階的に学習した（Spranger 2012b）．

基本的な空間的表現の語彙が言語ゲームで獲得されると，ロボットは文法学習段階に進む．FCG形式論は，ドイツ語の空間的言語の要素構造，語順，形態論的特徴づけに寄与する．

Spranger（2012a）の文法学習の研究では，2つのグループのロボットが比較された．1つのグループは，ドイツ語の空間的な文法をすべて備えていて，もう1つは語彙構造しか与えられていない．2つのグループの成績を，環境の複雑さにより比較した．例えば，他者中心のランドマークがあるかなどである．結果は，文法は解釈の曖昧さを大きく減らすということを示している．特に，この曖昧さを解消するために文脈が十分な情報を与えていないときにはそうである．

7.5 まとめ

この章では，言語獲得の児童心理学研究に基づいた言語学習の発達ロボティクス研究の現在のアプローチと進展を紹介した．これらは言語獲得の構文主義理論のフレームワークと一致するものである．

最初に，言語発達のマイルストーンと発達段階に関する最新の理解を紹介した（表7.1）．また，乳児の単語学習に用いられる主要な原理も紹介した（表7.2）．この概観では，乳児

第7章　初めての語

は生後1年間のほとんどを，さまざまなバブリング戦略によって音声能力を発達させていくことを示している．これにより，音声システム（例：音節のような音を出す規準バブリング）を言語のように組み合わせることや，1年目の終わりには最初の単語（例：子ども自身の名前）を獲得することにつながっていく．2歳のほとんどは，語彙を構成する単語を獲得することに使われ，2歳の終わりには語彙爆発が起こる．同時に，2歳の後半から3歳以降に，子どもは文法に関する能力を発達させ，単純な2語の組み合わせと動詞島の段階（2歳の誕生日前後）から成人のような文法構造を獲得することになる．

　7.2節から7.4節で紹介した発達ロボティクス研究は，多くの進展が，音声バブリングモデルと初期の単語学習モデルで達成され，一部が文法発達モデルで達成されていることを示している．表7.5は，子どもの言語発達段階と，本章で紹介した主要なロボティクス研究の対応を示している．

　見てわかるように，ほとんどのロボティクス研究は，コミュニケートする内発的動機を持っている状態から始まると仮定している（ただし，コミュニケーションと模倣の内発的動機に焦点を当てた研究手法については，Oudeyer and Kaplan 2006; Kaplan and Oudeyer 2007を参照）．言語のロボティクス研究では，この意図的なコミュニケート能力がどう獲得されるかは議論されていないが，第3章で紹介したいくつかの研究では，そのような内発的動機の出現とはどういうことかという定義と，それらを実験的にテストする方法を示している．

　多くの研究は，バブリングと初期の単語学習の現象のどちらか一方に焦点を当てたモデルを用いた．Brandlら（2008）のように，バブリングによる音声表現の学習と，単語学習を結びつけた研究はほとんどない．文法能力の出現については，2語の組み合わせの獲得と使用に注目している研究もあるが，成人のような文法構造の学習に注目している研究は，Spranger（2012a）のドイツ語FCGモデルの1つしかない．

　個々の言語発達現象に焦点を当ててしまう傾向が生まれるのは，一部は発達ロボティクスという分野が成熟段階の初期にあることが原因で，一部は身体的で構成論的なアプローチと関連する技術的な帰結が不可避な複雑さを持つことが原因である．発達ロボティクス研究が初期段階にあることで，この章では，徐々に複雑さを増していく実験ではなく，1つの認知能力に特化していたとしても新たな方法論を示している研究を多く紹介した．Brandlらの研究を除けば，音韻発達と語彙発達の両方を扱っているのは，ASIMOの大規模な共同プロジェクトである（ヨーロッパの大規模プロジェクトACORN，Driesen, ten Bosch, and van Hamme 2009でも研究された）．

　1つの研究によってカバーできる現象の幅が制限されるという問題は，発達ロボティクスの実験がそれ自体の持つ本質的な性質から複雑であるという事実による．それゆえに，身体性認知科学者や構成主義者の認知や言語に対する視点は多様な認知機能のための制御メカニズムの並列的な実装を求める．

　複雑な技術的実装が必要となるため，多くの研究者には，あらかじめ事前の能力が獲得さ

7.5 まとめ

表7.5 子どもの言語発達段階とこの章で紹介した主要なロボティクス研究の対応. ++は各研究が主に焦点を当てた言語発達段階, +はその他の関連する言語発達段階を示している.

月齢	能力	Oudeyer 2006	Lyon, Nehaniv, and Saunders 2012	Brandl et al. 2008	Steels and Kaplan 2002	Seabra Lopes and Chauhan 2007	Morse, Belpeame, et al. 2010	Tikhanoff et al. 2011	Sugita and Tani 2005; uci et al. 2010	Steels 2012a; pranger 2012b
	(ロボット)	Sim. head	iCub	Asimo	Aibo	Arm manip.	iCub	iCub	Mobile + arm	QRIO
0〜6	周辺バブリング	++								
6〜9	規準バブリング	++	++	++						
10〜12	意図のコミュニケーション	+	+	+	+		+	+	+	+
	身振り			+			++			
12	一単語(対象物)			+	++		++	+	+	+
	一単語(行為)			+		++		+	+	
	一語文							+	+	
	言葉と身振りの組み合わせ			+						
18	音声の認識			++						
	語彙爆発(50語以上)							++	++	
24	2語の組み合わせ									
	長い文									
	動詞島									
36+	成人のような文法									++
	物語るスキル									

れているという仮定から出発して，1つの発達メカニズムだけを研究する傾向がある．例えば，7.3節で紹介した単語獲得の研究の多くは，音声を分節化する能力があらかじめ獲得されているという仮定でモデル化されているので，語彙・意味発達のモデル化のみに集中できるのである（例えばMorse, Belpaeme et al. 2010）．

発達ロボティクス研究によりまだモデル化されていない言語発達段階（表7.5の下部を参照）は，将来の研究で注目されなければならない領域である．例えば，ロボット実験で膨大な語彙（50語以上，語彙爆発）の獲得を扱ったものは存在しない．より大きな語彙（例：144語．Ogino, Kikuchi, and Asada 2006）を扱ったシミュレーションモデルがあり，200のオブジェクトの名前を研究する人間とロボットの長時間のインタラクション実験（Araki, Nakamura, and Nagai 2013）もあるが，身体ロボットとオブジェクトを用いた実験で学習された言葉の総数は，数十単語でしかない．段階的に複雑になっていく文法構造の学習と記述的に発話する能力の学習についても同じことが言える．しかし，他の分野の認識モデルの目覚ましい発展を考えることで，この分野も進展していくであろう．特に，言語のコネクショニストモデルの分野（Christiansen and Chater 2001; Elman et al. 1996），神経構成論的アプローチ（Mareschal et al. 2007）はこれらに寄与をする可能性がある．例えば，構文文法と動詞の島の仮説（Dominey and Boucher 2005a, 2006b），語彙爆発（McMurray 2007; Mayor and Plunkett 2010）に関するコネクショニストモデルの研究がある．さらに，人工生命システム（Cangelosi and Parisi 2002）と仮想エージェントの研究は，発達ロボティクス研究の参考になる．仮想エージェントで物語るスキルが研究されているからである（Ho, Dautenhahn, and Nehaniv 2006）．将来の発達ロボティクス研究で，このような発見と手法が統合されていけば，言語学習モデルを進展させることができるだろう．

参考書籍

Barrett, M. *The Development of Language*（Studies in Developmental Psychology）. New York: Psychology Press, 1999.

この版は最近のものではないが，言語獲得に関する発達理論と仮説を明解に概観している．その範囲は，音声獲得研究から，初期の語彙の発達，構成論的な文法獲得，会話能力，二ヶ国語使用，非定型な言語発達までに及ぶ．言語発達の用法基盤的な構成論的な理論の解説については，Tomasello（2003）を推奨する．

Cangelosi, A., and D. Parisi, eds. *Simulating the Evolution of Language*. London: Springer, 2002.

本書は，言語の進化に関するシミュレーション手法，モデル化手法を章別に概観したもの

である．各章は，その分野の先駆者によって執筆されている．その内容は，繰り返し学習モデル（KirbyとHurford），初期のロボットとシミュレーションによる言語ゲーム（Steels），言語脳の進化に関するミラーシステム仮説（Arbib），文法獲得の数理モデル（KomarovaとNowak）となっている．言語の起源をモデリングするときに，コンピュータシミュレーションがどのように役立つかを解説した有用な入門もあり，言語の進化をシミュレートする主要な手法のチュートリアルもある．Tomaselloが執筆したまとめでは，霊長類のコミュニケーションと社会性学習に関する鍵になる事実が紹介されている．言語進化の計算モデルとコンピュータシミュレーションモデルの最新の動向については，TallermanとGibson（2012）が有益である．

Steels, L., ed. *Design Patterns in Fluid Construction Grammar*. Vol. 11. Amsterdam: John Benjamins, 2011.

Steels, L., ed. *Experiments in Cultural Language Evolution*. Vol. 3. Amsterdam: John Benjamins, 2012.

　この相補的な2つの論文は，言語の文化的進化のフレームワークである可塑的構文文法の理論的基礎（2011）と実験手法（2012）を解説している．最初の論文は，このフレームワークに関する最初の広範な解説であり，句構造や格文法，モダリティについて具体的な例を使って議論されている．2つ目の論文は，固有名詞や色の名称，行為の名称，空間的な名称などの概念と単語の創発に関する計算機実験，ロボティクス実験を紹介している．また，文法の創発に関するケーススタディも紹介されている．

第8章 抽象的知識による推論
Reasoning with Abstract Knowledge

8.1 子どもの抽象的知識の発達

　発達ロボティクスでは，センサとアクチュエータを備えたロボットプラットフォームが用いられ，身体に基づく知識が重視される．そのため，この分野における成功の多くが，移動や操作，内発的動機といった基本的な感覚運動スキルおよび動機に関する研究から生まれてきたのは驚くことではない．しかし，前章で述べたように，参照スキルや言語スキルのような高次の認知的スキルの獲得をもモデル化することは可能である．さらに，もっとも影響力の大きい推論と抽象的知識の発達理論が1950年代にジャン・ピアジェ（Piaget 1952）により提案されたが，それは感覚運動に基づく知識を用いた知能と推論の起源に基づくものであった．ピアジェの理論は，発達ロボティクスにおける身体性および状況依存性を扱うアプローチと非常に親和性があり，これまで認知的計算モデルに直接的な影響を与えてきた（例えばParisi and Schlesinger 2002; Stojanov 2002）．

　発達的手法を用いる利点の1つは，このような認知的スキルがどのように統合され，身体性および状況依存性に基づくシナリオにおいてどのように活用されるかを研究できることである．この章では，このような大きな課題に挑戦している先駆的な研究を紹介する．それらの研究では，以下のような能力をロボットがどのようにして発達させていけるのかを理解するために，身体を有するロボットのモデルを用いている．量と数に関する知識といった抽象表現の発達および利用（8.2節），具体的な運動概念から抽象的な表現へ変換するメカニズムの発達（8.3節），意思決定課題を行うために環境から抽象表現を抽出し学習する能力の自律的発達（8.4節），等といった能力である．さらに，知覚から推論，意思決定にわたる発達現象の統合をモデル化するための汎用的な認知アーキテクチャも構築されている（8.5節）．このようなロボットを用いたモデルに関する議論を整理するため，まず，推論と抽象概念の個体発生的な起源という観点から，子どもの発達段階に関する最新の知見を紹介していく．抽象的知識に関する身体性を有するロボット・モデルには限界もあるため，ここで紹介する研究は，特定の発達段階だけを間接的にモデル化している．しかし，このような研究の多くは，複雑なスキルと抽象表現の獲得を導く段階とプロセスをモデル化しようとしている．

8.1.1 ピアジェと抽象的知識の感覚運動起源

発達心理学の創設の父と呼ばれるピアジェは，感覚運動に関する知能に根ざした推論と抽象的知識の発達に関する包括的な理論を提唱した．彼は心的発達を説明するために，3つの主要な概念を考えた．(1) シェマ (schema), (2) 同化 (assimilation), (3) 調節 (accomodation) である．**シェマ**は，子どもが築く知識の単位で，オブジェクトや行動，抽象概念といった世界の様相間の関係を表現するのに使われる．シェマは，知能を築く構成単位であり，発達するに従い，より多くなり，抽象的になり，洗練されていく．**同化**は，新たな情報をすでに存在するシェマに組み入れる処理で，その拡張された表現を使って，子どもは新しい状況を理解する．**調節**は，既存のシェマを質的に新しい知識表現構造に変える処理である．これで新たな情報と体験を統合することができる．例えば，子どもは，最初に自分のペットである犬（例：プードル）を示す「犬」に関するシェマを発達させることができる．この単純なシェマを通じて，子どもは，すべての犬は小さくてふわふわだと予測をする．まったく見かけの違う犬（例：ダルメシアン）を見ると，子どもはこの新しい知識を拡張し，一般化した犬のシェマに**同化させ**ていく．しかし，犬に関する経験が拡張されると，その後，子どもは最初のシェマを分割したり，より複雑に**調節**したりできるようになる．例えば，プードルとダルメシアンそれぞれに2つの新しいシェマを発達させるなどである．

発達中の同化と調節のプロセス間の相互作用の力学が，シェマをより構造的にし，複雑にしていく．この2つのプロセス間の相互作用は，「均衡化」と呼ばれる．すでに存在する知識を適用する同化と，表現と行動を新しい知識に適合するように変化させる調節の間のバランスのことである．これは子どもが使う知識とシェマの質的変化を引き起こす．ピアジェは，子どもが認知スキルと推論スキルを強固に発達させ洗練させる認知的発達の4段階を提案した（表8.1）．彼は非常に有名な実験で，子どもが次の段階へ進むときに使う推論戦略の質的な変化を示した．例えば，ピアジェは，液体量の保存に関する課題の実験で，前操作段階（2～7歳）と具体的操作段階（7～12歳）の違いを示した．5歳の子ども（前操作段階）に2つの入れ物（グラス）を見せる．それぞれに同じ量の液体（牛乳）が入っている．子どもは，実験者が同じ量の液体を入れたことは理解できる．ここで1つのグラスの牛乳を，細く長いグラスに移し替えると，子どもは長いグラスの牛乳の高さが高いので，たくさんの量が入っていると思い込む．一方で，具体操作段階（7歳以上）に達している子どもは，牛乳の量は変わっていないと認識できる．つまり，具体操作段階では，心理的に（注ぐ）行動をシミュレートできるので，液体の量は変わっていないのだと認識できるのである．

ピアジェの理論には明確な限界があるにもかかわらず（例えば，子どもは内的能力と内的バイアスを持っていないと仮定し，社会性学習の役割も無視した。Thornton 2008参照），ピアジェの理論は児童心理学における認知発達に関する影響力のある仮説の1つであり続けている．ピアジェの理論は特定の認知能力に関するものではなく，認知発達全般の一般的な視点を与えるものである．次節では，数の認知や抽象的な言葉のような特定の能力の発達の

8.1 子どもの抽象的知識の発達

表8.1 ピアジェ理論の心理発達段階

年齢	段階	特徴
0～2歳	感覚運動段階	自己と世界（外界）の区別の認識．世界のモノと特徴に気づく．存在しなくなったものを記憶できるようになっていく．論理的結論は出せない
2～7歳	前操作段階	行動に結びついた思考．想像力を使った思考ができるようになる．自己中心的思考，直感的思考を行う．論理的思考はできない
8～11歳	具体的操作段階	思考の可逆性（例：液体の保存と推移率に関する保存の理解）．具体的なオブジェクトと事象に結びついてはいるが，記号を使った論理的推論ができる．因果推論が可能
12歳以上	形式的操作段階	成人のような思考．完全な抽象推論，論理推論

時間尺度について紹介したい．

8.1.2 数

抽象的な推論スキルに関する段階的発達の実例として明快かつ活発に研究されているのが数の認知である．数と量の知覚は，人間と動物のもっとも基本的な知覚スキルの1つである（Dehaene 1997; Campbell 2005; Lakoff and Nunez 2000）．これは，数の概念の理論的かつ抽象的な特徴に関するものであることから，抽象的知識の発達と利用についてのケーススタディとしても適している．これにより，知覚から抽象的知識への変換における身体性および認知的要素の役割を論じることができる（Cordes and Gelman 2005）．ピアジェ（Piaget 1952）の理論では，子どもは知覚した手がかりに基づき，同じ知覚カテゴリに入れられるものをまとめていく．その後，1つの知覚的特徴は同じだが（例：同じ形）他の特徴（例：大きさや色）が異なっているオブジェクト，あるいは同じ色だが違う種類のオブジェクトなどを数えられるようになっていく．こうして，物理的実在（「もの」）の概念を子どもは同定できるようになる．子どもは発達段階のマイルストーン（表8.2）を経ながら，抽象的な数の分類能力を成人の数の概念にまで発達させていく．これは，同じ数のものを，知覚的な分類にかかわらず数えられるようになるということである．

発達心理学では，4ヶ月齢の乳児（生得的かもしれない）が数の認知能力を持っているという報告がなされている．例えば，StarkeyとCooper（1980）は，4つまでの異なる数を区別する能力を4ヶ月齢の乳児が持っていることを報告している．また，2つと3つのものを区別することもできるが，4つと6つは区別ができない．Wynn（1992）は，馴化パラダイムを用いて，5ヶ月齢の乳児が，単純な数の加減算に気づくことを報告した．例えば，2つの人形を合わせると別の集合ができること（1 + 1 = 2）や，そこから1体の人形を持ち去って（2 − 1 = 1）になるということを理解できる．XuとSpelk（2000）は，2：1の比（例：16と8，32と16）であれば，4つ以上のもの同士を区別できることを報告している．しかし，実験の再現性に差があり用いた手法にも問題があるため，乳児がこのような単純な算術操作

第8章 抽象的知識による推論

表8.2 数の認知スキル獲得の発達段階

月齢	能力	参考文献
4〜5ヶ月齢	異なる量のものを区別する（4つ未満）乳児は単純な計算をできるという「弱い」証拠もある（1+1, 2-1）	Starkey and Cooper 1980; Wynn 1992; Wakeley, Rivera, and Langer 2000
6ヶ月齢	数量比が2：1以上である場合に，4つ以上のものを区別する	Xu and Spelke 2000
36〜42ヶ月齢	1対1対応と基数原理の発達	German, Meck, and Merkin 1986; Wynn 1990
36ヶ月齢以上	練習と指導後の，順序不同の原理，種類非依存原理の発達	Cowan et al. 1996
48ヶ月齢	数の方向性に習熟（加算で増える，減算で減る）	Bisanz et al. 2005
就学年齢	さまざまな計算スキルの段階的発達	Campbell 2005

ができるという証拠は限られているように思われる（Wakeley, Rivera, and Langer 2000）．Bisanzら（2005）は，月齢の浅い乳児が数や算術の能力を示したように見えたとしても，数的操作に見かけ上見えることを行っただけだとも説明できるため，証拠としては「脆弱」だと述べている．すなわち，実際には乳児が数とは関係のない，ピアジェの分類理論の言うところの知覚メカニズムと注意メカニズムを使っているのだとの説明も成り立つためである．しかし，言語を学ぶ前の乳児には，ある種，前言語的な数を数える能力に見えるものが存在するという点では，意見が一致している．このような能力はある種の動物にも存在する（Cordes and Gelman 2005）．

一般的な言語能力がすでに発達した3歳以上の子どもでは，言語的に数を数える能力が獲得できていることについて有力な実験的証拠がある．CordesとGelman（2005）は，子どもが実際に数の知識を獲得するには，次の4つの原理がすべて発達する必要があると提唱した．(1) **1対1**．1つのものは1回だけ数えることができる．(2) **基数**．順に数えたときの最後の言葉が，その集合の数を表す．(3) **順序非依存**．ものをどのような順番でも数えることができる．(4) **種類非依存**．数えられるものの種類には制限がない．CordesとGelman（前掲書）は，領域に特化した前言語的および非言語的な数える能力と算術能力が，数える言葉（数字）の意味を学習する能力の重要な基礎となると主張している．

最初の2つの原理の発達については，Gelman, MeckとMerkin（1986），さらにWynn（1990）が，3歳児が，1対1の関係と基数の原理の連続性を習得し始めると報告している．Gelman, MeckとMerkin（1986）が3歳，4歳，5歳の子どもに対して行った実験では，人形の数え方が合っているか間違っているか言わせる課題を与えると，子どもは1対1の原理と基数の原理が成り立たない場合に気づくと報告している（Gelman, Meck, and Merkin 1986）．Wynn（1990）の「Give-N」課題の実験では，子どもに人形をN体（6体）まで

数えさせた．その結果，3歳半の子どもは，明らかに基数の原理を理解していたことがわかった．

順序不同の原理と種類非依存の原理の発達は，3歳以上で観察されるが，さまざまな順番でものを数える能力は，子どもが実験者から練習するように促され，繰り返し教えた後でなければできなかった（Cowan et al. 1996）．

Bisanzら（2005）のレビュー論文では，数を一方向に増減させる算術能力（足して数を大きくしていく，引いて数を小さくしていく）や，足し算と引き算に正しい答えが出せるようになる能力を，4歳児が発達させていることが示唆されている．しかし，個人差を含みつつ認知発達の進み方の違いによっては，一方向へ数える能力については，2歳から4歳の子どもでも部分的に発達することが報告されている．より複雑な算術能力は，就学年齢になって発達する（Campbell 2005）．

発達時期の観点に加えて，数の認知で重要なのは，身体性である．さまざまな発達心理学，認知心理学の研究者が，数の表現に身体が能動的に関与することの本質的な役割を報告しているGelmanとTucker（1975）は，子どもがオブジェクトに触れることができ，ゆっくりと数を数えられる場合，数える成績が改善されることを示した．（Alibali and DiRusso 1999も参照．後に触れる）．成人の認知では，さまざまな身体性に関する現象が報告されている．大きさ，距離，SNARC効果（Spatial-Number Association of Response Code; Dehaene, Bossini, and Giraux 1993）などで，数量を判断するときの文脈効果などもある（詳しくはBox 8.1参照）．このような現象は，コネクショニストアプローチによるシミュレーションでモデル化されている（例えばChen and Verguts 2010; Rajapakse et al. 2005; Rodriguez, Wiles, and Elman 1999）．より最近では，このような身体性の効果は，身体を持つロボットを用いた発達ロボティクスの実験で研究されており，空間と数の表現とのインタラクションが，相互に関連する感覚運動スキルと数えるスキルの獲得につながることを示している（Rucinski, Cangelosi, and Belpaeme 2011; 8.2節参照）．

8.1.3　抽象的な言葉と記号

この項では，抽象的な概念と言葉に関する発達心理学の現在の研究を紹介する．それが抽象的な単語の学習に関する発達ロボティクス実験に役立つ情報を与えてくれるからである．はじめに，抽象概念と具象概念の違いについて紹介する．それから抽象概念の特殊なケースについて紹介する．否定と，言語発達での否定の役割である．

児童心理学では，子どもが具象から抽象への発達過程をたどることが一般的に受け入れられている．古典的な考え方では，具象的な単語を獲得することが抽象的な単語の習得につながるという仮説が支持されている（例えばSchwanenflugel 1991; Caramelli, Setti, and Maurizzi 2004）．これは，感覚運動に関する環境とのインタラクションを通して学習されていく．子どもは，犬や熊，水といった具象的なオブジェクトと事象について学習すること

Box 8.1 数の認識における身体性の効果

　数の認知は，身体性と密接に関連している．状況依存性と身体性が，数える能力スキルの発達を促すからである（例：数えているときに，オブジェクトを指さす．指を使って数える）．身体性の効果は，空間認識と数表現の相互作用に関係があり，発達上の経験（大きさ，距離，SNARC，Posner-SNARC）につながる．数量の判断をするときの文脈と機能の役割に関係する効果もある．小さな数量を瞬間的に正しく認識するような，数量の認知に対する注意モダリティや認知モダリティに関係する効果も存在する（サビタイジング，後述）．

大きさ効果と距離効果

　数の理解に関する認知研究の実験における 2 つの主要な発見が，大きさ効果と距離効果である（Schwarz and Stein 1998）．この 2 つはさまざまな課題に存在するが，大きな数の比較は難しいということ（大きさ効果）と，大きさの近い数の比較は難しいということ（距離効果）といった数の比較の文脈において顕著に現れる．すなわち，反応時間は数が大きくなるほど増え，比べる数の距離が小さくなるほど増える（下のグラフ参照）．

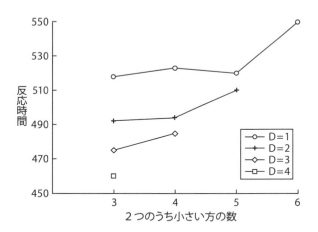

大きさ効果と距離効果に関する反応時間（Chen and Verguts 2010 より作成）

SNARC効果

　SNARC（Spatial-Numerical Association of Response Codes）効果は，数と空間の相互作用に直接関係している．これは，偶奇性判断課題や数比較課題で観察される．小さな数は，右手よりも左手を使った方が反応が早い．一方で，大きな数は左手より

も右手を使った方が反応が早い（Dehaene, Bossini, and Giraux 1993）．SNARC効果は，反応時間に対して明らかに右下がりのグラフとなる．

Posner-SNARC効果

　Posner-SNARC効果は，注意キューイングパラダイムに基づいている（Fischer et al. 2003）．小さい数か大きな数が手がかりとして見せられ，参加者の注意を空間の左側あるいは右側に惹きつけると，視野に現れたオブジェクトの検出に必要な時間が影響を受けるというものである．小さい数を手がかりとして見せられたときは左側にある目標物の方が早く検知できる，大きな数のときのは右側の方が早く検知できるという結果になる．この実験は，被験者が数から目標物の位置を予測できないようにして行われた．

文脈効果と機能効果

　あいまいな数量詞を理解し生成する課題での数量表現は，オブジェクトの数を超えたさまざま要因により影響を受ける．数える対象のオブジェクトの文脈やそれらの機能に依存するのである．このような要因には，そのシーンにおけるオブジェクトの相対的な大きさ，経験に基づき想定される頻度，オブジェクトの機能，コミュニケーションに関わる推論パターンをコントロールする必要性などがある．

サビタイジング効果

　サビタイジング効果は，小さな数のものを瞬時に，正確に判断することである．一般的には1から3までの数であり，明示的に数えているわけではない（Kaufman et al. 1949; Starkey and Cooper 1995）．これは，計数を行う前言語的なシステムが存在するという仮説で説明されている．このシステムは，世界的に共通のものであり小さな数のオブジェクト（とそれに対応する数詞）を瞬時に認知するために，連続的な量の表現を用いている．サビタイジング効果の閾値を超えてしまうと，数の見積もりが不正確になるか，あるいは明示的に数える戦略が必要になる．

ジェスチャ効果と指数え効果

　子どもが数を数える行動を学習する際に，身体性がジェスチャの役割と関連するという報告がある（Graham 1999; Alibali, and Di Russo 1999）．また，数の認知に，手の運動回路と指で数える戦略が寄与することについても報告がある（Andres, Seron, and Loivier 2007）

第8章 抽象的知識による推論

から始め，徐々に，平和や幸福といった，より抽象的な概念を学習する方向に移行していく．さらに，子どもが持つ環境に対する初期の理解は，物理的なオブジェクトとの時空間的な相互作用を具体的に観察することにより行われる（Gelman 1990）．この具象から抽象への経路は，すべての領域で必要なわけではない．逆に抽象から具象への発達的な移行も観察されている．例としては，SimonsとKeil（1995）の自然または人工物に関する推論の研究がある．

具象・抽象の単語に関する研究は，さまざまな手法で行われる．例えば，獲得モード（Mode of Acquisition: MoA）（Wauters et al. 2003; Della Rosa et al. 2010）手法は，子どもが単語の意味を学習する方法（（1）知覚から，（2）言語情報から，または（3）知覚と言語情報の組み合わせから）の特徴を記述するために使われる．例えば，小学生に対する実験では，就学期間に，知覚的に獲得している単語の比率が高い文章を読むところから，言語的なMoAのみにより意味が獲得された単語の比率が高い文章に移行していくことを，Wautersらは報告している．Della Rosaら（2010）は，MoAとは別の構造にも同時に注目した．単語を獲得して慣れる年代になると，具象と抽象の二分法も理解できるようになる．また，さまざまな研究者が，具象的な言葉と抽象的な単語の区別は連続していて，互いに背反ではないという考え方を支持している．例えば，「医者」や「修理工」という言葉は，強く具象的な名詞（犬，家）や高度に抽象的な概念（例：奇数，民主主義）の中間の具象度，抽象度を持っている（Wiemer-Hastings, Krug, and Xu 2001; Keil 1989）．さらに，「押す」と「与える」などの具象的に見える言葉は，具象度と運動モダリティの点で違いがある．「押す」は意味が1つしかなく，手で押すという行動と結びついている．一方，「与える」はオブジェクトをだれかに片手で渡す，両手で渡す，口で渡すなど，複数の運動行動を含んでいる．また，「使う」という言葉は「鉛筆を使う」「クシを使う」などのように用いる．これは，「鉛筆で書く」「クシでとかす」のような特定の行動の記述に比べて，より抽象的で一般的である．このように具象と抽象が連続であることは，抽象概念に関する身体性認知研究の理論および実験結果ともよく一致する（Borghi and Cimatti 2010; Borghi et al. 2011）．例えば，Borghiら（前掲書）は，具象的な言葉は，感覚運動経験（例：オブジェクトに対する知覚または運動応答）に強く結びつくため，より安定した意味を持つ傾向にあることを示した．一方で，「愛」などの抽象的な言葉の意味は，文化的な文脈でたやすく変化してしまう．このように具象・抽象が連続であることは，感覚運動知識に直接，間接に接地する単語に関する発達ロボットモデルを用いて検証されるだろう（例えばStramandinoli, Marocco, and Cangelosi 2012など．8.3節参照）．

抽象的な単語に関する研究の特殊なケースとしては，機能語に関するものが挙げられる．機能語は文法的な役割を持つ単語で，それだけでは意味を持たない．機能語は，「to」「in」「by」「no」「is」などのような前置詞や短い言葉である．ここでは，noとnotの否定の機能語の学習の例を紹介する．言語の基本的な特徴の1つは，命題を述べることができる性質である．つまり発話行動を通じて，真または偽であることを述べることができる（Harnad 1990;

8.1 子どもの抽象的知識の発達

表8.3 否定のさまざまな形式と，その表現，主な特徴（Pea 1980; Förster, Nehaniv, and Saunders 2011より作成）

否定の形式	言語表現／行動表現	特徴
拒否	「No!」 ジェスチャとして表現／ジェスチャをともなう表現	周辺の環境にあるオブジェクト（人，活動，事象など）を拒否する行動に基づいた否定． 発達上，発達的に最初に創発する否定の形式（ジェスチャまたはジェスチャ以外とともに「No」と言う） 強い感情／動機をともなった嫌悪
自己禁止	「No」 接近してから躊躇する	養育者により禁じられているオブジェクトや行動に使われる 外部から以前に禁止されたことに関する内部表現が必要になる 動機的，感情的要素
消失 （存在しなくなったこと）	「なくなった」 「全部なくなった」 空の手のジェスチャ	直近まであったものがなくなったことを表す 消失したオブジェクトについての短いタイムスケールにおける内部表現が必要になる
実現しなかった予想	「なくなった」 「全部なくなった」	予想した場所やいつもの場所にオブジェクトが存在しないことを表す 以前成功したのに，成功しなかった活動に対しても使われる（例：玩具を壊す） 長いタイムスケールにおける内部表現が必要になる
真理関数的な否定 （否定の推論）	「ほんとうじゃない」	真だとは思えない命題に対する反応．否定の推論の場合は，会話の相手は命題が真であると思っていると（実際に命題を聞かずに）仮定している． 発達上，もっとも抽象的で発達的に最後に創発する 論理的推論と真理条件的意味論が必要になる． 子どもが命題に対して持つ態度とは無関係（感情的，動機的ではない）． 現在，過去，未来の事実の表現が必要になる

Austin 1975）．そのため，真である事象を理解し記述する能力のほかに，存在しない事実に気がつき，それを否定する補完的な能力が必須になってくる．初期の子どもの発達で観察されるさまざまな否定に関する事象は，言語能力が意思状態あるいは感情状態に接地していることを明らかに示している（Förster 2013; Förster, Nehaniv, and Saunders 2011; Pea 1978, 1980）．さらに，Nehaniv, LyonとCangelosi（2007）は，人間の言語の進化において，否定が重要な役割を果たしているという仮説を提唱した．

否定に関する発達言語学の文献は多くはないが，ジェスチャと音声による否定現象の初期の創発を系統的に研究した重要な研究もある．特に，Pea（1980）は否定行動の系統的な分析と分類をはじめて行った研究者の一人で，否定が「運動と情動の相互作用に基づく感覚運動知能」の表現の例となる事実に注目した．他の分類法も，Choi（1988）とBloom（1970）

により提案されている．表8.3は，このような分類法に従ってさまざまな否定を概観したものである．特にFörster, NehanivとSaunders（2011）の分析に従った．これは発達ロボティクス研究に適合させたものである．

この分類法は，発達的に創発する最初の否定が「拒否」であることを示している．典型的な拒否のジェスチャの後には，「No」という単語を使うことが多い．一方で，認知発達の後期段階で，構成的意味論の複合的な理解を獲得すると，高度な真理関数的な否定が創発する．もう1つの違いは，初期の否定の3つの形は，情動に基づいた現象，動機に基づいた現象，そしてより抽象的で情動状態から独立したものである．この分類法は，否定の獲得における情動的行動の役割についての最近の発達ロボティクス研究に有益な情報を与えている（Förster 2013．8.3.2節参照）．

8.2 数を数えるロボット

発達ロボティクスと認知ロボティクスは，数を数えて抽象的な数字記号を扱うなどの認知と身体性を結びつけるモデルの開発を可能にした．Rucinski, CangelosiとBelpaeme（2011）は，この手法に基づいて，数の認知に関する発達ロボティクスのモデルを開発した．これは，認知ロボティクスの身体性アプローチを用いた数の認知の発達をモデル化した最初のものである（Box 8.2参照）．

Rucinskiの研究では，腕の運動バブリングを通じて上半身の身体図式シェマを発達させるために，まずiCubのシミュレーションモデルが訓練された．iCubは続いて，オブジェクトの数と「1」「2」などの文字表現を関係づけることにより数の認知を学習するように訓練された．最後に，心理学的な実験において，ロボットは左右のボタンを押して，数を比較したり偶奇性の判断を行ったりした（図8.1）．この実験設定により，Box 8.1で述べた数と空間の相互作用に関する身体性の効果を研究することができる．

ロボットの認知アーキテクチャは，モジュール型ニューラルネットワーク制御器に基づいている（図8.2）．これは，既存の数の認知のコネクショニストモデルを拡張したもので，特にChenとVerguts（2010）のニューラルネットワークモデルとCaligioreら（2010）による認知ロボティクスのモデルを拡張したものである．このモデルでは，CaligioreのTRoPICALSアーキテクチャと同様に，情報処理が2つの神経経路に分割される．（1）「腹側」経路．オブジェクトの特徴の処理に対応し，タスクに依存した意思決定と言語処理を行う．（2）「背側」経路．オブジェクトの位置と形に関する空間情報を処理し，視覚的に制御される運動行動を目的とした感覚運動情報の変換をオンラインで誘導する助けをする．

「腹側」経路は，ChenとVerguts（2010）のニューラルネットワークモデルと同様の方法でモデル化されている．これは次のような部分から構成されている．（1）数字記号を符

Box 8.2　数の身体性のニューロロボティクスモデル

ここでは，Rucinski, Cangelosi と Belpaeme（2011）が行った数の学習と身体性に関する神経認知学の再現実験を容易にするため，モデルに実装されている技術の詳細を紹介する．

ネットワーク構造・活性化関数・学習アルゴリズム

図 8.2 に示した人工ニューラルネットワークは，発火頻度モデルを採用している．各ユニットの活性は，ニューロン群の平均発火頻度に対応する．図 8.2 において，灰色の領域は各層間の全結合を示している．ニューロンの活性化は，ボトムアップで伝搬する．すべてのニューロンは線形活性化関数を使っている．ID 層のニューロン活性の場合は，以下のような微分方程式で記述できる．

$$\dot{ID}_i = -ID_i + \sum_{j=1}^{15} w_{i,j}^{INP,ID} INP_j \text{ for } i = 1, 2, \ldots, 15$$

ここで，ID_i と INP_i は意味論層と入力層の i 番目のニューロンの活性化を表している．また，$W^{INP,ID}$ は，これら各層の接続を表す行列である．他の層の更新式も同様である．

身体性ネットワークの訓練

背側経路の訓練は，2 段階で行われる．最初に，一般的な教師なしの学習アルゴリズムを使ってコホーネンネットを構築し，テキストとして記述されたデータを入力し，iCub ロボットが運動バブリングタスクを行った（次ページの図）．次に，獲得されたマップの活性度を使い，ヘップ学習により重み $W^{GAZ,LFT}$ と $W^{GAZ,RGT}$ を得る．これがモデルのテストに使われる．コホーネンネットの訓練が終了した後の次段階の訓練とテストでは，単純化のために，マップへの入力ベクトルは対応するマップの活性度に置き換えられる．

$$\dot{ID}_i = -ID_i + \sum_{j=1}^{15} w_{i,j}^{INP,ID} INP_j \text{ for } i = 1, 2, \ldots, 15$$

今回のコホーネンネットでは，六角形の内部構造とガウス近傍関数を用いた．LFT マップと RGT マップの学習係数は 0.001 であり，エポック数は 24,000 ステップであった．近傍拡散パラメータは，訓練フェーズにおいて 6.75 から 0.5 へと線形に減少させた．GAZ マップにも同じ訓練パラメータが使われたが，訓練エポック数（4,000）と学習係数（0.006）が異なっている．コホーネンネットにおけるヘップ学習段階では，入力空間の次元に合わせて入力を正規化したうえで，指数活性化関数を用いた．エポッ

第8章 抽象的知識による推論

シミュレータ上のiCubロボットの運動バブリング（上）．色つきの円がSOMの構造における
ユニット位置を表す（下）．

ク数は1,000ステップで，学習率は0.01である．訓練の後で，コネクション強度を
次のように正規化した．すなわち，重み付きで伝搬されるすべての活性度が，GAZマッ
プの1つのニューロンが完全に活性化されたときに，1を超えないようにした．

数と空間の関連を示す重み $W^{INP, GAZ}$ のヘッブ学習では，50列のオブジェクト（鉛直座標軸にそってランダムに置かれている）が用いられた．エポック数を500とし，学習率を0.01とした．訓練の後で，重み付きで伝搬する活性度が，すべての数に対して等しくなるように，重みを正規化した．

数のネットワークの訓練

腹側経路の訓練の目標は，$W^{ID, DEC}$ のコネクションを確立して，数の比較と偶奇性の判断ができるようにすることである．訓練は，Verguts, Fias と Stevens（2005）の用いたものと類似しており，安定状態に到達してからのINP層とDEC層のユニットの活性化に従って，Widrow-Hoff学習を採用している．Rucinskiらが行った訓練と唯一異なるのは，誤差の閾値を採用しなかったことである．学習係数，訓練データの分布などの他の訓練パラメータは，Verguts, Fias と Stevens（前掲書）と同じものが使われた．

モデルのテストと結果のまとめ

モデルのテストにおける主眼は，数の比較タスク，偶奇性判断タスク，視覚から目標物を検出するタスクにおけるモデルの反応時間を得ることである．各タスクに対してモデルを記述する数式を組み合わせ，RES層のノードの値が設定した閾値（視覚から目標物を検出するタスクでは0.8，他のタスクでは0.5）を超えたときの時間を反応時間とすることで，結果が得られる．得られた反応時間は，大きさ効果，距離効果，SNARC効果，Posner-SNARC効果の存在を検証するために，標準的な方法で解析された（Chen and Verguts 2010参照）．

号化する記号入力（図8.2のINP）．これは，場所の符号を用いており符号化，ニューロン数は15である．（2）心理的な数字列（図8.2のID）．線形変換と定数項を用いて，数の区別（記号の意味）の符号化を行う．これもニューロン数は15である．（3）決定層（DEC）．数を比べる課題および偶奇性を判断するタスクに用いられる（ニューロン数は4であり，それぞれのタスクに2つずつが対応する）．（4）反応層（RES）．左右の手の反応選択にそれぞれニューロンを2つずつ用いる．両方の経路からの情報を統合し，最終的な運動反応の選択を行う．数を比較する課題では，同時に複数の数を処理する必要があるので，必要な層を複製することで短期記憶を実装する．

「背側」の経路にはロボットの近傍の作業空間でのオブジェクトの空間位置を符号化する複数のニューラルマップがあり，異なる参照フレームを用いる（Wang, Johnson, and Zhang 2001）．1つのマップは，視線方向（図8.2のGAZ）に関連づけられていて，2つのマッ

第8章　抽象的知識による推論

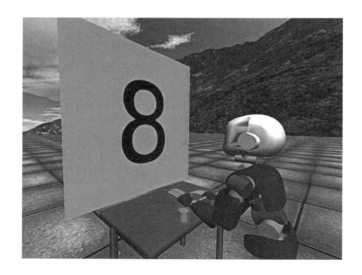

図8.1　数の学習の研究のためのロボットシミュレーション．

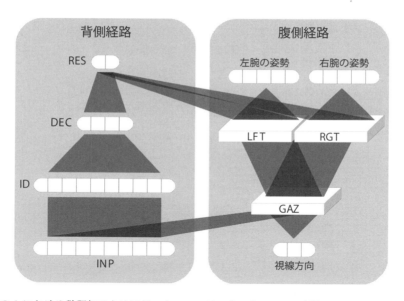

図8.2　iCubにおける数認知のために用いたニューラルネットワークの制御アーキテクチャ．略語：INP－入力層．ID－意味論層．DEC－決定層．RES－反応層．GAZ－視線方向マップ．LFT－左手の到達可能空間マップ．RGT－右手の到達可能空間マップ．解説は本文参照．

プがロボットの左右の腕（LFTとRGT）に関連づけられている．このマップは，49セル（7×7）の2Dコホーネン型の自己組織化マップ（SOM）として実装されており，セルは蜂の巣状に配置されている．視線マップへの入力はロボットの視線方向の3D固有受容性感覚ベクトル（方位角，仰角，輻輳開散運動）である．それぞれの腕マップに対する入力は，関連する腕の関節の7次元固有受容性感覚ベクトルであり，肩のロール・ピッチ・ヨー角，ひじ

の角度，手首の回転角，ピッチ角，ヨー角からなる．視線マップは，腕に対応した参照フレーム上の座標を変換するために，2つの腕マップと接続されている（視野上の位置に手を伸ばせるように，視野上の点と腕の姿勢を相互に変換できる）．これはモデルの中心部分で，モデルの身体性に関する特徴が直接ロボット自身の感覚運動マップとして実装されている．

発達学習過程をモデル化するために，子どものさまざまな発達段階に対応した訓練段階が定義されている．子どもの発達では，まず視覚と運動のアフォーダンスの空間表現が構築され，それぞれの間の対応が構成される必要がある．これで，子どもは数の言葉とその意味を学習することができるようになる．就学間近の年齢では一般的に，子どもは数を数えることができるようになっている（表8.1）．ほぼ同じ時期に，子どもは，数の比較や，偶奇性の判断という簡単な数字課題をするように教育されていることもある．このような段階もモデルに反映されている．

視線空間マップと腕空間マップを構築するために，ロボットは運動バブリングに相当するプロセスを実行する（von Hofsten 1982）．子どもロボットは，腕をランダムに動かしながら手を観察し，視野の中にある玩具に手が届くかどうかを観察することで，内的な視覚空間表現と運動空間表現を改良する．これで，ロボットは，後に視覚を使って手を伸ばすタスクが達成できるようになる．この発達段階はロボットの操作空間（ロボットの肩関節を中心とする半径0.65mの球の一部であり，上下30度，左右45度に広がっているものとする）と考えられる場所に，一様に分布させた90の点を選ぶことで行われた．これらの点はロボットが逆運動学モジュールを使って，視線と2本の腕を動かすときの目標位置となる．ロボットがランダムな位置に手を伸ばす試行を行うと，試行中の視線および腕の姿勢は固有受容性感覚から入力され記録される．試行ごとに，頭と腕の位置は休止位置に戻され，運動の最終位置による影響が排除される．このデータは，一般的な教師なし学習アルゴリズムを用いて，3つのSOMを学習させるために使われる．左腕と右腕がそれぞれに伸ばせる空間の非対称性を反映するために（右腕では届くが，左腕では届かない，あるいはその逆の空間がある），腕に対応した点の3分の2だけが，その腕の空間マップを構築するのに使われる（例：すべての点のうち左側の3分の2を左腕に対応させる）．学習プロセスを実験者が観察し，ネットワークがどの程度，目標空間に広がったかを分析して，学習パラメータを手動で調整した．

視線のための視覚用空間マップと左右の手の可到達範囲のマップの間の変換は，それらのマップ間のコネクションとして実装され，古典的なヘッブ則を用いて学習される．運動バブリングと似たプロセスにより，視線と左右のうち適切な方の腕は同じ点に向かって制御される．獲得済みのそのプロセス中に空間マップの上で視線と適切な腕のマップがともに活性化すると，それらの間のリンクが強化される．

次の発達訓練段階は，数の言葉とその意味の学習に関連している．これは，入力腹側層の活性化としてモデル化される数詞と，隠れ層の活性化で表される数の意味の間のリンクの強化に対応する．

第8章　抽象的知識による推論

　続いて，ロボットは数を数えることを教えられる．この段階の目標は，「小さな」数字を空間の左側に，「大きな」数字を右側に，内部で関連づけるような文化的バイアスをモデル化することである．このようなバイアスの例としては，子どもがものを左から右に数える傾向がある．これは，ヨーロッパの文化では，左から右の方向に文字を読んでいくという事実と関連があるのかもしれない（Dehaene 1997; Fischer 2008）．数を数えることの学習プロセスをモデル化するために，ロボットには適切な数詞の列が与えられる（モデルのネットワークの腹側入力層に入力される）．同時にロボットの視線は，（視線視覚マップへの入力を通じて）空間の特定の場所に向けられる．この場所は，数の大きさに対応（小さな数は左に，大きな数は右に）した水平方向の座標に一定のガウスノイズを重畳する方法で生成される．垂直方向の座標は，表現される空間を一様に広げるように選ばれる．このプロセスの間，ヘッブ学習が数の言葉と視野の刺激位置との間の関連づけを確立する．

　最後に，数の比較や偶奇性判定などのいくつかの推論タスクを行うようにモデルが訓練される．これは，隠れ層と決定層のニューロンの間の適切なリンクを確率することに対応している．

　ChenとVerguts（2010）による3つの課題を用いて，iCubのシミュレーション実験により学習アーキテクチャの検証が行われた．このタスクにおいては，モデルの反応時間（response times: RT）が測定された．RTは，2つの反応ノードのうちの1つにおいて反応する閾値を超えるために必要な活性度の累積量として計算された．

　最初の実験は，数の認知で観察される大きさ効果と距離効果を調べるためのものである．これらの効果は，数学に関する認知研究の実験における，2つの重要な発見である（例えばSchwarz and Stein 1998）．これは多くの課題で見られるものだが，数を比べる実験では，大きな数ほど比べるのは難しく（大きさ効果），近い数ほど比べるのが難しかった（距離効果）．このことは，比べる数が大きくなるに従い，さらに距離が小さくなるに従い，RTが増加するということからわかる．我々のモデルにおいてこの実験をシミュレートした結果得られたRTを図8.3に示した．

　1から7の数と左右の手のすべての対で反応時間が測定された．図8.3のグラフは，大きさ効果と距離効果のいずれもモデルに現れていることを示している．大きさ効果と距離効果が現れる原因は，隠れ層と決定層の間の重みの単調さと縮退の程度に関係する．

　第二の実験は，SNARC効果に焦点を当てている．これは，大きさ効果と距離効果に比べて，より直接的に数と空間の相互関係に関わっている．この実験では，偶奇性判断および数の比較タスクにおいてiCubのシミュレーションを行い，RTが計算された．同一条件と異なる条件での，同じ数に対する左右の手のRTが異なることが報告されている．SNARC効果は，図8.4のように減少する曲線となる．

　このモデルは，数の単語を見せることで，視覚空間を表現するノードの関連部分が自動的に活性化される．発達の間（数を数えることを学習する段階）に，左側に小さい数，右側に

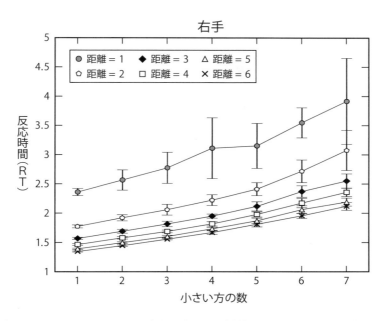

図8.3 右手での数の比較タスクにおける大きさ効果と距離効果のシミュレーション結果．ロボットの反応時間（RT）は，対象の数が大きく，2つの数の差が小さいほど増加する．

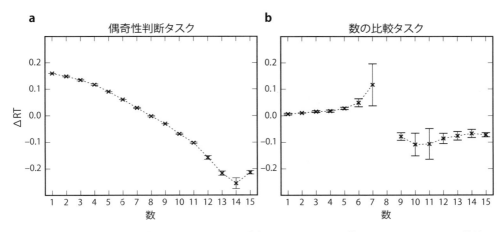

図8.4 偶奇性判断タスク（a）と数の比較タスク（b）におけるSNARC効果のシミュレーション結果．

大きな数が関連付けられるように，ノード間のリンクが確立されるからである．視覚空間表現は，左右それぞれの運動マップとの間にリンクが形成される（ただし，対称的ではない）．視覚空間のある部分は右手では届くが左手では届かない（あるいはその逆）ので，視覚空間マップから腕マップへの変換が行われる際，両方の腕に関連した表現が同じ程度活性化されるのは，視覚マップの中心の同じような領域に対してのみである．視覚空間の端の領域では，片方の腕だけに関連づけられているマップが大部分を占めるため，もう片方よりもより強く活性化される．これはiCubロボットの形態を考えれば自然な帰結である．

表現されている領域がかなり重なっているので，このような効果は2値的ではなく，視覚マップと運動マップのコネクションは左から右へと連続的に変化する．左腕のマップへの関連は弱くなり，右腕のマップへの関連が強くなっていく．そのため，例えば小さな数が示された場合，右腕より左腕に関連づけられた表象を自動的に活性化することになる．こうしてSNARC効果が起きる．Posner-SNARC効果を再現するのにも，同じモデルが使われる（Rucinski, Cangelosi, and Belpaeme 2011）．

このモデルは，その後拡張され，数を数えることの学習におけるジェスチャの研究に焦点が当てられた（Rucinski, Cangelosi, and Belpaeme 2012）．シミュレータ上のiCubは，オブジェクトを見て数える（視覚条件）か，オブジェクトを指さして数える（ジェスチャ条件）かのいずれかで数えることを訓練される．ジェスチャの手の位置の固有受容性感覚情報をロボットのニューラルアーキテクチャに入力することでジェスチャが実現されている．このタスクでは増加する数列の学習が必要なため，iCubのアーキテクチャにおいてリカレントニューラルネットワークを用いた．視覚とジェスチャの成績を比較すると，ジェスチャに接続された固有受容性感覚信号が学習成績を改善することがわかった．この信号は，数える行動の学習の際に利用できる情報を持っている可能性があるからである．さらに，モデルの行動を人間の子どもと比較すると，細かい誤りパターンにやや違いはあるものの，ジェスチャの効果と数える数の大きさで強い類似性があることがわかった（Alibali and DiRusso 1999; Rucinski, Cangelosi, and Belpaeme 2012）．

8.3 抽象語と抽象概念の学習

抽象語の獲得に着目した発達モデルはほとんど存在しない．これまで，発達ロボティクスの主眼は，感覚運動スキルと具体的なオブジェクトの名前に関するものであったからである（第7章参照）．ここで，抽象語学習に関する基礎的なモデルを2つ紹介する．はじめに，具象・抽象が連続的である条件下での，記号接地転移のメカニズムを用いた抽象概念の接地の獲得について紹介する（Cangelosi and Riga 2006; Stramandinoli, Marocco, and Cangelosi 2012）．次に，言語発達の初期の段階での否定の概念と，「No」という単語の概念の獲得を扱う発達ロボティクスのモデルを紹介する（Forester, Nehaniv, and Saunders 2011）．これらの研究は，抽象語と抽象概念の接地の起源を調べることで，将来のロボティクスが，推論スキルと意思決定スキルのための抽象的知識の発達を研究する基礎となる．

8.3.1 抽象語の接地問題に向けて

第7章では，言語発達に関するロボット・モデルを紹介してきた．このような研究の多くは，個々のオブジェクトと行動に対する単語の獲得に焦点を当てていた．また，数は少ないが，

8.3 抽象語と抽象概念の学習

単純な意味論的構造および統語論的構造の創発を研究したものもある．しかし，言語を使うことの主な特徴と利得は，「言語の生成性」である．これは単語を組み合わせて，新しい概念を表現（発明）する能力のことである．例えば，直接的な接地と知覚体験を通じて，馬に乗っているときに「馬」という単語を学習することができ，縞模様のパターンを見て「縞模様」という単語を学習することができ，牛や山羊の角の写真を見て「角」という単語を学習することができる．このような接地した記号を学習すると，この3つの単語を組み合わせて言語的に述べることで新しい概念を発明したり伝えたりすることができるようになる．シマウマをまだ見たことがない人に，「シマウマ＝馬＋縞模様」と言うことで，シマウマの概念を伝えることができるし，「ユニコーン＝馬＋角」と言うことで新しい動物を「発明」することまで可能である．経験を通じて直接接地された単語の意味を，結合で生成された単語の意味へと転移させる過程を，「記号接地転移」と呼ぶ（Cangelosi and Riga 2006）．これは，Barsalou（1999）の概念結合の心的シミュレーションモデルに従ったものである．新奇単語の結合を通じた生成性は，「動物」のような実用的な概念を述べることに利用できるが，「ものを**使う**」や「プレゼントを**受け取る**」のような抽象的な要素を含む単語を述べることにも利用でき，「美」「幸福」「民主主義」といった非具体的で純粋に抽象的な概念を述べることにまで，理想的に利用できる．

ここで，新奇かつ複合的な行動を学習するために記号接地転移を用いた，言語の生成性の初期のモデルを紹介する（Cangelosi and Riga 2006）．また，「受け入れる」「拒否する」のようなより抽象的な単語を段階的に学習するための，モデルの適応についても紹介する（Stramandinoli, Marocco, and Cangelosi 2012）．CangelosiとRiga（2006）は，教師と学習者の2つのエージェントを用いて，ヒューマノイドロボットのシミュレーションを行った．教師は，運動行動を行い，行動の名前を学習者に教えるように，実験者によってあらかじめプログラムされている（例：図8.5）．はじめに，学習者は教師の運動と言語を模倣することで，基本的な運動行動への名前づけを学習する．次に，接地された基本行動の名前を組み合わせるために学習者は言語命令を用いるとともに，記号接地転移メカニズムを通じて複合的な行動を行うように学習する．Open Dynamics Engineに基づく仮想環境における2体のロボットエージェントのシミュレーションとして，モデルを実装した．

ニューラルネットワークで制御されている学習者は，教師の行動とその名前を模倣することを学習する．シミュレーションは，3つの訓練段階と1つの検証段階に分かれている．訓練は人間の発達段階にほぼ応じたものである．この3つの訓練段階は以下のとおりである．

1. 基本的な接地（Back Grounding: BG）：この段階は，教師が見せた基本行動を再現する能力の模倣学習，およびその行動の名前の学習に対応する．「close_left_arm」「close_right_arm」lift_right_upperarm」「move_wheel_forward」など，6つの基本行動が用いられる．

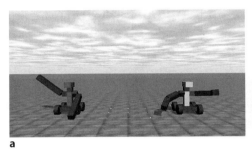 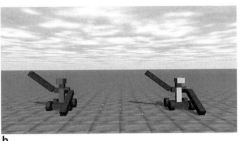

図8.5 複合的な行動概念を接地変換するロボットのシミュレーション．教師が左側，学習者が右側である．学習前（a）および学習後（b）．行動を学習したことで，学習者ロボットが教師の行動を模倣できるようになる．Tikhanoff et al. 2007 より引用．

2. 高次の接地 1（Higher-order grounding 1: HG-1）：行動を視覚的に直接見るのではなく，単語を組み合わせることで複合的な行動を学習する．教師は，「grab=close_right_arm」+「close_left_arm」のような組み合わせを生成し，学習者は記号接地転移によりこのような複合的な行動の生成を学習する．

3. 高次の接地 2（Higher-order grounding 2: HG-2）：HG-1段階と同様であるが，BG行動の名前とHG-1の単語の組み合わせから，新しくHG-2の概念を生成することが異なる．例えば，学習者は「carry=move_wheel_forward」+「grab」などを学習する．

学習者は，BGとHGの行動をすべてうまく学習すると，検証段階では，対応した行動の名前の入力により，基本行動と高次の行動のすべてを自律的に実行できるようになる．この能力の背後にあるメカニズムは，記号接地変換メカニズムである．これは，Barsalou（1999）による知覚記号システム仮説を実装したニューラルネットワークに基づく（Cangelosi 2010）．内的シミュレーションを用いて，感覚運動概念を組み合わせて，複合的で高次の内部表現にすることを実現している．

単語の組み合わせによる複合的な行動生成のための記号接地転移は，多数の合成行動の生成に拡張されている．例えば，アルファベットのジェスチャから112個の複合的な行動を生成することができることが報告されている（Cangelosi et al. 2007; Tikhanoff et al. 2007）．

記号接地転移は，より抽象的な単語の学習にも応用されている．具象・抽象を連続的に見ると，「金槌」「くぎ」「石」「与える」などの極めて具象的な単語から，「民主主義」「美」「愛」のような抽象的な単語までがある．この両極の間で，我々はさまざまな抽象度について考えることができる．例えば，「受け取る」（「プレゼントを受け取る」の「受け取る」）は，オブジェクトをつかみあげる具体的な行動を拡張し，社会的・友好的な文脈で用いたものと考えられる．「使う」（「金槌を使う」「鉛筆を使う」の「使う」）は，「金槌でたたく」または「鉛筆で書く」概念をより抽象的にしたものである（それでも「たたく」「書く」といった行動との関連が残されている）．Stramandinoli, MaroccoとCangelosi（2012）は，「受け取る」

のような中間的な抽象概念を接地させるモデルを開発した．これも，さきほど述べたのと同じ記号接地メカニズムを用いている．

このモデルでは，CangelosiとRiga（2006）の記号接地転換手法とiCubロボットのシミュレーションが用いられた．はじめに，iCubは直接接地により「押す」などの具体的な基本運動に関する単語を学習する．それから，言語を生成し高次の概念と接地させることにより，「受け取る」のような抽象的な単語をやり取りする．すなわち，BG訓練段階ではロボットは直接的な感覚運動経験を通じて，8つの行動要素に関連づけられた単語を学習する．行動要素の名前として，「押す」「引く」「つかむ」「放す」「止まる」「笑う」「しかめ面をする」「何もしない」の8つがニューラルネットワークに入力される．

次に，基本行動と複合的な行動をさまざまなレベルで組み合わせるため，2つの異なるHG段階が用意された．最初のHG-1段階ではロボットは「持ち続ける［は］つかむ［と］止まる」のように基本行動要素だけを組み合わせて，3つの新しい高次の行動の単語（「与える」「受け取る」「持ち続ける」）を学習する．基本行動から高次の単語への接地の転移を学習するために，ネットワークは表現中にある単語（「つかむ」「止まる」）に対応した出力を別々に計算し，保存する．続いて，ネットワークは「持ち続ける」という高次の単語を入力として受け取り，さきほど保存したものを目標値として出力する．HG-2段階では，基本的な行動要素と高次の行動の単語を組み合わせた3つの高次の行動（「受け取る」「拒否する」「つかみあげる」）を，ロボットは学習する（例：受け取る）．

高次の複合的な行動ができるということは，この記号接地メカニズムが具体的な行動を転移可能というだけでなく（例：Cangelosi and Riga 2006の「つかむ」），具象性が少ない抽象概念に対しても有効であることを示している（例えばStramandinoli, Marocco, and Cangelosi 2012における「受け取る」の学習）．しかし，「作る」と「使う」のような他の具象性が少ない概念の接地にも同じメカニズムが使えるが，「美」「幸福」のような極めて抽象性が高い単語の接地モデルについては課題が残されている．

8.3.2 「No！」と言うことの学習

このモデルは，感覚運動メカニズム，社会性メカニズム，感情メカニズムを組み合わせて，「No！」などの抽象的な単語と関連する否定の概念を接地することを目的にしている．8.1.2節で述べたように，初期の子どもの発達中に観察される否定にはさまざまな種類があり，言語能力が意思状態あるいは感情状態に接地していることを明確に示唆している（Förster, Nehaniv, and Saunders 2011; Pea 1980）．禁止する単語を発する行動，拒否の行動，動機に依存した拒否の行動などの否定などである．

発達ロボティクスにおける，感覚運動および感情に基づいた否定を研究するためのシナリオが，Förster, NehanivとSaunders（2011）によって提案されている．彼らは，さまざまな否定形式の主要な特徴の違いを区別し，表8.3のようにまとめた．第一に，否定は，感情

第8章 抽象的知識による推論

や意思への関連度，またはイベントに関する抽象的知識の関連度で区別できる．したがって，前者の否定の形式（拒否，自己禁止）のモデル化には，感情状態と動機状態のレベルのメカニズムと，顔の表情や身体のジェスチャでそれを表現することが必要になる．後者の否定では，必要な記憶に関連して複雑さが増していることが異なるとともに，子どもがオブジェクトの機能的特徴，位置的特徴の存在を内面化するレベルが異なる．例えば，拒否は短期記憶を必要とする純粋な反応行動だが，実現しなかった予想と否定には長期記憶が必要となる．この違いは異なる記憶戦略をモデルが必要とし，否定するオブジェクトやイベントの属性の内面化が必要であることを示唆している．

このことは，「No」「なくなった」「やめて」といった単語の抽象概念を学習・使用する能力が，感情状態と意思状態への接地とどのように関係しているかを理解するフレームワークを与える．この能力は，具体的な単語の場合のように純粋な感覚運動（行動）に接地しているとも，記憶と外部世界の内部表現の役割に接地しているとも言えない．

Förster（2013）は，iCubロボットの発達フレームワークを用いて，否定の発達の2つの仮説，すなわち（1）拒否に含まれる否定の意図の解釈機構，（2）物理的および言語的な禁止，を検証した．否定の意図の解釈は，否定の発達論的な起源が，子どもの動機状態を養育者が言語的に解釈すること（意図の解釈）にあるとするものである．Pea（1980）の仮説によれば，養育者が子どもの物理的な否定行動を否定の宣言と解釈し，子どもと養育者による「No」「いらない」といった言語表現に対応づけたときに，発達論的に否定が獲得される．そのため，否定語の発声は，否定の動機状態と拒否行動に関連づけられ，韻律的に顕著性が高いことが多い（Förster 2013）．他の発達理論には，子どもの否定の使用は，親の禁止に由来するというものもある．Spitz（1957）の仮説によれば，子どもが何かすることを養育者が禁止したときに，否定は獲得されるというものである．この2つの仮説と，ロボットが否定を獲得するために必要なメカニズムを検証するために，Försterは2種類の実験（拒否と禁止）を設計し，仮説を比較検証した．

否定の実験では，図8.6に示す認知アーキテクチャが用いられた．これは，Lyon, NehanivとSaunders（2012）の言語学習実験で採用されたLESAアーキテクチャの一部に基づいている（7.2節参照）．以下に，主要なモジュールについて説明する．このアーキテクチャの動機と詳細は，Saundersら（2011）とFörster（2013）を参照していただきたい．

知覚システムモジュールはロボットのカメラからの画像を処理して，もっとも顕著性の高いオブジェクトや，立方体の片面の形状の画像（ARToolKitパッケージ．www.hitl.washington.edu/artoolkitを利用），ユーザの顔（faceAPIソフトウェア．seeingmachines.comを利用）を認識する．知覚システムはモータエンコーダ情報を処理し，ロボットの腕にかかる外力を検出する（ロボットの腕をオブジェクトから離れるようにユーザが動かす際など）．このシステムは，オブジェクトを「つかみあげる」「置く」といった重要なイベントも認識する．これらのイベントは，否定反応に関連する異なる行動のトリガーとなる．さら

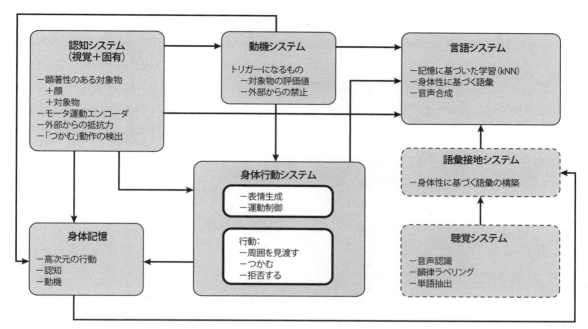

図8.6 Förster（2013）の否定実験で用いられた認知アーキテクチャ．説明は本文参照．（Förster 2013より作成）

に，このような行動は，複数のオブジェクトがあるときに，1つのオブジェクトに注目させることにもなる．

否定実験における主要な要素は動機システムである．動機システムは動機状態を単純化して保持しており，3つの離散値，-1（否定），0（中立），1（肯定）をとる．実験では，はじめは動機状態は中立であり，つかんだオブジェクトの評価値が正か負かによって変化する．オブジェクトと評価値の関連づけは，実験者があらかじめ定義している．禁止シナリオでは，腕にかかる外力の知覚に基づきロボットがオブジェクトの評価値を調整する．

身体行動システムは，5つの行動の生成を制御する．何もしない，周囲を見渡す，オブジェクトに手を伸ばす，拒否する，見る，である．これらの行動は，否定実験とオブジェクトの評価値に応じて，3つの表情（うれしい，中立，悲しい）とともに実行される．リアリティのある反応行動を生成するために，時定数（5つの行動の継続長および同期）について試行錯誤が行われ，副次的な行動が実行される．禁止シナリオでは，iCubがオブジェクトに手を伸ばしたらすぐにiCubの腕を止めるように，被験者は指示される（図8.7）．

言語システムは，参加者とオブジェクトのインタラクションおよびロボットの動機状態に基づいて，単語の発話を制御する．インタラクションの間に学習した単語は，聴覚サブシステムを使って語彙接地サブシステムに保存される．これはLyon，NehanivとSaunders（2012）の言語学習手法の一部に基づいている．感覚運動・動機（SensoriMotor-Motivational: SMM）ベクトルはロボットが実行している行動，注目しているオブジェクト，ロボットの

第8章 抽象的知識による推論

図8.7 負の評価値を持つ禁止オブジェクトに手を伸ばそうとするiCubの腕を物理的に制止している例.

動機状態，視覚および運動知覚状態に関する，現在の状態を保持する．オブジェクトが持ち上げられてロボットの前に置かれると，ロボットは単語を発話する．記憶モデルが現在の知覚および動機状態を学習済みの語彙とマッチさせることにより，ロボットは文脈にもっとも適した単語を発声する．次に，記憶照合アルゴリズムで次善であった2つ目の単語を発話する．これが，状況が変わるか，被験者によってオブジェクトが降ろされるまで続く．システムでは，SMMベクトルと接地された語彙のマッチングを行うために，k近傍法アルゴリズムの効率的な実装を用いている（Tilburg Memory-Based Learner[TiMBL]; Daelemans and van den Bosch 2005）．

発達の初期段階における否定の獲得と「No（いいえ）」という単語の使用について検討するために，2種類の実験が行われた．1つ目の実験は拒否シナリオで，もう1つは禁止シナリオである．これらの実験には，否定の起源に関する2つの異なる仮説を検証する，という明確な目的がある．いずれの実験でも，事前知識のない被験者に，iCubロボット（Deecheeという名前）に5つのオブジェクトの名前を教えるように指示が行われた．モノクロの記号が箱の上に印刷されている（星，ハート，四角，三日月，三角）．否定，禁止の目的については被験者に説明せず，Deecheeが特定のオブジェクトが好きか嫌いかどちらでもないかを，顔の表情から知ることができる，という情報のみ与えた．

拒否シナリオの実験は，拒否に含まれる否定意図の解釈に関するPea（1980）の仮説を検証するように設計された．これは，嫌いなオブジェクトXを与えられたときに子どもが「Xはいらない」ということを意味するために，「No」のような単語を発話することについて検

討するものである．同時に，「Xがほしい？」と尋ねられたときに「No」と答えるような，動機依存的な否定についても検討する．発達の時間軸では，これは，嫌いなオブジェクトから顔をそむけたり，それを押しやったりするなどの，非言語的行動から始まる．養育者は，このような行動の意図を拒否と解釈する．結果的に養育者は「No」「いらない」といった文を生成し，子どもは模倣を通してそれを学習する．拒否シナリオを実装するために，iCubロボットに，嫌いなオブジェクトをしばらく見つめてから顔をそむけ，不愉快な表情をさせた．このように嫌いなオブジェクトに対する非言語的行動を見せ，被験者が拒否と解釈するように誘導した．それぞれの被験者とロボットの間で，5回のインタラクションセッションが行われた．それぞれのオブジェクトに対して嫌い・中立・好き（-1, 0, 1）の評価値が設定され，セッションごとに設定は変化する．

禁止シナリオの実験は，Spitz（1957）の仮説を検証するために設計された．この仮説は，身体的および言語的禁止の組み合わせから，否定が獲得されるとする．この仮説によると，初期の否定は，参与者による禁止を示す行動と発話に起源がある．禁止実験も拒否シナリオに基づいているが，実験シナリオに禁止オブジェクトが2つ存在するという違いがある．そのため，被験者はロボットが禁止オブジェクトに触れないように，iCubを物理的に制止して腕を押し戻すよう指示される．これは「抵抗イベント」と呼ばれ，ロボットの動機値を負にすることになる．この負の感情状態は，不快さを強調した顔（への字型の口と眉のLEDを明るくする）と被験者の顔を注視することで，被験者に伝えられる．

2つの実験結果を比べるために，5回行った拒否インタラクションの最後の2つのセッションをベースライン条件（対照群）とした．禁止実験の5回のセッションにおいて，最初の3回は拒否＋禁止シナリオである．残りの2つのセッションは拒否シナリオであり，拒否実験と禁止実験の2つの群を直接比較するために用いる．各被験者は拒否シナリオか禁止シナリオのいずれかにしか参加しないので，被験者群間の比較が考察された．

実験ごとのデータ（例：最初のセッションと最後のセッションの比較）と，拒否および禁止実験の比較について，さまざまな分析がなされた．特に，被験者の発話の長さの平均（mean length utterance: MLU），毎分の発話回数（utterance per minute: u/min），異なり語数（distinct words: #dw）の3つについて主に考察した．拒否実験と禁止実験では，MLUには有意な違いは見られなかった．一方u/minは，拒否群に比べて禁止群で高い数値を示した．さらに，いずれの群も，同じようなu/min値から始まるが，後になると差が有意になる．これは，禁止条件の被験者は最後のセッションにおいて，より多く発話したことを示している．拒否条件ではu/minに変化はなかった．#dw変数に関しては，禁止群はより多くの否定語を使った（合計の#dwには違いはなかった）．さらに，上記の実験を別の関連研究（同じアーキテクチャを用いた名詞学習［Saunders et al. 2011］）と比べると，いずれの設定でも多数の否定語を引き出すことが示された．これは，顔の表情による感情表現と，動機状態に関連したジェスチャを使用したためであると考えられる．

第8章 抽象的知識による推論

　上記の実験結果を用いて，否定の発達的起源に関する2つの仮説を検証するために，Peaによる否定型の分類に従って，ロボットと人間の発話を分類した．そのために，発話の評価者間の分類結果を分析した（詳細についてはFörster 2013参照）．人間の参加者の発話を分析することで，高頻度の5つの否定型，すなわち（1）否定意図の解釈，（2）否定動機の質問，（3）真理関数的な否定，（4）禁止，（5）却下（表8.3のPeaの否定タイプ分類を参照），について検討が行われた．最初の3回のセッションについて拒否条件と禁止条件を比較すると，その違いは拒否シナリオのみにおいて言語的な禁止と却下の発話が存在することだった．一方，否定意図の解釈と否定動機の質問は，拒否シナリオにおいて多く観察された．さらに，禁止シナリオでは否定意図の解釈の頻度が有意に低かった．これらの結果は，上述の実験設定と認知アーキテクチャにより，「ロボットにおける否定の発達に関する2つの異なるシナリオを構築する」という実験者の意図が達成されたことを示している．被験者はロボットの動機状態と感情状態を解釈し，「だめ（No），それは嫌いでしょ」などの質問や表現を生成する．興味深いことに，最後の2つのセッション（両被験者群とも拒否だけのインタラクションをする）を比較すると，前のセッションが拒否セッションであった被験者群は，真理関数的な否定発話を対象群と比べて多く行った．動機に依存した発話については，2つの実験間で違いはなかった．禁止実験での真理関数的な否定発話（ロボットがオブジェクトに対して間違ったラベルを与えたときに行われることが多い）が少ない理由を，「禁止シナリオでは，オブジェクトの名前づけより動機的なインタラクションに両者が注目しているためである」とFörsterは説明している．

　上記実験におけるロボット発話の分析ではロボットが生成した発話に対する分類が，評価者間で大きく異なるという問題がある．これはロボットが好む（あるいは好まない）オブジェクトに対する意図に対する評価者の解釈が一致しないためである．このように分類に問題はあるものの，否定発話の生成には系統的なパターンが観察できる．拒否実験ではロボットは10人の被験者のうちの7人に否定語を使った．一方，禁止シナリオでは，すべてのインタラクションでロボットは否定語を使った．ロボットによる適切な発話の割合（すなわち，発話行為の内容が真であるかどうかにかかわらず，語用論的にどれだけ成功したか．Austin 1975参照）を分析することで，両実験条件における最後の2つのセッション間の違いを明らかにすることができる．すべての否定発話における適切さ（妥当性）は，拒否実験における67％と比べて禁止実験においては30％とかなり小さい．直感に反して，禁止シナリオではロボットの否定会話が抑制されることを示唆しており，興味深い．この理由について，ロボットの動機状態と，被験者による禁止および却下発話の間の時間関係をFörsterは分析し，説明している．禁止シナリオにおいてはロボットが禁止オブジェクトに触れないように腕を押さえられているときは，肯定的か中立状態にあったことがわかっている．さらに，押さえられることと，否定語の発話は同時に行われていなかった．一方で，拒否シナリオでは，否定の意図の解釈と否定動機の質問が，否定の動機状態と時間的に近接していた．

上記の結果をまとめると，今回の実験設定においては，拒否シナリオが否定の獲得を促進することを示している．ただし，両方の仮説とも，否定の概念とスキルの発達に寄与していると考えられる．禁止シナリオで動機状態と否定発話が同時に起こらないという結果は，このモデルにより，意図解釈を軸とするPeaの仮説が正しく，言語的禁止を軸とするSpitzの仮説が誤っているということを示すわけではない．さらに，現実の養育者と子どものインタラクションの場合にも，否定に関して時間的に同時性が成り立たないかもしれない，とFörsterは述べている．この研究が示唆することは，人間の否定の発達論的・心理言語学的研究において，さまざまなインタラクションの観点（動機状態，発話の頻度，型，長さ）からより徹底的に分析することが重要だということである．これには，禁止が自然に生じる日常環境において，養育者と子どもの否定インタラクションを長時間録画することが必要になるであろう．

8.4　意思決定のための抽象表現の生成

古典的アプローチによる人工知能の問題解決手段では，意思決定・ヒューリスティックな方法・計画などが用いられてきた．これらの手法は，状態値ベクトル，ヒューリスティックな関数や探索戦略，論理式に基づく手法を利用していることが多い．これらは計算量が多く冗長なプロセスに依存しているものの，チェスにおける人間レベルの推論と対戦（Hsu 2002）などで有効であることが示されている．さらに，論理および記号に基づく手法と表現（Byrne 1989）や心理モデル手法（Bucciarelli and Johnson-Laird 1999）は，哲学的問題である三段論法などの人間の推論能力をモデル化するために使われた．

認知ロボティクスによるアプローチ（特に発達的な観点）では，推論と意思決定に使われる内部表現を，認知処理と抽象表現生成を通じて，エージェント自身が生成することが重視される．すなわち，実験者がオフラインで用意した表とヒューリスティックな方法によってではない．これは，言語学習の記号接地問題（第7章）に似ている．単語は，環境とのインタラクションに接地する必要があるのである．意思決定に関して，Gordon, KawamuraとWilkes（2010）は神経科学に着想を得て，接地した抽象内部表現（例：タスクに基づく接地された動的特徴）の生成手法を提案し，ロボットを用いた実験により有効性を検証した．Gordonら（前掲書）は，エージェントが接地した単語を用いてインタラクションした結果から，タスクに依存した動的特徴が生成されると示唆している．この特徴により，状況とタスク依存の価値関数の関係が学習され，意思決定のための制御パラメータを適応させることができる．このタスクには，3つの主要な価値関数が関係する．（1）現在のゴールが与えられたうえでの現在の状況の**関連度**，（2）応答に紐づいた**効用**，（3）ロボットが行動を行わなければならない**緊急性**である．これらはそれぞれ，抽象概念，報酬の学習，決定時間とタ

第8章　抽象的知識による推論

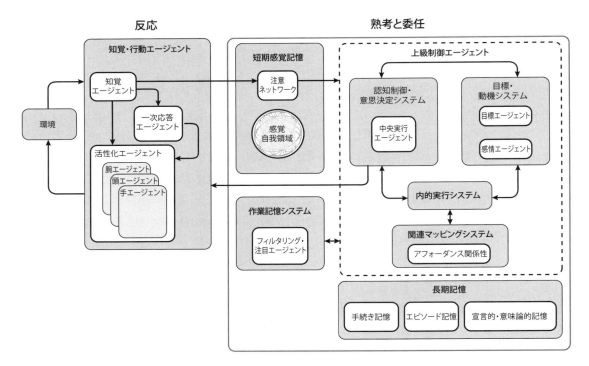

図8.8　Gordon, KawamuraとWilkes（2010）のISAC認知アーキテクチャ．

スクの成績のバランスに対応している．

　Gordon, KawamuraとWilkesは，神経科学的に妥当な「認知制御」モデルを構築し，タスク達成度を改善した．「認知制御」はトップダウンの実行プロセスのモデルであり，注意メカニズムおよび作業記憶，計画および内的シミュレーション，誤差修正および新奇性検知からなる．この認知制御モデルは，タスクに対するロボットの感情的な評価も有する．感情状態は，関連度，緊急性，行動を選択したときの効用について，現在の状況と過去の経験を評価する．これらの認知制御モデルは，最初にエピソード記憶として保持された経験を処理し，状況に基づいた評価関数を構築するために利用できる関連情報を特定する．この関連情報と評価関数を用いて，オンラインの意思決定が行われる．

　認知ロボティクスにおいて，これらの動作原理はISAC認知アーキテクチャとして知られる（Gordon, Kawamura, and Wilkes 2010; Kawamura et al. 2008; 図8.8）．このアーキテクチャは，反射的・反復的・長期計画的な制御を行う3つの制御ループを有する．また，記憶システムとしては，短期記憶，長期記憶，作業記憶の3つが存在する．長期記憶システムには，手続き記憶（例：一連のステップとして記述されるタスク），エピソード記憶（例：過去の事象の時空間的特徴），意味論的記憶（例：物体とその特徴に関する宣言的知識）がある．短期記憶システムと作業記憶システムは，知覚情報と状態情報のための初期バッファを持つ．さらに，ゴールに関連した動的表現（特徴ベクトル）の生成は関連度の評価関数に

278

8.4 意思決定のための抽象表現の生成

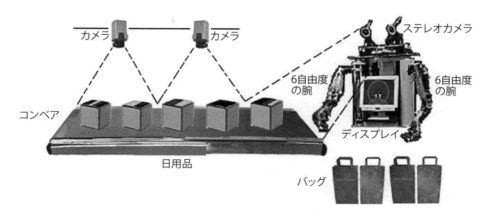

図8.9 Gordon, KawamuraとWilkes（2010）における日用品バッグ入れタスクを用いた意思決定実験の設定.

紐づけられており，作業記憶に割り当てられる．これらのサブシステムは，複合的かつ高次の実行制御システムにより制御される．この実行制御エージェントは，内的な予備実行システム，ゴール，および動機システムを持っており，ゴールと動機を設定し，計画を生成して応答を選択する．効用は，応答の優先度を決定し，予測を行って再帰的に計画を生成する．

これらのモジュールの多くは認知アーキテクチャに関する神経科学的知見に基づくものであり，さまざまな活性化モジュールとニューラルネットワークモジュールとして実装されている．

Gordon，KawamuraとWilkes（2010）は，この意思決定モデルを検証するために，ISACヒューマノイドロボット（Kawamura et al. 2008）に日用品をバッグに詰めさせるという日常生活タスクの実験を行った．ロボットは，ベルトコンベアの末端に置かれ，ベルトコンベーの上にあるすべての日用品をバッグに詰めなければならない（図8.9）．1回の訓練エピソードでは，あらかじめ設定された数になるまで，日用品がランダムに出現する．各ステップにおいて，次に現れる日用品の数と種類はロボットにとって未知であるため意思決定が必要になる．日用品として25色の紙の箱が用いられ，それぞれに9つの属性（例：重さ，大きさ，硬さ）があり，属性をロボットは観測可能である．事前に与えた複合行動が手続き的記憶に2種類保存されており，加えて，以下の行動の各ステップの制御を行う独立した制御器もある．

行動 *BagCroceryLeftArm(grocery_x, bag_y)* と *BagGroceryRightArm(grocery_x, bag_y)*：日用品 *grocery_x* を特定のバッグ *bag_y* に入れる．

このタスクを達成するために，観察者により3つの制約が与えられた．（1）軽い食料が，重い荷物により壊されることを防ぐ．（2）バッグには合計20ポンド以上のものを入れない．

(3) 使うバッグの数を最小化する．

　実験はシミュレーションおよび物理的なロボットISACで行われた．それぞれの実験で，ロボットは1セットの訓練を行った．各エピソードでは，10個から15個の中からランダムに選ばれた日用品が示され，あらかじめ設定した数の日用品を教師は選択しバッグに入れる．10回のエピソードごとに，それまでの全エピソードのデータを用いた再学習が行われた．ロボットは，複数の概念を同時に学習するとともに，学習した知識を獲得済みのコーパスに適用する必要がある．このようなプロセスにより，成績が改善・悪化・停滞しているかが評価された．

　Gordon, KawamuraとWilkes（2010）による論文では，（複数イベントの並行学習と評価を行うという）神経科学に着想を得た手法が，効果的かつ汎化可能な意思決定能力の設計に寄与すると報告されている．この手法を実装したロボットは，何がタスクに関連しているか，効用や緊急性をいかに状況と結びつけるべきかについての評価関数を自律的に学習することが可能であり，日用品バッグ詰めタスクを学習可能であることが示されている．このシステムは意思決定スキル獲得の発達を直接扱ったものではないが，さまざまな記憶，感情，制御等のモジュールが，いかに成人のような推論ができるようになるまで発達するのかについて，検証可能な認知制御アーキテクチャを提供している．

8.5　発達する認知アーキテクチャ

　前節では，発達ロボットにおける特定の知識処理スキルに関する実験とモデルを紹介した．これらのモデルは，数や抽象語，意思決定のような単一の抽象的知識能力に焦点を当てていることが多い．しかし，汎用的な認知アーキテクチャの発達に関する認知モデルにおいて重要なことは，同じ認知メカニズムを使って，さまざまな行動タスクや認知タスクをシミュレートし統合できるようにすることである．

　認知アーキテクチャという用語は，もともとは計算論的認知モデルと人工知能の分野で使われ始めたが，意識の構造と処理のモデル化のための汎用の計算モデルにも使われるようになった．そのため，（個々のスキルではなく）広範囲・多層・分野複合的な行動と認知現象をモデル化しシミュレーションするために用いられる（Sun 2007）．このような統合モデル化フレームワークや，単一プロセスを並列利用するモデルを，さまざまな認知能力のシミュレーションに用いることで，さまざまな発達論的発見が単一の理論的フレームワークへと統合できるかもしれない．今後，さらなる検証と評価が必要とされる（Langley, Laird, and Rogers 2009）．これらのアーキテクチャは，知識表現システム，複数の記憶領域（長期と短期），知識操作プロセスを（理想的には学習手法も）備えているのが一般的である．Langleyら（前掲書）は，認知アーキテクチャとして9つの典型的な機能を特定した（表8.4）．

8.5 発達する認知アーキテクチャ

表8.4 Langley, LairdとRogers（2009）で提案された汎用認知アーキテクチャの主要な機能

機能	主な特徴
認識とカテゴリ化	状況が記憶されたパターンとマッチするかどうかを確認する認識プロセス オブジェクト，状況，イベントを既知の概念に割り当てるカテゴリ化
意思決定と選択	選択および行動の代替案の表象 候補集合から選択するプロセス 行動が可能で，事前条件／文脈にマッチすることを決定するプロセス
知覚と状況の評価	外部世界をセンシングする知覚（視覚，聴覚，触覚） 自己のセンサのダイナミクスと設定に関する知識 限られた知覚リソースを関連情報に割り当てる選択注意システム 環境の大規模モデルを構築するための全体状況の解釈
予測とモニタリング	未来の状況とイベントを正確に予測する能力 環境および行動のモデルが必要 時々刻々と変化する状況とその変化のモニタリング
問題解決と計画	行動とその結果の対として計画を内部表現する 記憶されている内容から計画を構築する 探索戦略により，問題を複数ステップに分解構築する問題解決 内部計画と外部行動の混合 予期しない変化に対応した既存計画の修正
推論と信念の管理	既存の信念や仮定から，内的に帰結を推論する能力 （論理的または確率的）信念の構造関係の表現 知識構造を用いて推論を行うメカニズム（演繹的・帰納的推論） 表現を更新するための信念管理メカニズム
実行と行為	行為のための運動スキルの表現と保持 単純および複合的なスキル・行為の実行 反応的で閉ループ的な行動から，自動的で開ループ的な行動まで スキルの学習と修正
インタラクションとコミュニケーション	自然言語（と非言語コミュニケーション）のコミュニケーションシステム 知識をコミュニケーションの形式と媒介に変換するメカニズム エージェント間における会話と語用論的な協調
記憶・内省・学習	上記すべての能力のメタ管理メカニズム 記憶の認知プロセスの結果を符号化して保持し，検索・アクセスする能力としての記憶 自己の推論，計画，決定，行為を説明する内省 推論と計画の生成に使われた処理に関するメタ推論としての内省 特定の信念とイベントではない新しいスキル／表現の汎化

　これらは，感覚運動能力と認知能力をすべてカバーしている．

　Vernonら（Vernon, Metta, and Sandini 2007; Vernon, von Hofsten, and Fadiga 2010）は，認知モデルに関する3つのパラダイム（認知主義，創発主義，両者のハイブリッド）を分析し，それらの認知アーキテクチャについても分析を行っている．認知主義のパラダイムは記号主義パラダイムとしても知られ，古典的人工知能（Good Old-Fashioned Artificial Intelligence: GOFAI）と心理学における情報処理アプローチに基づくものである．このパラダイムは，認知が記号的知識表現と記号操作からなるものとする．計算的には，こ

のアプローチは形式論理とルールベースのシステムに基づく．最近では，統計的機械学習と確率的なベイズ主義的な確率モデルに基づくものもある．典型的なアーキテクチャとしては，Soar（Laird, Newell, and Rosenbloom 1987），ACT-R（Anderson et al. 2004），ICARUS（Langley and Choi 2006），GLAIR（Shapiro and Ismail 2003）などが挙げられる．この分野では，認知アーキテクチャは認知の統一理論として提案されている．これらの提案では，行動および認知能力を支える共通の基本（記号的）プロセスの解明が試みられている．記号の表現と操作に着目すると，これらのアーキテクチャの多くは，身体性・学習・発達などの発達ロボティクスに関係する現象を説明していない．これらのアーキテクチャは，知覚および行動概念の（接地していない）記号表現を提案するものであり，ICARUSにおける新奇モデルの学習と発達プロセスを除けば，学習はまったく含まれていないか，最小限に留まる．

　一方，創発主義パラダイムは，個体と物理・社会的環境と個体のインタラクションの結果から現れる自己組織的創発現象として認知を捉える．これは，歴史的には古典的な記号主義モデルへのアンチテーゼとして始まり，フォン・ノイマン的情報処理による認知の捉え方を，並列分散の認知処理フレームワークとして捉え直したものである（Bates and Elman 1993）．創発主義的な手法は，実際にはさまざまなパラダイムに基づくものであり，ニューラルネットワークのコネクショニストアプローチ，ダイナミカルシステム，身体性認知科学，進化的および適応的システムなどを含む．これらのパラダイムの多くは，古典的な認知アーキテクチャではなく汎用的な理論や原理を扱うものである．例えば，コネクショニストパラダイムでは，感覚運動学習から，カテゴリ分類，言語学習，ルールベースシステムの実装にいたるまで，人工ニューラルネットワークはさまざまな認知スキルをモデル化することができる汎用的な分散並行処理システムになり得ることを提唱している．創発主義のパラダイムは，学習，分散，記号獲得，感覚運動表現，適応に焦点を当てていると考えられる．

　ハイブリッドパラダイムは，認知主義手法と創発主義手法の両方のメカニズムを統合しようとしている．例えば，CLARIONアーキテクチャ（Sun, Merrill, and Peterson 2011）は，創発主義のニューラルネットワークモジュール群を結合して，暗黙知と記号生成の表現を構築し，記号操作処理をモデル化している．

　認知システムと認知ロボティクスの分野では，多くの認知アーキテクチャが提案されているが，発達ロボティクスへの展開を扱うものは少ない．Vernonら（Vernon, Metta, and Sandini 2007; Vernon, von Hofsten, and Fadiga 2010）は，人工認知システムの汎用アーキテクチャを，認知主義／創発主義／ハイブリッドの3種に分類した．表8.5は，この分類に，発達に関する最近の事例を追加したものである．最近の事例には，Vernonら（Vernon, von Hofsten, and Fadiga 2010）のiCubアーキテクチャと本書に登場する他の事例などがある（例えばERA，LESA，HAMMER）．

　表8.5の1行目に示すアーキテクチャは，汎用のロボット用とも発達ロボティクス用とも言っていないモデルである（Soar，ACT-R，ICARUS，創発アーキテクチャであるSelf-Directed

8.5 発達する認知アーキテクチャ

表8.5 認知モデル，認知ロボティクス，発達ロボティクスで用いられる認知アーキテクチャの分類

	認知主義	創発主義	ハイブリッド
汎用	Soar (Laird, Newell, and Rosenbloom 1987) ACT-R (Anderson et al. 2004) ICARUS (Langley and Choi 2006)	SDAL (Christensen and Hooker 2000)	CLARION (Sun, Merrill, and Peterson 2001)
ロボティクス	ADAPT (Benjamin, Lyons, and Lonsdale 2004) GLAIR (Shapiro and Ismail 2003) CoSy (Hawes and Wyatt 2008)	サブサンプションアーキテクチャ (Brooks 1986) Darwin (Krichmar and Edelman 2005) 認知・感情シェマ (Morse, Lowe, and Ziemke 2008) Global Workspace (Shanahan 2006) DAC(Verschure, Voegtlin, and Douglas 2003) TRoPICALS (Caligiore et al. 2010)	HUMANOID (Burghart et al. 2005) Cerebus (Horswill 2002) Kismet (Breazeal 2003) LIDA (Franklin et al. 2014) PACO-PLUS (Kraft et al. 2008)
発達ロボティクス	ISAC (Gordon, Kawamura, and Wilkes 2010)	iCub (Vernon, von Hofsten, and Fadiga 2010) ERA (Morse, de Greeff, et al. 2010) LESA (Lyon, Nehaniv, and Saunders 2012) 視線共有 (Nagai et al. 2003) HAMMER (Demiris and Meltzoff 2008) 協調 (Dominey and Warneken 2011) SASE (Weng 2004) MDB (Bellas et al. 2010)	心の認知理論 (Scassellati 2002)

Anticipative Learning (SDAL)，ハイブリッドアプローチ (CLARION) である．これらは，認知モデルとしてはさまざまな領域に影響をもたらしたが，ロボティクスにおけるインパクトは今のところ限定的である．この理由は，これらのアーキテクチャ（特に認知主義のもの）は，順序が定まった検索等の操作に特化していて，ロボットのセンサやアクチュエータにおける同時並行的かつ分散的な情報処理には必ずしも適していないというためである．認知主義アーキテクチャは，高次の推論メカニズムを重視し計算量的にも多くを割いているが，ロボティクスで必須である低次元のセンサモータ系を重視していない．

ADAPTアーキテクチャ (Adaptive Dynamics and Active Perception for Thought) (Benjamin, Lyons, and Lonsdale 2004) は発達論的な問題を直接扱うものではないが，身体性に着目しロボティクスに特化した認知アーキテクチャである．このアーキテクチャは，SoarとACT-Rと同様の推論機能とセンサデータ用の短期作業記憶を統合することで，タス

クのゴールと行動を管理している．GLAIR（Grounded Layered Architecture with Integrated Reasoning）（Shapiro and Ismail 2003）は，上位の記号的知識層，中間の認識運動層，低位のセンサーアクチュエータ層を統合するアーキテクチャである．CoSy Architecture Schema（Hawes and Wyatt 2008）は，支援タスク用のシェマを構成する情報処理モジュール（サブアーキテクチャ）に着目しており，部分および全体ゴールと動機をモデル化している．

　ロボティクスにおける創発主義アーキテクチャの中で，もっとも広汎に影響を与えたアプローチが，行動主義ロボティクスにおけるサブサンプションアーキテクチャである（Brooks 1986）（自律的エージェントロボティクスとも言われる．Vernon, von Hofsten, and Fadiga 2010）．この手法は，競合するモジュールからなる階層レイヤ（各層が下位層を抑制する）からできている．Global Workspaceフレームワーク（Shanahan 2006）は，エージェント環境相互作用を内的にシミュレーションするコネクショニスト的アーキテクチャに基づく．Darwinアーキテクチャ（Krichmar and Edleman 2005）は，脳に着想を得た構造と脳の組織に基づいたモデルであり，神経素子とセンサモータ連関の相互作用に基づき行動を行う．DarwinアーキテクチャもGlobal Workspaceフレームワークと同様に，学習に着目したものである．DACアーキテクチャ（Distributed Adaptive Control; Verschure, Voegtlin, and Douglas 2003）は，3つの階層で構成されたニューラルネットに基づく学習メカニズムを有する．3つの階層とは，反応層（反射制御と自律制御），適応層（刺激／行動の関連づけと古典的条件づけ），文脈層（計画と条件の操作）である．認知・情動シェマ（Morse, Lowe and Ziemke 2008）も創発主義アプローチに基づくものであり，自律性を維持し自己修復するホメオスタシスプロセスを用いる．

　認知ロボティクスにおいては，記号的手法と創発的手法を組み合わせるさまざまなパラダイムが提案されている．HUMANOID（Burghart et al. 2005），Cerebus（Horswill 2002），LIDA（Franklin et al. 2014），PACO-PLUS（Kraft et al. 2008）認知アーキテクチャなどである．ヒューマンロボットインタラクションにおいて表現力豊かな行動を生成するために，社会性ロボットであるKismetの制御においても動機・情動・感情評価は重要な要素であると考えられている（Breazeal 2003）．

　本書では，発達ロボティクスに関連する現象をモデル化するためのアーキテクチャをいくつか見てきた．Gordon, KawamuraとWilkes（2010）によるISACアーキテクチャ（記号に基づく意思決定を行う．8.4節参照）は別として，多くは創発主義アプローチかハイブリッドアプローチに基づく．第6章では，創発主義に基づく認知モデルアーキテクチャの例を紹介した．長井らによる共同注意の認知制御アーキテクチャ（6.2節参照; Nagai et al. 2003），模倣学習のためのHAMMERモデル（Demiris and Meltzoff 2008; 6.3節参照），協調のための認知アーキテクチャ（Dominey and Warneken 2011; 6.4節参照），Scassellati（2002）によるCOGロボットのための心の理論アーキテクチャ（6.5節参照）などである．第7章で

8.5 発達する認知アーキテクチャ

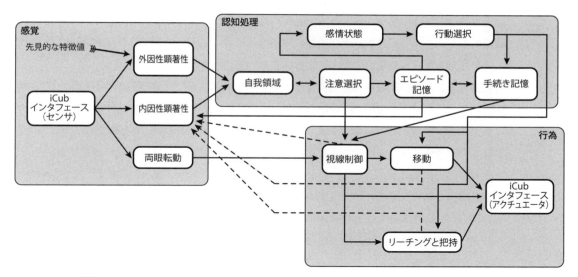

図8.10 iCubの認知アーキテクチャ．Vernon, von HofstenとFadiga（2010）より作成．

は言語発達について概観し，音素と単語を獲得するLESAアーキテクチャ（Lyon, Nehaniv, and Saunders 2012; 7.2節参照．前述の否定実験でも用いられている），単語学習のためのERAアーキテクチャ（Morse, de Greeff et al. 2010. 7.3節参照）について紹介した．発達に着想を得たその他のアーキテクチャとしては，SASE（Weng 2004）やMultilevel Darwinist Brain（MDB; Bellas et al. 2010）がある．

本節までに紹介しなかったアーキテクチャの中で，発達ロボティクスの分野に重要な影響を与えているのがVernon, von HofstenとFadiga（2010）である．彼らは発達ロボティクスにおける研究ロードマップと評価ガイドラインも提案している．彼らのアーキテクチャは，iCubロボットを用いて行われた研究に基づくが，他の赤ちゃんロボットにも適用可能である．このアーキテクチャは，知覚能力，運動能力，認知能力など12個のモジュールを有する（図8.10）．また，追加のiCubインタフェースモジュールも持っている．これは，YARPプロトコルを用いるミドルウェアであり，物理的なロボットを制御する（2.5.1節参照）．

この知覚認知機能は，以下の4つのモジュールで構成されている．

- **外因性顕著性**．この知覚モジュールは，外部からの視聴覚刺激への反応に対応する．このモジュールは，マルチモーダル顕著性に基づくボトムアップの視覚注意システムを有する（Ruesch et al. 2008）．ロボットのカメラ画像から，輝度，二重反対色，（いくつかのスケールにおける）局所的な方向，などの特徴が抽出される．そして，局所的なコントラストのために中心周辺フィルタが実行され，正規化された特徴マップが生成される．聴覚刺激に対する顕著性処理のために，両耳に対するスペクトルと到達時間の差により音源の位置が計算される．

- **内因性顕著性**．このモジュールは，注意が内部状態に依存することに対応する．内因性顕著性モジュールは，対数極座標画像の中心部に単純な色セグメンテーションアルゴリズムを適用して，自我領域内でもっとも顕著性の高い場所を特定する．
- **自我領域**：これは，視覚と聴覚のマルチモーダルな顕著性を，ロボットを中心とした球面に投影したものである．外部の3DマップをiCubの身体を中心にした自我領域表現に変換する．自我領域は，顕著性のある領域に関する短期記憶の役割も果たし，iCubが現在の顕著性のある場所から，以前顕著性があった場所に，自然に注意を移すことができる．
- **注意選択**．このモジュールは，自我領域表現における最終的な顕著性マップを求めるために使われる．勝者のみを選びその他を抑制することで，自我領域のもっとも顕著性のある領域を特定できる．さらに，復帰抑制メカニズムにより，これまで注目されていた領域の顕著性を減衰させ，ロボットが環境の中で顕著性のある新奇領域を探索できるようにする．

運動認知機能は，次の4つのモジュールを使う．

- **視線制御**．このモジュールは，視線方向（方角と仰角）と2つの両眼転動を決定することで，頭部と眼を制御する．視線制御には2つのモードがある．（1）サッケード運動．最初に顕著性箇所に眼を素早く動かし，そののち首と眼を（画像を安定させるために）反対方向に回転させる．（2）スムーズな追跡運動．顕著性のある場所やオブジェクトを低速度で追跡する．
- **両眼転動**．このモジュールは，左右の画像を登録し中心領域を調整するために，両眼を使って水平座標移動量を計測する．選択した領域の差異を視線制御モジュールに出力し，頭と眼の動きを開始できるようにする．
- **リーチングと把持**．このモジュールに含まれるリーチング用の制御器は，非線形最適化と軌道生成を用いて，腕と上半身に関する目標姿勢を得る．また，把持モジュールは，把持点の視覚特徴を経験から学習する．
- **移動**．iCubは本来，手とひざでハイハイするように設計されているので，このモジュールはダイナミカルシステムの手法（5.4節参照）を用いて，4つの安定な行動を切り替える．（1）ハイハイ．（2）座位からハイハイへの移行．（3）ハイハイから座位への移行．（4）目標物へのリーチング．現在，二足歩行ができるようにモジュールの拡張が試みられている．

予測モジュールと適応モジュールは，エピソード記憶モジュールと手続き記憶モジュールを通じて，予測と適応を行う．

8.5 発達する認知アーキテクチャ

- **エピソード記憶**．このモジュールは，見えているオブジェクト（視覚ランドマーク）を対数極座標画像の集合として表した一人称視点の視覚記憶を用いる．
- **手続き記憶**．知覚・行動・知覚の3つの組として表現される．学習フェーズにおいて，ロボットは，時系列に並んだ画像の関連を学習する．すなわち，2枚の画像と，その間に行った行動の3つの組を学習する．想起フェーズでは，画像を手がかりとして，そのとき取った行動と行動後の画像を想起する．エピソード記憶と手続き記憶を組み合わせると，感覚運動状態の心的シミュレーションを単純に実装できる．

本アーキテクチャは，さらに動機状態と自律的行動選択のモジュールも有する．

- **感情状態**．このモジュールの入力は，直前と現在のイベントと画像，および現在選択した行動である．それぞれ，エピソード記憶モジュールおよび行動選択モジュールから受け取る．感情状態は，3つの動機状態が競合するネットワークとして実装された．(1)好奇心．これは外因性の要素により決まる．(2)内的実験．内因性要因により支配される．(3)社会との関わり．内因性要因，外因性要因のバランスをとる．
- **行動選択**．このモジュールは，さきほど述べた好奇心，内的実験，社会動機の3つの中から次の状態を選択する．好奇心状態が選択されたとき，ロボットは学習モードに移行する．内的実験状態の場合は予測モードに移行する．

Vernon, von HofstenとFadiga（2010）によるアーキテクチャは大幅に拡張され，iCubを用いる研究者コミュニティを拡大させた．例えば，新しい操作戦略（iCubのリーチングおよび把持の発達モデル．5.2節，5.3節を参照），新しい音声処理機能（7.2節，7.3節の単語学習実験を参照）などがある．

認知主義アーキテクチャが長い伝統を持ち，幅広く用いられていることを考えると，創発主義やハイブリッドアプローチはまだ幼年期にすぎない．動機，感情，感覚運動，推論能力をカバーする認知モデルフレームワーク（前述したiCubアーキテクチャ）などの少数の例外を除けば，多くの認知アーキテクチャは認知能力の特定の一部に特化している．例えば，ERAアーキテクチャは，視覚・運動スキルを単純な言語行動と統合しているが，動機・感情行動を扱わず，推論タスクも行わない．Morseとde Greeffら（2010）は，ERAアーキテクチャを階層化して高次の認知スキルと推論機能を持たせる枠組みを提案しているが，推論や意思決定はロボット上に完全には実装されていない．しかし，複雑な実験環境を用いて創発主義およびハイブリッドアプローチを検証する試みが行われており，オンラインかつオープンエンドな学習に適した認知モデルパラダイムが明確化されるであろう．

8.6 まとめ

　この章で紹介した発達ロボティクスのモデルは，自律ロボットにおける抽象的知識の発達をモデル化する試みである．興味深いことに，これらは抽象的知識を用いた推論におけるさまざまな側面を扱っており，数の概念の学習から，抽象語の接地，意思決定タスクにおける抽象表現の生成まで多岐にわたる．

　これらの研究は，高次の認知をモデル化するために，認知ロボティクスにおける身体性・立脚性に基づくアプローチが有効であるという証拠を示している．例えば，Rucinski, CangelosiとBelpaeme（2011）の数の概念の獲得に関する実験では，運動バブリングを通じて発達した空間的身体図式シェマと，抽象的な数の表現がどのように関連するのかを明らかにしている．その結果は，大きさ効果，距離効果，SNARC効果などの身体性に関する人間のデータに近いように見える．このモデルは，数同士の相対距離のような抽象概念間の関係が，それらを指す腕の姿勢同士の距離のセンサ−モータ表現に接地することを示した．

　Förster, NehanivとSaunders（2011）による否定実験はロボット自身の概念表現，感情表現，社会性表現に基づいた複数の形式の否定構造のモデルを扱っている．また，「No」という単語に結びついた抽象表現は，身体性および立脚性に基づく経験に接地している．Gordon, KawamuraとWilkes（2010）による意思決定モデルは，日用品を詰めるタスクにおいて，訓練経験から抽象表現を生成し自律的に意思決定戦略を発達させられることを示した．このモデルは神経科学に着想を得た学習アーキテクチャを用いており，タスクの関連性，効用，緊急性をロボットが評価することができる．

　ロボティクスにおける抽象的知識のモデルは少なく，現段階では推論能力の複雑さも少ない．その扱いは，この分野の挑戦的課題である．例えば，身体性に基づくアプローチを用いて，感覚運動表現と直接結びつかないような高度に抽象的な概念の獲得をモデル化するのはその挑戦の一例である．事実，「民主主義」や「自由」のような抽象概念の接地は，身体性に基づく認知に対する批判において以前から指摘されてきた（Barsalou 2008）．推論や抽象的知識獲得のモデルに関する研究課題としては，論理的推論，帰納・演繹的推論，洞察力のある問題解決などのさまざまな推論戦略の発達も挙げられる．さらに，本章で紹介したロボティクス研究は，幼児における数や抽象表現の発達的獲得に関する実験的証拠や理論から直接の着想を得ているが，逆に，幼児の発達に関する科学的な仮説は提示されていない．RucinskiとFörsterの研究はいずれも，さまざまなスキルを段階的に学習していく（例：数を学習する前に運動バブリングをする）ことをモデル化しているが，8.1節で示したような数の認知発達段階に忠実なモデルは目指していない．さらに，Gordonによる意思決定の研究では，発達研究をほとんど参考にしていない．

　これらの先駆的研究や発達心理学文献を詳細に読むと，ロボットにおける抽象的推論のモ

デル化に役立つ方法論や科学的道具立てを得ることができるだろう．今後の発達ロボティクスのモデルにおいて重要な領域は以下だと考えられる．

- 数を数えること，数の概念の獲得で使われるジェスチャ，接触，指の使用のモデル化（Fischer 2008; Andres, Seron, and Lovier 2007; Gleman and Tucker 1975）．
- 感情の役割と具象・抽象の有する連続性の中での獲得様式の研究（Della Rosa et al. 2010; Borghi et al. 2011; Kostas et al. 2011）
- 概念の組み合わせと抽象概念の接地に対する内的シミュレーションの役割（Barsalou 2008; Barsalou and Wiemer-Hastings 2005）
- 否定語に関する発達シナリオの拡張と，接地した機能語の獲得（Förster, Nehaniv, and Saunders 2011）
- ピアジェによる具象的および形式操作的な推論段階のモデル化（Piaget 1972; Parisi and Schlesinger 2002）

これらの分野に対して多くの努力がなされれば，感覚運動知識がどのようにして認知を発達させるのかを科学的に深く理解できるようになり，ロボットにおける抽象推論スキルの自律的発達に関する技術的な進歩をもたらす可能性がある．さらに，認知ロボティクスと発達ロボティクスにおいて，認知アーキテクチャが進歩し利用されるようになれば，さまざまな感覚運動スキルと認知スキルの統合につながる．これは，オンライン，クロスモーダル，継続的，かつオープンエンドな学習のモデル化に関する発達ロボティクスの根本的原理が目指すものである．これにより認知の発達が促進され，高次の抽象的知識の操作スキルの創発につながるであろう（1.3.6節参照）．

参考書籍

Lakoff, G. and R. E. Nunez. *Where Mathematics Comes From: How the Embodied Mind Brings Mathematics into Being*. New York: Basic Books, 2000.

　本書は，身体性に関するされた認知と抽象的な数学的概念を結びつけている．重要な考え方は，概念的なメタファーが，数学的な思考と概念，スキルの発達と使用において中心的な役割をしているということである（無限に関する数学的概念の身体性の理解も含む）．発達心理学，動物の数の学習，認知心理学，神経科学からの証拠を引用して，数学的認知を哲学的に深く分析している．

Langley, P., J. E. Laird, and S. Rogers. "Cognitive Architectures: Research Issues and

Challenges." *Cognitive Systems Research* 10（2）（June 2009）: 141-160.

　この論文は，以下のものを系統的に分析している．（1）認知アーキテクチャでの中心的な機能能力．（2）知識管理に対するその主要な特性．（3）評価基準．（4）研究課題．また，認知モデルで用いられる主要な認知アーキテクチャの完結だが包括的なまとめも付録についている．論文自体は，認知主義認知アーキテクチャに比重が置かれているが，創発主義アーキテクチャと発達アーキテクチャに関連した重要なポイントも数多く言及されている．

Vernon, D., C. von Hofsten, and L. Fadiga. *A Roadmap for Cognitive Development in Humanoid Robots*. Cognitive Systems Monographs（COSMOS）, vol. 11. Berlin: Springer-Verlag Berlin, 2010.

　本書は，iCubの認知アーキテクチャを包括的に紹介している．感覚運動の発達，認知の発達での発達心理学と神経科学の発見から始めて，発達ロボティクスの研究ロードマップまでを紹介している．この巻では，iCubアーキテクチャの中で，認知アーキテクチャを認知主義，創発主義，混合の観点で分類し，認知システムと認知ロボットの創発主義パラダイムに比重を置いている．

第9章 まとめ
Conclusions

　本書は，発達ロボティクスを支えている主な理論的原理を紹介することから始めた．そこでは，以下のような内容を紹介した．発達を自己組織的な力学系ととらえること．系統発生，個体発生と成熟現象の統合．身体化，接地，状況的発達の重要性．内発的動機と社会性学習．発達の非線形的質的変化の重要性．オンライン学習，オープンエンド累積学習の重要性．これらは，自然と人工の両方の認識システムの発達の本質に関わる基本的な疑問に答えるものである．

　このような原理は，程度の差はあるが，現在までの発達ロボティクスモデルに大きな影響を与えてきた．このような原理のすべてを同時に考慮し，発達計算モデルやアーキテクチャに組み込もうとした研究はわずかしかない．その実例は，第8章で紹介したiCubの創発主義認知アーキテクチャの研究である（Vernon, van Hofsten, and Fadiga 2010）．このアーキテクチャは，自己組織化と出現，内発的動機，社会性学習，身体化認識，動作的認識，オンライン学習，累積学習などが組み込まれている．しかし，系統発生や個体発生，成熟現象の相互関係については，間接的にしか研究することができない．

　既存の発達ロボティクスモデルの多くは，このような原理のうちのいくつかにしか焦点を当てていない．発達メカニズムの特定の原理についてのみ研究しようとするものである．この最終章では，第1章で紹介した6つの原理のそれぞれについて，現在までの進展と成果をまず紹介していく．それから，手法，技術の進展に関連する成果を紹介する．これを分析することが，発達ロボティクスの将来の研究に対する科学的課題，技術的課題を見極め，議論することにつながるだろう．

9.1 発達ロボティクスの重要原理の主な成果

9.1.1 力学系としての発達

　ThelenとSmith（1994）により提案された力学系手法は，発達を複雑な力学系での多重因果性による変化だと考える．成長する子どもは，環境とのインタラクションを通じて新奇性のある自己組織化行動を生成することができ，このような行動は複雑な系の範囲内で安定

を保っている．このような原理は，分散制御，自己組織化，出現のメカニズム，さらに多重因果性，入れ子状のタイムスケールなどに基づいている．

　力学系仮説を直接扱い，研究しているのは，國吉と寒川（Kuniyoshi and Sangawa 2006）の胎児と新生児のシミュレーションモデルである．このモデルは，妊娠期間中の身体と脳，環境の相互作用を無秩序に探索することから，部分的な秩序のある力学パターンが生まれてくるという仮説を提案した．この仮説は，2ヶ月齢（8週齢から10週齢）の胎児で報告される自発的な「全身運動」の観察に基づいている．また，寝返りやハイハイの運動のような乳児の意味のある運動行動の出現にも，この全身運動が大きな役割を果たしている．胎児の神経アーキテクチャは，各筋肉ごとに1つの中枢パターン生成器（CPG）があるというものである．このような力学的なCPGは，物理的な環境と筋肉の反応との相互作用によって機能的に結合している．対になったCPGは，一定の入力に対して周期的な活動パターンを生成し，変動する感覚入力に対しては無秩序なパターンを生成する．

　CPGに基づいた力学系手法は，運動スキル，移動スキルの発達に関するさまざまな研究で用いられている（5.1.4節参照）．RighettiとIjspeert（2006a; 2006b）は，iCubにCPGを用いて，乳児は足踏みパターンに対応してハイハイ戦略を発達させることを示した．このような力学的方法が，手を伸ばす運動のような短い弾道行為と周期的なハイハイ運動を結びつける能力を獲得することにつながっていく（5.4節参照）．Liら（2011）は，この力学CPG手法を拡張して，NAOロボットでハイハイ移動能力をモデル化した．多賀（Taga 2006）は同様のCPGメカニズムを用いて，DOFを凍結したり開放したりして，歩行の段階を解明した．LungarellaとBerthouze（2004）は，跳ねる行動を研究した．このような研究はいずれも，発達での力学系現象をモデル化するときに，CPGが有用であることを示している．

9.1.2　系統発生と個体発生の相互作用

　ロボティクスでの進化（系統発生）と発達（個体発生）の相互作用のモデル化は限定的にしか進展していないが，認識ロボティクスモデルの多くが，進化学習タイムスケールや発達学習タイムスケールに焦点を当てている．例えば，進化ロボティクスでは数多くのモデルが存在する（Nolfi and Floreano 2000）．これは，感覚運動能力と認知能力の系統発生メカニズムと進化的な出現を研究するものである．このような傾向は，行動スキルと認知スキルの個体発生的獲得にのみ焦点を当てている発達ロボティクスモデルから分派したものである．しかし，進化ロボティクスの手法に基づいて，発達の問題を研究しているものもある．例えば，Schembri, MirolliとBaldassarre（2007）の内発的動機モデルは，子どもロボットと成人ロボットの強化学習動機報酬メカニズムの進化を研究したものである．文化進化現象に注目した進化モデルとしては，言語の起源のロボティクスモデル，集団エージェントモデルがある（Cangelosi and Parisi 2002; Steels 2012）．本書では，Oudeyerの共有語彙出現の文

化進化モデルを紹介した．

系統発生と個体発生の相互作用現象に関する先駆的な研究としては，ほかにも，ボールドウィン効果と異時性変化を研究したもの（例えばHinton and Nolan 1987; Cangelosi 1999）がある．これは，発達問題ではなく，一般的な学習と進化の相互作用に注目したものである．

一方で，発達の成熟変化モデルの分野では進展があった．個体発生と成熟変化の両方に注目した重要なモデルが，國吉らの胎児ロボットと新生児ロボットである．國吉と寒川（Kuniyoshi and Sangawa 2006）が最初に開発したモデルは，発達の必要最小限に単純化された胎児と新生児の胴体モデルだった．その後の，森と國吉（Mori and Kuniyoshi 2010）のモデルでは，胎児の感覚運動構造がよりリアルに再現された．いずれのモデルも，出生前の感覚運動発達を研究するのに有用な発達ロボティクス研究モデルになった．胎児の感覚器（1,542もの接触センサがある！）とアクチュエータを正確に再現し，重力と子宮環境への対応も正確に再現されたからである．最初のモデルは，発達タイムスケールに関連するパラメータを持っており，35週齢の胎児から0日齢の新生児までを設定することができる．

成熟メカニズムを実装した発達ロボティクスモデルとしては，Schlesinger, AmsoとJohnson（2007）のオブジェクト知覚モデルがある．これは，幼い幼児の視覚注意スキルの獲得にとって，前視覚野皮質の成熟が重要な役割と果たすというJohnson（1990）の仮説を，別の角度から説明するものである．

9.1.3 身体化発達と状況的発達

これは，さまざまな発達ロボティクスモデルと認識の分野で，重要な達成がなしとげられた分野である．ロボティクスは，身体化された本質を持っており，ロボティクスエージェントとその感覚運動装置を用いた実験により理論を検証するため，ほとんどの発達モデルが，環境との物理的，身体的インタラクションの役割に注目しているのは不思議なことではない．

ごく初期の発達段階（出生前）での身体化の役割は，森と國吉（Mori and Kuniyoshi 2010）の胎児と新生児のモデルにより解明された．彼らは，胎児と新生児ロボットのシミュレーションを用いて，触覚が胎児の運動を引き起こすという仮説を検証した．人間と同じように接触センサが配置された胎児，新生児の胴体モデルを用いて，胎児の全身運動の後に起こる2種類の反応運動の発達を研究した．つまり，独立した腕と脚の運動（例：10週齢前後の胎児で観察される胴体からは独立したけいれん様運動）と手と顔の接触（例：11週妊娠齢から観察される顔を手でゆっくりと触る運動）の2つである．

運動発達の発達ロボティクスモデルでは，Schlesinger, ParisiとLanger（2000）の手を伸ばす行動のシミュレーションは，凍結戦略（例：肩の関節を固定［凍結］して，体軸とひじの関節を回転させることで手を伸ばさせ，余剰なDOFを特定する）をモデルに組み込むことは必要がないことを示した．逆に，凍結戦略は学習プロセスの結果，自然に出現するもの

であり，身体の特性と環境の組み合わせを形態的計算するメカニズムとして出現する．

言語学習の発達モデルも，初期の言葉学習での身体化バイアスの重要性を示している．MorseとBelpaemeら（2010）のモディ実験は，言語学習の身体化基礎を示した．Smith（2005）は，子どもは，オブジェクトと身体の関係（例：空間位置，オブジェクトの形）を利用して，新しいオブジェクトと言葉の関係を学び，語彙を拡張することを観察した．Smithの身体化バイアス（Box 7.1，7.2参照）をモデル化したMorseにより用いられたERA認知アーキテクチャでは，神経制御器を，身体姿勢の情報を他の感覚からの情報と接続する「ハブ」として使っている．このハブにより，感覚を超えて情報の活性化が広がり，オブジェクトと行為の名前づけの身体化的な獲得が促されていく．

抽象知識の分野では，身体化の役割の証拠が，数の認識実験と抽象語実験での両方で報告されている．Rucinski, CangelosiとBelpaeme（2011; 2012）は，数の身体化について，2種類の発達モデルを提案している．1つはSNARC効果をシミュレートしたもので，これは数の大きさを左右の空間マップに割り当てる空間と数の関係のことである（8.2節とBox 8.2参照）．もう1つのモデルは，数を数える学習での身振りの役割を研究するものである（Rucinski, Cangelosi, and Belpaeme 2012）．オブジェクトを見て数えるか（視覚条件），指でさしながら数える（身振り条件）ようにiCubが訓練されるというものである．視覚と身振りの成績を比較すると，数える能力では身振り条件が有利であり，身振りと数える実験の発達心理学データ（Alibali and DiRusso 1999）とも一致する．抽象的な意味内容を持った言葉の獲得での身体化の役割では，CangelosiとRiga（2006），そしてStramandinoli, MaroccoとCangelosi（2012）の2つのモデルが，具体概念から抽象概念の連続体での記号接地変換メカニズムを研究した．1つ目のモデルではロボットは言葉による演技で高次元で複雑な行為を教えられる．このとき，接地変換メカニズムが，低次元の行為概念を，「つかむ」や「運ぶ」のような高次元の行為に結びつける．Stramandinoliらの後の研究では，このような複雑な概念は段階的に具体性を失っていき，「受け入れる」「使う」「作る」のようなより抽象的な言葉の学習になっていくことが示された（前掲書）．

身体化とさまざまな認知スキルの密接な関連の例は，どれも，発達での接地的学習と状況的学習が重要であることを示している．

9.1.4　内発的動機と社会性学習

発達ロボティクスで重要な成果をあげた分野の1つが，内発的動機と社会性学習である．

第3章で，内発的動機と人工的な好奇心のモデルを進展させたさまざまな研究を紹介した．このような研究は，内的に動機づけられたロボットは，特定の問題や課題を解決するためのものではなく，学習それ自身の進展と人工的な好奇心により環境を探索する能力を持っている．発達ロボティクスの主要な成果は，知識に基づいたフレームワークと能力に基づいたフレームワークの2つに，内発的動機モデルのアルゴリズムを分類したことである（Oudeyer and Kaplan 2007; 3.1.2節参照).知識に基づいた観点は,環境の特徴に焦点を当てているもので,個体がこのような特徴,オブジェクト,事象をどのように知り,理解するかに焦点を当てている.この見方には,新奇性に基づいた内発的動機(例:新奇性のある状況が,現在の体験と保存された知識の間の不一致を生成する),予測に基づいた内発的動機(例:オブジェクトや事象が行為に対してどのように反応するかを予測する)がある.内発的動機の能力に基づいた観点は,個体と特定の能力,スキルに焦点を当てている.能力に基づく動機は,エージェントが挑戦的な経験を探して,何ができるかを見つけることで,スキルを発達させる.この実例としては,ピアジェの機能的同化メカニズムがある.これは,乳児と幼児が系統的に体験をしたり,新しく出現したスキルを反復したりする傾向のことである.

内発的動機モデルでの意義のある成果は,強化学習から生まれた(Sutton and Barto 1998; Oudeyer and Kaplan 2007).この学習方法は,行動と環境の外部報酬に影響を与える内部の,あるいは内的な報酬要素をモデル化するのに部分的に適している.

本書では,知識に基づいた新奇性内発的動機の例として,モバイルロボットの視覚探索と馴化,Vieira-NetoとNehmzowのモデルを紹介した.このモデルは,探索行動と新奇性検出行動を統合している.HuangとWeng(2002)は,SAIL(Self-Organizing, Autonomous, Incremental Learner)アーキテクチャとモバイルロボットプラットフォームを用いて,新奇性と馴化を研究した.このモデルは,感覚間(例:視覚,聴覚,触覚)の感覚信号を結びつけ,新奇性検出を行い,強化学習フレームワークにより馴化を行う.

知識に基づいた予測の内発的動機の分野(3.3.3節)では,Schmidhuberの「創造性の形式理論」を紹介した.このフレームワークでは,内的報酬は予測誤差の時間変化に基づいている.つまり,学習進度に基づいているのである.同様に,Oudeyer, KaplanとHafner(2007)の予測に基づいた手法は,知性適応好奇心(intelligent adaptive curiosity: IAC)と呼ばれるが,これは予測学習に焦点を当てている.また,「メタ機械学習」モジュールが,「古典的機械学習」順モデルの予測の正確さがゆらぐ状況で,予測誤差を学習するメカニズムに焦点を当てている.IACフレームワークは,AIBOモバイルロボットの遊び場実験で,その有用性が実証された.

内発的動機の能力に基づいたフレームワークを直接実装している発達モデルの例としては,行為が事象に与える影響を検出する能力を持った幼い乳児の随伴性知覚現象に基づいたものがある(3.3.4節).これは,内発的動機と随伴性検出により,上丘でドーパミンの爆発的放出が起きることの神経科学研究と連動している(Redgrave and Gurney 2006; Mirolli and Baldassarre 2013).このドーパミンの爆発的放出は,行為に対しての報酬を与える随伴性信号と内的強化信号だと考えられている.このようなメカニズムを実装している計算モデルには,Fioreら(2008)たちの研究がある.これは状況学習するロボットラットシミュレーション実験で,知覚的新奇性のある事象の役割を研究するものである.また,Schembri, MirolliとBaldassarre(2007)のモデルは,モバイルロボットを用いたもので,子ども時代

には報酬信号が内的に生成され，成人時代には報酬信号が外的に生成されるというものである．

このようなモデルは，馴化，探索，新奇性検出といった重要な概念を操作する計算アルゴリズムとメカニズム，そして内発的動機の発達ロボティクスモデルにおける将来予測を提供してくれる．

第6章で紹介した社会性学習と模倣「本能」の分野でも重要な成果があった．発達心理学によると，新生児は誕生した最初の日から本能を示し，他者の行動と複雑な顔の表情を模倣する（Meltzoff and Moore 1983）．乳児と霊長類の比較心理学研究では，18ヶ月齢から24ヶ月齢の乳児は，チンパンジーには見られない利他的に協働する傾向がある証拠が存在する（Warneken, Chen, and Tomasello 2006）．この実証的な発見は，社会性学習，模倣，協働の発達ロボティクスモデルを刺激した．例えば，模倣スキルは，HAMMERアーキテクチャを実装することで，ロボットが獲得できる．このアーキテクチャは，DemirisとMeltzoff（2008）のAIM児童心理学模倣モデルに基づいている．HAMMERアーキテクチャには，トップダウンの注意システムとボトムアップの注意プロセスがあり，刺激そのものの新奇性特徴に依存している．逆モデルと順モデルの対もあり，順モデルの獲得は乳児発達の運動バブリング段階に似ている（ランダムな運動を，視覚，固有特徴，環境の影響などと協調させる）．この学習された順関係は，他者を観察し，模倣することにより，基本逆モデルの近似を生成することに転用される．これで，ロボットは入力状態と目標がどのように対応しているのかを学習できるようになる．

協働と共有注意の社会性スキルのモデル化は，DomineyとWarneken（2011）の研究で行われた．2人は，グリッパーのついたロボットアームで，人間と計画を共有し，「犬をバラの隣に置いて」「馬を犬の後ろに」などを目標とするゲームを行う実験を行った．この協働スキルは，Action Sequence Storage and Retrieval Systemに基づいた認知アーキテクチャで実現されている．これは，接続ゲームの段階を，一連の共有計画として表現するのに用いられる．この共有計画により，各行為が人間とロボットの間で協調されることになる．一連の行為を共有計画として保存する能力は，協働認識表現の中心となっていて，Warnekeらは人間と霊長類特有の能力であると主張している（Warneken, Chen, and Tomasello; Box 6.1参照）．

否定と，「No」という言葉の概念の獲得の実験では，成人の養育者が，子どもに自分の負の動機づけ状態を言語に翻訳して提示する際における拒否の否定的意図の解釈と同じように，養育者と子どもの社会的インタラクションの重要性が示された．

9.1.5 非線形，段階的発達

児童心理学で知られている，認識発達に発達段階が存在するという考え方は，ピアジェの感覚運動段階理論から始まった．発達段階は，子どもが使う戦略とスキルの質的な変化によっ

て分類され，段階間の移行は非線形的である．（逆）U字型現象は，このような非線形性の例である．成績がよく誤りが少ない段階の後に，予期しない成績の低下が起こり，続いて回復し，高い成績を示すようになる．

状況的発達インタラクションから非線形な質的変化が出現することを示す発達ロボティクス研究の例としては，長井ら（Nagai et al. 2003）の視線と共同注意の実験がある．ロボットの頭部を用いた人間とロボットの実験の結果，Butterworth（1991）が記述した共同注意の3つの段階が出現し，移行することが示された．生態的（第一段階），幾何的（第二段階），表現的（第三段階）の3つである．最初の生態的段階ではロボットはオブジェクトを自分の視覚で見ることしかできないので，共同注意は確率レベルでしか起きない．第二段階になると，ロボットの頭部は，視野の外に視線を向けることで共同注意ができるようになる．最終段階になると，特定の試行と位置で共同注意を行うようになる（図6.6参照）．段階間の移行はロボットの注意戦略がトップダウンで操作されるのではなく，神経アーキテクチャと学習アーキテクチャの発達的変化と，人間とのインタラクションの積み重ねにより起こる．

社会性スキルの段階的発達の発達ロボティクスモデルは，Demirisの模倣実験に基づいている．この実験では，学習の模倣のHAMMERモデルにより，乳児の模倣行動の発達段階が研究された．最初は，演者の行動を表面的に模倣するが，後には異なる行動戦略を使って隠された意図を理解し，目標を模倣するスキルを獲得する．同様に，Scassellati（2002）のロボットの心の理論モデルでは，LeslieとBaron-Cohenの乳児の心の理論段階を実装した．

非線形，U字型現象を直接扱ったモデルもある．Morseら（2011）の音声処理の誤差パターンのモデルで，初期の言葉学習にはERAアーキテクチャが採用されている．またMayorとPlunkett（2010）の語彙爆発シミュレーションもある．

9.1.6　オンライン学習，オープンエンド学習，累積学習

環境とオンラインでオープンエンドなインタラクションをすることにより，認知スキルを継続的，累積的に学習することに焦点を当てた原理の進展は，より限定的である．本書で紹介したモデルのほとんどは，1つの感覚運動スキル，認知スキルに焦点を当てたシミュレーションや実験などである．例えば，第5章では，手を伸ばす，つかむ，ハイハイ，歩行の4つの鍵になる運動スキルに注目をして，運動発達のモデルを紹介した．残念ながら，既存の研究は，移動行動と操作行動のすべてを捕捉できているわけではない．

複数の認知能力を使うことで，特定のスキル（例：視覚スキルと運動知識の頻度統合）を獲得するシミュレーションモデルもあるが，認識ブートストラッピングや複雑なスキルへの発達を起こす他のスキルについては，蓄積も少なく，歴史も浅い．しかし，本書では，高次の認知スキルにつながる複数のスキルの獲得の累積的な役割を解明しようとする試みを見てきた．例えば，Caligioreら（2008）の手を伸ばすモデルは，運動バブリングがつかむことの学習のきっかけになることを示している（5.3節）．Fitzpatrickら（2008），Nataleら（2005a;

2007），Noriら（2007）は，運動スキル（手を伸ばす，つかむ，オブジェクトを探索する）の発達を使って，対象物知覚と対象物分割の発達を促した．さらに，数の学習とSNARC効果の身体化の実験では，単純な運動バブリング課題でロボットに事前訓練をしておくことで，神経制御システムが左右の空間表現と異なる大きさの数の関連づけを発達させることができるようになることが示された（8.2節）．

　オープンエンド学習については，内発的動機の分野で有意義な進展があった．第3章で紹介した多くの研究では，内発的に動機づけされたロボットが，ある領域で習熟すると，まだ学習していない環境の特徴や新しいスキルに目を向けることができるようになることを示している．これはロボット自身の汎用目的探索，新奇性検出，予測能力などを通じて実現される．

　オンライン学習，オープンエンド学習，連続学習をモデル化することが重要であることは，創発主義認知アーキテクチャで指摘された（8.5節）．認知アーキテクチャは，認識の必須構造とプロセスを獲得する能力を持つ視野が広く，汎用目的の設計を目指しているので，感覚運動スキルと認知スキルの連続的，累積的獲得をモデル化する有用なツールとなる．しかし，既存の発達ロボティクスの認知アーキテクチャの多くは，認知スキルの一部に特化してしまっている．一方で，言語学習課題に焦点を当てたERAアーキテクチャ（Morse, de Greeff et al. 2010）とLESA（Lyon, Nehaniv, and Saunders 2012）という特化したアーキテクチャでは，感覚運動，音声，意味論，語用などの現象を考慮できる．視線共有アーキテクチャ（Nagai et al. 2003），HAMMERアーキテクチャ（Demiris and Meltzoff 2008），協働アーキテクチャ（Dominey and Warneken 2011）は，社会性学習に関連したスキルの統合に焦点を当てている．一方で，iCubでの研究（Vernon, von Hofsten, and Fadiga 2010）など汎用発達認知アーキテクチャでは，機能的能力をより包括的に扱うことを目指している（表8.4，図8.10参照）．したがって，ロボットのオンライン学習，オープンエンド学習，累積学習モデル化するには，もっとも有望な手法になっている．

9.2　その他の成果

　ここまで紹介した発達ロボティクスの原理の進展のほかに，手法と技術に関しても成果が上がっている．特に，次の分野での成果を紹介する．（1）子どもの発達データを直接モデル化すること，（2）ベンチマークになるロボットプラットフォームとシミュレータ，（3）ロボティクスに有用な発達ロボティクスの応用．

9.2.1　子どもの発達データのモデル化

　発達ロボティクスの重要な目的の1つは，人間の発達メカニズムに着想を得て，ロボット

の認知スキルを設計することである．本書では，児童心理学の実験とデータが直接発達ロボティクスに着想を与えた例を数多く紹介した．発達心理学と発達ロボティクスの関係は，2つに分けることができる．1つは，児童心理学実験を直接複製してロボット実験を組み立てるものである．実験結果とモデル実験結果の質と量を直接比較することができるようになる．もう1つは，子どもの広い発達メカニズム研究とロボティクスアルゴリズムの一般的な発達面の，より特有で高次の生物着想の結びつきに関係する．

本書で紹介した研究の多くは，汎用的で高次元の生物着想の手法を採用しているが，実験結果とモデル実験を直接比較できるものもある．例えば，第7章の視覚発達では，Schlesinger, AmsoとJohnson（2007）は，AmsoとJohnson（2006）の乳児の一体性知覚課題を直接シミュレートする知覚補完モデルを提案した．この計算機研究により，シミュレーションモデルの結果（視線の分散をシミュレートした）と3ヶ月齢の乳児の視線軌跡データ（図4.13）を比較できるようになった．計算モデルから，さらなる証拠が見つかり，神経メカニズムと発達メカニズムの仮説を操作できるようになり，知覚補完の発達は，眼球運動スキルと視覚的な選択注視の改善によるというAmsoとJohnsonの仮説（前掲書）が支持された．同じ章で，開，幸島とPhillips（Hiraki, Sashima, and Phillips 1998）による発達ロボティクス研究では，Acredolo, AdamsとGoodwyn（1984）による探索課題でのモバイルロボットの成績が研究された．これは，参加者が，別の場所に動かされて隠されたオブジェクトを見つけるように指示されるものである．Acredoloらによる課題研究と比較可能な実験パラダイムを用いるだけでなく，開の研究は，自己生成移動が空間認識を自己中心から他己中心に移行させるというAcredoloの仮説を検証するようにモデルを設計している．

DomineyとWarneken（2011）は，社会協働と共同計画の研究で，ロボティクスと児童心理学研究を直接比較している．これは，Box 6.1のWarneken, ChenとTomasello（2006）の児童心理学，動物心理学実験と，Box 6.2のDomineyとWarneken（2011）のモデル設定を詳細に比較したものである．この場合，発達ロボティクス研究は，元の心理学研究の2×2の設定（補完的な役割協働と並行的役割協働の2つの条件，問題解決と社会性ゲーム課題の2つの条件）を7つの実験条件に拡張している．

言語獲得モデルでは，SmithとSamuelson（2010）の「モディ実験」のMorseとBelpaemeら（2010）によるシミュレーションは，児童心理学実験とロボット実験の条件と結果を直接比較できるもう1つの例である．Box 7.1とBox 7.2で，児童心理学とロボット実験について詳しく紹介した．また，図7.6では，子どもとロボットの実験の4つの条件のデータを直接比較している．実証データとモデルの結果がほとんど一致していることは，身体姿勢と身体化バイアスが，初期の言語学習の中心になっている仮説を支持している．

第8章では，同様の手法を用いたRucinski, CangelosiとBelpaeme（2011; 2012）の数認識での身体化バイアスの研究を紹介した．8.2節で，SNARC効果についてのロボットと人間の参加者のデータを詳しく比較した．図8.3，図8.4では，iCubの反応時間が大きな数ほど，

第9章 まとめ

数の間の距離が小さいほど増大することを示した．また，空間と数の関係は，ChenとVerguts（2010）が報告した人間の参加者のものとよく一致することも示された．さらに，数の獲得での身振りの役割に関するRucinskiの発達ロボティクスシミュレーション（数えるときに指さす身振りをするかしないかの2つの実験条件）は，数えるときに指さしの身振りをしたときには，数えられる数の大きさが統計的に有意に増大するという証拠を示した．これは，AlibaliとDiRusso（1999）の児童心理学研究で観察された身振りの有利性を直接モデル化したものである．

しかし，発達ロボティクス研究のほとんどは，児童心理学の実験から総合的で高次の着想戦略を得ている．このような総合的な着想手法を用いた発達ロボティクスの典型例は，Förster（2013）の否定の研究である．この場合は，否定の出現の2つの総合的な着想から，人間とロボットインタラクション実験での「いや」の言葉の使用の獲得を研究した．2つの着想とは，（1）Pea（1980）の拒否の負の意図の解釈の仮説．（2）Spitz（1957）の肉体的阻害，言語的阻害の仮説である．その結果，2つの異なる実験が設計された．第一の実験では，拒否シナリオが採用された．iCubロボットは，参加者の拒否の解釈を非言語的行動で引き出す．顔をしかめ，嫌いなオブジェクトから顔を背けたのである．第二の実験では，阻害シナリオが採用された．2つのオブジェクトが禁止の宣言をされ，人間の参加者はロボットがこの禁止されたオブジェクトに触ろうとするのを防がなければならない．この手法では，実験データとモデル化の結果を直接比較することはできないが，2つの仮説を高次で検証することができる．これは，Förster（2013）が人間の参加者とロボットの発声と行動を分析して，拒否戦略と阻害戦略の両方が否定能力の発達で重要な役割をすることを示したときに使った方法である．

同様に，DemirisとMeltzoff（2008）のHAMMERモデルは，Active Intermodal Matching（AIM）理論モデル（図6.2）をコンピュータに実装したものである．この計算アーキテクチャは，Demirisらのさまざまなロボティクス実験（Demiris and Hayes 2002; Demiris and Johnson 2003; Demiris and Khadhouri 2006）を刺激し，トップダウンとボトムアップの注意と限られた記憶能力での模倣行動に関わるさまざまな認識メカニズムを検証することになった．

実証データとロボティクスを直接比較する研究と，高次元で発達から着想を得た研究の両方が，発達ロボティクスの鍵である認知スキルの段階的獲得をモデル化することが有用であることを示している．また，いずれの手法も，ロボティクス研究者と発達心理学者の共同作業の恩恵を受けている．ここまで紹介した例のほとんどにあてはまることである．例えば，Schlesingerは，乳児の対象物知覚についてのAmsoとJohnsonの心理学研究，言葉学習での身体化バイアスについてのMorseたちと児童心理学者Smithの共同研究，AIMモデルのロボット計算アーキテクチャの開発と検証についてのロボティクス研究者Demirisたちとの共同研究に，補完的な計算技術知識を提供している．ロボティクス研究者と心

理学者の共同作業は，ロボティクス計算版のモデルが，児童心理学の理論，実験手法，データに接地するのを確かなものにする上で，大いに有利となる．さらに，このような密接な共同作業により，2つのコミュニティは双方向で交流できるようになる．例えば，Shlesinger, Amso と Johnson（1997）のコンピュータ研究と，Morse と Belpaeme ら（2010）のコンピュータ研究で，ロボティクス実験が，人間の発達メカニズムについての予測と理解を提供し，児童心理学の実験的研究を進展させることを紹介した．Morse らの身体化と初期の言葉学習についてのロボティクス実験は，「モディ」実験で全身姿勢の変化に新奇性現象を予測した．これは，後の Smith の Babylab の実験でも検証され，確認された（Morse et al. 2015）．

9.2.2　ベンチマークロボットプラットフォームとソフトウェアシミュレーションツール

発達ロボティクスの手法と技術が達成したもう1つの成果が，ベンチマークロボットプラットフォームとシミュレータの設計と普及である．あるものはオープンソース手法を用い，あるものは商用プラットフォームやシミュレーションソフトウェアを市販している．

第2章で，この分野で使われる10以上もの「赤ちゃんロボット」プラットフォームと，3つの主要なソフトウェアシミュレータを紹介した．このロボットプラットフォームのうち，3つが発達ロボティクスに大きな衝撃を与えた．（初代も大きな寄与をしたが，その後の成長も大きな寄与をしている）AIBO モバイルロボット，iCub ヒューマノイドプラットフォーム，NAO ヒューマノイドプラットフォームの3つである．

モバイルプラットフォームである AIBO ロボット（詳細は 2.4 節参照）は，初期の発達ロボティクス研究で最初に使われたものの1つである．市販プラットフォーム（2015年現在は販売中止）であり，1990年代後半に，ロボティクス研究室，コンピュータ科学研究室で非常に広く用いられた．ロボカップリーグの標準となったことと，その入手しやすさが理由である．AIBO を発達ロボティクスモデルとして使った先駆的な研究としては，人工的な好奇心と内発的動機についての Oudeyer ら（Oudeyer, Kaplan, and Hafner 2007; Oudeyer and Kaplan 2006, 2007）の研究，共同注意についての Kaplan と Hafner（2006a, 2006b）の研究，言葉学習についての Steels と Kaplan（2002）の研究がある．

NAO ロボット（2.3.2 節参照）は，より後に，2つの主要な発達モデルのベンチマークヒューマノイドプラットフォームのうちの1つになった．これもその入手しやすさから，研究室で広く用いられている．また，ロボカップ競技の新たな標準にもなった（AIBO と交代した）．NAO は，特に，内発的動機，否定，移動の研究に適していて，行為の模倣が運動能力を出現させるなどの社会的インタラクションの研究にも適している．本書では，NAO を用いた例として，ハイハイと歩行の発達（Li et al. 2011）と社会的インタラクションでの指さし動作（Hafner and Schillaci 2011）を紹介した．

iCub ロボット（2.3.1 節参照）は，発達ロボティクスでの最新の成功例である．世界の

第9章 まとめ

25以上の研究室が，このオープンソースプラットフォームにアクセスした（2013年時点）．普及したのは，認識システムとロボティクスに投資するEuropean Union Framework Programmeと，このオープンソースにプラットフォームを支えたイタリア技術研究所のおかげである．本書では，iCubを用いた発達ロボティクス研究を多数紹介した．運動の発達（Savastano and Nolfi 2012; Caligiore et al. 2008; Righetti and Ijspeert 2006a; Lu et al. 2012），社会的インタラクションと協働（Lallée et al. 2010），言語の獲得（Morse, Belpaeme et al. 2010; Lyon, Nehaniv, and Saunders 2012），数の学習（Rucinski, Cangelosi, and Belpaeme 2011, 2012），否定（Förster 2013），認知アーキテクチャ（Vernon, von Hofsten, and Fadiga 2010）などである．

iCubやNAOのように広く使われるプラットフォームの成功は，さらなる研究を促すロボットシミュレーションソフトウェアにより支えられている．例えば，オープンソースのiCubシミュレーションソフトウェア（2.4節）は，数百人の学生とスタッフが，iCubサマースクール「Veni Vidi Vici（来た，見た，勝った）」（2006年より毎年開催）に参加して，シミュレーションロボットの使い方を学ぶことに使われる．研究室では，物理プラットフォームを用いることなく，シミュレーションをすることができる．NAOシミュレータは，Webotsシミュレータに標準で組み込まれており，広く用いられている．

発達ロボティクスベンチマークプラットフォーム（ハードウェアとシミュレータの両方）がより広く利用できるようになること，第2章で紹介したような特化したプラットフォームが開発し続けられることが，発達ロボティクスの成功にとって，重要な要素になる．

9.2.3 支援ロボティクスへの応用と子どもとロボットのインタラクション（cHRI）

発達ロボティクスのさらなる重要な成果が，ロボットモデル研究の翻訳である．特に，社会的インタラクションの研究を，子どもの支援をする社会性ロボットに応用することである．これは，社会的インタラクションと心の理論をモデル化する先駆的な発達ロボティクス研究を拡張し，社会性スキル障害を持つ子どもの実験を行ったものである．いわゆる自閉症スペクトラム障害である（Weir and Emanuel 1976; Dautenhahn 1999; Scassellati 2002; Kozima et al. 2004; Kozima, Nakagawa, and Yano 2005; Dautenhahn and Werry 2004; Thill et al. 2012）．このような応用は，最近になって他の支援ロボット領域にも広がった．ダウン症の子どもや病院の子どもの患者などである．

自閉症スペクトラム障害（ASD．自閉症スペクトラム連続体としても知られる）は，子どもが同年代や成人とコミュニケートする能力，社会的な手がかりを理解する能力に影響する慢性の生涯にわたる障害である．主要なASDの型は，自閉症とアスペルガー症候群で，社会性コミュニケーションとインタラクションに問題が生じるだけでなく，限られた行動パターンを反復するという症状もある（Scassellati, Admoni, and Matarić 2012）．

Dautenhahn（1999）は，AURORAプロジェクト（AUtonomous Robotic platform as a Remedial tool for children with Autism; Dautenhahn and Werry 2004; www.aurora-project.com）の実験で，物理ロボットをASDの子どもを支援する社会コンパニオンとして使うことを提案した最初の研究者である．AURORAチームは，自閉症の子どもに対して，さまざまなモバイルロボット，ヒューマノイドロボットを用いた研究を行った．例えば，AIBOロボットは自閉症の子どもとリアルタイムで遊ぶことができることを示した研究などがある（Francois, Dautenhahn, and Polani 2009a）．彼らの先駆的な研究で，Wainerら（2013）は，成人との社会的インタラクションを改良することで，KASPARヒューマノイドロボットと自閉症の子どもが遊ぶことの効果を研究した．ロボットと遊ぶ前と後の子どもの社会性行動を比較すると，KASPARと遊んだ後では，人間ともうまくゲームをしたり協働したりできるようになった．AURORAプロジェクトの後，Dautenhahnらは自閉症と社会性ロボットに関する無数の実験研究を行った（例：Robins et al. 2012b; Dickerson, Robins and Dautenhahn 2013）．その中には，KASPARが，子どもとの面談の仲介役に役立つことを示したWoodら（2013）の研究もある．

　自閉症の子どもとロボットのインタラクションについての他の先駆的な研究は，2.3.7節で紹介した．上半身のヒューマノイドプラットフォームのInfanoidなどである．小嶋ら（Kozima et al. 2004; Kozima, Nakagawa, and Yano 2005）は，5歳と6歳の子どもとロボットのインタラクション実験を行った．これは，自閉症の子どもと健常な子どもの発達を比較するものである．彼らの興味はロボットに対する子どもの知覚と，ロボットの「存在論理解」の3段階を明らかにすることだった．新奇恐怖段階では，困惑と凝視が起きる．探索段階ではロボットに触れ，玩具を見せる．最後のインタラクション段階で，相互の社会性交流が起きる．自閉症の子どもと対照群を比較すると，3段階のすべてで同じような反応が見られた．唯一異なったのは，自閉症の子どもは，長時間のインタラクションを楽しみ，健常な子どものように興味を失うことがなかった．小嶋は，InfanoidヒューマノイドロボットとKeeponペットロボットを用いて，この問題をさらに研究した（Kozima, Nakagawa, and Yano 2005）．

　Scassellati（2005, 2007）も，ASDの子どものロボットセラピーの初期の研究に貢献した．彼の興味は，社会性発達と心の理論にあった（6.5節）．彼の貢献は，社会性ロボットを，治療だけでなく，ASDの診断ツールとして使ったことである．彼は，市販の顔ロボットESRAを使って2つの実験条件を試した．（1）子どもに事前に用意された会話を一方的にする，（2）子どもの反応に応じてロボットの行動が生じるオズの魔法使いの遊びをする．結果は，自閉症の子どもの反応は，いずれの条件でも同じで，セッションの最後まで興味が減少することはなかった（健常な子どもの興味は，インタラクションセッションの最後では減少してしまう）．子どもの社会性行動の障害を区別するために実験条件を操作することで，社会性反応とASD症状を定量的，客観的に評価することができるようになる．Scassellatiは，ASDの子どもとロボットの構造的なインタラクションを用いることで，特定の社会性反応を引き出

第9章　まとめ

す標準社会性操作課題を作ることができると提案している．測定する反応とは，視線方向，注意方向，位置追跡，音声の韻律である．

　Scassellati, AdmoniとMatarić（2012）による社会性支援ロボットとASDに関する研究は，この分野が達成したことを概観できるものである．この論文はロボットを自閉症セラピーに使える根拠は以下のものだと記している．（1）社会との関わりの増加，（2）注意のレベルの上昇，（3）共同注意，（4）自発的模倣，（5）他の子どもとの役割交換，（6）感情移入の宣言，（7）実験者との肉体的接触の開始．Scassellatiらは，このような社会性スキルと行動が改善されるのはロボットが，ASDの子どもに対して新奇性のある感覚刺激を与える結果だと主張している．また，社会性ロボットは，非生物の玩具と生物の社会性存在の間に座って，仲介をし，新奇性を与える役割を果たしている．非生物の玩具は，新奇性のある社会性行動を起こさないが，人は自閉症の子どもを混乱させたり，困惑させたりすることがある．一方で，社会性ロボットは，共同注意と実験者への感情移入という新奇性のある行動を促す新たな感覚状況を生み出すことができるのである．

　ASDの治療に社会性ロボットを使う手法は，他の障害にも適用されてきた．Lehmannら（2014）は，ダウン症の子どもに関する調査事例研究を報告している．ダウン症の子どもは，ASDに関連する社会的インタラクションスキルがより制限されている一方，非言語コミュニケーションと非言語社会的インタラクションスキルについてはまったく問題がない．この研究では，2つのロボットプラットフォームが使われた．ヒューマノイドで人形のようなKASPARロボットとモバイルロボットのIROMECである．このロボットを使って，「ロボットを動かす」ゲームや「模倣」遊びのような教育的なインタラクティブゲームが行われた．結果は，ヒューマノイドロボットプラットフォームKASPARとのゲームで，実験者を見る，ロボットを指さす，声を出す，ロボットを模倣する，実験者を模倣するといったほとんどの行動で，実験者とロボットとより交流をするようになったというものである．IROMECモバイルロボットプラットフォームではロボットに触れる行動でのみ改善が見られた．KASPARプラットフォームの好成績は，人間的で，ロボット的で，子どものような外見が，ダウン症の子どもが優れている社会性行動を刺激したのだと説明されている．

　ASDやダウン症のような発達障害に関わるこれらすべての研究は，別の社会性障害，認識障害に対しても社会性支援ロボットが使えることを示している．さらに，社会性ロボティクスの他の応用分野として，入院中の子どものコンパニオンに拡張することもできた（Belpaeme et al. 2012; Carlson and Demiris 2012; Sarabia and Demiris 2013）．例えば，Belpaemeらは，ALIZ-eプロジェクトで，NAOヒューマノイドプラットフォームを，糖尿病などの慢性疾患の子どもの長期にわたる社会性コンパニオンとして使った（Belpaeme et al. 2012）．NAOロボットは，病院やサマーキャンプなどで，子どもが長期にわたる糖尿病に対処するのを支援し，食事制限や服薬，身体運動の必要性を理解する手助けをした．このプロジェクトには，行為とダンスを模倣するゲームがあり，子どもに規則的な身体運動をさせ，彼らの

自己イメージを改善する手助けをし，インタラクティブな指導をし，質問に答え，食事制限と，炭水化物と糖の多い食べ物を見わけ（そして避ける）ことを学ぶ支援をした．糖尿病についての研究が，別の病気に対しても病院コンパニオンとして利用できるように，NAOを拡張することにもなった．18歳の脳卒中患者の臨床事例研究では，卒中のリハビリの理学療法を支援する社会性ロボットの利点が研究された（Belpaeme et al. 2013）．

健康，病気，障害のある子どもとインタラクションするロボット研究は，子どもとロボットのインタラクション（child human-robot interaction: cHRI）にも寄与することになる（Belpaeme et al. 2013）．cHRIは，一般的な成人のHRIと比べると大きな特徴がある．これは，子どもの神経，認識，社会性の発達が完全な成熟に達していないために，ロボットによるさまざまなインタラクション戦略に対応できることによる．例えば，2歳から3歳の子どものcHRIでは，言語機能が完全に発達していないために，非言語コミュニケーションと誤り許容の言語コミュニケーションによりインタラクションが行われる．また，cHRIは，幼い子どもが社会性遊びや真似遊びに容易に参加する事実，玩具（とロボット）に生命や性格を感じやすい事実からも利益を得ている．そのため，cHRI研究を設計するには，遊びインタラクション戦略とロボットに感情や命を感じやすい傾向を利用することが重要である（Turkle et al. 2004; Rosenthal-von der Pütten et al. 2013）．発達ロボティクスとcHRIに共通する関心と研究分野を考えると，人間と子どものインタラクション手法を共有し，社会認識発達メカニズムの汎用研究を行うことで，この2つの手法は大きな利益を得ることになる．

9.3 今後の課題

前節では，広範囲の理論的成果と技術的成果を紹介した．これは，発達ロボティクスが始まってから10年から15年ぐらいまでの驚くべき進歩を示している．しかし，人間の認識システムの発達メカニズムを理解して，ロボットの認識システムを操作し，実装することは，まったく複雑な課題で，この分野の「乳幼期」を超えた長い時間軸で考えなければならない．ここに，大きな科学的課題と技術的課題が残されている．この最終節では，重要な課題をいくつか紹介する．累積学習とスキルの統合，生涯学習の問題，身体と脳の進化的形態変化，発達的形態変化，cHRIと子どもとロボットのインタラクションの倫理などである．

9.3.1 累積学習とスキルの統合

前節で，オープンエンドの累積学習の一般的な発達ロボティクス原理の成果について見たように，ここが科学の進展に限界がある分野である．感覚，運動，社会性，言語，推論の個々のスキルの発達的学習については多数の素晴らしいモデルの設計と研究について紹介したが，このようなスキルを一体の認識エージェントに統合した例はきわめて少ない．

第9章 まとめ

　この問題を解決する1つの方法はロボット制御器を段階的に訓練して，複雑さを増すスキルを学習させていくことである．例えば，言語発達モデルでは，同じロボット制御器を使って，音声スキルと一語学習を身に付けさせ，次に，二語の獲得と単純な文法構造を獲得させ，さらに，成人のような複雑な文法スキルを段階的に発達させるというように，累積的に身に付けさせていくべきである．これにより，そのロボットは，言語発達の身体的な観点に沿って，語彙，意味論，構成主義文法スキルと感覚運動表現とを統合できるようになる．言語学習と行為学習の研究ロードマップが，Cangelosi（2010）らによって提案されている．このロードマップは20年の観点から見たもので，言語スキル獲得研究では，次のような6つのマイルストーンがあることを提案している．（1）演技による学習課題における，接地の獲得，単純な他動詞語の分解合成．（2）接地獲得，その本来の使用法と関連した一語文の用法と事象タイプから，英語の5つの基本文型を分解，生成すること．（3）初歩的な社会認識能力，語用能力に基づいた共同注意シナリオでの設置した言語学習ゲーム．（4）制限がなくなっていく学習者と教師のインタラクションからの，複雑さを増し，拡大していく言語入力からの学習．（5）より進化した社会認識能力と語用能力による，より人間らしい協働明示的推論コミュニケーション．（6）量的に自然な入力から，より複雑な文法の学習．このような言語特有のマイルストーンは，行為の学習，社会性の発達，行為と言語の統合という3つの研究マイルストーンとそれぞれ関係している．Vernon, von HofstenとFadiga(2010)はロボットの認識発達全般の研究プランに対して，同様の課題を提案している．

　累積学習の問題についての別の手法が，発達認知アーキテクチャを使うことである．このアーキテクチャは，複数のスキルと行動を統合することができ，スキルを累積的に発達させるモデルも設計できる．8.5節で，さまざまな創発主義認知アーキテクチャを紹介し，複数認識メカニズムと行動について考察した．

　内発的動機の研究の主要な長期目標の1つが，階層学習，累積学習であることを思い出していただきたい．この目標に関しては，まだ初期段階にあるが，文脈と領域を超えたスキル転移の概念フレームワークは，比較的確立している．第3章で紹介したIMの能力に基づいた手法は，多くの重要なスキルが最初は「ただ楽しい，ただ遊ぶ」という具合に獲得され，あるいは「環境を探検する」ことにより獲得されるが，そのスキルが後に，より複雑で生存に必要な行動に利用されることになる（Baldassarre 2011; Oudeyer and Kaplan 2007）．Fioreら（2008）のモデルなどの研究は，この手法を支持している．この研究は，能力に基づく手法の重要な要素を示した．つまり，外部から，行動を引き起こす再強化がない場合は，随伴性知覚が個体に必須の学習信号となるということである．

　オープンエンドで累積的な発達と学習に対する手法は，長期間の人間とロボットのインタラクション実験から生まれた．「生涯にわたる」経験を蓄積するということは，乳児ロボットを子ども期に引き上げることで，少なくとも人工的な「ロボット幼稚園」に入園できるということである．荒木，中村と長井（Araki, Nakamura, and Nagai 2013）によるロボット

の概念と言葉の長期の獲得のインタラクティブ学習フレームワークの研究は，近年，この分野に貢献をした．この実験では，学習ロボットは実験者と1週間インタラクションを行った．実験者は，多数回のオンライン学習セッションで，ロボットに200のオブジェクトの名前を教えた．実験結果は，教師は1,055回の発声をし，ロボットは合計で924語を獲得したというものだった．この中で，意味のある言葉は58語しかなかった．機能語が4つ，形容詞が10，名詞が40，動詞が4つだった．

ロボット幼稚園，ロボット学校シナリオの「仮想学校の生徒」手法は，人工汎用知能の分野で，Adamsら（2012）により提案された．この手法は，「学校前学習」と「学校内学習」の両方で，成長する仮想生徒ロボットが実現することを予測している．学校前学習シナリオとは，感覚運動スキルと基本的な認知能力を鍛え，発達させる連続して長期間のcHRI体験のことである．学校内学習シナリオとは，仮想学校前シナリオを継続するものだが，より高次元の認識（象徴）能力の訓練に焦点が当てられる．ロボットの長期間学習とインタラクション経験の手法の設計は，より複雑なスキルと認識システムのブートストラッピングの結果を統合するという課題を解決する重要なステップになるだろう．

9.3.2 身体と脳の進化的，発達的形態変化

進化メカニズムと個体発生メカニズムの相互作用は，現在まで限られた努力しか行われていない領域で，大きな課題を残している．進化アルゴリズムと発達アルゴリズムを組み合わせることで，脳と身体のシステムの共進化適応を研究することができるようになり，個体発生での形態変化をモデル化することができるようになる．1.3.2節で紹介したように，乳児ロボットの身体制御システムと神経制御システムの解剖学的，生理学的成熟変化もモデル化できるようになる．

進化ロボティクスの分野（Nolfi and Floreano 2000），進化発生学モデル（Stanley and Miikkulainen 2003）のような進化的な計算手法，モデル化手法は，脳と身体の相互作用，系統発生的変化と個体発生的変化の相互作用の問題に，すでに直接挑み始めている．将来は，進化ロボティクスモデルと発達ロボティクスモデルを組み合わせた研究が，成熟変化の適応値についてさらに深い理解を与えてくれるだろう．國吉の胎児モデル（2.5.3節参照）のようなシミュレーション手法は，身体と脳の共適応の研究手法を提供してくれた．最近のモジュール式で再構成可能なロボットの発達から，この分野の重要な進歩が得られるだろう．特に，モジュール式で自己認識可能なロボットは，身体の部品の接続を再構成することで自分自身の形状を変え，環境の変化や要求に対応することができる（Yim et al. 2007）．このようなロボットは，神経制御システムを使って，行動制御の非線形性，多様性を処理し，身体の設定を動的に変える戦略をとることができる．このようなロボットは，赤ちゃんロボットの形態的成熟変化，解剖学的成熟変化をモデル化するのに使える．再構成可能なロボットの研究は，自己修復のモデル化をするのにも利点がある（Christensen 2006）．

第9章　まとめ

　身体と脳の複雑で動的な適応と形態変化の理解に対して貢献したもう1つの研究分野が柔らかいロボットである．第2章のまとめで紹介したように，赤ちゃんロボットプラットフォームでは，近年素材科学が進歩している（例：空気圧式人工筋肉アクチュエータ，電磁式，圧電式，感熱式アクチュエータなどの柔らかい力学と個体素材の組み合わせ）．この分野が，新しい柔らかい素材の生産を促し，ロボットの感覚器やエフェクタなどに使われ，柔らかいロボットのプロトタイプの生産に貢献している（Pfeifer, Lungarella, and Iida 2012; Albu-Schaffer et al. 2008）．さらに，ECCEロボットプラットフォーム（Holland and Knight 2006）などの受動的な筋骨格素材やエフェクタを使った人間的なロボットプラットフォームはロボット制御での自己認識と出現原理の研究ツールとして使うことができ，形態計算戦略は，構成論ロボットの感覚運動発達の初期段階をモデル化するのに使うことができる．

9.3.3　cHRI，ロボットの外見，倫理

　発達ロボティクスの設計における科学的進展，技術的進展は，さまざまな領域での知的インタラクティブロボットの設計にとって大きな影響を与えた．前節の手法と技術の成果で見たように，発達ロボティクス研究は，支援ロボットを子どもとcHRIに応用する設計と検証を可能にした（Belpaeme et al. 2013）．支援ロボット，コンパニオンロボットの使用が増えることはロボットプラットフォームの自律性と支援能力の多様性，レベルに重要な影響を与える．ここから，ロボットを使う上での倫理原則という難しい問題が生じる．特に子どもに対して使う場合はなおさらである．

　第2章で，不気味の谷問題を扱った．これは，外見が人間の身体と顔にきわめてよく似ているアンドロイドロボットと人間がインタラクションする場合に起きる．ロボットの外見が人間と見分けがつかないほど似ているが，その限られた行動能力により，期待される人間らしい行動ができていないという不一致があるとき，人間は嫌悪感と不気味さを感じることになる．不気味の谷に正しく対処するには，cHRIも重要になってくる．不気味の谷全般に関する議論（MacDorman and Ishiguro 2006）のほかに，さまざまな研究者がHRIでのロボットの外見の役割に注目している．物理ロボットとのインタラクションとシミュレートされたロボットとのインタラクションの比較（Bainbridge et al. 2008），遠隔ロボットとのインタラクションと目の前のロボットとのインタラクションの比較（Kiesler et al. 2008），ロボットと人間の距離の問題（Walters et al. 2009），外見の役割（Walters et al. 2008）などの実験的調査が行われている．しかし，このような研究は成人の参加者に焦点を当てていて，子どもに対してはほとんど考慮されていない．そのため，cHRIの研究はロボットの外見，身体的属性，行動的属性に対する子どもの期待と反応に注目すべきなのである．大きな課題は，ヒューマノイドの設計は，iCubやNAOのようにロボットっぽいプラットフォームを目指すのか，それとも人形っぽいKASPARロボットのようにより人間的な外見を目指すべきなのかということである．

より広く言うと，人間とロボットのインタラクションの研究と実践的応用，特に子どもや障害者，患者に対する応用は，倫理学とロボティクスに関連した広範囲の問題を生じさせる．今ではロボット使用の法的，医学的，社会倫理学な規則と原理を慎重に考えるようになっている（van Wynsberghe 2012; Gunkel, Bryson, and Torrance 2012; Lin, Abney, and Bekey 2011; Wallach and Allenn 2008; Veruggio and Operto 2008）．例えば，van Wynsberghe（2012）は，介護支援ロボットの倫理の影響に注目した．彼女は，支援ロボットの設計者は，設計プロセス全体を通じた価値，使用法，文脈について明示的でなければならないというフレームワークを提案している．これは，すべてのステークホルダーとの直接対話により達成されるべきで，ロボットプラットフォームのコンセプトデザイン，応用，実施する権利，検査のすべてのプロセスにわたって話し合われなければならない．特に支援ロボットの応用では，技術で人間を守ろうとするのではなく，すべてのユーザー（ロボティクス研究者と同様に医師，介護者，患者も）に，その責任を負わせるべきだろう．cHRIが必要であること，障害者，子どもの患者に対してロボットを使うことには特別な制限があることを考えると，発達支援ロボットの倫理に関する根本的な問題は，将来の研究に託されることになる．

ロボット倫理の影響は，子どもへの支援ロボットだけにとどまらない．例えば，（赤ちゃん）ロボットの複雑を増す動機スキル，行動スキル，認知スキル，社会性スキルの設計の現在の進展により，自律性に関連した倫理を研究せざるを得なくなっている．第3章で紹介したロボットの内発的動機のモデル化は，自分の動機システム，好奇心システムを持つ完全自律ロボットの設計への第一歩である．感覚運動能力，認知能力，推論能力の自立学習を可能にする発達に着想を得たメカニズムを実装することと合わせて考えると，これにより，人間の制御を必要とせず，自分自身で意思決定ができるロボットが設計できるようになる．さらには，複雑で自律的なロボットの研究はロボットと機械の自己認識と意識の設計につながる可能性がある（Aleksander 2005; Chella and Manzotti 2007）．ロボットの自律性は進歩した技術的段階に到達しているが，意識を持つ機械とロボットの設計は，長期の研究課題である．しかし，いずれも重要な倫理問題がある．そのため，自律発達ロボティクスの科学的進歩，技術的進歩はロボット研究と発展を制約する倫理原理を調査し，理解し，定義することを必要としている．

本章で紹介した3つの研究課題は，さまざまな行動スキルと認知スキルの統合に関わる科学的課題，技術的課題，倫理的課題である．個人の認識メカニズム研究の課題と方向性は，本書の中心的な章（第3章から第8章）で触れた．動機能力，知覚能力，運動能力，社会性能力，言語能力，推論能力に関する画期的なモデルと実験を紹介することで，現在の研究の達成と限界を分析した．そして，発達ロボティクスのこの重要な領域に何が必要なのかも特定した．発達ロボティクスはロボティクスと計算機科学から認識科学，神経科学まで，さらには哲学や倫理学まで広がるという学際的な性質をもっているので，子どもの発達原理とメ

第 9 章 まとめ

カニズムを理解し，人工エージェントとロボットの行動能力と認知能力の自律的な設計を行うことに貢献することができる．

　最後に，発達ロボティクスはその幼児期の終わりまで到達し，いまや，子ども時代の始まりを迎えているということは自信を持って言っておきたい．きっと，この10年から15年で，ハイハイから完全に二足歩行し，2語か3語の言葉を話し，心の理論により真似をしたり，嘘をついたりし，ジェンダー意識や道徳観を発達し始める子どもロボットを見ることができるだろう．

第10章　記号創発ロボティクスと発達する人工知能

谷口 忠大

　人工知能やロボティクスという分野は，多くの読者が想像されるよりも，さまざまな考え方，ゴール，コミュニティがあり，それらが並行しながら流れている．それらは時に合流し，分岐して，全体としての学問の流れを形作っている．発達ロボティクスの研究は，その支流の1つである．発達ロボティクスは，旧来のロボティクスから分岐し，発達心理学研究と合流した．発達する知能を生み出す研究という視点では，本書の原書が書かれて以降，いくつかの変化があった．原書の出版（2015年）から遡ること数年前から，日本国内においても本書で言及されていない発達ロボティクスに関わる研究が進行していた．記号創発ロボティクスとそれに関わる一連の研究である．また，ディープラーニングに端を発した機械学習の応用と，それに基づく知能情報処理技術（画像認識，音声認識，機械翻訳など）の大きな性能向上もあった．この章では原書で記述された，これまでの章を補う意味で，以下の2つのことについて記述する．

　1つ目は，この10年程度の発達ロボティクスの国内の動向である．本書でも頻繁に触れられているように，発達ロボティクスという分野においては，その立ち上げから日本の研究者の貢献は大きい．特に，浅田，國吉，石黒，谷といった研究者はこの領域で重要な役割を果たしてきた．これらの研究は，国内では，「認知発達ロボティクス」と呼ばれることが多い．これらの研究グループとは別に，国内での主流である認知発達ロボティクスから多少分岐するような形で，2011頃から徐々に「**記号創発ロボティクス**」と呼ばれる分野が形成されてきた（谷口 2014）．基本的には認知発達ロボティクスの持つ中心的課題である「発達する知能への構成論的アプローチ」という方向性を共有しながら，本書の第7章や第8章で扱われた言語獲得，言語や記号の創発をより中心に据え，また，先端的な機械学習技術を積極的に導入することで，その実現を目指す研究分野である．記号創発ロボティクスの研究に関して概説する．

　2つ目はディープラーニングを端緒にした人工知能研究と発達ロボティクスの関係についてである．ディープラーニングの画像認識や音声認識での成功をきっかけにして，2013年頃から世界は「第三次人工知能ブーム」とも呼ばれる時代に突入した．その中で汎用人工知能という「自ら学んでいく人工知能」に関する言及もしばしばなされてきた．そこで言及される知能に関する議論は，発達ロボティクスで言及される知能の議論に近いように聞こえる

部分もある．しかし，現代の人工知能に関する報道や論文の中で発達ロボティクスという言葉が聞かれることはほぼない．この2つの間は，どのような関係になっているのだろうか．上記について記した上で，発達ロボティクスの学問上の位置づけと，これからの展開について述べたい．発達ロボティクスは便利なロボットを作ることのみが目標にあるのではなく，発達する知能を理解することにも目標が定められている「科学」である．発達ロボティクスは，工学と理学が表裏一体となった学問の代表例の1つと捉えられるが，このような学問のあり方自体も，今後ますます進行するものと考えられる．最後に，発達ロボティクスの今後の展開についてまとめたい．

10.1 記号創発ロボティクス

10.1.1 認知発達ロボティクスから記号創発ロボティクスへ

発達ロボティクスという分野はロボティクス全体から見れば，比較的小さな分野に見えるし，実際に自らを発達ロボティクスの研究者であると自認する研究者の数を数え上げても，その総数はロボティクス全体から見れば小さいだろう．発達ロボティクスは発達心理学の関連分野と見ることもできるが，やはりその大きさは心理学，発達心理学全体から見てもきわめて小さい．しかしながら，発達ロボティクスが行おうとしているチャレンジの規模，潜在的な分野の広がりはたいへん広い．

発達ロボティクスの研究分野の使命と特性は，

（ア）認知発達を理解するための数理モデル，ロボットモデルをつくり，それに心理学実験などを合わせることで人間理解を深める．（科学的貢献）

（イ）人間の発達過程にヒントを得て（インスパイアされて）人間のように発達する新しいロボット，人工知能を生み出す．（工学的貢献）

（ウ）ロボティクスと発達心理学のコラボレーションを促進する分野である．（コラボレーション）

の3点によって説明できる．これは通常のロボティクスの視点に「発達」という視点の制約（もしくは，新しい広がり）を与え，また，通常の発達心理学に「ロボット」という道具を与えたものである．

発達ロボティクスの研究対象となっている「認知発達」とは人間の認知発達の全部である．視覚，聴覚，運動，言語，論理，判断，あらゆる認知の要素が認知発達の対象となっている．発達ロボティクスは「人間の知能のほぼすべてに関わる認知」に対して，「発達的」なアプローチで迫るのだ．このような分野の広がりは，研究対象の分散化と，積み上げ型の研究の困難

化という問題点もはらんでいた．発達心理学分野とのコラボレーションに関しても，なかなか，理想通りには事は運ばない．工学系の研究者にとっては発達心理学の考え方を学ぶのに時間がかかるし，多くの発達心理学の研究者は機械学習の複雑な数理モデルになじみがない．心理学的実験と機械学習やロボット実験における実証研究を接続するにも，まだまだ科学哲学的な議論，科学的方法論の成熟は発展途上にあった．そこで，上記（イ）の論点にまずはフォーカスし，その研究を先行させながら，（ア）へとつなげるというかたちでアプローチを先鋭化させようと生まれたのが「記号創発ロボティクス」という動きだった．その意味では，記号創発ロボティクスは発達ロボティクスの副分野とも捉えられるし，学術的には発達ロボティクスと人工知能・機械学習の境界分野と捉えられるかもしれない．

記号創発や言語創発という言葉は，認知発達ロボティクスの分野においてもすでに用いられていた言葉であり，発達の過程によってボトムアップに言語（より一般的には記号）が学習・獲得されたり，進化の過程によってボトムアップに言語（より一般的には記号）が形成・共有されたりするプロセスを指す．前述の浅田も著書『ロボットという思想』（浅田 2010）の中で言語獲得を認知発達ロボティクスの最終目標の1つだとしながら，

> 知的行動をヒトのレベルまで求めるなら，ヒト以外の動物にも可能な連合学習から，ヒト特有のシンボル生成／利用の記号学習，すなわち言語獲得にいたる過程（言語創発）が，ロボットの内部構造と外部環境の多様かつ制約的相互作用のなかに見出されなければならないでしょう．（同書 p. 178）

と書いている．

記号創発ロボティクスでは，一般的な発達ロボティクスに比べると，上記（ア）（イ）の使命により焦点を当てる．認知発達ロボティクスに比べると，その貢献目標は絞ったものになっている．まず，より焦点を言語や記号に当てている．これは言語が人間と動物を分かつ象徴的な知能の結晶であるからという理由と，同時に，言語がその他の認知を統合するような立場にあるという理由による．人工知能やロボティクスにおいては記号接地問題という伝統的な基本問題がある．人工知能やロボットがいかにして言葉や記号の意味を，実世界の経験に基づいて理解し，活用するかという問題である．記号接地問題を記号理解に対するトップダウンなアプローチだとすれば，記号創発問題は記号理解に対するボトムアップなアプローチだと言える．

また，記号創発ロボティクスでは，言語を獲得するような認知発達のプロセスを「創る」ことにより強い重みを置く．これは工学的貢献のみを重視するということではない．認知発達ロボティクスや記号創発ロボティクスのような構成論的アプローチは，認知発達の理解に関して科学的貢献を行うにしても，計算論モデル，ロボットモデルを作ることで，複雑な言語獲得の過程を統合的に説明するモデル，仮説を提供することがその重要な貢献となる．

第10章　記号創発ロボティクスと発達する人工知能

　言語獲得をはじめとした認知発達の過程は複合的であり，その部分それぞれに関して，人間を被験者とした心理学的実証実験を組むことは，科学的方法論の視点からしばしば困難である．一般的に，実験科学に基づく実証研究は，モデルに基づく仮説を立て，実験を通してそれを検証するというプロセスを持つ．しかし，現状において，言語獲得の過程を統合的に説明する計算論的モデル，ロボットモデルは存在しないのである．人工的な言語獲得を実現する計算論的モデル，ロボットモデルを構築すること，また，その構築を通して，不可避に必要となる言語獲得の理論的必要条件を明らかにしていくことは，認知発達ロボティクスや人工知能の研究者にしかできない貢献なのである．

　このように学術界の大きな役割分担を鑑みれば，実世界の経験を通した言語獲得を実現する人工知能，ロボットの実現ということが認知発達ロボティクスの持つ課題の中でも最も重要な課題の1つであると考えられる．このような科学的貢献・工学的貢献の重要課題に焦点を当てることで，「記号創発ロボティクス」という研究領域が徐々に形成されてきた．

10.1.2 認知の自己閉鎖性

　「言語獲得（記号創発）を理解するための数理モデル，ロボットモデルをつくることで人間理解，記号系の理解を深める」という貢献目標を示したが，それは従来の言語を扱う人工知能研究とどう違うのだろうか．それは「扱う」と「獲得する」の違いにある．

　言語処理に関しての現在の人工知能研究の関心の中心はまだ「言語を扱うことのできる知能をつくる」ことにある．画像から説明文を生成する，日本語を英語に翻訳する，そのためには何を使ってもよい．何を使ってもよいから人間の行うことのできるタスクを実現するような知能をつくるというのがゴールになる．これに対して，記号創発ロボティクスでは「言語を『獲得する』ことのできる知能をつくる」ことに目的がある．

　この目的の違いは，研究の前提に大きな影響を与える．記号創発ロボティクスのゴールは，人間の幼児が言語を獲得していくプロセスを模倣すると言い換えることもできる．真の言語理解に至るには，人間の言語理解，言語獲得を支える過程をなぞる必要があるという信念に基づいているのだ．しかし，人間の幼児が言語を獲得していくプロセスを模倣しようとする際には，**認知の自己閉鎖性**を前提とする必要がある．認知の自己閉鎖性とは何だろうか？

　人間の子供を見ると，2歳，3歳，4歳，5歳と年齢を重ねるにしたがって，徐々に複雑な文法を扱い，徐々に多くの語彙を得ていく様子が観察される．当たり前だが，この間に，開発者や親が子供たちの脳に直接的に言語知識をプログラミングしているわけではない．子供たちが自らの経験に基づいて言語を獲得していっているのである．驚くべきことに，彼らが言語を獲得する上で使っている情報は自らの視覚，聴覚，触覚，体性感覚，運動感覚などといった感覚運動情報「だけ」なのである．私たち人間，いや，あらゆる生命は自らの認知について閉じている．この認識論的な論点は第三次サイバネティクスと呼ばれるオートポイエーシスの議論などにおいても指摘された論点である．これは私たち人間の言語獲得の過程が前

提とするものである．それゆえに，記号創発ロボティクスの目指す幼児の言語獲得のモデルは，この認知の自己閉鎖性を前提としなければならない．

一般的な人工知能の研究では，認知システムを作る際「**教師あり学習**」という機械学習の手法が主に用いられる．教師あり学習では，学習を行う段階において，訓練データに含まれる入力データに対して，真の出力データがラベルデータとして提供される．例えば，音声認識では，そのタスクが音声データという入力を書き起こし文という出力に変換することなので，学習においては，入力される音声データに対して，書き起こし文のテキストデータがラベルデータとして提供される．一般物体認識を行う画像認識では，画像データという入力に対して，そこに写っている物体の名前がラベルデータとして提供される．

しかし，幼児の発達においてはこのようなラベルデータへのアクセスは基本的に不可能だ．幼児は音声認識が可能になる前に，文字が読めているわけがないし，画像認識に関してもガラガラやおしゃぶりを認識しようとする幼児にどうやってラベルデータを供給すればいいのだろうか．幼児の脳内に直接ラベルデータを差し込むことはできない．そういう意味では現在の人工知能の訓練の仕方は随分と「人間離れ」している．記号創発ロボティクスのアプローチでは，基本的に脳内に直接ラベルデータを差し込むようなモデルは歓迎されない．もちろん，ロボットが相互作用する人間から「これがボールだよ」というように，話しかけられることはあるが，そのとき，認知的に閉じたロボットからすれば，この発話はラベルデータではなく，ただ，そのような音声，文が観測されたということになる．そのような文も，他の画像や触覚といった感覚入力と同じようなものであり，なんら特権的な地位にはない．機械学習理論においては，このようなラベルデータを用いない学習は「**教師なし学習**」と呼ばれる．

人工知能研究の文脈からいえば，記号創発ロボティクスはマルチモーダルな情報を統合し実世界で言語獲得を実現するロボットを教師なし学習（つまり，ラベルデータなし）で実現することを目指す研究であると位置づけられるかもしれない．現代の常識的な人工知能の研究者ならば「ラベルデータがまったく使えないという条件は厳しすぎる」と言うに違いない．しかし，認知発達過程をモデル化しようとしている記号創発ロボティクスの研究者にとってみれば「人間の幼児がそうやっているのだから，仕方ないではないか」ということになる．このような学習を実現しようとすると，やはり，最先端の機械学習の知見を動員せざるを得ない．記号創発ロボティクスは必然的に，貪欲に人工知能研究の最新手法を取り入れる形で発展してきた．[1]

---

[1] ただし，ディープラーニングの導入に関して，一般的な人工知能研究ほど積極的な導入はこの4年間ほど（2014年以降）では見られていない．それは，後に示すEnd-to-End学習に基づくディープラーニングの一連の成果の多くが，大量のラベルデータを前提とするものであったことと関係している．

10.1.3 マルチモーダルカテゴリゼーション

記号接地問題や記号創発問題は単純な問題に思えるが，真面目に考え出すと統合的な認知について考えざるを得なくなる．例えば「りんご」の意味を考えるときには，りんごの見た目，りんごの味，りんごの手触りなどといったマルチモーダルな感覚情報なしには「りんご」の意味は存在しないように思われる（図10.1）．さらに，皮付きのりんごを出された時にナイフが側にあればりんごを剥く運動情報が紐づいているかもしれないし，リンゴを食べる動作も紐づいていそうだ．このようなことを考えるだけでも，実世界情報に基づいて言語の意味を理解できる人工知能を作ろうと取り組むだけで，あらゆる感覚情報を考慮に入れた研究をしなければならないことがわかる．さらに，記号間の関係性としてりんごとその産地である，青森や長野といった地名がりんごという言葉の意味を側面から支えているようにも思われる．また，りんごは果物の一種であるという分類学的な知識も言葉の意味を支えるのだろう．言語がその他の認知を統合するような立場にあるということがわかるだろう．さまざまな認知の統合なしには，言語は適切な「意味」を持てない．では，ロボットはいかにしてこのような統合的な「意味」を持てるのだろうか．

ロボットが物体や場所，運動に関する概念を獲得するには「プログラミングするか，人間が直接教えるしかない」と考える人がいまだに多い．概念の定義にもよるが，例えば，物体のカテゴリやその階層関係を概念と呼ぶのであれば，「ロボットが概念を獲得するには人間が教えないといけないのだ」などと物知り顔に言うのは間違いである．電気通信大学の中村ら（Nakamura et al. 2009）は，ロボットが自身の感覚情報のみに基づいた教師なし学習により，人間に近い物体カテゴリを形成できることを示した．中村らは，観察された物体から得られる視覚，聴覚，触覚情報といったマルチモーダル情報を統合し，クラスタリングを行うことができる手法として**マルチモーダルカテゴリゼーション**の手法であるMLDA（マル

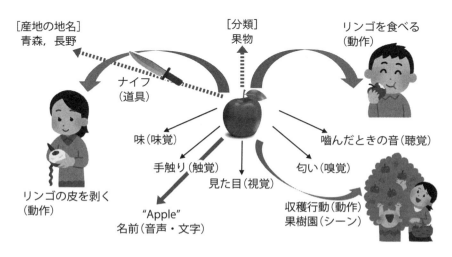

図10.1 「りんご」の意味はさまざまなマルチモーダル情報によって支えられている．

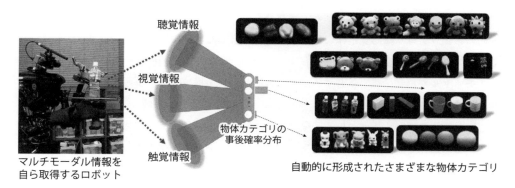

図 10.2 マルチモーダル情報を自ら取得し，ロボットが物体カテゴリを自動的に形成する様子．（中村らより提供）

チモーダル LDA）を提案した．これは，階層ベイズモデルに基づくクラスタリング手法である LDA（潜在ディリクレ配分法，Latent Dirichlet Allocation）を多数のモダリティ情報の同時クラスタリングに対応するように拡張したものである．

中村らは実験のために，視覚，聴覚，触覚センサを持ったロボットを準備した（図10.2）．視覚としては通常の RGB カメラを持たせ，聴覚のためのマイク，また，触覚情報は手先のロボットハンドを用いて取得した．それぞれの入力データは，それぞれのモダリティに対応した標準的な特徴抽出手法により特徴抽出がなされ MLDA に渡される．ロボットの前にはさまざまなペットボトルや，ぬいぐるみ，マラカス，ブロックなど幼児が遊ぶおもちゃを中心に配置され，ロボットは事前に与えられた動作をそれらに適用し，さまざまな方向から眺め画像を取得し，掴むことで触覚情報を取得し，また，振ることで聴覚情報を取得した．すべての情報はロボット自身のセンサから得られ，ラベルデータは用いられない[2]．これらの情報からロボットが MLDA を用いて物体カテゴリを形成したところ，人間が持つ物体カテゴリとほぼ一致したカテゴリが形成されることが確認された．このことは MLDA という手法によってマルチモーダルカテゴリ形成ができるということ以上に，私たちの持つ物体カテゴリというものは，マルチモーダルな感覚情報の統合によりある程度説明することができるという点が重要なのである．

よくよく考えてみると，私たち人間自身が，物体のカテゴリ形成を行う際に，ある程度自らの感覚において類似したものを同じカテゴリに属するものとして認識し，扱っている．哲学的な理論としては，記号論に恣意性という概念があり，極端な解釈のもとでは，私たちは恣意的なカテゴリを形成し，恣意的なラベルを付与できるという説明がなされることがある（Chandler 2004）．しかし，実際には，私たちの感覚情報において類似しないものをつなげて無理やりカテゴリとしてまとめようとしても，汎化性が極端に悪くなる．つまり，新しい

---

[2] この実験では，動作は事前に人間によりプログラムされており，その点に関しては妥協がなされているが，将来的には動作自体も自動的に形成されることが目指される．

物体を観察したときに，それがどのようなカテゴリに属するのかがわからなくなる．本来の人間の物体カテゴリは感覚情報に基づく自然性を有したものなのである．アプリオリに決まるわけではないが，完全に恣意的なわけでもない．よって，人間のカテゴリ形成自体が，マルチモーダルな感覚情報を統合する，ある程度質の良い機械学習によって表現されるのは自然なことなのである．

しかし，先の「りんご」の例が示すように，物体の概念は決して五感のモダリティ情報だけで決まるわけではない．例えば，道具に関しては，その機能が重要となる．鉛筆は削る前は，箸に酷似しているが，その機能において大きな差があるために，道具としてまったく異なるカテゴリを形成する．物体以外のカテゴリ，例えば，運動や感情，さらには，前置詞（inやon，overなど）や多くの形容詞，副詞に対応するような概念やカテゴリともなれば，また異なった議論が必要であろう．

上に示した研究にはさまざまな発展形がある．安藤ら（Ando et al. 2013）は中村らのMLDAを拡張したhMLDAにより，階層的なカテゴリ形成ができることも示している．また，谷口ら（Taniguchi et al. 2016）はマルチモーダル情報にロボットの自己位置情報を加えることで，位置をカテゴリ化し，場所の名前を覚えるモデルを提案している．谷口らはこれを場所概念の学習モデルと呼んでいる．マルチモーダルカテゴリゼーションは自己閉鎖的な認知の中で，世界を認識し，概念を形成するロボットの研究としては，その第一歩としてわかりやすいアプローチであり，このような研究を基礎にした研究がより広く取り組まれることが期待される．

10.1.4 二重分節構造と語彙獲得

ロボットが語彙を獲得するためには，頭の中でカテゴリを形成するだけでは不十分である．それでは，ロボットが言語を覚えたことにはならない．最低でも，ロボットはそのカテゴリの名前を覚えて，自らが認識したものを言語的に表現できるようになることで，言葉を覚えられなければならない．幼児は周りの発話を聞きながら，まずは書き言葉ではなく，話し言葉を獲得するのだが，どうやって音声情報から言葉を覚えていくことができるのだろうか．単語の知識も音素の知識も持たないロボットが音声情報から語彙を獲得するために重要なのが**二重分節構造**である．

二重分節構造はあらゆる国の言語が持つ特徴である．音声データは限られた数の音素の繰り返しにより表現される．たとえば，日本語の場合は5つの母音，13の子音，2つの半母音，と3つの特殊モーラといった合計23個の音素により表現されると言われる．これに比べて，ずっと多い数の単語が存在する．例えば，岩波書店の『広辞苑』には約24万語の単語が登録されている（新村 2008）．基本的に単語は音素を可変長の系列として組み合わせて作るので，理論上はこの仕組みで無限個の単語を生み出すことができる．文法規則に基づき意味の単位としての単語を自由に配列することで，さまざまな意味を持つ文を生成することができる．

こうやって無限の種類の有意味な文を生成するというのが，人間の言語というシステムがとる基本的な戦略である．この戦略を活用するために，あらゆる言語が単語と音素という二層の分節構造を持つことになる．音声が音素と単語という二段階に分節化されるという階層構造を持つことを二重分節構造という．

　幼児が言語を獲得するとき，それは音声言語獲得によって進む．つまり，言語獲得のためには，幼児は音声入力として入ってくる情報から単語を獲得し，それをカテゴリや，その他の情報と関連付けなければならない．幼児は発達過程において音素を獲得し，その後に単語を獲得していくことが知られているが，幼児を観察していてもわかるように，単語を覚え始めたころの彼らの発音はまだ頼りない．また，音声認識装置に関する研究が明らかにしてきたように，単語の知識を用いない音素のみの音声認識は，どうしても誤認識率が高まる．学習のプロセスとしても音素学習と単語学習は相互依存していると考える方が妥当である．

　ロボットの言語獲得を自己閉鎖的な認知の前提で実現するためには，ラベルデータを提供しないで，音声データのみからそこに潜む二重分節構造を推論し，音響モデルと言語モデルを学習する機械学習手法が必要である．谷口ら（Taniguchi et al. 2016）はこれを実現する機械学習手法として，ノンパラメトリックベイズ二重分節解析器を提案した．ノンパラメトリックベイズ二重分節解析器は，小規模な音声データに対してであれば，ラベルデータなしで従来の音声認識装置に負けない程度の単語分類性能を示すことが示された．これは，教師なし学習に基づく語彙獲得の大きな一歩である．音響モデルも言語モデルもないところから語彙獲得を研究するのは計算量的にもタスク的にも非常に負荷が大きい．また，話者ごとの音声の特徴の違いや，発話環境の違いなどを考慮すると，音声データだけから，言語獲得をすべて行うのは情報量の視点からも不十分であるように思われる．また，語彙獲得にはその語彙が表す事象，カテゴリとの関係性の学習も不可欠である．

　音響モデルはロボットに与えた上で音声データと他の感覚情報を統合することで，語彙獲得を行わせる研究も行われている．中村ら（Nakamura et al. 2014）は前述のマルチモーダルカテゴリゼーションと，観測された音素列[3]の分節化の学習を1つの機械学習手法として統合することにより，マルチモーダルカテゴリゼーションと語彙獲得を相乗効果的に高め合いながら学習することのできる機械学習の手法を開発した．この手法を実装されたロボットは，物体のカテゴリとそれに対応する単語を教師なし学習で学習することができた．谷口ら（Taniguchi et al. 2017）は場所概念の学習モデルに同様のアイデアを適用し，地図作成，場所のカテゴリ学習，語彙獲得といったすべてが相乗効果的に教師なし学習で学習する統合的な学習器を提案している．この10年間ほどの研究で物体カテゴリや語彙の実世界情報に基づく教師なし学習に関しては随分と目処が立ってきたといえるだろう．

　記号創発ロボティクスは階層ベイズモデルを中心とした数学的基盤の上で，ロボットの概

---

[3] 厳密には音節列．

念生成や語彙獲得を可能とするさまざまな先端的な機械学習手法を提案してきた．そのモデルの複雑性と，可能なタスク量は増大しており，現在も大きな発展を遂げている．

10.2 人工知能と発達ロボティクス

10.2.1 第三次人工知能ブームとニューラルネットワーク

　本書の原書の出版される少し前，2013頃から第三次人工知能ブームと呼ばれる波が到来している．このブームの始まりは学術界としては実際にじわじわと進行したものであったが，2012年にコンピュータビジョンの国際会議で開催された画像認識コンペティション「ImageNet Large Scale Visual Recognition Challenge 2012」におけるSupervisionチームの大勝利が発端となったと言われることが多い．CNN（Convolutional Neural Network, 畳み込みニューラルネットワーク）というニューラルネットワークの一種を用いた，トロント大学のSupervisionが認識率にして10%以上の差をつけて次点の東京大学のISIに圧勝した．コンピュータビジョンは知能情報処理で最も華やかな分野，そして，競争の激しい分野であり（何よりも，結果が目で見てわかりやすい），そこでの活躍は耳目を集めやすい．これがディープラーニングブームの引き金を引いた．

　第三次人工知能ブームにおいて，中心的な役割を果たしているのが**ディープラーニング**である．ディープラーニングはニューロンの層を多段に積み重ね深い構造を持たせたニューラルネットワークを用いた技術全般を指す（図10.3）．構成要素となるニューラルネットワーク自体は，その始まりを1958年のローゼンブラットによるパーセプトロンの発見に遡る．現在，主流である，誤差逆伝播法による最適化を用いるとしたニューラルネットワークも，1986年のランメルハートの提案に遡る．Supervisionが用いたCNNですら，1980年台から存在したものである．また，ニューラルネットワークを多段に積み上げれば良いという考え方自体もかなり古くからあった．読者も本書の中で何度となくニューロンが利用されるの

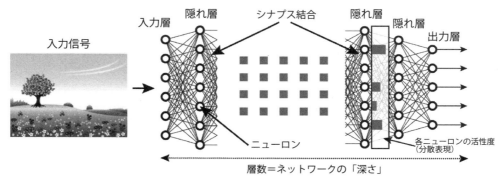

図10.3　ディープ（深い）ニューラルネットワークの概観図．

を見てきたはずだ．

10.2.2　End-to-End学習

　ディープラーニングとはニューラルネットワークを多段に積み重ねた「深い」ニューラルネットワークを指す．何故，深いことが重要なのかを，画像認識における特徴抽出と関係させながら説明する．画像認識では視覚情報は光の分布情報として入力される．コンピュータにとっては画素の並びになる．ビットマップ情報はベクトル，つまり，数字の並びとして表現できる．図10.4にCNNの概略図を示す．例えば，ある「りんご」の画像が縦100ピクセル，横100ピクセルのカラービットマップ情報であった際には，1ピクセルごとにRGB（赤，緑，青）の三色のデータが格納されるので，結果的には3万個の数字の並びになる．よくある設定ではRGBそれぞれ0〜255の数字を格納することになる．3万個ということは，ベクトルが3万次元であることを意味する．人間が画像認識の直接ルールで作る場合でも，機械学習を用いてルールを作る場合でも，画像認識装置の入力にこのような高次元のベクトルをそのまま用いることは現実的ではないと考えられてきた．なぜならば，3万次元も入力変数があると，それらをどのような比重でどう組み合わせて認識結果を出すかには膨大な可能性が存在するため，例えば，極端な過学習を生じてしまうといったように，まともな学習結果が得られないと考えられていたからだ．

　従来，パターン認識器を作るためには，まず，入力画像に対して，エッジの抽出や，各特徴的な点での輝度の勾配などを計算し，それらを画像の特徴量として画像認識をすることが行われてきた．人間が物体を認識するときでも，視覚野においてエッジの抽出などの，特徴量の計算処理が行われていることが知られており，そのような処理の妥当性が示唆されてきた．機械学習で画像認識装置を作る際には，画像から抽出された特徴量に対して，その画像がどのようなクラス（例えば，物体の名前）に当てはまるかを表すラベルデータを与え，この対応関係を学習させるということになる．画像→（特徴抽出）→特徴量→（パターン認識機）→クラスラベルという一連の処理を考え，特徴抽出の部分は人間が考えて作り，パターン認識機のところはラベルデータと機械学習でチューニングするという考え方である．

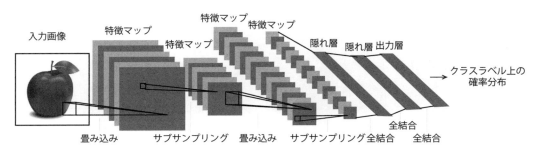

図10.4　畳み込みニューラルネットワークの概観図．（Y. LeCun, et.al. "Gradient-based Learning Applied to Document Recognition", Proc. of The IEEE, 1998を参考に作成）

実際に特徴量計算ではソーベルフィルタを始めとする線形フィルタがよく用いられた．線形フィルタとは各ピクセルの近傍のピクセルに入っている数字にフィルタごとに決まった数字をかけ合わせて足し込むことで，出力の値にすることである．単純なエッジ抽出の線形フィルタでは左右のピクセルの値の差をとって，そのピクセルの値にすることで，画素の並びの間の「変化」を抽出することになり，その結果，エッジ抽出を行うことができるようになる．結局のところ，特徴量計算も画素を使った「なんらかの計算」なわけである．特に線形フィルタでは画素ごとに重みをかけて足し込むといった単純な計算しか行っていない．しかも，各要素に重みをかけて足し込むというのはニューラルネットワークが各層でやっている基本処理そのものである．CNNの要点は，フィルタ処理を畳み込み層により実現し，特徴量抽出をニューラルネットワークにより表現したことにある．

ディープラーニングで重要なのは **End-to-End学習** という考え方である．End-to-Endは「端から端まで」という意味であるが，一方の端はもとの入力データそのもの（画像認識の場合には画像）を表し，他方の端は出力データ（画像認識の場合にはクラスラベル）を表す．従来のパターン認識機では，人手で作った特徴抽出器で抽出された特徴量を機械学習の入力にしていた．これをやめて，特徴抽出器から学習させるという考え方をEnd-to-End学習は示している．この意味でEnd-to-End学習こそが，現在のディープラーニングブームの本質である．

人間の認知や脳内の計算処理のプロセスを考えると，パターン認識における前段の特徴抽出から後段の認識処理までを学習するというEnd-to-Endの基本的な考え方はきわめて自然な話である．自然の知能システムは，進化で得た「生得的な構造の上」に，環境との相互作用を通して得た情報，経験に基づいて，新しい「機能や計算処理方法を獲得していく」．例えば人間の視覚野におけるエッジ抽出処理は，生得的なものではなく，生まれた後に得る光学的な刺激，つまり経験に依存することが知られている．End-to-End学習は，「人手によって設計された構造の上」に経験（データ）に含まれた情報に基づいて，新しい「機能や計算処理方法を獲得していく」人工の知能システムに対応する．End-to-End学習は自然の知能システムではあたりまえの，特徴抽出が生後の学習により訓練されるべきだということを，人工の知能システムでも示したのだ．これは認知発達システムを計算機とロボットのモデルで実現しようとする，発達ロボティクス研究者にとって吉報であろう．

10.2.3　分散表現

ニューラルネットワークでは一般的に情報がネットワーク内で分散表現される．基本的にはニューラルネットワークでは，各層のニューロンが活性化するか，活性化しないかで情報が表現されるわけであるが，その各ニューロンの活性に「意味」があるわけではない．4つのニューロンがあったとしよう．活性状態を1，不活性状態を0としたときに4つの活性パターンが0101となったとき，1つひとつの活性に直接的な意味があるわけではなく，その組み

合わせに意味がある．

分散表現という視点を持ち込むとディープラーニングもまた違った見え方がしてくる．例えば10層あるニューラルネットワークで画像の認識を行う際，5，6層目あたりでは，入力データでも出力データでもない何か別のベクトルが分散表現されることになるだろう（図10.3）．ある意味で，この中間層でのベクトル表現は入力データと出力データの関係を統合的に表現しているとも言えるだろう．ディープラーニングは入力データを一度，人間にはよくわからない中間層の分散表現に変換し，それを出力データとして読み出す装置だという見方ができる．

ディープラーニングの学習器の一種に**エンコーダ・デコーダモデル**と呼ばれるタイプのものがある．エンコーダは入力データを分散表現に符号化（コーディング）することを指し，デコーダはその分散表現を出力データに復号化（デコーディング）することを指す．単純な画像認識装置においても，ある意味で，分散表現に符号化してから，クラスラベルへと復号化するので，エンコーダ・デコーダモデルと言えなくもない．

2014年に"Show and Tell: A Neural Image Caption Generator"という名前の論文が出版され注目を集めた．"Show and Tell"ではこの2つ，視覚用のCNNと言語用のLSTMをつなぐことで，「入力された画像のキャプション文（説明文）を自動生成する」というタスクが実現可能であることが示された（Vinyals et al. 2015）．それまでに，画像認識であればCNNを用いるのが一般的になっており，自然言語処理における言語モデルの学習（つまり，単語の出現パターンのモデル化）にはRNN（リカレントニューラルネットワーク），それもLSTM（長期短期記憶：Long-Short Term Memory）を使うのが一般的になっていた．これらをつなぎ合わせることで，入力に対してクラスラベルを返すパターン認識以上のものが作れることがわかったのだ．

図10.5（a）に"Show and Tell"のモデルを示す．このような学習は基本的にはEnd-to-End学習で学習すると考えて良いわけだが，ただ，End-to-End学習として捉えるよりも，CNNとLSTMの接点に着目すべきである．CNNからLSTMに情報が伝播するときに，その情報は分散表現として表現される．それは，人間が解釈し難い．つまり，CNNが画像を謎の「分散表現」にエンコードし，LSTMがそれをデコードして説明文を生成したという見方の方が素直だ．この分散表現は画像の情報を説明するために必要な情報が縮約されたようなベクトルになる．図10.5（b）に示すように，機械翻訳も同様にエンコーダ・デコーダモデルとして見ることができる．現在のニューラルネットワークを用いた，いわゆるニューラル機械翻訳の最も基礎的なモデルはSequence to Sequenceというエンコーダ・デコーダモデルである．これは2本のリカレントニューラルネットワークをつなげて作る．翻訳元の文を1つ目のエンコーダ用のニューラルネットワークに渡し，分散表現に変換し，これを2つ目のデコーダ用のニューラルネットワークに渡す．こうすることで，例えば，フランス語から英語への翻訳がある程度可能になるのだ．単語と単語，単語とフレーズ，そしてその配置順

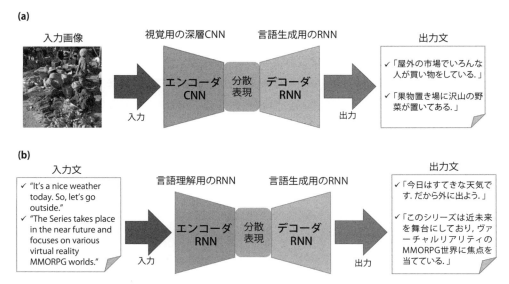

図10.5 エンコーダ・デコーダモデルの概観図．(a) 画像のキャプション生成に用いられるネットワーク（Vinyals et al. 2015 を参考に作成），(b) 機械翻訳で用いられるネットワーク．

序を，機械学習によって対応させ，変換するといった従来の機械翻訳とは異なり，ニューラルネットワーク機械翻訳では，入力文を一度，ニューラルネットワークを用いて人間が理解できないような分散表現に変換してしまう．それを出力文にデコードするのだ．この考え方は，私達が誰かの話した英文を日本語に翻訳しようとするときのことを考えると納得できる．私達が人の話を日本語に訳そうとするとき，どうも単語と単語を対応させるのではうまくいかず，一度，頭の中の「理解」に変換してから，それをうまく日本語で説明しようとする．分散表現はある意味でこの「理解」に対応するのだと考えられている．そういう意味では，伝統的な統計的機械翻訳の視点からみると革新的なニューラル機械翻訳も，私たちの直感からすると，とても自然なアプローチに思えてくる．

10.2.4 汎用人工知能

これまで昨今の人工知能研究を一括りに論じてきたが，人工知能がカバーする領域は分野的な広がり，コミュニティの広がりから言っても莫大である．ブームの震源地は機械学習であったが，機械学習はコンピュータビジョン，音声認識，機械翻訳，自然言語処理，ロボティクス，ゲームAIなど広い応用先の基本的な技術となり，広範な影響を与えてきた．

その中でも，第三次人工知能ブームと共に有名になった言葉に，**汎用人工知能**（Artificial General Intelligence: AGI）という言葉がある．発達ロボティクスとの視点の共通性から少し議論したい．汎用人工知能とはその名の通り，何か特定のタスクのための知能（例えば，音声認識や画像認識）ではなく，さまざまなタスクを実現できる人工知能を表し，そのような人工知能を作ろうと取り組む研究が汎用人工知能に関する研究である．また，そのような

10.2 人工知能と発達ロボティクス

人工知能を書く要素をルールベースで作成していたのでは難しいであろうことは，徐々に認識されてきており，必然的に機械学習に基づいてこれを実現しようという流れになる．現在の機械学習のブームもそれを後押ししている．

今回のディープラーニングに基づく具体的な技術的発展と貢献の流れからいくと，汎用人工知能という言葉はちょっと「飛びすぎ」のような気もする．しかし，興味深いのは，現在の人工知能研究を牽引するイギリスの研究組織DeepMindが汎用人工知能の実現を旗印に掲げていることである．Googleに買収されたDeepMindといえば，囲碁で韓国のプロ棋士を破って有名になったAlphaGoを作った企業として日本でも一般的に知られている．AlphaGoを作るより以前に，DeepMindは強化学習のQ学習という手法と，CNNによるディープラーニングを組み合わせてAtariのゲームをプレイする人工知能を作った．Deep Q Networkと呼ばれるこの手法は，ゲームAIという比較的マイナーだった領域に多くの研究者を呼び寄せた（Mnih et al. 2013）．しかし，DeepMindがゲームAIに向かったのは汎用人工知能の研究のためである．汎用人工知能はその定義からして「複数のタスクをこなせる人工知能」である．もちろん，ここでの「タスクを」という言葉は非常に広義であり，音声認識や論理演算，実世界での運動なども指す．しかし，現状のハードウェアなどの技術的な制約を考えれば，そのようなまったく異なるタスクを同時にこなせる人工知能を機械学習ベースで一気に実現することは難しい．これに対してゲームという環境は大変有用である．各ゲームはタスクを明確に規定しており，また，そこにおけるすべてのインタラクションは画像と音声の出力と，それに対するコントロールパッドからの入力という形で標準化されている．そこで，汎用人工知能に向かっていくよい入り口として，ゲームAIが存在したわけである．この汎用人工知能に向けた，センスのよい「割り切り方」こそ，DeepMindの成功の要因の1つであろう．

画像認識や音声認識等の細分化された単一機能の人工知能技術に関しては，かなりの程度の進化を終えた感があり，これ以上のパフォーマンス向上のためにはマルチモーダル化や適切な文脈の活用などが必要となってくるだろう．そうなると，単一のモダリティに固執しない知能の統合化，総合化は必然の流れである（そもそも人間の認知発達はそういう道筋をたどっている）．人間の認知発達において画像認識が画像認識として単独で発達することはないし，音声認識が音声と書き起こし文だけの対応関係で発達することはない．マルチモーダルな情報が統合的に利用されて，発達は進むのである．そういう意味では汎用人工知能という視点は，発達ロボティクスと非常によく似た視点に移動していくことになるだろう．汎用人工知能の研究の先に発達ロボティクスとのクロスオーバーが見えてくるのだ．

10.3 発達する知能と新しい科学

10.3.1 構成論的アプローチ

あらゆる分野の学問はその時代の技術的背景に影響を受ける．発達ロボティクスという魅力的な分野が19世紀でも20世紀でもなく，21世紀に開花したのは偶然ではない．発達ロボティクスは認知発達を理解しようとする科学的探求であるが，その学問はセンサ，モータ技術を含んだロボティクス技術の発展と，計算機の性能向上に支えられている．ロボットとは，計算機にセンサ系とモータ系，つまり感覚運動器が付くことで認識と行動が可能になったシステムであると定義できる．このロボットというシステムはこれまでの物理学や他の自然科学，および心理学をはじめとした人文科学の方法論を超えた方法論を可能にし始めた．発達ロボティクスはその現れの1つである．実世界知能への**構成論的アプローチ**である．構成論的アプローチ自体は，発達ロボティクスに特有のものではなく，むしろ，それ以前に隆盛した複雑系の学問に負うところが大きい．計算機の発達が私たちの科学的方法論の1つとして構成論的アプローチを可能にしたのだ．

構成論的アプローチとは，理解しようとする対象を何らかの形でモデル化し，それを人工的に構成し動かすことで，対象系を理解しようとするアプローチである．現象を理解しようとするときにモデル化するということは，あまねく学問領域でなされる．モデル化の程度はさまざまあるが，その王様的存在が物理学における数理モデル化であろう．ニュートンの運動方程式やシュレディンガー方程式は代表的な数理モデルであると言えるだろう．しかし，モデル化したからといってその挙動や未来の予測値が直接的にわかるかというとそういうわけではない．

シンプルな数理モデルからは解析的に挙動や予測を求めることができる場合もある．ニュートンの運動方程式に関して質点の自由落下運動のような単純なものの場合は古典的な物理学で習うように，微分方程式を解くことで質点の挙動を1つの関数として得ることができる．しかし，一般的にはあらゆる微分方程式の解析解を求めることはできない．計算機が現れるまではこのようなシステムの挙動を予測することは困難だった．しかし，計算機で数値シミュレーションできるようになってからは，複雑なシステムの挙動を数値的にシミュレーションできるようになった．こうして計算機の性能向上，低廉化を経て，さまざまなモデルの挙動を分析することができるようになり，モデルの役割は新たなフェーズに入った．これが，複雑系，カオス，人工生命といった分野を育てる元となった．計算機による構成を経て系を理解する構成論的アプローチである．

私たちの心，認知システムの挙動を理解しようとするときにはこれでは足りない．なぜならば発達する認知システムは，実環境に開かれた系であり，その特徴は，環境との相互作用により得られる感覚運動情報に基づき変化していくことだからである．認知システムのモデ

ルは，計算機に閉じたものではなく，感覚運動情報に依存し，変化するものである．それが適切に変化，もしくは発達するかが，重要な論点となる．それゆえに，仮想環境だけに閉じた計算機では不十分であり，それを実世界につなげる感覚器と運動器，つまり，センサ系とモータ系が必要になる．ここにロボットの必要性が生まれる．発達ロボティクスはそのような技術史，科学史的文脈の中に位置づけられる新しい科学なのである．

10.3.2　発達ロボティクスとディープラーニング

さて，発達ロボティクスのコミュニティとディープラーニングを牽引する機械学習コミュニティの間の距離感や関係性はどのようなものだろうか．また，発達ロボティクスは今回のディープラーニングを中心とした第三次人工知能ブームの種々の発展にどのような影響を受けるのだろうか．

まず，第一に，この2つの学問は目指すターゲットが異なっている．発達ロボティクスのコミュニティは人間の認知発達に興味がある．より限定すれば，実世界の経験を通した認知発達に興味がある．**身体性に基づく認知発達**である．その全体像を解き明かすために，さまざまな角度から対象をモデル化し，アルゴリズムの開発や実証的な実験を通して明らかにしようとしていく．これに対して，現状のディープラーニングを中心とした研究は手法の開発が中心的であり，新しい道具を工学や科学に対して提供しようとしている．基本的には設定している問題，ターゲットが異なる．その意味では，ディープラーニングに関わる一連の研究が明らかにしてきたもの，開発された手法は認知発達の計算論モデルを組み上げるパーツとして，発達ロボティクスの研究ではそのパーツとして取り入れられていくだろう．

第二に，発達ロボティクスの研究者とディープラーニングの研究者コミュニティの重なり具合についてであるが，これは多分，多くの読者が想定するよりも「小さい」．しかし，双方の学問の相互浸透はこれから期待されるところであろう．期待される相互浸透の一方は，まず，発達ロボティクスの研究者がディープラーニング関連研究で得られた知見を発達ロボティクス研究に効果的に応用していくことだ．発達ロボティクスの研究者がディープラーニングや機械学習の最新の手法を世の中に提供することは少なく，むしろ生み出された機械学習理論を活用して認知発達システムをモデル化する，という位置にある．学術研究全分野を通した巨大な分業体制を考えると，機械学習のコミュニティは部品を提供する側で，発達ロボティクスのコミュニティはその部品を組み立てて認知のモデル，ロボットを作る側と言える．積極的に最新の手法を取り入れながらも，発達ロボティクスならではの貢献が進められることが期待される．逆方向の浸透は認知アーキテクチャについてだ．ディープラーニングや人工知能のコミュニティは，その対象を複雑化，多様化しつつある．先の"Show and Tell"は典型的な例だが，言語と画像の統合を行っており，画像認識，音声認識と，単一のモダリティ（視覚，聴覚といった情報のチャンネル）に閉じた従来研究から，複数のモダリティ（マルチモダリティ）に跨った学習がメインフィールドになりつつある．次節で書くよ

うに，昨今の人工知能業界では汎用人工知能というキーワードも飛び出すようになった．人工知能研究は徐々に発達ロボティクスが扱ってきたような統合的な認知を扱うフィールドに近づいて来ることだろう．

　第三の両領域の関係性は，発達ロボティクスにおける，これまでのニューラルネットワークやディープラーニングに関わる成果から見えてくる．本書でも紹介されていたように，多くの研究者が，発達ロボティクスの文脈の中で，それぞれのモデルにニューラルネットワークを用いてきた．現在のディープラーニングブームにおいてはあまり言及もされることもないが，発達ロボティクスのコミュニティにおいては，ニューラルネットワークの重要性は長らく認識されてきたし，先駆的な研究もなされてきた．例えば杉田や谷らの2005年の研究では2つのリカレントニューラルネットワークをパラメトリックバイアスという分散表現で結合することで，機械学習ベースでの，ロボットの動作から文，文からロボットの動作への相互変換を実現した（Sugita and Tani 2005）．この学習の結果，"hit green"や"hit right"などからhitと名詞の組み合わせ方，そして，その動作空間の上での意味を発見できることが示された．これは現在の"Show and Tell"を始めとするマルチモーダル情報を統合し，相互変換するような研究にも通じるし，また，さらに動作における構造と言語における構造の相互的な制約を示唆しようとする研究であり学術的に大変深みがある．その後も谷らのグループはリカレントニューラルネットワークをロボットに用いた研究でさまざまな成果を上げている．尾形らも谷らの研究を継承，発展させており，近年では日本におけるディープラーニングの知能ロボティクス応用の第一人者として認識されている（尾形2017）．

　こうして見ると，発達ロボティクスにおける研究の力点と，昨今のディープラーニングを中心とした人工知能研究の力点の違いが見える．現在の計算機科学の王道的な立場は，ディープラーニングを活用して何らかの認識，予測，推論タスクの性能を上げる，といったことを目標にすることであろう．これに対して発達ロボティクスでは，そのモデルによって認知発達の理解にどのような示唆を与えられるか，という点が重視される．

10.3.3　実世界で発達する汎用人工知能に向けて

　ひるがえって，記号創発ロボティクスと汎用人工知能の関係性を考えたい．記号創発ロボティクスは実世界で発達する汎用人工知能の研究であると言えるだろう．では，このような研究がどのような特色を持つのかを少し議論したい．そのために，Google DeepMindが目指す汎用人工知能との共通点と違いに焦点を当ててみよう．共通点としては，基本的にはGoogle DeepMindの汎用人工知能も記号創発ロボティクスも共に機械学習にもとづいて徹底して知能の実現を目指しているという点がある．知能は環境適応にもとづいて創発するべきという考え方である．

　違いはさまざまあるが，まずは機械学習モデルの違いについて触れよう．Google DeepMindはディープラーニングを中心に用いているのに対して，これまでの記号創発ロ

ボティクスの研究では，**階層ベイズモデル**が用いられる傾向がある．これは，記号創発ロボティクスが教師なし学習を軸に研究を進めているのと無縁ではない．一方で，Google DeepMindはAtariのゲームAIやAlphaGoに代表されるように，他の研究グループに比べると強化学習を軸とする傾向がある．ディープラーニングに関してはEnd-to-End学習に典型的に現れるように，ラベルデータや強化学習における報酬情報（評価データ）が大量に求められる．この付加的な情報にもとづいて，予測性能や累積報酬の最大化を目的関数として学習を進行させることができる．ところが，入力データだけで学習を進める教師なし学習では，学習の目標としてそのような付加的な情報を用いることができない．ゆえに何らかの構造をモデルの中に埋め込むことが，教師なし学習では，教師あり学習や強化学習以上に助けになるのだ．階層ベイズモデルはディープラーニングよりも構造を仮定しやすい性質があり，これが教師なし学習では助けになる．それゆえに，教師なし学習による認知発達システムの構成を目指す記号創発ロボティクスでは階層ベイズモデルを使うインセンティブが強く働いてきたと理解できる．しかし，近年，変分オートエンコーダに代表されるように，徐々に，階層ベイズモデルとディープラーニングの境界は曖昧になっており（Kingma and Welling 2014），柔軟に融合していくことが考えられる．よって，これは大きな差にはならない．記号創発ロボティクスのコミュニティにおいても，ディープラーニングの活用は積極的に進められている．

　最も大きな違いは「どの環境から始めるか？」だろう．DeepMindの汎用人工知能研究はゲームAIから始めて，さまざまなゲームをクリアできる知能に取り組んでいる．もちろん将来的には実世界で動く知能へも向かっていくのだろう．これに対して，記号創発ロボティクスは実世界で動くロボット，それが認知的な自己閉鎖性の中で得られる感覚運動情報から始める．これは，記号創発ロボティクスが認知発達ロボティクスや，その前段に位置する身体性認知科学，人工生命，複雑系などに由来する「身体性」を重視する学術的系譜の中に位置づけられることと無縁ではない（ファイファー 2001）．知能とはあくまで自然界の中で，進化の中で得られたものである．実環境に適応するために形成されたものが，人間知能の本質であるならば，常に実世界がもたらす構造や制約の下でそれに適応するように知能のコンポーネントを繋いでいくべきであろう．「身体を通して得られる実世界情報に基づく汎用人工知能研究」という位置づけこそが記号創発ロボティクスの立場をうまく記述するように思われる．

　記号創発ロボティクスの研究の推進は，そのまま発達ロボティクスの研究推進の一部となり，また汎用人工知能研究の一部ともなる．人工知能研究と発達ロボティクスの中間に位置するような記号創発ロボティクスの研究がより広い研究者の参画を得て進んでいくことが期待される．

10.3.4　発達ロボティクスの挑戦

ロボットを用いることで私たちは新しいやりかたで認知発達のモデルの検証を行うことができるようになった．これは21世紀初頭までのロボティクス，計算機，機械学習等の発展の結果として生まれてきたものであり，ある意味で必然的な学問の展開である．しかし，新しい方法論は，それに伴う，研究活動の様式，また，分業のあり方を求める．このような知識は，通常の一つひとつの研究に比べて一段抽象度が高いために，進化や成熟に時間がかかる．

発達ロボティクスにおいて認知発達を表現する機械学習モデル，ロボットを構築することの認知発達理解に対する貢献とはどのようなものであるか？

モデル化を行うロボティクスや人工知能と被験者実験を行う発達心理学の研究者のよいコラボレーションの形とはどのようなものであるか？

前者に関して，記号創発ロボティクスはそのようなモデルを「まずは作る」こと自体が1つの仮説を生むという貢献と考えて，構成の方向を強く志向した．主流の発達ロボティクスのコミュニティは，後者のようなコラボレーションのあり方を模索しているように思われる．発達ロボティクスは，その方法論においても，研究活動の様式や，研究者間の分業のあり方に関してもまだまだ発展途上であるように感じる．しかし，継続的で精力的な研究と議論が，当該分野をさらなる発展と成熟に導いていくことだろう．

発達ロボティクスはまだまだ若い学問分野であるが，私たちの認知，知能の理解に対して本質的な挑戦を行う領域である．日本でも本書の出版をきっかけにして，より多くの学生，研究者が関連領域へと参画し，当該分野の研究が促進されることを期待している．

参考文献

Ando, Y., T. Nakamura, T. Araki, and T. Nagai. 2013. "Formation of hierarchical object concept using hierarchical latent Dirichlet allocation." In IEEE/RSJ International Conference on Intelligent Robots and Systems(IROS 2014).

浅田稔. 2010. ロボットという思想——脳と知能の謎に挑む. NHKブックス.

Chandler, D. 2004. *Semiotics: The Basics* (2nd edition), Routledge.

Kingma., D. P., M. Welling. 2014. "Auto-Encoding Variational Bayes." The International Conference on Learning Representations (ICLR 2014).

Mnih,V., K. Kavukcuoglu, D. Silver, A. Graves, I. Antonoglou, D. Wierstra, and M. Riedmiller. 2013. "Playing Atari With Deep Reinforcement Learning." NIPS Deep Learning Workshop.

Nakamura, T., T. Araki, T. Nagai, and N. Iwahashi. 2009. "Grounding of Word Meanings in LDA-Based Multimodal Concepts." In 2009 IEEE/RSJ International Conference on Intelligent Robots and Systems(IROS 2009) , 3943–3948.

Nakamura, T., T. Nagai, K. Funakoshi, S. Nagasaka, T. Taniguchi, and N. Iwahashi. 2014. "Mutual Learning of an Object Concept and Language Model Based on MLDA and NPYLM." In 2014 IEEE/

RSJ International Conference on Intelligent Robots and Systems(IROS 2014), 600–607.

尾形哲也. 2017. ディープラーニングがロボットを変える. 日刊工業新聞社.

ファイファー, R., C. シャイアー（著）石黒 章夫, 細田耕, 小林宏（訳）. 2001. 知の創成——身体性認知科学への招待. 共立出版.

Taniguchi, A., T. Taniguchi, and T. Inamura. 2016. "Spatial Concept Acquisition for a Mobile Robot that Integrates Self-Localization and Unsupervised Word Discovery from Spoken Sentences", *IEEE Transactions on Cognitive and Developmental Systems* 8(4), 285-297.

Taniguchi, A., Y. Hagiwara, T. Taniguchi, and T. Inamura. 2017. "Online Spatial Concept and Lexical Acquisition with Simultaneous Localization and Mapping." IEEE/RSJ International Conference on Intelligent Robots and Systems(IROS 2017).

谷口忠大. 2014. 記号創発ロボティクス——知能のメカニズム入門. 講談社.

Taniguchi T., S. Nagasaka, and R. Nakashima. 2016. "Nonparametric Bayesian Double Articulation Analyzer for Direct Language Acquisition from Continuous Speech Signals." *IEEE Transactions on Cognitive and Developmental Systems* 8(3), 171-185.

新村出. 2008. 広辞苑（第六版）. 岩波書店.

Sugita, Y., and J. Tani. 2005. "Learning Semantic Combinatoriality from the Interaction between Linguistic and Behavioral Processes." *Adaptive Behavior*, 13(1), 33–52.

Vinyals, O., A. Toshev, S. Bengio, and D. Erhan. 2015. "Show and tell: A Neural Image Caption Generator." IEEE Conference on Computer Vision and Pattern Recognition (CVPR 2015), 3156-3164.（arXivでは2014年に発表）

引用文献

Abitz, M., R. D. Nielsen, E. G. Jones, H. Laursen, N. Graem, and B. Pakkenberg. 2007. "Excess of Neurons in the Human Newborn Mediodorsal Thalamus Compared with that of the Adult." *Cerebral Cortex* 17 (11) (Nov.): 2573–2578.

Acredolo, L. P. 1978. "Development of Spatial Orientation in Infancy." *Developmental Psychology* 14 (3): 224–234.

Acredolo, L. P., A. Adams, and S. W. Goodwyn. 1984. "The Role of Self-Produced Movement and Visual Tracking in Infant Spatial Orientation." *Journal of Experimental Child Psychology* 38 (2): 312–327.

Acredolo, L. P., and D. Evans. 1980. "Developmental-Changes in the Effects of Landmarks on Infant Spatial-Behavior." *Developmental Psychology* 16 (4): 312–318.

Adams, S. S., I. Arel, J. Bach, R. Coop, R. Furlan, B. Goertzel, J. S. Hall, A. Samsonovich, M. Scheutz, M. Schlesinger, S. C. Shapiro, and J. F. Sowa. 2012."Mapping the Landscape of Human-Level Artificial General Intelligence." *AI Magazine* 33 (1) (Spring): 25–41.

Adler, S. A., M. M. Haith, D. M. Arehart, and E. C. Lanthier. 2008. "Infants' Visual Expectations and the Processing of Time." *Journal of Cognition and Development* 9 (1) (Jan.–Mar.): 1–25.

Adolph, K. E. 2008. "Learning to Move." *Current Directions in Psychological Science* 17 (3) (June): 213–218.

Adolph, K. E. 1997. "Learning in the Development of Infant Locomotion." *Monographs of the Society for Research in Child Development* 62 (3): i–vi, 1–158.

Adolph, K. E., B. Vereijken, and M. A. Denny. 1998. "Learning to Crawl." *Child Development* 69 (5) (Oct.): 1299–1312.

Albu-Schaffer, A., O. Eiberger, M. Grebenstein, S. Haddadin, C. Ott, T. Wimbock, S. Wolf, and G. Hirzinger. 2008. "Soft Robotics." *IEEE Robotics & Automation Magazine* 15 (3): 20–30.

Aleksander, I. 2005. *The World in My Mind, My Mind in the World: Key Mechanisms of Consciousness in Humans, Animals and Machines*. Exeter, UK: Imprint Academic.

引用文献

Aleotti, J., S. Caselli, and G. Maccherozzi. 2005. "Trajectory Reconstruction with NURBS Curves for Robot Programming by Demonstration." Paper presented at the 2005 IEEE International Symposium on Computational Intelligence in Robotics and Automation, New York, June 27–30.

Alibali, M. W., and A. A. DiRusso. 1999. "The Function of Gesture in Learning to Count: More than Keeping Track." *Cognitive Development* 14 (1) (Jan.–Mar.): 37–56.

Amso, D., and S. P. Johnson. 2006. "Learning by Selection: Visual Search and Object Perception in Young Infants." *Developmental Psychology* 42 (6) (Nov.): 1236–1245.

Anderson, J. R., D. Bothell, M. D. Byrne, S. Douglass, C. Lebiere, and Y. L. Qin. 2004. "An Integrated Theory of the Mind." *Psychological Review* 111 (4) (Oct.): 1036–1060.

Andres, M., X. Seron, and E. Olivier. 2007. "Contribution of Hand Motor Circuits to Counting." *Journal of Cognitive Neuroscience* 19 (4) (Apr.): 563–576.

Andry, P., A. Blanchard, and P. Gaussier. 2011. "Using the Rhythm of Nonverbal Human-Robot Interaction as a Signal for Learning." *IEEE Transactions on Autonomous Mental Development* 3 (1): 30–42.

Araki, T., T. Nakamura, and T. Nagai. 2013. "Long-Term Learning of Concept and Word by Robots: Interactive Learning Framework and Preliminary Results." Paper presented at the IEEE/RSJ International Conference on Intelligent Robots and Systems, Tokyo Big Sight, Tokyo, Japan, November 3–7.

Arena, P. 2000. "The Central Pattern Generator: A Paradigm for Artificial Locomotion." *Soft Computing* 4 (4): 251–266.

Arkin, R. C. 1998. *Behavior-Based Robotics*. Cambridge, MA: MIT Press.

Asada, M., K. Hosoda, Y. Kuniyoshi, H. Ishiguro, T. Inui, Y. Yoshikawa, M. Ogino, and C. Yoshida. 2009. "Cognitive Developmental Robotics: A Survey." *IEEE Transactions on Autonomous Mental Development* 1 (1) (May): 12–34.

Asada, M., K. F. MacDorman, H. Ishiguro, and Y. Kuniyoshi. 2001. "Cognitive Developmental Robotics as a New Paradigm for the Design of Humanoid Robots." *Robotics and Autonomous Systems* 37 (2–3) (Nov.): 185–193.

Asada, M., E. Uchibe, and K. Hosoda. 1999. "Cooperative Behavior Acquisition for Mobile Robots in Dynamically Changing Real Worlds Via Vision-Based Reinforcement Learning and Development." *Artificial Intelligence* 110 (2) (June): 275–292.

Ashmead, D. H., M. E. McCarty, L. S. Lucas, and M. C. Belvedere. 1993. "Visual Guidance in Infants Reaching toward Suddenly Displaced Targets." *Child Development* 64 (4) (Aug.): 1111–1127.

Austin, J. L. 1975. *How to Do Things with Words*. Vol. 1955. Oxford, UK: Oxford University Press.

Bahrick, L. E., L. Moss, and C. Fadil. 1996. "Development of Visual Self-Recognition in Infancy." *Ecological Psychology* 8 (3): 189–208.

Bahrick, L. E., and J. S. Watson. 1985. "Detection of Intermodal Proprioceptive Visual Contingency as a Potential Basis of Self-Perception in Infancy." *Developmental Psychology* 21 (6): 963–973.

Bainbridge, W. A., J. Hart, E. S. Kim, and B. Scassellati. 2008. "The Effect of Presence on Human-Robot Interaction." Paper presented at the 17th IEEE International Symposium on Robot and Human Interactive Communication, Technische Universitat, Munich, Germany, August 1–3.

Baldassarre, G. 2011. "What Are Intrinsic Motivations? A Biological Perspective." Paper presented at the 2011 IEEE International Conference on Development and Learning (ICDL), Frankfurt Biotechnology Innovation Center, Frankfurt, Germany, August 24–27.

Baldassarre, G., and M. Mirolli, eds. 2013. *Intrinsically Motivated Learning in Natural and Artificial Systems*. Berlin: Springer-Verlag..

Baldwin, D. A. 1993. "Early Referential Understanding—Infants Ability to Recognize Referential Acts for What They Are." *Developmental Psychology* 29 (5) (Sept.): 832–843.

Baldwin, D., and M. Meyer. 2008. "How Inherently Social Is Language?" In *Blackwell Handbook of Language Development*, ed. Erika Hoff and Marilyn Shatz, 87–106. Oxford, UK: Blackwell Publishing.

Balkenius, C., J. Zlatev, H. Kozima, K. Dautenhahn, and C. Breazeal, eds. 2001. Paper presented at the 1st International Workshop on Epigenetic Robotics: Modeling Cognitive Development in Robotic Systems, Lund, Sweden, September 17–18.

Ballard, D. H. 1991. "Animate Vision." *Artificial Intelligence* 48 (1) (Feb.): 57–86.

Bandura, A. 1986. *Social Foundations of Thought and Action: A Social Cognitive Theory*. Englewood Cliffs, NJ: Prentice Hall.

Baranes, A., and P. Y. Oudeyer. 2013. "Active Learning of Inverse Models with Intrinsically Motivated Goal Exploration in Robots." *Robotics and Autonomous Systems* 61 (1): 49–73.

Baranes, A., and P. Y. Oudeyer. 2009. "R-Iac: Robust Intrinsically Motivated Exploration and Active Learning." *IEEE Transactions on Autonomous Mental Development* 1 (3) (June): 155–169.

Barborica, A., and V. P. Ferrera. 2004. "Modification of Saccades Evoked by Stimulation of Frontal Eye Field during Invisible Target Tracking." *Journal of Neuroscience* 24 (13) (Mar.): 3260–3267.

Baron-Cohen, S. 1995. *Mindblindness: An Essay on Autism and Theory of Mind*. Cambridge, MA: MIT Press.

Barrett, M. 1999. *The Development of Language*. New York: Psychology Press.

Barsalou, L. W. 2008. "Grounded Cognition." *Annual Review of Psychology* 59: 617–645.

Barsalou, L. W. 1999. "Perceptual Symbol Systems." *Behavioral and Brain Sciences* 22 (4) (Aug.): 577–609.

Barsalou, L. W., and K. Wiemer-Hastings. 2005. "Situating Abstract Concepts." In *Grounding Cognition: The Role of Perception and Action in Memory, Language, and Thought*, ed. D. Pecher and R. Zwaan, 129–163. New York: Cambridge University Press.

Barto, A. G., S. Singh, and N. Chentanez. 2004. "Intrinsically Motivated Learning of Hierarchical Collections of Skills." Paper presented at the 3rd International Conference on Development and Learning (ICDL 2004), La Jolla, CA, October 20–22.

Bates, E., L. Benigni, I. Bretherton, L. Camaioni, and V. Volterra. 1979. *The Emergence of Symbols: Cognition and Communication in Infancy*. New York: Academic Press.

Bates, E., and J. L. Elman. 1993. "Connectionism and the Study of Change." In *Brain Development and Cognition: A Reader*, ed. Mark Johnson, 623–642. Oxford, UK: Blackwell Publishers.

Baxter, P., R. Wood, A. Morse, and T. Belpaeme. 2011. "Memory-Centred Architectures: Perspectives on Human-Level Cognitive Competencies." Paper presented at the AAAI Fall 2011 Symposium on Advances in Cognitive Systems, Arlington, VA, November 4–6.

Bednar, J. A., and R. Miikkulainen. 2003. "Learning Innate Face Preferences." *Neural Computation* 15 (7): 1525–1557.

Bednar, J. A., and R. Miikkulainen. 2002. "Neonatal Learning of Faces: Environmental and Genetic Influences." Paper presented at the 24th Annual Conference of the Cognitive Science Society, George Mason University, Fairfax, VA, August 7–10.

Beer, R. D. 2000. "Dynamical Approaches to Cognitive Science." *Trends in Cognitive Sciences* 4 (3): 91–99.

Behnke, S. 2008. "Humanoid Robots—From Fiction to Reality?" *Kunstliche Intelligenz Heft* 22 (4): 5–9.

Bellas, F., R. J. Duro, A. Faina, and D. Souto. 2010. "Multilevel Darwinist Brain (Mdb): Artificial Evolution in a Cognitive Architecture for Real Robots." *IEEE Transactions on Autonomous Mental Development* 2 (4) (Dec.): 340–354.

Belpaeme, T., P. Baxter, J. de Greeff, J. Kennedy, R. Read, R. Looije, M. Neerincx, I. Baroni, and M. C. Zelati. 2013. "Child-Robot Interaction: Perspectives and Challenges." In *Social Robotics*, ed. G. Herrmann et al., 452–459. New York: Springer International Publishing.

Belpaeme, T., P. E. Baxter, R. Read, R. Wood, H. Cuayáhuitl, B. Kiefer, S. Racioppa, I. Kruijff-Korbayová, G. Athanasopoulos, and V. Enescu. 2012. "Multimodal Child-Robot Interaction: Building Social Bonds." *Journal of Human-Robot Interaction* 1 (2): 33–53.

Benjamin, D. P., D. Lyons, and D. Lonsdale. 2004. "Adapt: A Cognitive Architecture for Robotics." Paper presented at the 6th International Conference on Cognitive Modeling: Integrating Models, Carnegie Mellon University, University of Pittsburgh, Pittsburgh, PA, July 30–August 1.

Berk, L. 2003. *Child Development*. 6th ed. Boston: Allyn & Bacon.

Berlyne, D. E. 1960. *Conflict, Arousal, and Curiosity*. New York: McGraw-Hill.

Bernstein, N. A. 1967. *The Co-ordination and Regulation of Movements*. New York: Pergamon Press.

Berrah, A.-R., H. Glotin, R. Laboissière, P. Bessière, and L.-J. Boë. 1996. "From Form to Formation of Phonetic Structures: An Evolutionary Computing Perspective." Paper presented at the International Conference on Machine Learning, Workshop on Evolutionary Computing and Machine Learning, Bari, Italy.

Berthier, N. E. 2011. "The Syntax of Human Infant Reaching." Paper presented at the 8th International Conference on Complex Systems, Cambridge, MA.

Berthier, N. E. 1996. "Learning to Reach: A Mathematical Model." *Developmental Psychology* 32 (5) (Sept.): 811–823.

Berthier, N. E., B. I. Bertenthal, J. D. Seaks, M. R. Sylvia, R. L. Johnson, and R. K. Clifton. 2001. "Using Object Knowledge in Visual Tracking and Reaching." *Infancy* 2 (2): 257–284.

Berthier, N. E., and R. Keen. 2005. "Development of Reaching in Infancy." *Experimental Brain Research* 169 (4) (Mar.): 507–518.

Berthier, N. E., M. T. Rosenstein, and A. G. Barto. 2005. "Approximate Optimal Control as a Model for Motor Learning." *Psychological Review* 112 (2) (Apr.): 329–346.

Berthouze, L., and M. Lungarella. 2004. "Motor Skill Acquisition under Environmental Perturbations: On the Necessity of Alternate Freezing and Freeing of Degrees of Freedom." *Adaptive Behavior* 12 (1): 47–64.

Berthouze, L., and T. Ziemke. 2003. "Epigenetic Robotics—Modelling Cognitive Development in Robotic Systems." *Connection Science* 15 (4) (Dec.): 147–150.

Billard, A., and K. Dautenhahn. 1999. "Experiments in Learning by Imitation—Grounding and Use of Communication in Robotic Agents." *Adaptive Behavior* 7 (3–4) (Winter): 415–438.

Billard, A., and M. J. Matarić. 2001. "Learning Human Arm Movements by Imitation: Evaluation of a Biologically Inspired Connectionist Architecture." *Robotics and Autonomous Systems* 37 (2–3) (Nov.): 145–160.

Bisanz, J., J. L. Sherman, C. Rasmussen, and E. Ho. 2005. "Development of Arithmetic Skills and Knowledge in Preschool Children." In *Handbook of Mathematical Cognition*, ed. J. I. D. Campbell, 143–162. New York: Psychology Press.

Bjorklund, D. F., and A. D. Pellegrini. 2002. *Evolutionary Developmental Psychology*. Washington, DC: American Psychological Association.

Bloom, L. 1973. *One Word at a Time: The Use of Single Word Utterances before Syntax*. Vol. 154. The Hague: Mouton.

Bloom, L. 1970. *Language Development; Form and Function in Emerging Grammars*. Cambridge, MA: MIT Press.

Bloom, P. 2000. *How Children Learn the Meaning of Words*. Cambridge, MA: MIT Press.

Bolland, S., and S. Emami. 2007. "The Benefits of Boredom: An Exploration in Developmental Robotics." Paper presented at the 2007 IEEE Symposium on Artificial Life, New York.

Bongard, J. C., and R. Pfeifer. 2003. "Evolving Complete Agents Using Artificial Ontogeny." In *Morpho-Functional Machines: The New Species: Designing Embodied Intelligence*, ed. F. Hara and R. Pfeifer, 237–258. Berlin: Springer-Verlag.

Borenstein, E., and E. Ruppin. 2005. "The Evolution of Imitation and Mirror Neurons in Adaptive Agents." *Cognitive Systems Research* 6 (3) (Sept.): 229–242.

Borghi, A. M., and F. Cimatti. 2010. "Embodied Cognition and Beyond: Acting and Sensing the Body." *Neuropsychologia* 48 (3) (Feb.): 763–773.

Borghi, A. M., A. Flumini, F. Cimatti, D. Marocco, and C. Scorolli. 2011. "Manipulating Objects and Telling Words: A Study on Concrete and Abstract Words Acquisition." *Frontiers in Psychology* 2 (15): 1–14.

Borisyuk, R., Y. Kazanovich, D. Chik, V. Tikhanoff, and A. Cangelosi. 2009. "A Neural Model of Selective Attention and Object Segmentation in the Visual Scene: An Approach Based on Partial Synchronization and Star-Like Architecture of Connections." *Neural Networks* 22 (5–6) (July–Aug.): 707–719.

Bortfeld, H., J. L. Morgan, R. M. Golinkoff, and K. Rathbun. 2005. "Mommy and Me—Familiar Names Help Launch Babies into Speech-Stream Segmentation." *Psychological Science* 16 (4): 298–304.

Bower, T. G. R., J. M. Broughton, and M. K. Moore. 1970. "Demonstration of Intention in Reaching Behaviour of Neonate Humans." *Nature* 228 (5272) (Nov.): 679–681.

Bradski, G., and A. Kaehler. 2008. *Learning Opencv: Computer Vision with the Opencv Library*. Sebastopol, CA: O'Reilly.

Braine, M. D. 1976. *Children's First Word Combinations*. Chicago: University of Chicago.

Brandl, H., B. Wrede, F. Joublin, and C. Goerick. 2008. "A Self-Referential Childlike Model to Acquire Phones, Syllables and Words from Acoustic Speech." Paper presented at the IEEE 7th International Conference on Development and Learning, Monterey, CA, August 9–12.

Breazeal, C. 2003. "Emotion and Sociable Humanoid Robots." *International Journal of Human-Computer Studies* 59 (1–2) (July): 119–155.

Breazeal, C., D. Buchsbaum, J. Gray, D. Gatenby, and B. Blumberg. 2005. "Learning from and About Others: Towards Using Imitation to Bootstrap the Social Understanding of Others by Robots." *Artificial Life* 11 (1–2): 31–62.

Breazeal, C., and B. Scassellati. 2002. "Robots That Imitate Humans." *Trends in Cognitive Sciences* 6 (11): 481–487.

Bril, B., and Y. Breniere. 1992. "Postural Requirements and Progression Velocity in Young Walkers." *Journal of Motor Behavior* 24 (1) (Mar.): 105–116.

Bromberg-Martin, E. S., and O. Hikosaka. 2009. "Midbrain Dopamine Neurons Signal Preference for Advance Information About Upcoming Rewards." *Neuron* 63 (1): 119–126.

Bronson, G. W. 1991. "Infant Differences in Rate of Visual Encoding." *Child Development* 62 (1) (Feb.): 44–54.

Brooks, R. A. 1991. "Intelligence without Representation." *Artificial Intelligence* 47 (1–3): 139–159.

Brooks, R. A. 1990. "Elephants Don't Play Chess." *Robotics and Autonomous Systems* 6 (1): 3–15.

Brooks, R. A. 1986. "A Robust Layered Control-System for a Mobile Robot." *IEEE Journal on Robotics and Automation* 2 (1) (Mar.): 14–23.

Brooks, R. A., C. Breazeal, R. Irie, C. C. Kemp, M. Marjanovic, B. Scassellati, and M. M. Williamson. 1998 "Alternative Essences of Intelligence." Paper presented at the Fifteenth National Conference on Artificial Intelligence, Menlo Park, CA.

Brooks, R. A., C. Breazeal, M. Marjanović, B. Scassellati, and M. M. Williamson. 1999. "The Cog Project: Building a Humanoid Robot." In *Computation for Metaphors, Analogy, and Agents*, ed. C. L. Nehaniv, 52–87. Berlin: Springer-Verlag.

Browatzki, B., V. Tikhanoff, G. Metta, H. H. Bulthoff, and C. Wallraven. 2012. "Active Object Recognition on a Humanoid Robot." Paper presented at the IEEE International Conference on Robotics and Automation, St. Paul, MN, May 14–18.

Browman, C. P., and L. Goldstein. 2000. "Competing Constraints on Intergestural Coordination and Self-Organization of Phonological Structures." *Les Cahiers de l'IC, Bulletin de la Communication Parlée* 5:25–34.

Bruner, J. S., and H. Haste, eds. 1987. *Making Sense: The Child's Construction of the World*. New York: Methuen & Co.

Bucciarelli, M., and P. N. Johnson-Laird. 1999. "Strategies in Syllogistic Reasoning." *Cognitive Science* 23 (3) (July–Sept.): 247–303.

Bullock, D., S. Grossberg, and F. H. Guenther. 1993. "A Self-Organizing Neural Model of Motor Equivalent Reaching and Tool Use by a Multijoint Arm." *Journal of Cognitive Neuroscience* 5 (4) (Fall): 408–435.

Burghart, C., R. Mikut, R. Stiefelhagen, T. Asfour, H. Holzapfel, P. Steinhaus, and R. Dillmann. 2005. "A Cognitive Architecture for a Humanoid Robot: A First Approach." Paper presented at the 5th IEEE-RAS International Conference on Humanoid Robots, New York.

Bushnell, E. W. 1985. "The Decline of Visually Guided Reaching During Infancy." *Infant Behavior and Development* 8 (2): 139–155.

Bushnell, E. W., and J. P. Boudreau. 1993. "Motor Development and the Mind—the Potential Role of Motor Abilities as a Determinant of Aspects of Perceptual Development." *Child Development* 64 (4): 1005–1021.

Bushnell, I. W. R. 2001. "Mother's Face Recognition in Newborn Infants: Learning and Memory." *Infant and Child Development* 10:67–74.

Bushnell, I. W. R., F. Sai, and J. T. Mullin. 1989. "Neonatal Recognition of the Mother's Face." *British Journal of Developmental Psychology* 7 (1): 3–15.

Butler, R. A. 1953. "Discrimination Learning by Rhesus Monkeys to Visual-Exploration Motivation." *Journal of Comparative and Physiological Psychology* 46 (2): 95–98.

Butterworth, G. 1992. "Origins of Self-Perception in Infancy." *Psychological Inquiry* 3 (2): 103–111.

Butterworth, G. 1991. "The Ontogeny and Phylogeny of Joint Visual Attention." In *Natural Theories of Mind*, ed. A. Whiten, 223–232. Oxford, UK: Blackwell Publishers.

Butterworth, G., and N. Jarrett. 1991. "What Minds Have in Common Is Space—Spatial Mechanisms Serving Joint Visual-Attention in Infancy." *British Journal of Developmental Psychology* 9 (Mar.): 55–72.

Byrne, R. M. J. 1989. "Suppressing Valid Inferences with Conditionals." *Cognition* 31 (1) (Feb.): 61–83.

Caligiore, D., A. M. Borghi, D. Parisi, and G. Baldassarre. 2010. "TRoPICALS: A Computational Embodied Neuroscience Model of Compatibility Effects." *Psychological Review* 117 (4) (Oct.): 1188–1228.

Caligiore, D., A. M. Borghi, D. Parisi, R. Ellis, A. Cangelosi, and G. Baldassarre. 2013. "How Affordances Associated with a Distractor Object Affect Compatibility Effects: A Study with the Computational Model TRoPICALS." *Psychological Research-Psychologische Forschung* 77 (1): 7–19.

Caligiore, D., T. Ferrauto, D. Parisi, N. Accornero, M. Capozza, and G. Baldassarre. 2008. "Using Motor Babbling and Hebb Rules for Modeling the Development of Reaching with Obstacles and Grasping." Paper presented at the International Conference on Cognitive Systems, University of Karlsruhe, Karlsruhe, Germany, April 2–4.

Call, J., and M. Carpenter. 2002. "Three Sources of Information in Social Learning." In *Imitation in Animals and Artifacts*, ed. K. Dautenhahn and C. L. Nehaniv, 211–228. Cambridge, MA: MIT Press.

Call, J., and M. Tomasello. 2008. "Does the Chimpanzee Have a Theory of Mind? 30 Years Later." *Trends in Cognitive Sciences* 12 (5): 187–192.

Campbell, J. I. D. 2005. *Handbook of Mathematical Cognition*. New York: Psychology Press.

Campos, J. J., B. I. Bertenthal, and R. Kermoian. 1992. "Early Experience and Emotional Development: The Emergence of Wariness of Heights." *Psychological Science* 3 (1): 61–64.

Campos, J. J., A. Langer, and A. Krowitz. 1970. "Cardiac Responses on Visual Cliff in Prelocomotor Human Infants." *Science* 170 (3954): 196–197.

Canfield, R. L., and M. M. Haith. 1991. "Young Infants Visual Expectations for Symmetrical and Asymmetric Stimulus Sequences." *Developmental Psychology* 27 (2) (Mar.): 198–208.

Cangelosi, A. 2010. "Grounding Language in Action and Perception: From Cognitive Agents to Humanoid Robots." *Physics of Life Reviews* 7 (2) (Jun.): 139–151.

Cangelosi, A. 1999. "Heterochrony and Adaptation in Developing Neural Networks." Paper presented at the Genetic and Evolutionary Computation Conference, San Francisco, CA.

Cangelosi, A., A. Greco, and S. Harnad. 2000. "From Robotic Toil to Symbolic Theft: Grounding Transfer from Entry-Level to Higher-Level Categories." *Connection Science* 12 (2) (Jun.): 143–162.

Cangelosi, A., G. Metta, G. Sagerer, S. Nolfi, C. Nehaniv, K. Fischer, J. Tani, et al. 2010. "Integration of Action and Language Knowledge: A Roadmap for Developmental Robotics." *IEEE Transactions on Autonomous Mental Development* 2 (3) (Sept.): 167–195.

Cangelosi, A., and D. Parisi, eds. 2002. *Simulating the Evolution of Language*. London: Springer.

Cangelosi, A., and T. Riga. 2006. "An Embodied Model for Sensorimotor Grounding and Grounding Transfer: Experiments with Epigenetic Robots." *Cognitive Science* 30 (4) (July–Aug.): 673–689.

Cangelosi, A., V. Tikhanoff, J. F. Fontanari, and E. Hourdakis. 2007. "Integrating Language and Cognition: A Cognitive Robotics Approach." *IEEE Computational Intelligence Magazine* 2 (3) (Aug.): 65–70.

Cannata, G., M. Maggiali, G. Metta, and G. Sandini. 2008. "An Embedded Artificial Skin for Humanoid Robots." Paper presented at the International Conference on Multisensor Fusion and Integration for Intelligent Systems, Seoul, Korea, August 20–22.

Čapek, K. 1920. *R.U.R. (Rossumovi Univerzální Roboti)*, Prague, Aventinum (English transaltion by Claudia Novack, 2004, *R.U.R. Rossum's Universal Robots*, New York: Penguin Books)

Caramelli, N., A. Setti, and D. D. Maurizzi. 2004. "Concrete and Abstract Concepts in School Age Children." *Psychology of Language and Communication* 8 (2): 19–34.

Carey, S. 2009. *The Origin of Concepts*. Oxford, UK: Oxford University Press.

Carlson, E., and J. Triesch. 2004. *A Computational Model of the Emergence of Gaze Following. Connectionist Models of Cognition and Perception II*. Vol. 15. Ed. H. Bowman and C. Labiouse. Singapore: World Scientific Publishing.

Carlson, T., and Y. Demiris. 2012. "Collaborative Control for a Robotic Wheelchair: Evaluation of Performance, Attention, and Workload." *IEEE Transactions on Systems, Man, and Cybernetics. Part B, Cybernetics* 42 (3) (Jun.): 876–888.

Carpenter, M. 2009. "Just How Joint Is Joint Action in Infancy?" *Topics in Cognitive Science* 1 (2) (Apr.): 380–392.

Carpenter, M., K. Nagell, and M. Tomasello. 1998. "Social Cognition, Joint Attention, and Communicative Competence from 9 to 15 Months of Age." *Monographs of the Society for Research in Child Development* 63 (4): 1–143.

Carpenter, M., M. Tomasello, and T. Striano. 2005. "Role Reversal Imitation and Language in Typically Developing Infants and Children with Autism." *Infancy* 8 (3): 253–278.

Chaminade, T., and G. Cheng. 2009. "Social Cognitive Neuroscience and Humanoid Robotics." *Journal of Physiology, Paris* 103 (3–5) (May–Sept.): 286–295.

Charlesworth, W. R. 1969. "The Role of Surprise in Cognitive Development." In *Studies in Cognitive Development. Essays in Honor of Jean Piaget*, ed. D. Elkind and J. Flavell, 257–314. Oxford, UK: Oxford University Press.

Chaudhuri, A. 2011. *Fundamentals of Sensory Perception*. Don Mills, Ontario, Canada: Oxford University Press.

Chella, A., and R. Manzotti. 2007. *Artificial Consciousness*. Exeter, UK: Imprint Academic.

Chen, Q., and T. Verguts. 2010. "Beyond the Mental Number Line: A Neural Network Model of Number-Space Interactions." *Cognitive Psychology* 60 (3) (May): 218–240.

Chen, Y., and J. Weng. 2004. "Developmental Learning: A Case Study in Understanding 'Object Permanence.'" Paper presented at the 4th International Workshop on Epigenetic Robotics: Modeling Cognitive Development in Robotic Systems, Genoa, Italy, August 25–27.

Cheng, G., N. A. Fitzsimmons, J. Morimoto, M. A. Lebedev, M. Kawato, and M. A. Nicolelis. 2007a. "Bipedal Locomotion with a Humanoid Robot Controlled by Cortical Ensemble Activity." Paper presented at the Society for Neuroscience 37th Annual Meeting, San Diego, CA.

Cheng, G., S. H. Hyon, J. Morimoto, A. Ude, J. G. Hale, G. Colvin, W. Scroggin, and S. C. Jacobsen. 2007b. "CB: A Humanoid Research Platform for Exploring Neuroscience." *Advanced Robotics* 21 (10): 1097–1114.

Choi, S. 1988. "The Semantic Development of Negation—A Cross-Linguistic Longitudinal-Study." *Journal of Child Language* 15 (3) (Oct.): 517–531.

Chomsky, N. 1965. *Aspects of the Theory of Syntax*. Vol. 11. Cambridge, MA: MIT Press.

Chomsky, N. 1957. *Syntactic Structures*. The Hague, Netherlands: Mouton.

Christensen, D. J. 2006. "Evolution of Shape-Changing and Self-Repairing Control for the Atron Self-Reconfigurable Robot." Paper presented at the IEEE International Conference on Robotics and Automation, New York.

Christensen, W. D., and C. A. Hooker. 2000. "An Interactivist-Constructivist Approach to Intelligence: Self-Directed Anticipative Learning." *Philosophical Psychology* 13 (1) (Mar): 5–45.

Christiansen, M. H., and N. Chater. 2001. "Connectionist Psycholinguistics: Capturing the Empirical Data." *Trends in Cognitive Sciences* 5 (2): 82–88.

Clark, A. 1997. *Being There: Putting Brain, Body, and World Together Again*. Cambridge, MA: MIT Press.

Clark, E. V. 1993. *The Lexicon in Acquisition*. Cambridge, UK: Cambridge University Press.

Clark, J. E., and S. J. Phillips. 1993. "A Longitudinal-Study of Intralimb Coordination in the 1st Year of Independent Walking—a Dynamical-Systems Analysis." *Child Development* 64 (4) (Aug.): 1143–1157.

Clifton, R. K., D. W. Muir, D. H. Ashmead, and M. G. Clarkson. 1993. "Is Visually Guided Reaching in Early Infancy a Myth?" *Child Development* 64 (4) (Aug.): 1099–1110.

CMU. 2008. "The CMU Pronouncing Dictionary." http://www.speech.cs.cmu.edu/cgi-bin/cmudict.

Collett, T. H. J., B. A. MacDonald, and B. P. Gerkey. 2005. "Player 2.0: Toward a Practical Robot Programming Framework." Paper presented at the Australasian Conference on Robotics and Automation (ACRA 2005), Sydney, Australia, December 5–7.

Collins, S., A. Ruina, R. Tedrake, and M. Wisse. 2005. "Efficient Bipedal Robots Based on Passive-Dynamic Walkers." *Science* 307 (5712) (Feb.): 1082–1085.

Colombo, J., and C. L. Cheatham. 2006. "The Emergence and Basis of Endogenous Attention in Infancy and Early Childhood." In *Advances in Child Development and Behavior*, ed. R. V. Kail, 283–322. New York: Academic Press.

Colombo, J., and D. W. Mitchell. 2009. "Infant Visual Habituation." *Neurobiology of Learning and Memory* 92 (2) (Sept.): 225–234.

Cook, G., and J. Littlefield Cook. 2014. *The World of Children*. 3rd ed. Upper Saddle River, NJ: Pearson Education, Inc.

Cordes, S., and R. Gelman. 2005. "The Young Numerical Mind: When Does It Count?" In *Handbook of Mathematical Cognition*, ed. J. Campbell, 127–142. New York: Psychology Press.

Cos-Aguilera, I., L. Cañamero, and G. M. Hayes. 2003. "Motivation-Driven Learning of Object Affordances: First Experiments Using a Simulated Khepera Robot." Paper presented at the 9th International Conference in Cognitive Modelling, Bamberg, Germany.

Courage, M. L., and M. L. Howe. 2002. "From Infant to Child: The Dynamics of Cognitive Change in the Second Year of Life." *Psychological Bulletin* 128 (2) (Mar.): 250–277.

Coventry, K. R., A. Cangelosi, S. Newstead, A. Bacon, and R. Rajapakse. 2005. "Grounding Natural Language Quantifiers in Visual Attention." Paper presented at the 27th Annual Meeting of the Cognitive Science Society, Stresa, Italy.

Cowan, R., A. Dowker, A. Christakis, and S. Bailey. 1996. "Even More Precisely Assessing Children's Understanding of the Order-Irrelevance Principle." *Journal of Experimental Child Psychology* 62 (1) (June): 84–101.

Cox, I. J., and S. L. Hingorani. 1996. "An Efficient Implementation of Reid's Multiple Hypothesis Tracking Algorithm and Its Evaluation for the Purpose of Visual Tracking." *IEEE Transactions on Pattern Analysis and Machine Intelligence* 18 (2): 138–150.

Croker, S. 2012. *The Development of Cognition*. Andover, UK: Cengage Learning EMEA.

Daelemans, W., and A. Van den Bosch. 2005. *Memory-Based Language Processing*. Cambridge, UK: Cambridge University Press.

Dannemiller, J. L. 2000. "Competition in Early Exogenous Orienting between 7 and 21 Weeks." *Journal of Experimental Child Psychology* 76 (4) (Aug.): 253–274.

Dautenhahn, K. 1999. "Robots as Social Actors: Aurora and the Case of Autism." Paper presented at the Proceedings of the Third International Cognitive Technology Conference, August, San Francisco.

Dautenhahn, K., C. L. Nehaniv, M. L. Walters, B. Robins, H. Kose-Bagci, N. A. Mirza, and M. Blow. 2009. "KASPAR—a Minimally Expressive Humanoid Robot for Human–Robot Interaction Research." *Applied Bionics and Biomechanics* 6 (3–4): 369–397.

Dautenhahn, K., and I. Werry. 2004. "Towards Interactive Robots in Autism Therapy: Background, Motivation and Challenges." *Pragmatics & Cognition* 12 (1): 1–35.

Davies, M., and T. Stone. 1995. *Mental Simulation: Evaluations and Applications*. Oxford, UK: Blackwell Publishers.

de Boer, B. 2010. "Investigating the Acoustic Effect of the Descended Larynx with Articulatory Models." *Journal of Phonetics* 38 (4) (Oct.): 679–686.

de Boer, B. 2001. *The Origins of Vowel Systems: Studies in the Evolution of Language*. Oxford, UK: Oxford University Press.

de Charms, R. 1968. *Personal Causation: The Internal Affective Determinants of Behavior*. New York: Academic Press.

de Haan, M., O. Pascalis, and M. H. Johnson. 2002. "Specialization of Neural Mechanisms Underlying Face Recognition in Human Infants." *Journal of Cognitive Neuroscience* 14 (2): 199–209.

de Pina Filho, A. C., ed. 2007. *Humanoid Robots: New Developments*. Vienna: I-Tech Education and Publishing.

Deci, E. L., and R. M. Ryan. 1985. *Intrinsic Motivation and Self-Determination in Human Behavior*. New York: Plenum Press.

Degallier, S., L. Righetti, and A. Ijspeert. 2007. "Hand Placement During Quadruped Locomotion in a Humanoid Robot: A Dynamical System Approach." Paper presented at the IEEE/RSJ International Conference on Intelligent Robots and Systems, San Diego, CA, October 29–November 2.

Degallier, S., L. Righetti, L. Natale, F. Nori, G. Metta, and A. Ijspeert. 2008. "A Modular Bio-Inspired Architecture for Movement Generation for the Infant-Like Robot iCub." Paper presented at the 2nd IEEE RAS & EMBS International Conference on Biomedical Robotics and Biomechatronics, New York, October 19–22.

Dehaene, S. 1997. *The Number Sense: How the Mind Creates Mathematics*. Oxford, UK: Oxford University Press.

Dehaene, S., S. Bossini, and P. Giraux. 1993. "The Mental Representation of Parity and Number Magnitude." *Journal of Experimental Psychology: General* 122 (3) (Sept.): 371–396.

Della Rosa, P. A., E. Catricala, G. Vigliocco, and S. F. Cappa. 2010. "Beyond the Abstract-Concrete Dichotomy: Mode of Acquisition, Concreteness, Imageability, Familiarity, Age of Acquisition,

Context Availability, and Abstractness Norms for a Set of 417 Italian Words." *Behavior Research Methods* 42 (4) (Nov.): 1042–1048.

Demiris, Y., and G. Hayes. 2002. "Imitation as a Dual-Route Process Featuring Predictive and Learning Components: A Biologically Plausible Computational Model." In *Imitation in Animals and Artifacts*, ed. K. Dautenhahn and C. L. Nehaniv, 327–361. Cambridge, MA: MIT Press.

Demiris, Y., S. Rougeaux, G. M. Hayes, L. Berthouze, and Y. Kuniyoshi. 1997. "Deferred Imitation of Human Head Movements by an Active Stereo Vision Head." Paper presented at the 6th IEEE International Workshop on Robot and Human Communication, New York, September 29–October 1.

Demiris, Y., and A. Dearden. 2005. "From Motor Babbling to Hierarchical Learning by Imitation: A Robot Developmental Pathway." In *Proceedings of the 5th International Workshop on Epigenetic Robotics: Modeling Cognitive Development in Robotic Systems*, ed. L. Berthouze et al., 31–37. Vol. 123. Lund University Cognitive Studies. http://cogprints.org/4961.

Demiris, Y., and M. Johnson. 2003. "Distributed, Predictive Perception of Actions: A Biologically Inspired Robotics Architecture for Imitation and Learning." *Connection Science* 15 (4) (Dec.): 231–243.

Demiris, Y., and B. Khadhouri. 2006. "Hierarchical Attentive Multiple Models for Execution and Recognition of Actions." *Robotics and Autonomous Systems* 54 (5): 361–369.

Demiris, Y., and A. Meltzoff. 2008. "The Robot in the Crib: A Developmental Analysis of Imitation Skills in Infants and Robots." *Infant and Child Development* 17 (1) (Jan.–Feb.): 43–53.

Demiris, Y., and G. Simmons. 2006. "Perceiving the Unusual: Temporal Properties of Hierarchical Motor Representations for Action Perception." *Neural Networks* 19 (3): 272–284.

Dickerson, P., B. Robins, and K. Dautenhahn. 2013. "Where the Action Is: A Conversation Analytic Perspective on Interaction between a Humanoid Robot, a Co-Present Adult and a Child with an ASD." *Interaction Studies: Social Behaviour and Communication in Biological and Artificial Systems* 14 (2): 297–316.

Dittes, B., M. Heracles, T. Michalke, R. Kastner, A. Gepperth, J. Fritsch, and C. Goerick. 2009. "A Hierarchical System Integration Approach with Application to Visual Scene Exploration for Driver Assistance." In *Proceedings of the 7th International Conference on Computer Vision Systems: Computer Vision Systems*, ed. M. Fritz, B. Schiele, and J. H. Piater, 255–264. Berlin: Springer-Verlag.

Dominey, P. F., and J. D. Boucher. 2005a. "Developmental Stages of Perception and Language Acquisition in a Perceptually Grounded Robot." *Cognitive Systems Research* 6 (3): 243–259.

Dominey, P. F., and J. D. Boucher. 2005b. "Learning to Talk about Events from Narrated Video in a Construction Grammar Framework." *Artificial Intelligence* 167 (1–2) (Dec.): 31–61.

Dominey, P. F., M. Hoen, and T. Inui. 2006. "A Neurolinguistic Model of Grammatical Construction Processing." *Journal of Cognitive Neuroscience* 18 (12): 2088–2107.

Dominey, P. F., and F. Warneken. 2011. "The Basis of Shared Intentions in Human and Robot Cognition." *New Ideas in Psychology* 29 (3) (Dec.): 260–274.

Driesen, J., L. ten Bosch, and H. van Hamme. 2009. "Adaptive Non-negative Matrix Factorization in a Computational Model of Language Acquisition." Paper presented at the 10th Annual Conference of the International Speech Communication Association, Brighton, UK, September 6–10.

Eimas, P. D., E. R. Siquelan, P. Jusczyk, and J. Vigorito. 1971 "Speech Perception in Infants." *Science* 171 (3968): 303–306.

Elman, J. L., E. A. Bates, M. H. Johnson, A. Karmiloff-Smith, D. Parisi, and K. Plunkett. 1996. *Rethinking Innateness: A Connectionist Perspective on Development*. Vol. 10. Cambridge, MA: MIT Press.

Ennouri, K., and H. Bloch. 1996. "Visual Control of Hand Approach Movements in New-Borns." *British Journal of Developmental Psychology* 14 (Sept.): 327–338.

Erhardt, R. P. 1994. *Developmental Hand Dysfunction: Theory, Assessment, and Treatment*. Tuscon, AZ: Therapy Skill Builders.

Fadiga, L., L. Fogassi, G. Pavesi, and G. Rizzolatti. 1995. "Motor Facilitation During Action Observation: A Magnetic Stimulation Study." *Journal of Neurophysiology* 73 (6): 2608–2611.

Fantz, R. L. 1956. "A Method for Studying Early Visual Development." *Perceptual and Motor Skills* 6: 13–15.

Fasel, I., G. O. Deak, J. Triesch, and J. Movellan. 2002. "Combining Embodied Models and Empirical Research for Understanding the Development of Shared Attention." Paper presented at the 2nd International Conference on Development and Learning, Massachusetts Institute of Technology, Cambridge, MA, June 12–15.

Fenson, L., P. S. Dale, J. S. Reznick, E. Bates, D. J. Thal, and S. J. Pethick. 1994. "Variability in Early Communicative Development." *Monographs of the Society for Research in Child Development* 59 (5): 1–173, discussion 74–85.

Ferrari, P. F., E. Visalberghi, A. Paukner, L. Fogassi, A. Ruggiero, and S. J. Suomi. 2006. "Neonatal Imitation in Rhesus Macaques." *PLoS Biology* 4 (9): 1501–1508.

Ferrera, V. P., and A. Barborica. 2010. "Internally Generated Error Signals in Monkey Frontal Eye Field During an Inferred Motion Task." *Journal of Neuroscience* 30 (35) (Sept.): 11612–11623.

Field, J. 1977. "Coordination of Vision and Prehension in Young Infants." *Child Development* 48 (1): 97–103.

Field, T. M., R. Woodson, D. Cohen, R. Greenberg, R. Garcia, and K. Collins. 1983. "Discrimination and Imitation of Facial Expressions by Term and Preterm Neonates." *Infant Behavior and Development* 6 (4): 485–489.

Fiore, V., F. Mannella, M. Mirolli, K. Gurney, and G. Baldassarre. 2008. "Instrumental Conditioning Driven by Neutral Stimuli: A Model Tested with a Simulated Robotic Rat." Paper presented at the 8th International Workshop on Epigenetic Robotics: Modeling Cognitive Development in Robotic Systems, Brighton, UK, July 30–31.

Fischer, K. W. 1980. "A Theory of Cognitive-Development: The Control and Construction of Hierarchies of Skills." *Psychological Review* 87 (6): 477–531.

Fischer, M. H. 2008. "Finger Counting Habits Modulate Spatial-Numerical Associations." *Cortex* 44 (4) (Apr.): 386–392.

Fischer, M. H., A. D. Castel, M. D. Dodd, and J. Pratt. 2003. "Perceiving Numbers Causes Spatial Shifts of Attention." *Nature Neuroscience* 6 (6): 555–556.

Fitzpatrick, P., and A. Arsenio. 2004. "Feel the Beat: Using Cross-Modal Rhythm to Integrate Perception of Objects, Others, and Self." Paper presented at the 4th International Workshop on Epigenetic Robotics: Modeling Cognitive Development in Robotic Systems, Genoa, Italy, August 25–27.

Fitzpatrick, P. M., and G. Metta. 2002."Towards Manipulation-Driven Vision." Paper presented at the IEEE/RSJ International Conference on Intelligent Robots and Systems, Lausanne, Switzerland, September 30–October 4.

Fitzpatrick, P., A. Needham, L. Natale, and G. Metta. 2008. "Shared Challenges in Object Perception on for Robots and Infants." *Infant and Child Development* 17 (1) (Jan.–Feb.): 7–24.

Flege, J. E. 1987. "A Critical Period for Learning to Pronounce Foreign-Languages." *Applied Linguistics* 8 (2) (Summer): 162–177.

Fontaine, R. 1984. "Imitative Skills between Birth and Six Months." *Infant Behavior and Development* 7 (3): 323–333.

Förster, F. 2013. "Robots that Say 'No': Acquisition of Linguistic Behaviour in Interaction Games with Humans." PhD Thesis. Hertfordshire University, UK.

Förster, F., C. L. Nehaniv, and J. Saunders. 2011. "Robots That Say 'No.'" In *Advances in Artificial Life: Darwin Meets Von Neumann*, ed. G. Kampis, I. Karsai, and E. Szathmáry, 158–166. Berlin: Springer-Verlag.

François, D., K. Dautenhahn, and D. Polani. 2009a. "Using Real-Time Recognition of Human-Robot Interaction Styles for Creating Adaptive Robot Behaviour in Robot-Assisted Play." Paper presented at the 2nd IEEE Symposium on Artificial Life, Nashville, TN.

François, D., S. Powell, and K. Dautenhahn. 2009b. "A Long-Term Study of Children with Autism Playing with a Robotic Pet Taking Inspirations from Non-Directive Play Therapy to Encourage Children's Proactivity and Initiative-Taking." *Interaction Studies: Social Behaviour and Communication in Biological and Artificial Systems* 10 (3): 324–373.

Franklin, S., T. Madl, S. D'Mello, and J. Snaider. 2014. "Lida: A Systems-Level Architecture for Cognition, Emotion, and Learning." *IEEE Transactions on Autonomous Mental Development* 6 (1) (Mar.): 19–41.

引用文献

Franz, A., and J. Triesch. 2010. "A Unified Computational Model of the Development of Object Unity, Object Permanence, and Occluded Object Trajectory Perception." *Infant Behavior and Development* 33 (4) (Dec.): 635–653.

Freedland, R. L., and B. I. Bertenthal. 1994. "Developmental-Changes in Interlimb Coordination—Transition to Hands-and-Knees Crawling." *Psychological Science* 5 (1): 26–32.

Fritz, G., L. Paletta, R. Breithaupt, E. Rome, and G. Dorffner. 2006. "Learning Predictive Features in Affordance Based Robotic Perception Systems." Paper presented at the IEEE/RSJ International Conference on Intelligent Robots and Systems, Beijing, China, October 9–15.

Fujita, M. 2001. "AIBO: Toward the Era of Digital Creatures." *International Journal of Robotics Research* 20 (10): 781–794.

Fujita, M., Y. Kuroki, T. Ishida, and T. T. Doi. 2003. "A Small Humanoid Robot Sdr-4x for Entertainment Applications." Paper presented at the IEEE/ASME International Conference on Advanced Intelligent Mechatronics (AIM2003), Kobe, Japan, July 20–24.

Fuke, S., M. Ogino, and M. Asada. 2007. "Visuo-Tactile Face Representation through Self-Induced Motor Activity." Paper presented at the 1st International Conference on Epigenetic Robotics: Modeling Cognitive Development in Robotic Systems, Lund, Sweden, September 17–18.

Furl, N., P. J. Phillips, and A. J. O'Toole. 2002. "Face Recognition Algorithms and the Other-Race Effect: Computational Mechanisms for a Developmental Contact Hypothesis." *Cognitive Science* 26 (6) (Nov.–Dec.): 797–815.

Gallup, G. G. 1970. "Chimpanzees: Self-Recognition." *Science* 167 (3914) (Jan. 2): 86–87.

Ganger, J., and M. R. Brent. 2004. "Reexamining the Vocabulary Spurt." *Developmental Psychology* 40 (4) (July): 621–632.

Gaur, V., and B. Scassellati. 2006. "A Learning System for the Perception of Animacy." Paper presented at the 6th International Conference on Development and Learning, Bloomington, IN.

Gelman, R. 1990. "First Principles Organize Attention to and Learning About Relevant Data: Number and the Animate-Inanimate Distinction as Examples." *Cognitive Science* 14 (1): 79–106.

Gelman, R., E. Meck, and S. Merkin. 1986. "Young Childrens Numerical Competence." *Cognitive Development* 1 (1): 1–29.

Gelman, R., and M. F. Tucker. 1975. "Further Investigations of the Young Child's Conception of Number." *Child Development* 46 (1): 167–175.

Gentner, D. 2010. "Bootstrapping the Mind: Analogical Processes and Symbol Systems." *Cognitive Science* 34 (5) (July): 752–775.

Geppert, L. 2004. "Qrio the Robot That Could." *IEEE Spectrum* 41 (5): 34–36.

Gerber, R. J., T. Wilks, and C. Erdie-Lalena. 2010. "Developmental Milestones: Motor Development." *Pediatrics* 31 (7) (July): 267–277.

Gergely, G. 2003. "What Should a Robot Learn from an Infant? Mechanisms of Action Interpretation and Observational Learning in Infancy." *Connection Science* 15 (4) (Dec.): 191–209.

Gergely, G., and J. S. Watson. 1999. "Early Socio-Emotional Development: Contingency Perception and the Social-Biofeedback Model." In *Early Social Cognition: Understanding Others in the First Months of Life*, ed. P. Rochat, 101–136. Mahwah, NJ: Erlbaum.

Gesell, A. 1946. "The Ontogenesis of Infant Behavior" In *Manual of Child Psychology*, ed. L. Carmichael, 295–331. New York: Wiley.

Gesell, A. 1945. *The Embryology of Behavior*. New York: Harper and Row.

Gibson, E. J., and R. D. Walk. 1960. "The 'Visual Cliff.'" *Scientific American* 202: 64–71.

Gibson, J. J. 1986. *The Ecological Approach to Visual Perception*. Hillsdale, NJ: Lawrence Erlbaum Associates.

Gilmore, R. O., and H. Thomas. 2002. "Examining Individual Differences in Infants' Habituation Patterns Using Objective Quantitative Techniques." *Infant Behavior and Development* 25 (4): 399–412.

Ginsburg, H. P., and S. Opper. 1988. *Piaget's Theory of Intellectual Development*. Englewood Cliffs, NJ: Prentice-Hall, Inc.

Gläser, C., and F. Joublin. 2010. "A Computational Model for Grounding Words in the Perception of Agents." Paper presented at the 9th IEEE International Conference on Development and Learning, Ann Arbor, MI, August 18–21.

Gleitman, L. 1990. "The Structural Sources of Verb Meanings." *Language Acquisition* 1 (1): 3–55.

Goerick, C., B. Bolder, H. Janssen, M. Gienger, H. Sugiura, M. Dunn, I. Mikhailova, T. Rodemann, H. Wersing, and S. Kirstein. 2007. "Towards Incremental Hierarchical Behavior Generation for Humanoids." Paper presented at the 7th IEEE-RAS International Conference on Humanoid Robots, New York.

Goerick, C., J. Schmudderich, B. Bolder, H. Janssen, M. Gienger, A. Bendig, M. Heckmann, et al. 2009. "Interactive Online Multimodal Association for Internal Concept Building in Humanoids." Paper presented at the 9th IEEE-RAS International Conference on Humanoid Robots, Paris, France, December 7–10.

Gold, K., and B. Scassellati. 2009. "Using Probabilistic Reasoning over Time to Self-Recognize." *Robotics and Autonomous Systems* 57 (4): 384–392.

Goldberg, A. 2006. *Constructions at Work: The Nature of Generalization in Language*. Oxford, UK: Oxford University Press.

Goldfield, E. C. 1989. "Transition from Rocking to Crawling—Postural Constraints on Infant Movement." *Developmental Psychology* 25 (6) (Nov.): 913–919.

Goldfield, E. C., B. A. Kay, and W. H. Warren. 1993. "Infant Bouncing—the Assembly and Tuning of Action Systems." *Child Development* 64 (4) (Aug.): 1128–1142.

Golinkoff, R. M., C. B. Mervis, and K. Hirshpasek. 1994. "Early Object Labels—the Case for a Developmental Lexical Principles Framework." *Journal of Child Language* 21 (1) (Feb.): 125–155.

Gordon, S. M., K. Kawamura, and D. M. Wilkes. 2010. "Neuromorphically Inspired Appraisal-Based Decision Making in a Cognitive Robot." *IEEE Transactions on Autonomous Mental Development* 2 (1) (Mar.): 17–39.

Gori, I., U. Pattacini, F. Nori, G. Metta, and G. Sandini. 2012. "Dforc: A Real-Time Method for Reaching, Tracking and Obstacle Avoidance in Humanoid Robots." Paper presented at the IEEE/RSJ International Conference on Intelligent Robots and Systems, Osaka, Japan, November 29–December 1.

Gottlieb, J., P. Y. Oudeyer, M. Lopes, and A. Baranes. 2013. "Information-Seeking, Curiosity, and Attention: Computational and Neural Mechanisms." *Trends in Cognitive Sciences* 17 (11): 585–593.

Gouaillier, D., V. Hugel, P. Blazevic, C. Kilner, J. Monceaux, P. Lafourcade, B. Marnier, J. Serre, and B. Maisonnier. 2008. "The NAO Humanoid: A Combination of Performance and Affordability." *CoRR* abs/0807.3223.

Graham, T. A. 1999. "The Role of Gesture in Children's Learning to Count." *Journal of Experimental Child Psychology* 74 (4) (Dec.): 333–355.

Greenough, W. T., and J. E. Black. 1999. "Experience, Neural Plasticity, and Psychological Development." Paper presented at The Role of Early Experience in Infant Development, Pediatric Round Table, New York, January.

Guerin, F., and D. McKenzie. 2008. "A Piagetian Model of Early Sensorimotor Development." Paper presented at the 8th International Workshop on Epigenetic Robotics: Modeling Cognitive Development in Robotic Systems, Brighton, UK, July 30–31.

Guizzo, E. 2010. "The Robot Baby Reality Matrix." *IEEE Spectrum* 47 (7) (July): 16.

Gunkel, D. J., J. J. Bryson, and S. Torrance. 2012. "The Machine Question: AI, Ethics and Moral Responsibility." Paper presented at the Symposium of the AISB/IACAP World Congress 2012, Birmingham, UK.

Hafner, V. V., and F. Kaplan. 2008. "Interpersonal Maps: How to Map Affordances for Interaction Behaviour." In *Towards Affordance-Based Robot Control*, ed. E. Rome, J. Hertzberg, and G. Dorffner, 1–15. Berlin: Springer-Verlag.

Hafner, V. V., and F. Kaplan. 2005. "Learning to Interpret Pointing Gestures: Experiments with Four-Legged Autonomous Robots." In *Biomimetic Neural Learning for Intelligent Robots: Intelligent Systems, Cognitive Robotics, and Neuroscience*, ed. S. Wermter, G. Palm, and M. Elshaw, 225–234. Berlin: Springer-Verlag.

Hafner, V. V., and G. Schillaci. 2011. "From Field of View to Field of Reach—Could Pointing Emerge from the Development of Grasping?" Paper presented at the IEEE Conference on Development and Learning and Epigenetic Robotics, Frankfurt, Germany, August 24–27.

Haith, M. M. 1980. *Rules That Babies Look By: The Organization of Newborn Visual Activity*. Hillsdale, NJ: Erlbaum.

Haith, M. M., C. Hazan, and G. S. Goodman. 1988. "Expectation and Anticipation of Dynamic Visual Events by 3.5-Month-Old Babies." *Child Development* 59 (2) (Apr.): 467–479.

Haith, M. M., N. Wentworth, and R. L. Canfield. 1993. "The Formation of Expectations in Early Infancy." *Advances in Infancy Research* 8:251–297.

Hannan, M. W., and I. D. Walker. 2001. "Analysis and Experiments with an Elephant's Trunk Robot." *Advanced Robotics* 15 (8): 847–858.

Harlow, H. F. 1950. "Learning and Satiation of Response in Intrinsically Motivated Complex Puzzle Performance by Monkeys." *Journal of Comparative and Physiological Psychology* 43 (4): 289–294.

Harlow, H. F., M. K. Harlow, and D. R. Meyer. 1950. "Learning Motivated by a Manipulation Drive." *Journal of Experimental Psychology* 40 (2): 228–234.

Harnad, S. 1990. "The Symbol Grounding Problem." *Physica D. Nonlinear Phenomena* 42 (1–3) (June): 335–346.

Hase, K., and N. Yamazaki. 1998. "Computer Simulation of the Ontogeny of Bipedal Walking." *Anthropological Science* 106 (4) (Oct.): 327–347.

Hashimoto, T., S. Hitramatsu, T. Tsuji, and H. Kobayashi. 2006. "Development of the Face Robot Saya for Rich Facial Expressions." Paper presented at the SICE-ICASE International Joint Conference, New York.

Hawes, N., and J. Wyatt. 2008. "Developing Intelligent Robots with CAST." Paper presented at the IEEE/RSJ International Conference on Intelligent Robots and Systems, Nice, France, September, 22–26.

Higgins, C. I., J. J. Campos, and R. Kermoian. 1996. "Effect of Self-Produced Locomotion on Infant Postural Compensation to Optic Flow." *Developmental Psychology* 32 (5) (Sept.): 836–841.

Hikita, M., S. Fuke, M. Ogino, T. Minato, and M. Asada. 2008. "Visual Attention by Saliency Leads Cross-Modal Body Representation." Paper presented at the 7th IEEE International Conference on Development and Learning, Monterey, CA, August 9–12.

Hinton, G. E., and S. J. Nowlan. 1987. "How Learning Can Guide Evolution." *Complex Systems* 1 (3): 495–502.

Hiolle, A., and L. Cañamero. 2008. "Why Should You Care?—An Arousal-Based Model of Exploratory Behavior for Autonomous Robot." Paper presented at the 11th International Conference on Artificial Life, Cambridge, MA.

Hiraki, K., A. Sashima, and S. Phillips. 1998. "From Egocentric to Allocentric Spatial Behavior: A Computational Model of Spatial Development." *Adaptive Behavior* 6 (3–4) (Winter–Spring): 371–391.

Hirose, M., and K. Ogawa. 2007. "Honda Humanoid Robots Development." Philosophical Transactions of the Royal Society—Mathematical Physical and Engineering Sciences 365 (1850) (Jan.): 11–19.

Ho, W. C., K. Dautenhahn, and C. L. Nehaniv. 2006. "A Study of Episodic Memory-Based Learning and Narrative Structure for Autobiographic Agents." Paper presented at the AISB 2006: Adaptation in Artificial and Biological Systems Conference, University of Bristol, Bristol, UK, April 3–6.

Hofe, R., and R. K. Moore. 2008. "Towards an Investigation of Speech Energetics Using 'Anton': An Animatronic Model of a Human Tongue and Vocal Tract." *Connection Science* 20 (4): 319–336.

Hoff, E. 2009. *Language Development*. Belmont, CA: Wadsworth Thomson Learning.

Holland, O., and R. Knight. 2006. "The Anthropomimetic Principle." Paper presented at the AISB 2006: Adaptation in Artificial and Biological Systems Conference, University of Bristol, Bristol, UK, April 3–6.

Hollerbach, J. M. 1990. "Planning of Arm Movements." In *An Invitation to Cognitive Science: Visual Cognition and Action*, ed. D. N. Osherson and S. M. Kosslyn, 183–211. Cambridge, MA: MIT Press.

Hornstein, J., and J. Santos-Victor. 2007. "A Unified Approach to Speech Production and Recognition Based on Articulatory Motor Representations." Paper presented at the IEEE/RSJ International Conference on Intelligent Robots and Systems, San Diego, CA, October 29–November 2.

Horswill, I. 2002. "Cerebus: A Higher-Order Behavior-Based System." *AI Magazine* 23 (1) (Spring): 27.

Horvitz, J. C. 2000. "Mesolimbocortical and Nigrostriatal Dopamine Responses to Salient Non-Reward Events." *Neuroscience* 96 (4): 651–656.

Hsu, F. H. 2002. *Behind Deep Blue: Building the Computer That Defeated the World Chess Champion*. Princeton, NJ: Princeton University Press.

Huang, X., and J. Weng. 2002. "Novelty and Reinforcement Learning in the Value System of Developmental Robots." Paper presented at the 2nd International Workshop on Epigenetic Robotics: Modeling Cognitive Development in Robotic Systems, Edinburgh, Scotland, August 10–11.

Hubel, D. H., and T. N. Wiesel. 1970. "Period of Susceptibility to Physiological Effects of Unilateral Eye Closure in Kittens." *Journal of Physiology* 206 (2): 419–436.

Hugues, L., and N. Bredeche. 2006. "Simbad: An Autonomous Robot Simulation Package for Education and Research." Paper presented at the International Conference on the Simulation of Adaptive Behavior, Rome, Italy, September 25–29.

Hull, C. L. 1943. *Principles of Behavior: An Introduction to Behavior Theory*. New York: Appleton-Century-Croft.

Hulse, M., S. McBride, J. Law, and M. H. Lee. 2010. "Integration of Active Vision and Reaching from a Developmental Robotics Perspective." *IEEE Transactions on Autonomous Mental Development* 2 (4) (Dec.): 355–367.

Hulse, M., S. McBride, and M. H. Lee. 2010. "Fast Learning Mapping Schemes for Robotic Hand-Eye Coordination." *Cognitive Computation* 2 (1) (Mar.): 1–16.

Hunt, J. M. 1965. "Intrinsic Motivation and Its Role in Psychological Development." Paper presented at the Nebraska Symposium on Motivation, Lincoln, NE.

Hunt, J. M. 1970. "Attentional Preference and Experience." *Journal of Genetic Psychology* 117 (1): 99–107.

Iacoboni, M., R. P. Woods, M. Brass, H. Bekkering, J. C. Mazziotta, and G. Rizzolatti. 1999. "Cortical Mechanisms of Human Imitation." *Science* 286 (5449) (Dec.): 2526–2528.

Ieropoulos, I. A., J. Greenman, C. Melhuish, and I. Horsfield. 2012. "Microbial Fuel Cells for Robotics: Energy Autonomy through Artificial Symbiosis." *ChemSusChem* 5 (6): 1020–1026.

Ijspeert, A. J. 2008. "Central Pattern Generators for Locomotion Control in Animals and Robots: A Review." *Neural Networks* 21 (4) (May): 642–653.

Ijspeert, A. J., J. Nakanishi, and S. Schaal. 2002. "Movement Imitation with Nonlinear Dynamical Systems in Humanoid Robots." Paper presented at the IEEE International Conference on Robotics and Automation, New York.

Ikemoto, S., H. Ben Amor, T. Minato, B. Jung, and H. Ishiguro. 2012. "Physical Human-Robot Interaction Mutual Learning and Adaptation." *IEEE Robotics & Automation Magazine* 19 (4) (Dec.): 24–35.

Ikemoto, S., T. Minato, and H. Ishiguro. 2009. "Analysis of Physical Human–Robot Interaction for Motor Learning with Physical Help." *Applied Bionics and Biomechanics* 5 (4): 213–223.

Imai, M., T. Ono, and H. Ishiguro. 2003. "Physical Relation and Expression: Joint Attention for Human-Robot Interaction." *IEEE Transactions on Industrial Electronics* 50 (4) (Aug.): 636–643.

Iriki, A., M. Tanaka, and Y. Iwamura. 1996. "Coding of Modified Body Schema During Tool Use by Macaque Postcentral Neurones." *Neuroreport* 7 (14): 2325–2330.

Ishiguro, H., T. Ono, M. Imai, T. Maeda, T. Kanda, and R. Nakatsu. 2001. "Robovie: An Interactive Humanoid Robot." *Industrial Robot* 28 (6): 498–503.

Ishihara, H., and M. Asada. 2013. "'Affetto': Towards a Design of Robots Who Can Physically Interact with People, Which Biases the Perception of Affinity (Beyond 'Uncanny')." Paper presented at the IEEE International Conference on Robotics and Automation, Karlsruhe, Germany, May 10.

Ishihara, H., Y. Yoshikawa, and M. Asada. 2011. "Realistic Child Robot 'Affetto' for Understanding the Caregiver-Child Attachment Relationship That Guides the Child Development." Paper presented at the IEEE International Conference on Development and Learning (ICDL), Frankfurt Biotechnology Innovation Center, Frankfurt, Germany, August 24–27.

Ishihara, H., Y. Yoshikawa, K. Miura, and M. Asada. 2009. "How Caregiver's Anticipation Shapes Infant's Vowel through Mutual Imitation." *IEEE Transactions on Autonomous Mental Development* 1 (4) (Dec.): 217–225.

Isoda, M., and O. Hikosaka. 2008. "A Neural Correlate of Motivational Conflict in the Superior Colliculus of the Macaque." *Journal of Neurophysiology* 100 (3) (Sept.): 1332–1342.

Ito, M., and J. Tani. 2004. "On-Line Imitative Interaction with a Humanoid Robot Using a Dynamic Neural Network Model of a Mirror System." *Adaptive Behavior* 12 (2): 93–115.

Itti, L., and C. Koch. 2001. "Computational Modelling of Visual Attention." *Nature Reviews. Neuroscience* 2 (3): 194–203.

Itti, L., and C. Koch. 2000. "A Saliency-Based Search Mechanism for Overt and Covert Shifts of Visual Attention." *Vision Research* 40 (10–12): 1489–1506.

Iverson, J. M., and S. Goldin-Meadow. 2005. "Gesture Paves the Way for Language Development." *Psychological Science* 16 (5): 367–371.

James, W. 1890. *The Principles of Psychology*. Cambridge, MA: Harvard University Press.

Jamone, L., G. Metta, F. Nori, and G. Sandini. 2006. "James: A Humanoid Robot Acting over an Unstructured World." Paper presented at the 6th IEEE-RAS International Conference on Humanoid Robots (HUMANOIDS2006), Genoa, Italy, December 4–6.

Jasso, H., J. Triesch, and G. Deak. 2008. "A Reinforcement Learning Model of Social Referencing." Paper presented at the IEEE 7th International Conference on Development and Learning, Monterey, CA, August 9–12.

Joh, A. S., and K. E. Adolph. 2006. "Learning from Falling." *Child Development* 77 (1): 89–102.

Johnson, C. P., and P. A. Blasco. 1997. "Infant Growth and Development." *Pediatrics in Review/American Academy of Pediatrics* 18 (7): 224–242.

Johnson, J. S., and E. L. Newport. 1989. "Critical Period Effects in Second Language Learning: The Influence of Maturational State on the Acquisition of English as a Second Language." *Cognitive Psychology* 21 (1): 60–99.

Johnson, M., and Y. Demiris. 2004. "Abstraction in Recognition to Solve the Correspondence Problem for Robot Imitation." *Proceedings of TAROS*, 63–70.

Johnson, M. H. 1990. "Cortical Maturation and the Development of Visual Attention in Early Infancy." *Journal of Cognitive Neuroscience* 2 (2): 81–95.

Johnson, S. P. 2004. "Development of Perceptual Completion in Infancy." *Psychological Science* 15 (11): 769–775.

Johnson, S. P., D. Amso, and J. A. Slemmer. 2003a. "Development of Object Concepts in Infancy: Evidence for Early Learning in an Eye-Tracking Paradigm." *Proceedings of the National Academy of Sciences of the United States of America* 100 (18) (Sept.): 10568–10573.

Johnson, S. P., J. G. Bremner, A. Slater, U. Mason, K. Foster, and A. Cheshire. 2003b. "Infants' Perception of Object Trajectories." *Child Development* 74 (1): 94–108.

Jurafsky, D., J. H. Martin, A. Kehler, L. K. Vander, and N. Ward. 2000. *Speech and Language Processing: An Introduction to Natural Language Processing, Computational Linguistics, and Speech Recognition*. Vol. 2. Cambridge, MA: MIT Press.

Jusczyk, P. W. 1999. "How Infants Begin to Extract Words from Speech." *Trends in Cognitive Sciences* 3 (9): 323–328.

Kagan, J. 1972. "Motives and Development." *Journal of Personality and Social Psychology* 22 (1): 51–66.

Kaipa, K. N., J. C. Bongard, and A. N. Meltzoff. 2010. "Self Discovery Enables Robot Social Cognition: Are You My Teacher?" *Neural Networks* 23 (8–9) (Oct.–Nov.): 1113–1124.

Kaplan, F., and V. V. Hafner. 2006a. "Information-Theoretic Framework for Unsupervised Activity Classification." *Advanced Robotics* 20 (10): 1087–1103.

Kaplan, F., and V. V. Hafner. 2006b. "The Challenges of Joint Attention." *Interaction Studies: Social Behaviour and Communication in Biological and Artificial Systems* 7 (2): 135–169.

Kaplan, F., and P. Y. Oudeyer. 2007. "The Progress-Drive Hypothesis: An Interpretation of Early Imitation." In *Models and Mechanisms of Imitation and Social Learning: Behavioural, Social and Communication Dimensions*, ed. K. Dautenhahn and C. Nehaniv, 361–377. Cambridge, UK: Cambridge University Press.

Kaplan, F., and P. Y. Oudeyer. 2003 "Motivational Principles for Visual Know-How Development." Paper presented at the 3rd International Workshop on Epigenetic Robotics: Modeling Cognitive Development in Robotic Systems, Boston, MA, August 4–5.

Kaplan, F., P. Y. Oudeyer, E. Kubinyi, and A. Miklósi. 2002. "Robotic Clicker Training." *Robotics and Autonomous Systems* 38 (3–4) (Mar.): 197–206.

Karmiloff-Smith, A. 1995. *Beyond Modularity: A Developmental Perspective on Cognitive Science*. Cambridge, MA: MIT Press.

Kaufman, E. L., M. W. Lord, T. W. Reese, and J. Volkmann. 1949. "The Discrimination of Visual Number." *American Journal of Psychology* 62 (4): 498–525.

Kawamura, K., S. M. Gordon, P. Ratanaswasd, E. Erdemir, and J. F. Hall. 2008. "Implementation of Cognitive Control for a Humanoid Robot." *International Journal of Humanoid Robotics* 5 (4) (Dec.): 547–586.

Kawato, M. 2008. "Brain Controlled Robots." *HFSP Journal* 2 (3): 136–142.

Keil, Frank C. 1989. *Concepts, Kinds, and Cognitive Development*. Cambridge, MA: MIT Press.

Kellman, P. J., and E. S. Spelke. 1983. "Perception of Partly Occluded Objects in Infancy." *Cognitive Psychology* 15 (4): 483–524.

Kermoian, R., and J. J. Campos. 1988. "Locomotor Experience: A Facilitator of Spatial Cognitive-Development." *Child Development* 59 (4) (Aug.): 908–917.

Kestenbaum, R., N. Termine, and E. S. Spelke. 1987. "Perception of Objects and Object Boundaries by 3-Month-Old Infants." *British Journal of Developmental Psychology* 5 (4): 367–383.

Kiesler, S., A. Powers, S. R. Fussell, and C. Torrey. 2008. "Anthropomorphic Interactions with a Robot and Robot-Like Agent." *Social Cognition* 26 (2) (Apr.): 169–181.

Kirby, S. 2001. "Spontaneous Evolution of Linguistic Structure: An Iterated Learning Model of the Emergence of Regularity and Irregularity." *IEEE Transactions on Evolutionary Computation* 5 (2) (Apr.): 102–110.

Kirstein, S., H. Wersing, and E. Körner. 2008. "A Biologically Motivated Visual Memory Architecture for Online Learning of Objects." *Neural Networks* 21 (1): 65–77.

Kish, G. B., and J. J. Antonitis. 1956. "Unconditioned Operant Behavior in Two Homozygous Strains of Mice." *Journal of Genetic Psychology* 88 (1): 121–129.

Kisilevsky, B. S., and J. A. Low. 1998. "Human Fetal Behavior: 100 Years of Study." *Developmental Review* 18 (1) (Mar.): 1–29.

Konczak, J., and J. Dichgans. 1997. "The Development toward Stereotypic Arm Kinematics during Reaching in the First Three Years of Life." *Experimental Brain Research* 117 (2): 346–354.

Kose-Bagci, H., K. Dautenhahn, and C. L. Nehaniv. 2008. "Emergent Dynamics of Turn-Taking Interaction in Drumming Games with a Humanoid Robot." Paper presented at the 17th IEEE International Symposium on Robot and Human Interactive Communication (ROMAN 2008), Munich, Germany, August 1–3.

Kousta, S. T., G. Vigliocco, D. P. Vinson, M. Andrews, and E. del Campo. 2011. "The Representation of Abstract Words: Why Emotion Matters." *Journal of Experimental Psychology. General* 140 (1) (Feb.): 14–34.

Kozima, H. 2002. "Infanoid—a Babybot that Explores the Social Environment." In *Socially Intelligent Agents: Creating Relationships with Computers and Robots*, ed. K. Dautenhahn, A. H. Bond, L. Cañamero, and B. Edmonds, 157–164. Amsterdam: Kluwer Academic Publishers.

Kozima, H., C. Nakagawa, N. Kawai, D. Kosugi, and Y. Yano. 2004. "A Humanoid in Company with Children." Paper presented at the 4th IEEE/RAS International Conference on Humanoid Robots, Santa Monica, CA, November 10–12.

Kozima, H., C. Nakagawa, and H. Yano. 2005. "Using Robots for the Study of Human Social Development." Paper presented at the AAAI Spring Symposium on Developmental Robotics, Stanford University, Stanford, CA, March 21–23.

Kozima, H., and H. Yano. 2001. "A Robot That Learns to Communicate with Human Caregivers." Paper presented at the 1st International Workshop on Epigenetic Robotics: Modeling Cognitive Development in Robotic Systems, Lund, Sweden, September 17–18.

Kraft, D., E. Baseski, M. Popovic, A. M. Batog, A. Kjær-Nielsen, N. Krüger, R. Petrick, C. Geib, N. Pugeault, and M. Steedman. 2008. "Exploration and Planning in a Three-Level Cognitive Architecture." Paper presented at the International Conference on Cognitive Systems, University of Karlsruhe, Karlsruhe, Germany, April 2–4.

Krichmar, J. L., and G. M. Edelman. 2005. "Brain-Based Devices for the Study of Nervous Systems and the Development of Intelligent Machines." *Artificial Life* 11 (1–2) (Winter): 63–77.

Krüger, V., D. Herzog, S. Baby, A. Ude, and D. Kragic. 2010. "Learning Actions from Observations." *IEEE Robotics & Automation Magazine* 17 (2): 30–43.

Kubinyi, E., A. Miklosi, F. Kaplan, M. Gacsi, J. Topal, and V. Csanyi. 2004. "Social Behaviour of Dogs Encountering Aibo, an Animal-Like Robot in a Neutral and in a Feeding Situation." *Behavioural Processes* 65 (3): 231–239.

Kumar, S., and P. J. Bentley. 2003. *On Growth, Form and Computers*. Amsterdam: Elsevier.

Kumaran, D., and E. A. Maguire. 2007. "Which Computational Mechanisms Operate in the Hippocampus During Novelty Detection?" *Hippocampus* 17 (9): 735–748.

Kuniyoshi, Y., N. Kita, S. Rougeaux, and T. Suehiro. 1995. "Active Stereo Vision System with Foveated Wide Angle Lenses." Paper presented at the Invited Session Papers from the Second Asian Conference on Computer Vision: Recent Developments in Computer Vision, Singapore, December 5–8.

Kuniyoshi, Y., and S. Sangawa. 2006. "Early Motor Development from Partially Ordered Neural-Body Dynamics: Experiments with a Cortico-Spinal-Musculo-Skeletal Model." *Biological Cybernetics* 95 (6): 589–605.

Kuperstein, M. 1991. "Infant Neural Controller for Adaptive Sensory Motor Coordination." *Neural Networks* 4 (2): 131–145.

Kuperstein, M. 1988. "Neural Model of Adaptive Hand-Eye Coordination for Single Postures." *Science* 239 (4845) (Mar.): 1308–1311.

Kuroki, Y., M. Fujita, T. Ishida, K. Nagasaka, and J. Yamaguchi. 2003. "A Small Biped Entertainment Robot Exploring Attractive Applications." Paper presented at the IEEE International Conference on Robotics and Automation (ICRA 03), Taipei, Taiwan, September 14–19.

Laird, J. E., A. Newell, and P. S. Rosenbloom. 1987. "Soar: An Architecture for General Intelligence." *Artificial Intelligence* 33 (1) (Sept.): 1–64.

Lakoff, G., and M. Johnson. 1999. *Philosophy in the Flesh: The Embodied Mind and Its Challenge to Western Thought*. New York: Basic Books.

Lakoff, G., and R. E. Núñez. 2000. *Where Mathematics Comes From: How the Embodied Mind Brings Mathematics into Being*. New York: Basic Books.

Lallée, S., U. Pattacini, S. Lemaignan, A. Lenz, C. Melhuish, L. Natale, S. Skachek, et al. 2012. "Towards a Platform-Independent Cooperative Human Robot Interaction System: III. An Architecture for Learning and Executing Actions and Shared Plans." *IEEE Transactions on Autonomous Mental Development* 4 (3) (Sept.): 239–253.

Lallée, S., E. Yoshida, A. Mallet, F. Nori, L. Natale, G. Metta, F. Warneken, and P. F. Dominey. 2010. "Human-Robot Cooperation Based on Interaction Learning." In *Motor Learning to Interaction Learning in Robot.*, ed. O. Sigaud and J. Peters, 491–536. Berlin: Springer-Verlag.

Langacker, R. W. 1987. *Foundations of Cognitive Grammar: Theoretical Prerequisites.* Vol. 1. Stanford, CA: Stanford University Press.

Langley, P., and D. Choi. 2006. "A Unified Cognitive Architecture for Physical Agents." In *Proceedings of the 21st National Conference on Artificial Intelligence, Volume 2*, 1469–1474. Boston: AAAI Press.

Langley, P., J. E. Laird, and S. Rogers. 2009. "Cognitive Architectures: Research Issues and Challenges." *Cognitive Systems Research* 10 (2) (June): 141–160.

Laschi, C., M. Cianchetti, B. Mazzolai, L. Margheri, M. Follador, and P. Dario. 2012. "Soft Robot Arm Inspired by the Octopus." *Advanced Robotics* 26 (7): 709–727.

Laurent, R., C. Moulin-Frier, P. Bessière, J. L. Schwartz, and J. Diard. 2011. "Noise and Inter-Speaker Variability Improve Distinguishability of Auditory, Motor and Perceptuo-Motor Theories of Speech Perception: An Exploratory Bayesian Modeling Study." Paper presented at the 9th International Seminar on Speech Production, Montreal, Canada, June 20–23.

Law, J., M. H. Lee, M. Hulse, and A. Tomassetti. 2011. "The Infant Development Timeline and Its Application to Robot Shaping." *Adaptive Behavior* 19 (5) (Oct.): 335–358.

Lee, G., R. Lowe, and T. Ziemke. 2011. "Modelling Early Infant Walking: Testing a Generic Cpg Architecture on the NAO Humanoid." Paper presented at the IEEE Joint Conference on Development and Learning and on Epigenetic Robotics, Frankfurt, Germany.

Lee, M. H., Q. G. Meng, and F. Chao. 2007. "Staged Competence Learning in Developmental Robotics." *Adaptive Behavior* 15 (3): 241–255.

Lee, R., R. Walker, L. Meeden, and J. Marshall. 2009 "Category-Based Intrinsic Motivation." Paper presented at the 9th International Conference on Epigenetic Robotics: Modeling Cognitive Development in Robotic Systems, Venice, Italy, November 12–14.

Lehmann, H., I. Iacono, K. Dautenhahn, P. Marti, and B. Robins. 2014. "Robot Companions for Children with Down Syndrome: A Case Study." *Interaction Studies* 15 (1) (May): 99–112.

Leinbach, M. D., and B. I. Fagot. 1993. "Categorical Habituation to Male and Female Faces—Gender Schematic Processing in Infancy." *Infant Behavior and Development* 16 (3) (July–Sept.): 317–332.

Lenneberg, E. H. 1967. *Biological Foundations of Language.* New York: Wiley.

Leslie, A. M. 1994. "Tomm, Toby, and Agency: Core Architecture and Domain Specificity." In *Mapping the Mind: Domain Specificity in Cognition and Culture*, ed. L. A. Hirschfeld and S. A. Gelman, 119–148. Cambridge, UK: Cambridge University Press.

Lewis, M., and J. Brooks-Gunn. 1979. *Social Cognition and the Acquisition of Self.* New York: Plenum Press.

Li, C., R. Lowe, B. Duran, and T. Ziemke. 2011. "Humanoids that Crawl: Comparing Gait Performance of iCub and NAO Using a CPG Architecture." Paper presented at the International Conference on Computer Science and Automation Engineering (CSAE), Shanghai.

Li, C., R. Lowe, and T. Ziemke. 2013. "Humanoids Learning to Crawl Based on Natural CPG-Actor-Critic and Motor Primitives." Paper presented at the Workshop on Neuroscience and Robotics (IROS 2013): Towards a Robot-Enabled, Neuroscience-Guided Healthy Society, Tokyo, Japan, November 3.

Lin, P., K. Abney, and G. A. Bekey. 2011. *Robot Ethics: The Ethical and Social Implications of Robotics*. Cambridge, MA: MIT Press.

Lockman, J. J., D. H. Ashmead, and E. W. Bushnell. 1984. "The Development of Anticipatory Hand Orientation during Infancy." *Journal of Experimental Child Psychology* 37 (1): 176–186.

Lopes, L. S., and A. Chauhan. 2007. "How Many Words Can My Robot Learn? An Approach and Experiments with One-Class Learning." *Interaction Studies: Social Behaviour and Communication in Biological and Artificial Systems* 8 (1): 53–81.

Lovett, A., and B. Scassellati. 2004. "Using a Robot to Reexamine Looking Time Experiments." Paper presented at the 3rd International Conference on Development and Learning, San Diego, CA.

Lu, Z., S. Lallee, V. Tikhanoff, and P. F. Dominey. 2012. "Bent Leg Walking Gait Design for Humanoid Robotic Child-iCub Based on Key State Switching Control." Paper presented at the IEEE Symposium on Robotics and Applications (ISRA), Kuala Lumpur, June 3–5.

Lungarella, M., and L. Berthouze. 2004. "Robot Bouncing: On the Synergy between Neural and Body-Environment Dynamics." In *Embodied Artificial Intelligence*, ed. F. Iida, R. Pfeifer, L. Steels, and Y. Kuniyoshi, 86–97. Berlin: Springer-Verlag.

Lungarella, M., and L. Berthouze. 2003 "Learning to Bounce: First Lessons from a Bouncing Robot." Paper presented at the 2nd International Symposium on Adaptive Motion in Animals and Machines, Kyoto, Japan, March 4–8.

Lungarella, M., G. Metta, R. Pfeifer, and G. Sandini. 2003. "Developmental Robotics: A Survey." *Connection Science* 15 (4) (Dec.): 151–190.

Lyon, C., C. L. Nehaniv, and A. Cangelosi. 2007. *Emergence of Communication and Language*. London: Springer-Verlag.

Lyon, C., C. L. Nehaniv, and J. Saunders. 2012. "Interactive Language Learning by Robots: The Transition from Babbling to Word Forms." *PLoS ONE* 7 (6): 1–16.

Lyon, C., C. L. Nehaniv, and J. Saunders. 2010. "Preparing to Talk: Interaction between a Linguistically Enabled Agent and a Human Teacher." Paper presented at the Dialog with Robots AAAI Fall Symposium Series, Arlington, VA, November 11–13.

MacDorman, K. F., and H. Ishiguro. 2006a. "Toward Social Mechanisms of Android Science: A Cogsci 2005 Workshop." *Interaction Studies: Social Behaviour and Communication in Biological and Artificial Systems* 7 (2): 289–296.

引用文献

MacDorman, K. F., and H. Ishiguro. 2006b. "The Uncanny Advantage of Using Androids in Cognitive and Social Science Research." *Interaction Studies: Social Behaviour and Communication in Biological and Artificial Systems* 7 (3): 297–337.

McKinney, M. L., and K. J. McNamara. 1991. *Heterochrony: The Evolution of Ontogeny*. London: Plenum Press.

Macura, Z., A. Cangelosi, R. Ellis, D. Bugmann, M. H. Fischer, and A. Myachykov. 2009. "A Cognitive Robotic Model of Grasping." Paper presented at the 9th International Conference on Epigenetic Robotics: Modeling Cognitive Development in Robotic Systems, Venice, Italy, November 12–14.

MacWhinney, B. 1998. "Models of the Emergence of Language." *Annual Review of Psychology* 49: 199–227.

Mangin, O., and P. Y. Oudeyer. 2012."Learning to Recognize Parallel Combinations of Human Motion Primitives with Linguistic Descriptions Using Non-Negative Matrix Factorization." Paper presented at the IEEE/RSJ International Conference on Intelligent Robots and Systems, New York.

Mareschal, D., M. H. Johnson, S. Sirois, M. Spratling, M. S. C. Thomas, and G. Westermann. 2007. *Neuroconstructivism: How the Brain Constructs Cognition*. Vol. 1. Oxford, UK: Oxford University Press.

Mareschal, D., and S. P. Johnson. 2002. "Learning to Perceive Object Unity: A Connectionist Account." *Developmental Science* 5 (2) (May): 151–172.

Markman, E. M., and J. E. Hutchinson. 1984. "Children's Sensitivity to Constraints on Word Meaning: Taxonomic Versus Thematic Relations." *Cognitive Psychology* 16 (1): 1–27.

Markman, E. M., and G. F. Wachtel. 1988. "Children's Use of Mutual Exclusivity to Constrain the Meanings of Words." *Cognitive Psychology* 20 (2) (Apr.): 121–157.

Marocco, D., A. Cangelosi, K. Fischer, and T. Belpaeme. 2010. "Grounding Action Words in the Sensorimotor Interaction with the World: Experiments with a Simulated iCub Humanoid Robot." *Frontiers in Neurorobotics* 4 (7) (May 31). doi:10.3389/fnbot.2010.00007.

Marques, H. G., M. Jäntsch, S. Wittmeier, C. Alessandro, O. Holland, C. Alessandro, A. Diamond, M. Lungarella, and R. Knight. 2010. "Ecce1: The First of a Series of Anthropomimetic Musculoskelal Upper Torsos." Paper presented at the International Conference on Humanoids, Nashville, TN, December 6–8.

Marr, D. 1982. *Vision: A Computational Investigation into the Human Representation and Processing of Visual Information*. San Francisco: Freeman.

Marshall, J., D. Blank, and L. Meeden. 2004. "An Emergent Framework for Self-Motivation in Developmental Robotics." Paper presented at the 3rd International Conference on Development and Learning (ICDL 2004), La Jolla, CA, October 20–22.

Martinez, R. V., J. L. Branch, C. R. Fish, L. H. Jin, R. F. Shepherd, R. M. D. Nunes, Z. G. Suo, and G. M. Whitesides. 2013. "Robotic Tentacles with Three-Dimensional Mobility Based on Flexible Elastomers." *Advanced Materials* 25 (2) (Jan.): 205–212.

Massera, G., A. Cangelosi, and S. Nolfi. 2007. "Evolution of Prehension Ability in an Anthropomorphic Neurorobotic Arm." *Frontiers in Neurorobotics* 1 (4): 1–9.

Massera, G., T. Ferrauto, O. Gigliotta, and S. Nolfi. 2013. "Farsa: An Open Software Tool for Embodied Cognitive Science." Paper presented at the 12th European Conference on Artificial Life, Cambridge, MA.

Matarić, M. J. 2007. *The Robotics Primer*. Cambridge, MA: MIT Press.

Matsumoto, M., K. Matsumoto, H. Abe, and K. Tanaka. 2007. "Medial Prefrontal Cell Activity Signaling Prediction Errors of Action Values." *Nature Neuroscience* 10 (5): 647–656.

Maurer, D., and M. Barrera. 1981. "Infants' Perception of Natural and Distorted Arrangements of a Schematic Face." *Child Development* 52 (1): 196–202.

Maurer, D., and P. Salapatek. 1976. "Developmental-Changes in Scanning of Faces by Young Infants." *Child Development* 47 (2): 523–527.

Mavridis, N., and D. Roy. 2006. "Grounded Situation Models for Robots: Where Words and Percepts Meet." Paper presented at the IEEE/RSJ International Conference on Intelligent Robots and Systems, Beijing, China, October 9–15.

Mayor, J., and K. Plunkett. 2010. "Vocabulary Spurt: Are Infants Full of Zipf?" Paper presented at the 32nd Annual Conference of the Cognitive Science Society, Austin, TX.

McCarty, M. E., and D. H. Ashmead. 1999. "Visual Control of Reaching and Grasping in Infants." *Developmental Psychology* 35 (3) (May): 620–631.

McCarty, M. E., R. K. Clifton, D. H. Ashmead, P. Lee, and N. Goubet. 2001a. How Infants Use Vision for Grasping Objects. *Child Development* 72 (4) (Jul–Aug.): 973–987.

McCarty, M. E., R. K. Clifton, and R. R. Collard. 2001b. "The Beginnings of Tool Use by Infants and Toddlers." *Infancy* 2 (2): 233–256.

McCarty, M. E., R. K. Clifton, and R. R. Collard. 1999. "Problem Solving in Infancy: The Emergence of an Action Plan." *Developmental Psychology* 35 (4) (Jul): 1091–1101.

McClelland, J. L., and D. E. Rumelhart. 1981. "An Interactive Activation Model of Context Effects in Letter Perception. 1. An Account of Basic Findings." *Psychological Review* 88 (5): 375–407.

McDonnell, P. M., and W. C. Abraham. 1979. "Adaptation to Displacing Prisms in Human Infants." *Perception* 8 (2): 175–185.

McGeer, T. 1990. "Passive Dynamic Walking." *International Journal of Robotics Research* 9 (2) (Apr.): 62–82.

McGraw, M. B. 1945. *The Neuro-Muscular Maturation of the Human Infant*. New York: Columbia University.

McGraw, M. B. 1941. "Development of Neuro-Muscular Mechanisms as Reflected in the Crawling and Creeping Behavior of the Human Infant." *Pedagogical Seminary and Journal of Genetic Psychology* 58 (1): 83–111.

McMurray, B. 2007. "Defusing the Childhood Vocabulary Explosion." *Science* 317 (5838) (Aug.): 631.

Meissner, C. A., and J. C. Brigham. 2001. "Thirty Years of Investigating the Own-Race Bias in Memory for Faces—a Meta-Analytic Review." *Psychology, Public Policy, and Law* 7 (1) (Mar.): 3–35.

Meltzoff, A. N. 2007. "The 'Like Me' Framework for Recognizing and Becoming an Intentional Agent." *Acta Psychologica* 124 (1): 26–43.

Meltzoff, A. N. 1995. "Understanding the Intentions of Others: Re-Enactment of Intended Acts by Eighteen-Month-Old Children." *Developmental Psychology* 31 (5): 838–850.

Meltzoff, A. N. 1988. "Infant Imitation after a One-Week Delay—Long-Term-Memory for Novel Acts and Multiple Stimuli." *Developmental Psychology* 24 (4) (July): 470–476.

Meltzoff, A. N., and R. W. Borton. 1979. "Inter-Modal Matching by Human Neonates." *Nature* 282 (5737): 403–404.

Meltzoff, A. N., and M. K. Moore. 1997. "Explaining Facial Imitation: A Theoretical Model." *Early Development & Parenting* 6 (3–4) (Sept.–Dec.): 179–192.

Meltzoff, A. N., and M. K. Moore. 1989. "Imitation in Newborn-Infants—Exploring the Range of Gestures Imitated and the Underlying Mechanisms." *Developmental Psychology* 25 (6) (Nov.): 954–962.

Meltzoff, A. N., and M. K. Moore. 1983. "Newborn-Infants Imitate Adult Facial Gestures." *Child Development* 54 (3): 702–709.

Meltzoff, A. N., and M. K. Moore. 1977. "Imitation of Facial and Manual Gestures by Human Neonates." *Science* 198 (4312): 75–78.

Merrick, K. E. 2010. "A Comparative Study of Value Systems for Self-Motivated Exploration and Learning by Robots." *IEEE Transactions on Autonomous Mental Development* 2 (2) (June): 119–131.

Mervis, C. B. 1987. "Child-Basic Object Categories and Early Lexical Development." In *Concepts and Conceptual Development: Ecological and Intellectual Factors in Categorization*, ed. U. Neisser, 201–233. Cambridge, UK: Cambridge University Press.

Metta, G., P. Fitzpatrick, and L. Natale. 2006. "YARP: Yet Another Robot Platform." *International Journal of Advanced Robotic Systems* 3 (1): 43–48.

Metta, G., A. Gasteratos, and G. Sandini. 2004. "Learning to Track Colored Objects with Log-Polar Vision." *Mechatronics* 14 (9) (Nov.): 989–1006.

Metta, G., L. Natale, F. Nori, G. Sandini, D. Vernon, L. Fadiga, C. von Hofsten, K. Rosander, J. Santos-Victor, A. Bernardino, and L. Montesano. 2010. "The iCub Humanoid Robot: An Open-Systems Platform for Research in Cognitive Development." *Neural Networks* 23: 1125–1134.

Metta, G., F. Panerai, R. Manzotti, and G. Sandini. 2000. "Babybot: An Artificial Developing Robotic Agent." Paper presented at From Animals to Animats: The 6th International Conference on the Simulation of Adaptive Behavior, Paris, France, September 11–16.

Metta, G., G. Sandini, and J. Konczak. 1999. "A Developmental Approach to Visually-Guided Reaching in Artificial Systems." *Neural Networks* 12 (10) (Dec.): 1413–1427.

Metta, G., G. Sandini, L. Natale, and F. Panerai. 2001. "Development and Robotics." Paper presented at the 2nd IEEE-RAS International Conference on Humanoid Robots, Tokyo, Japan, November 22–24.

Metta, G., G. Sandini, D. Vernon, L. Natale, and F. Nori. 2008. "The iCub Humanoid Robot: An Open Platform for Research in Embodied Cognition." Paper presented at the 8th IEEE Workshop on Performance Metrics for Intelligent Systems, Gaithersburg, MD, August 19–21.

Metta, G., D. Vernon, and G. Sandini. 2005. "The Robotcub Approach to the Development of Cognition: Implications of Emergent Systems for a Common Research Agenda in Epigenetic Robotics." Paper presented at the 5th International Workshop on Epigenetic Robotics : Modeling Cognitive Development in Robotic Systems, Nara, Japan, July 22–24.

Michalke, T., J. Fritsch, and C. Goerick. 2010. "A Biologically-Inspired Vision Architecture for Resource-Constrained Intelligent Vehicles." *Computer Vision and Image Understanding* 114 (5): 548–563.

Michel, O. 2004. "Webotstm: Professional Mobile Robot Simulation." *International Journal of Advanced Robotic Systems* 1 (1): 39–42.

Michel, P., K. Gold, and B. Scassellati. 2004. "Motion-Based Robotic Self-Recognition." Paper presented at the IEEE/RSJ International Conference on Intelligent Robots and Systems, Sendai, Japan, September 28–October 2.

Mikhailova, I., M. Heracles, B. Bolder, H. Janssen, H. Brandl, J. Schmüdderich, and C. Goerick. 2008. "Coupling of Mental Concepts to a Reactive Layer: Incremental Approach in System Design." Paper presented at the Proceedings of the 8th International Workshop on Epigenetic Robotics: Modeling Cognitive Development in Robotic Systems, Brighton, UK, July 30–31.

Minato, T., M. Shimada, H. Ishiguro, and S. Itakura. 2004. "Development of an Android Robot for Studying Human-Robot Interaction." Paper presented at the Seventeenth International Conference on Industrial and Engineering Applications of Artificial Intelligence and Expert Systems (IEA/AIE), Berlin, May.

Minato, T., Y. Yoshikawa, T. Noda, S. Ikemoto, H. Ishiguro, and M. Asada. 2007. "CB2: A Child Robot with Biomimetic Body for Cognitive Developmental Robotics." Paper presented at the 7th IEEE-RAS International Conference on Humanoid Robots, Pittsburgh, PA, November 29–December 1.

Mirolli, M., and G. Baldassarre. 2013. "Functions and Mechanisms of Intrinsic Motivations." In *Intrinsically Motivated Learning in Natural and Artificial Systems*, ed. G. Baldassarre and M. Mirolli, 49–72. Heidelberg: Springer-Verlag.

Mirza, N. A., C. L. Nehaniv, K. Dautenhahn, and R. T. Boekhorst. 2008. "Developing Social Action Capabilities in a Humanoid Robot Using an Interaction History Architecture." Paper presented at the 8th IEEE/RAS International Conference on Humanoid Robots, New York.

Mohan, V., P. Morasso, G. Metta, and G. Sandini. 2009. "A Biomimetic, Force-Field Based Computational Model for Motion Planning and Bimanual Coordination in Humanoid Robots." *Autonomous Robots* 27 (3) (Oct.): 291–307.

Mohan, V., P. Morasso, J. Zenzeri, G. Metta, V. S. Chakravarthy, and G. Sandini. 2011. "Teaching a Humanoid Robot to Draw 'Shapes.'" *Autonomous Robots* 31 (1) (July): 21–53.

Mondada, F., M. Bonani, X. Raemy, J. Pugh, C. Cianci, A. Klaptocz, S. Magnenat, J. C. Zufferey, D. Floreano, and A. Martinoli. 2009. "The E-Puck, a Robot Designed for Education in Engineering." Paper presented at the 9th Conference on Autonomous Robot Systems and Competitions, Polytechnic Institute of Castelo Branco, Castelo Branco, Portugal.

Montesano, L., M. Lopes, A. Bernardino, and J. Santos-Victor. 2008. "Learning Object Affordances: From Sensory-Motor Coordination to Imitation." *IEEE Transactions on Robotics* 24 (1) (Feb.): 15–26.

Montgomery, K. C. 1954. "The Role of the Exploratory Drive in Learning." *Journal of Comparative and Physiological Psychology* 47 (1): 60–64.

Mori, H., and Y. Kuniyoshi. 2010. "A Human Fetus Development Simulation: Self-Organization of Behaviors through Tactile Sensation." Paper presented at the IEEE 9th International Conference on Development and Learning, Ann Arbor, MI, August 18–21.

Mori, M. 1970/2012. "The Uncanny Valley." *IEEE Robotics and Automation* 19 (2): 98–100. (English trans. by K. F. MacDorman and N. Kageki.)

Morimoto, J., G. Endo, J. Nakanishi, S. H. Hyon, G. Cheng, D. Bentivegna, and C. G. Atkeson. 2006. "Modulation of Simple Sinusoidal Patterns by a Coupled Oscillator Model for Biped Walking." Paper presented at the IEEE International Conference on Robotics and Automation, Orlando, FL, May 15–19.

Morse, A. F., T. Belpaeme, A. Cangelosi, and C. Floccia. 2011. "Modeling U-Shaped Performance Curves in Ongoing Development." In *Expanding the Space of Cognitive Science: Proceedings of the 23rd Annual Meeting of the Cognitive Science Society*, ed. L. Carlson, C. Hoelscher, and T. F. Shipley, 3034–3039. Austin, TX: Cognitive Science Society.

Morse, A. F., T. Belpaeme, A. Cangelosi, and L. B. Smith. 2010. "Thinking with Your Body: Modelling Spatial Biases in Categorization Using a Real Humanoid Robot." Paper presented at the 32nd Annual Meeting of the Cognitive Science Society, Portland, OR, August 11–14.

Morse, A. F., V. L. Benitez, T. Belpaeme, A. Cangelosi, and L. B. Smith. 2015. "Posture Affects How Robots and Infants Map Words to Objects." *PLoS One* 10(3).

Morse, A. F., J. de Greeff, T. Belpeame, and A. Cangelosi. 2010. "Epigenetic Robotics Architecture (ERA)." *IEEE Transactions on Autonomous Mental Development* 2 (4) (Dec.): 325–339.

Morse, A., R. Lowe, and T. Ziemke. 2008. "Towards an Enactive Cognitive Architecture." Paper presented at the 1st International Conference on Cognitive Systems, Karlsruhe, Germany, April 2–4.

Morton, J., and M. H. Johnson. 1991. "Conspec and Conlern—A 2-Process Theory of Infant Face Recognition." *Psychological Review* 98 (2) (Apr.): 164–181.

Moxey, L. M., and A. J. Sanford. 1993. *Communicating Quantities: A Psychological Perspective*. Hove, UK: Erlbaum.

Mühlig, M., M. Gienger, S. Hellbach, J. J. Steil, and C. Goerick. 2009. "Task-Level Imitation Learning Using Variance-Based Movement Optimization." Paper presented at the IEEE International Conference on Robotics and Automation, Kobe, Japan, May.

Nadel, J. Ed, and G. Ed Butterworth. 1999. *Imitation in Infancy. Cambridge Studies in Cognitive Perceptual Development*. New York: Cambridge University Press.

Nagai, Y., M. Asada, and K. Hosoda. 2006. "Learning for Joint Attention Helped by Functional Development." *Advanced Robotics* 20 (10): 1165–1181.

Nagai, Y., K. Hosoda, and M. Asada. 2003. "How Does an Infant Acquire the Ability of Joint Attention?: A Constructive Approach." Paper presented at the 3rd International Workshop on Epigenetic Robotics, Lund, Sweden.

Nagai, Y., K. Hosoda, A. Morita, and M. Asada. 2003. "A Constructive Model for the Development of Joint Attention." *Connection Science* 15 (4) (Dec.): 211–229.

Narioka, K., and K. Hosoda. 2008. "Designing Synergistic Walking of a Whole-Body Humanoid Driven by Pneumatic Artificial Muscles: An Empirical Study." *Advanced Robotics* 22 (10): 1107–1123.

Nagai, Y., and K. J. Rohlfing. 2009. "Computational Analysis of Motionese Toward Scaffolding Robot Action Learning." *IEEE Transactions on Autonomous Mental Development* 1 (1): 44–54.

Narioka, K., S. Moriyama, and K. Hosoda. 2011. "Development of Infant Robot with Musculoskeletal and Skin System." Paper presented at the 3rd International Conference on Cognitive Neurodynamics, Hilton Niseko Village, Hokkaido, Japan, June 9–13.

Narioka, K., R. Niiyama, Y. Ishii, and K. Hosoda. 2009. "Pneumatic Musculoskeletal Infant Robots." Paper presented at the IEEE/RSJ International Conference on Intelligent Robots and Systems Workshop.

Natale, L., G. Metta, and G. Sandini. 2005. "A Developmental Approach to Grasping." Paper presented at the the AAAI Spring Symposium on Developmental Robotics, Stanford University, Stanford, CA, March 21–23.

Natale, L., F. Nori, G. Sandini, and G. Metta. 2007. "Learning Precise 3D Reaching in a Humanoid Robot." Paper presented at the IEEE 6th International Conference on Development and Learning, London, July 11–13.

Natale, L., F. Orabona, F. Berton, G. Metta, and G. Sandini. 2005. "From Sensorimotor Development to Object Perception." Paper presented at the 5th IEEE-RAS International Conference on Humanoid Robots, Japan.

Nava, N. E., G. Metta, G. Sandini, and V. Tikhanoff. 2009. "Kinematic and Dynamic Simulations for the Design of Icub Upper-Body Structure." Paper presented at the 9th Biennial Conference on Engineering Systems Design and Analysis (ESDA)—2008, Haifa, Israel.

Nehaniv, C. L., and K. Dautenhahn, eds. 2007. *Imitation and Social Learning in Robots, Humans and Animals: Behavioural, Social and Communicative Dimensions*. Cambridge, UK: Cambridge University Press.

Nehaniv, C. L., and K. Dautenhahn. 2002. "The Correspondence Problem." In *Imitation in Animals and Artifacts*, ed. K. Dautenhahn and C. L. Nehaniv, 41–61. Cambridge, MA: MIT Press.

Nehaniv, C. L., C. Lyon, and A. Cangelosi. 2007. "Current Work and Open Problems: A Road-Map for Research into the Emergence of Communication and Language." In *Emergence of Communication and Language*, ed. C. L. Nehaniv, C. Lyon, and A. Cangelosi, 1–27. London: Springer.

Newell, K. M., D. M. Scully, P. V. McDonald, and R. Baillargeon. 1989. "Task Constraints and Infant Grip Configurations." *Developmental Psychobiology* 22 (8) (Dec.): 817–832.

Nishio, S., H. Ishiguro, and N. Hagita. 2007. "Geminoid: Teleoperated Android of an Existing Person." In *Humanoid Robots—New Developments*, ed. A. C. de Pina Filho, 343–352. Vienna: I-Tech Education and Publishing.

Nolfi, S., and D. Floreano. 2000. *Evolutionary Robotics: The Biology, Intelligence, and Technology of Self-Organizing Machines*. Vol. 26. Cambridge, MA: MIT Press.

Nolfi, S., and O. Gigliotta. 2010. "Evorobot*: A Tool for Running Experiments on the Evolution of Communication." In *Evolution of Communication and Language in Embodied Agents*, 297–301. Berlin: Springer-Verlag.

Nolfi, S., and D. Parisi. 1999. "Exploiting the Power of Sensory-Motor Coordination." In *Advances in Artificial Life*, ed. D. Floreano, J.-D. Nicoud, and F. Mondada, 173–182. Berlin: Springer-Verlag.

Nolfi, S., D. Parisi, and J. L. Elman. 1994. "Learning and Evolution in Neural Networks." *Adaptive Behavior* 3 (1) (Summer): 5–28.

Nori, F., L. Natale, G. Sandini, and G. Metta. 2007 "Autonomous Learning of 3D Reaching in a Humanoid Robot." Paper presented at the IEEE/RSJ International Conference on Intelligent Robots and Systems, San Diego, CA, October 29–November 2.

Nosengo, N. 2009. "The Bot That Plays Ball." *Nature* 460 (7259) (Aug.): 1076–1078.

Ogino, M., M. Kikuchi, and M. Asada. 2006. "How Can Humanoid Acquire Lexicon?—Active Approach by Attention and Learning Biases Based on Curiosity." Paper presented at the IEEE/RSJ International Conference on Intelligent Robots and Systems, Beijing, China, October 9–15.

Oller, D. K. 2000. *The Emergence of the Speech Capacity*. London, UK: Erlbaum.

Otero, N., J. Saunders, K., Dautenhahn, and C. L. Nehaniv. 2008. "Teaching Robot Companions: The Role of Scaffolding and Event Structuring." *Connection Science* 20 (2–3): 111–134.

Oudeyer, P. Y. 2011. "Developmental Robotics." In *Encyclopedia of the Sciences of Learning*, ed. N. M. Seel, 329. New York: Springer.

Oudeyer, P. Y. 2006. *Self-Organization in the Evolution of Speech*. Vol. 6. Oxford, UK: Oxford University Press.

Oudeyer, P. Y., and F. Kaplan. 2007. "What Is Intrinsic Motivation? A Typology of Computational Approaches." *Frontiers in Neurorobotics* 1:1–14.

Oudeyer, P. Y., and F. Kaplan. 2006. "Discovering Communication." *Connection Science* 18 (2) (June): 189–206.

Oudeyer, P. Y., F. Kaplan, and V. V. Hafner. 2007. "Intrinsic Motivation Systems for Autonomous Mental Development." *IEEE Transactions on Evolutionary Computation* 11 (2): 265–286.

Oudeyer, P. Y., F. Kaplan, V. V. Hafner, and A. Whyte. 2005. "The Playground Experiment: Task-Independent Development of a Curious Robot." Paper presented at the AAAI Spring Symposium on Developmental Robotics.

Oztop, E., N. S. Bradley, and M. A. Arbib. 2004. "Infant Grasp Learning: A Computational Model." *Experimental Brain Research* 158 (4) (Oct.): 480–503.

Parisi, D., and M. Schlesinger. 2002. "Artificial Life and Piaget." *Cognitive Development* 17 (3–4) (Sept.–Dec.): 1301–1321.

Parmiggiani, A., M. Maggiali, L. Natale, F. Nori, A. Schmitz, N. Tsagarakis, J. S. Victor, F. Becchi, G. Sandini, and G. Metta. 2012. "The Design of the iCub Humanoid Robot." *International Journal of Humanoid Robotics* 9 (4): 1–24.

Pattacini, U., F. Nori, L. Natale, G. Metta, and G. Sandini. 2010. "An Experimental Evaluation of a Novel Minimum-Jerk Cartesian Controller for Humanoid Robots." Paper presented at the IEEE/RSJ International Conference on Intelligent Robots and Systems, Taipei, Taiwan, October 18–22.

Pea, R. D. 1980. "The Development of Negation in Early Child Language." In *The Social Foundations of Language and Thought: Essays in Honor of Jerome S. Bruner*, ed. D. R. Olson, 156–186. New York: W. W. Norton.

Pea, R. D. 1978. "The Development of Negation in Early Child Language." Unpublished diss., University of Oxford.

Pecher, D., and R. A. Zwaan, eds. 2005. *Grounding Cognition: The Role of Perception and Action in Memory, Language, and Thinking*. Cambridge, UK: Cambridge University Press.

Peelle, J. E., J. Gross, and M. H. Davis. 2013. "Phase-Locked Responses to Speech in Human Auditory Cortex Are Enhanced During Comprehension." *Cerebral Cortex* 23 (6): 1378–1387.

Peniak, M., A. Morse, C. Larcombe, S. Ramirez-Contla, and A. Cangelosi. 2011. "Aquila: An Open-Source GPU-Accelerated Toolkit for Cognitive and Neuro-Robotics Research." Paper presented at the International Joint Conference on Neural Networks, San Jose, CA.

Pezzulo, G., L. W. Barsalou, A. Cangelosi, M. H. Fischer, K. McRae, and M. J. Spivey. 2011. "The Mechanics of Embodiment: A Dialog on Embodiment and Computational Modeling." *Frontiers in Psychology* 2 (5): 1–21.

Pfeifer, R., and J. Bongard. 2007. *How the Body Shapes the Way We Think: A New View of Intelligence*. Cambridge, MA: MIT Press.

Pfeifer, R., M. Lungarella, and F. Iida. 2012. "The Challenges Ahead for Bio-Inspired 'Soft' Robotics." *Communications of the ACM* 55 (11): 76–87.

Pfeifer, R., and C. Scheier. 1999. *Understanding Intelligence*. Cambridge, MA: MIT Press.

Piaget, J. 1972. *The Psychology of Intelligence*. Totowa, NJ: Littlefields Adams.

Piaget, J. 1971. *Biology and Knowledge: An Essay on the Relation between Organic Regulations and Cognitive Processes*, trans. Beautrix Welsh. Edinburgh: Edinburgh University Press.

Piaget, J. 1952. *The Origins of Intelligence in Children*. New York: International Universities Press.

Piantadosi, S. T., J. B. Tenenbaum, and N. D. Goodman. 2012. "Bootstrapping in a Language of Thought: A Formal Model of Numerical Concept Learning." *Cognition* 123 (2) (May): 199–217.

Pierris, G., and T. S. Dahl. 2010. "Compressed Sparse Code Hierarchical Som on Learning and Reproducing Gestures in Humanoid Robots." Paper presented at the IEEE International Symposium in Robot and Human Interactive Communication (RO-MAN'10), Viareggio, Italy, September 13–15.

Pinker, S. 1994. *The Language Instinct: How the Mind Creates Language*. New York: HarperCollins.

Pinker, S. 1989. *Learnability and Cognition: The Acquisition of Argument Structure*. Cambridge, MA: MIT Press.

Pinker, S., and P. Bloom. 1990. "Natural Language and Natural Selection." *Behavioral and Brain Sciences* 13 (4) (Dec.): 707–726.

Pinker, S., and A. Prince. 1988. "On Language and Connectionism: Analysis of a Parallel Distributed Processing Model of Language Acquisition." *Cognition* 28 (1–2) (Mar.): 73–193.

Plunkett, K., and V. A. Marchman. 1996. "Learning from a Connectionist Model of the Acquisition of the English Past Tense." *Cognition* 61 (3) (Dec.): 299–308.

Plunkett, K., C. Sinha, M. F. Møller, and O. Strandsby. 1992. "Symbol Grounding or the Emergence of Symbols? Vocabulary Growth in Children and a Connectionist Net." *Connection Science* 4 (3–4): 293–312.

Pulvermüller, F. 2003. *The Neuroscience of Language: On Brain Circuits of Words and Serial Order*. Cambridge, UK: Cambridge University Press.

Quinn, P. C., J. Yahr, A. Kuhn, A. M. Slater, and O. Pascalis. 2002. "Representation of the Gender of Human Faces by Infants: A Preference for Female." *Perception* 31 (9): 1109–1121.

Rajapakse, R. K., A. Cangelosi, K. R. Coventry, S. Newstead, and A. Bacon. 2005. "Connectionist Modeling of Linguistic Quantifiers." In *Artificial Neural Networks: Formal Models and Their Applications—ICANN 2005*, ed.W. Duch et al., 679–684. Berlin: Springer-Verlag.

Rao, R. P. N., A. P. Shon, and A. N. Meltzoff. 2007. "A Bayesian Model of Imitation in Infants and Robots." In *Imitation and Social Learning in Robots, Humans, and Animals: Behavioural, Social and Communicative Dimensions*, ed. C. L. Nehaniv and K. Dautenhahn, 217–247. Cambridge, UK: Cambridge University Press.

Redgrave, P., and K. Gurney. 2006. "The Short-Latency Dopamine Signal: A Role in Discovering Novel Actions?" *Nature Reviews. Neuroscience* 7 (12): 967–975.

Regier, T. 1996. *The Human Semantic Potential: Spatial Language and Constrained Connectionism*. Cambridge, MA: MIT Press.

Reinhart, R. F., and J. J. Steil. 2009. "Reaching Movement Generation with a Recurrent Neural Network Based on Learning Inverse Kinematics for the Humanoid Robot iCub." Paper presented at the 9th IEEE-RAS International Conference on Humanoid Robots, Paris, France, December 7–10.

Riesenhuber, M., and T. Poggio. 1999. "Hierarchical Models of Object Recognition in Cortex." *Nature Neuroscience* 2 (11): 1019–1025.

Righetti, L., and A. J. Ijspeert. 2006a. "Design Methodologies for Central Pattern Generators: An Application to Crawling Humanoids." Paper presented at the Robotics: Science and Systems II, University of Pennsylvania, Philadelphia, PA, August 16–19.

Righetti, L., and A. J. Ijspeert. 2006b. "Programmable Central Pattern Generators: An Application to Biped Locomotion Control." Paper presented at the IEEE International Conference on Robotics and Automation, New York.

Rizzolatti, G., and M. A. Arbib. 1998. "Language within Our Grasp." *Trends in Neurosciences* 21 (5): 188–194.

Rizzolatti, G., and L. Craighero. 2004. "The Mirror-Neuron System." *Annual Review of Neuroscience* 27: 169–192.

Rizzolatti, G., L. Fogassi, and V. Gallese. 2001. "Neurophysiological Mechanisms Underlying the Understanding and Imitation of Action." *Nature Reviews. Neuroscience* 2 (9): 661–670.

Robins, B., K. Dautenhahn, and P. Dickerson. 2012a. "Embodiment and Cognitive Learning— Can a Humanoid Robot Help Children with Autism to Learn about Tactile Social Behaviour?" Paper presented at the International Conference on Social Robotics (ICSR 2012), Chengdu, China, October 29–31.

Robins, B., K. Dautenhahn, and P. Dickerson. 2009. "From Isolation to Communication: A Case Study Evaluation of Robot Assisted Play for Children with Autism with a Minimally Expressive

Humanoid Robot." Paper presented at the Second International Conference on Advances in Computer-Human Interactions (ACHI'09), Cancun, Mexico.

Robins, B., K. Dautenhahn, E. Ferrari, G. Kronreif, B. Prazak-Aram, P. Marti, I. Iacono, et al. 2012b. "Scenarios of Robot-Assisted Play for Children with Cognitive and Physical Disabilities." *Interaction Studies: Social Behaviour and Communication in Biological and Artificial Systems* 13 (2): 189–234.

Rochat, P. 1998. "Self-Perception and Action in Infancy." *Experimental Brain Research* 123 (1–2): 102–109.

Rochat, P., and T. Striano. 2002. "Who's in the Mirror? Self–Other Discrimination in Specular Images by Four- and Nine-Month-Old Infants." *Child Development* 73 (1): 35–46.

Roder, B. J., E. W. Bushnell, and A. M. Sasseville. 2000. "Infants' Preferences for Familiarity and Novelty During the Course of Visual Processing." *Infancy* 1 (4): 491–507.

Rodriguez, P., J. Wiles, and J. L. Elman. 1999. "A Recurrent Neural Network That Learns to Count." *Connection Science* 11 (1) (May): 5–40.

Rosenthal-von der Pütten, A. M., F. P. Schulte, S. C. Eimler, L. Hoffmann, S. Sobieraj, S. Maderwald, N. C. Kramer, and M. Brand. 2013. "Neural Correlates of Empathy towards Robots." Paper presented at the 8th ACM/IEEE International Conference on Human-Robot Interaction, New York.

Rothwell, A., C. Lyon, C. L. Nehaniv, and J. Saunders. 2011. "From Babbling towards First Words: The Emergence of Speech in a Robot in Real-Time Interaction." Paper presented at the Artificial Life (ALIFE) IEEE Symposium, Paris, France, April 11–15.

Rovee-Collier, C. K., and J. B. Capatides. 1979. "Positive Behavioral-Contrast in Three-Month-Old Infants on Multiple Conjugate Reinforcement Schedules." *Journal of the Experimental Analysis of Behavior* 32 (1): 15–27.

Rovee-Collier, C. K., and M. W. Sullivan. 1980. "Organization of Infant Memory." *Journal of Experimental Psychology. Human Learning and Memory* 6 (6) (Nov.): 798–807.

Rovee-Collier, C. K., M. W. Sullivan, M. Enright, D. Lucas, and J. W. Fagen. 1980. "Reactivation of Infant Memory." *Science* 208 (4448): 1159–1161.

Roy, D., K. Y. Hsiao, and N. Mavridis. 2004. "Mental Imagery for a Conversational Robot." *IEEE Transactions on Systems, Man, and Cybernetics. Part B, Cybernetics* 34 (3): 1374–1383.

Rucinski, M., A. Cangelosi, and T. Belpaeme. 2012. "Robotic Model of the Contribution of Gesture to Learning to Count." Paper presented at the IEEE International Conference on Development and Learning and Epigenetic Robotics, New York.

Rucinski, M., A. Cangelosi, and T. Belpaeme. 2011. "An Embodied Developmental Robotic Model of Interactions between Numbers and Space." Paper presented at the Expanding the Space of Cognitive Science: 23rd Annual Meeting of the Cognitive Science Society, Boston, MA, July 20–23.

Ruesch, J., M. Lopes, A. Bernardino, J. Hornstein, J. Santos-Victor, and R. Pfeifer. 2008. "Multimodal Saliency-Based Bottom-up Attention a Framework for the Humanoid Robot iCub." Paper presented at the IEEE International Conference on Robotics and Automation, New York, May 19–23.

Ryan, R. M., and E. L. Deci. 2000. "Intrinsic and Extrinsic Motivations: Classic Definitions and New Directions." *Contemporary Educational Psychology* 25 (1): 54–67.

Ryan, R. M., and E. L. Deci. 2008. "Self-Determination Theory and the Role of Basic Psychological Needs in Personality and the Organization of Behavior." In *Handbook of Personality: Theory and Research*, 3rd ed., ed. O. P. John, R. W. Robins, and L. A. Pervin, 654–678. New York: Guilford Press.

Saegusa, R., G. Metta, and G. Sandini. 2012. "Body Definition Based on Visuomotor Correlation." *IEEE Transactions on Industrial Electronics* 59 (8): 3199–3210.

Saffran, J. R., E. L. Newport, and R. N. Aslin. 1996. "Word Segmentation: The Role of Distributional Cues." *Journal of Memory and Language* 35 (4) (Aug.): 606–621.

Sahin, E., M. Cakmak, M. R. Dogar, E. Ugur, and G. Ucoluk. 2007. "To Afford or Not to Afford: A New Formalization of Affordances toward Affordance-Based Robot Control." *Adaptive Behavior* 15 (4): 447–472.

Sakagami, Y., R. Watanabe, C. Aoyama, S. Matsunaga, N. Higaki, and K. Fujimura. 2002. "The Intelligent Asimo: System Overview and Integration." Paper presented at the IEEE/RSJ International Conference on Intelligent Robots and Systems, Lausanne, Switzerland, September 30–October 4.

Sakamoto, D., T. Kanda, T. Ono, H. Ishiguro, and N. Hagita. 2007. "Android as a Telecommunication Medium with a Human-Like Presence." Paper presented at the 2nd ACM/IEEE International Conference on Human-Robot Interaction (HRI), Arlington, VA, March.

Samuelson, L. K., and L. B. Smith. 2005. "They Call It Like They See It: Spontaneous Naming and Attention to Shape." *Developmental Science* 8 (2) (Mar.): 182–198.

Sandini, G., G. Metta, and J. Konczak. 1997. "Human Sensori-Motor Development and Artificial Systems." Paper presented at the International Symposium on Artificial Intelligence, Robotics, and Intellectual Human Activity Support for Applications, Wakoshi, Japan.

Sandini, G., G. Metta, D. Vernon, D. Caldwell, N. Tsagarakis, R. Beira, J. Santos-Victor, et al. 2004. "Robotcub: An Open Framework for Research in Embodied Cognition." Paper presented at the 4th IEEE/RAS International Conference on Humanoid Robots, Santa Monica, CA, November 10–12.

Sandini, G., and V. Tagliasco. 1980. "An Anthropomorphic Retina-Like Structure for Scene Analysis." *Computer Graphics and Image Processing* 14 (4): 365–372.

Sann, C., and A. Streri. 2007. "Perception of Object Shape and Texture in Human Newborns: Evidence from Cross-Modal Transfer Tasks." *Developmental Science* 10 (3) (May): 399–410.

引用文献

Sangawa, S., and Y. Kuniyoshi. 2006. "Body and Brain-Spinal Cord Model of Embryo and Neonate, Self-Organization of Somatic Sensory Area and Motor Area." Paper presented at the Robot Society of Japan, 24th Academic Lecture.

Santrock, J. W. 2011. *Child Development.* 13th ed. New York: McGraw Hill.

Sarabia, M., and Y. Demiris. 2013. "A Humanoid Robot Companion for Wheelchair Users." In *Social Robotics*, ed. Guido Herrmann, Martin J. Pearson, Alexander Lenz, Paul Bremner, Adam Spiers, and Ute Leonards, 432–441. Berlin: Springer International Publishing.

Sarabia, M., R. Ros, and Y. Demiris. 2011. "Towards an Open-Source Social Middleware for Humanoid Robots." Paper presented at the 11th IEEE-RAS International Conference on Humanoid Robots, Slovenia, October 26–28.

Saunders, J., C. Lyon, F. Forster, C. L. Nehaniv, and K. Dautenhahn. 2009. "A Constructivist Approach to Robot Language Learning via Simulated Babbling and Holophrase Extraction." Paper presented at the IEEE Symposium on Artificial Life, New York, March 3–April 2.

Saunders, J., C. L. Nehaniv, and C. Lyon. 2011. "The Acquisition of Word Semantics by a Humanoid Robot Via Interaction with a Human Tutor." In *New Frontiers in Human-Robot Interaction*, ed. K. Dautenhahn and J. Saunders, 211–234. Philadelphia: John Benjamins.

Sauser, E. L., B. D. Argall, G. Metta, and A. G. Billard. 2012. "Iterative Learning of Grasp Adaptation through Human Corrections." *Robotics and Autonomous Systems* 60 (1): 55–71.

Savastano, P., and S. Nolfi. 2012. "Incremental Learning in a 14 Dof Simulated iCub Robot: Modeling Infant Reach/Grasp Development." In *Biomimetic and Biohybrid Systems*, ed. T. J. Prescott et al., 250–261. Berlin: Springer-Verlag.

Saylor, M. M., M. A. Sabbagh, and D. A. Baldwin. 2002. "Children Use Whole-Part Juxtaposition as a Pragmatic Cue to Word Meaning." *Developmental Psychology* 38 (6): 993–1003.

Scassellati, B. 2007. "How Social Robots Will Help Us to Diagnose, Treat, and Understand Autism." In *Robotics Research*, ed. S. Thrun, R. Brooks, and H. DurrantWhyte, 552–563. Berlin: Springer-Verlag.

Scassellati, B. 2005. "Quantitative Metrics of Social Response for Autism Diagnosis." Paper presented at the 2005 IEEE International Workshop on Robot and Human Interactive Communication, New York.

Scassellati, B. 2002. "Theory of Mind for a Humanoid Robot." *Autonomous Robots* 12 (1): 13–24.

Scassellati, B. 1999. "Imitation and Mechanisms of Joint Attention: A Developmental Structure for Building Social Skills on a Humanoid Robot." In *Computation for Metaphors, Analogy, and Agents*, ed. C. L. Nehaniv, 176–195. Heidelberg, Germany: Springer-Verlag Berlin.

Scassellati, B. 1998. "Building Behaviors Developmentally: A New Formalism." Paper presented at the AAAI Spring Symposium on Integrating Robotics Research, Palo Alto, CA, March 23–25.

Scassellati, B., H. Admoni, and M. Matarić. 2012. "Robots for Use in Autism Research." In *Annual Review of Biomedical Engineering*, vol 14, ed. M. L. Yarmush,, 275–294. Palo Alto, CA: Annual Reviews.

Schaal, S. 1999. "Is Imitation Learning the Route to Humanoid Robots?" *Trends in Cognitive Sciences* 3 (6): 233–242.

Schembri, M., M. Mirolli, and G. Baldassarre. 2007. "Evolving Internal Reinforcers for an Intrinsically Motivated Reinforcement-Learning Robot." Paper presented at the IEEE 6th International Conference on Development and Learning, London, July 11–13.

Schlesinger, M., D. Amso, and S. P. Johnson. 2012. "Simulating the Role of Visual Selective Attention during the Development of Perceptual Completion." *Developmental Science* 15 (6) (Nov.): 739–752.

Schlesinger, M., D. Amso, and S. P. Johnson. 2007. "Simulating Infants' Gaze Patterns during the Development of Perceptual Completion." Paper presented at the 7th International Workshop on Epigenetic Robotics: Modeling Cognitive Development in Robotic Systems, Piscataway, NJ, November 5–7.

Schlesinger, M., and J. Langer. 1999. "Infants' Developing Expectations of Possible and Impossible Tool-Use Events between Ages Eight and Twelve Months." *Developmental Science* 2 (2) (May): 195–205.

Schlesinger, M., and D. Parisi. 2007. "Connectionism in an Artificial Life Perspective: Simulating Motor, Cognitive, and Language Development." In *Neuroconstructivism*, ed. D. Mareschal, S. Sirois, G. Westermann, and M. H. Johnson, 129–158. Oxford, UK: Oxford University Press.

Schlesinger, M., and D. Parisi. 2001. "The Agent-Based Approach: A New Direction for Computational Models of Development." *Developmental Review* 21 (1) (Mar.): 121–146.

Schlesinger, M., D. Parisi, and J. Langer. 2000. "Learning to Reach by Constraining the Movement Search Space." *Developmental Science* 3 (1) (Mar.): 67–80.

Schmidhuber, J. 2013. "Formal Theory of Creativity, Fun, and Intrinsic Motivation (1990–2010)." In *Intrinsically Motivated Learning in Natural and Artificial Systems*, ed. G. Baldassarre and M. Mirolli, 230–247. Heidelberg: Springer-Verlag.

Schmidhuber, J. 1991. "Curious Model-Building Control-Systems." Paper presented at the 1991 IEEE International Joint Conference on Neural Networks, Singapore.

Schwanenflugel, P. J., ed. 1991. *Why Are Abstract Concepts Hard to Understand. Psychology of Word Meanings*. Hillsdale, NJ: Erlbaum.

Schwarz, W., and F. Stein. 1998. "On the Temporal Dynamics of Digit Comparison Processes." *Journal of Experimental Psychology. Learning, Memory, and Cognition* 24 (5) (Sept.): 1275–1293.

Sebastián-Gallés, N., and L. Bosch. 2009. "Developmental Shift in the Discrimination of Vowel Contrasts in Bilingual Infants: Is the Distributional Account All There Is to It?" *Developmental Science* 12 (6) (Nov): 874–887.

Serre, T., and T. Poggio. 2010. "A Neuromorphic Approach to Computer Vision." *Communications of the ACM* 53 (10): 54–61.

Shadmehr, R., and S. P. Wise. 2004. *The Computational Neurobiology of Reaching and Pointing*. Cambridge, MA: MIT Press.

Shafii, N., L. P. Reis, and R. J. F. Rossetti. 2011. "Two Humanoid Simulators: Comparison and Synthesis." Paper presented at the 6th Iberian Conference on Information Systems and Technologies (CISTI), Chaves, Portugal, June 15–18.

Shamsuddin, S., H. Yussof, L. Ismail, F. A. Hanapiah, S. Mohamed, H. A. Piah, and N. I. Zahari. 2012. "Initial Response of Autistic Children in Human-Robot Interaction Therapy with Humanoid Robot NAO." Paper presented at the IEEE 8th International Colloquium on Signal Processing and Its Applications (CSPA).

Shanahan, M. 2006. "A Cognitive Architecture That Combines Internal Simulation with a Global Workspace." *Consciousness and Cognition* 15 (2) (June): 433–449.

Shapiro, L., and G. Stockman. 2002. *Computer Vision*. London: Prentice Hall.

Shapiro, S. C., and H. O. Ismail. 2003. "Anchoring in a Grounded Layered Architecture with Integrated Reasoning." *Robotics and Autonomous Systems* 43 (2–3) (May): 97–108.

Siciliano, B., and O. Khatib, eds. 2008. *Springer Handbook of Robotics*. Berlin and Heidelberg: Springer.

Simons, D. J., and F. C. Keil. 1995. "An Abstract to Concrete Shift in the Development of Biological Thought—the Insides Story." *Cognition* 56 (2) (Aug.): 129–163.

Sinha, P. 1996. "Perceiving and Recognizing Three-Dimensional Forms." PhD diss., Dept. of Electrical Engineering and Computer Science, Massachusetts Institute of Technology, Cambridge, MA.

Sirois, S., and D. Mareschal. 2004. "An Interacting Systems Model of Infant Habituation." *Journal of Cognitive Neuroscience* 16 (8): 1352–1362.

Siviy, S. M., and J. Panksepp. 2011. "In Search of the Neurobiological Substrates for Social Playfulness in Mammalian Brains." *Neuroscience and Biobehavioral Reviews* 35 (9) (Oct.): 1821–1830.

Slater, A., S. P. Johnson, E. Brown, and M. Badenoch. 1996. "Newborn Infant's Perception of Partly Occluded Objects." *Infant Behavior and Development* 19 (1): 145–148.

Smeets, J. B. J., and E. Brenner. 1999. "A New View on Grasping." *Motor Control* 3 (3) (July): 237–271.

Smilansky, S. 1968. *The Effects of Sociodramatic Play on Disadvantaged Preschool Children*. New York: Wiley.

Smith, L. B. 2005. "Cognition as a Dynamic System: Principles from Embodiment." *Developmental Review* 25 (3–4) (Sept.–Dec.): 278–298.

Smith, L. B., and L. K. Samuelson. 2010. "Objects in Space and Mind: From Reaching to Words." In The Spatial F*oundations of Language and Cognition*: *Thinking t*hrough Space, ed. K. S. Mix, L. B. Smith, and M. Gasser, 188–207. Oxford: Oxford University Press.

Smith, L. B., and E. Thelen. 2003. Development as a Dynamic System. *Trends in Cognitive Sciences* 7 (8): 343–348.

Sokolov, E. N. 1963. *Perception and the Conditioned Reflex*. New York: Pergamon.

Spelke, E. S. 1990. "Principles of Object Perception." *Cognitive Science* 14 (1): 29–56.

Spitz, R. A. 1957. *No and Yes: On the Genesis of Human Communication*. Madison, CT: International Universities Press.

Sporns, O., and G. M. Edelman. 1993. "Solving Bernstein Problem—a Proposal for the Development of Coordinated Movement by Selection." *Child Development* 64 (4) (Aug.): 960–981.

Spranger, M. 2012a. "A Basic Emergent Grammar for Space." In *Experiments in Cultural Language Evolution*, ed. L. Steels, 207–232. Amsterdam: John Benjamins.

Spranger, M. 2012b. "The Co-evolution of Basic Spatial Terms and Categories." In *Experiments in Cultural Language Evolution*, 111–141. Amsterdam: John Benjamins.

Stanley, K. O., and R. Miikkulainen. 2003, "A Taxonomy for Artificial Embryogeny." *Artificial Life* 9 (2) (Spring): 93–130.

Starkey, P., and R. G. Cooper. 1995. "The Development of Subitizing in Young-Children." *British Journal of Developmental Psychology* 13 (Nov.): 399–420.

Starkey, P., and R. G. Cooper. 1980. "Perception of Numbers by Human Infants." *Science* 210 (4473): 1033–1035.

Steels, L., ed. 2012. *Experiments in Cultural Language Evolution*. Vol. 3. Amsterdam: John Benjamins.

Steels, L. 2011. *Design Patterns in Fluid Construction Grammar*. Vol. 11. Amsterdam: John Benjamins.

Steels, L. 2003. "Evolving Grounded Communication for Robots." *Trends in Cognitive Sciences* 7 (7) (July): 308–312.

Steels, L., and J. de Beule. 2006. "A (Very) Brief Introduction to Fluid Construction Grammar." In *Proceedings of the Third Workshop on Scalable Natural Language Understanding*, 73–80. Stroudsburg, PA: Association for Computational Linguistics.

Steels, L., and F. Kaplan. 2002. "Aibos First Words: The Social Learning of Language and Meaning." *Evolution of Communication* 4 (1): 3–32.

Stewart, J., O. Gapenne, and E. A. Di Paolo. 2010. *Enaction: Toward a New Paradigm for Cognitive Science*. Cambridge, MA: MIT Press.

Stojanov, G. 2001. "Petitagé: A Case Study in Developmental Robotics." Paper presented at the 1st International Workshop on Epigenetic Robotics: Modeling Cognitive Development in Robotic Systems, Lund, Sweden, September 17–18.

Stoytchev, A. 2005. "Behavior-Grounded Representation of Tool Affordances." Paper presented at the 2005 IEEE International Conference on Robotics and Automation, New York.

Stoytchev, A. 2008. "Learning the Affordances of Tools Using a Behavior-Grounded Approach." In *Towards Affordance-Based Robot Control*, ed. E. Rome, J. Hertzberg, and G. Dorffner, 140–158. Berlin: Springer-Verlag Berlin.

Stoytchev, A. 2011. "Self-Detection in Robots: A Method Based on Detecting Temporal Contingencies." *Robotica* 29 (Jan.): 1–21.

Stramandinoli, F., D. Marocco, and A. Cangelosi. 2012. "The Grounding of Higher Order Concepts in Action and Language: A Cognitive Robotics Model." *Neural Networks* 32 (Aug.): 165–173.

Sturm, J., C. Plagemann, and W. Burgard. 2008. "Unsupervised Body Scheme Learning through Self-Perception." Paper presented at the IEEE International Conference on Robotics and Automation (ICRA), New York.

Sugita, Y., and J. Tani. 2005. "Learning Semantic Combinatoriality from the Interaction between Linguistic and Behavioral Processes." *Adaptive Behavior* 13 (1): 33–52.

Sun, R. 2007. "The Importance of Cognitive Architectures: An Analysis Based on Clarion." *Journal of Experimental & Theoretical Artificial Intelligence* 19 (2) (June): 159–193.

Sun, R., E. Merrill, and T. Peterson. 2001. "From Implicit Skills to Explicit Knowledge: A Bottom-up Model of Skill Learning." *Cognitive Science* 25 (2) (Mar.–Apr.): 203–244.

Sutton, R. S., and A. G. Barto. 1998. *Reinforcement Learning: An Introduction*. Cambridge, MA: MIT Press.

Szeliski, R. 2011. *Computer Vision: Algorithms and Applications*. London: Springer.

Taga, G. 2006. "Nonlinear Dynamics of Human Locomotion: From Real-Time Adaptation to Development." In *Adaptive Motion of Animals and Machines*, ed. H. Kimura, K. Tsuchiya, A. Ishiguro, and H. Witte, 189–204. Tokyo: Springer-Verlag.

Tallerman, M., and K. R. Gibson. 2012. *The Oxford Handbook of Language Evolution*. Oxford, UK: Oxford University Press.

Tanaka, F., A. Cicourel, and J. R. Movellan. 2007. "Socialization between Toddlers and Robots at an Early Childhood Education Center." *National Academy of Sciences of the United States of America* 104 (46): 17954–17958.

Tani, J. 2003. "Learning to Generate Articulated Behavior through the Bottom-Up and the Top-Down Interaction Processes." *Neural Networks* 16 (1): 11–23.

Tanz, J. 2011. "Kinect Hackers Are Changing the Future of Robotics." *Wired Magazine*, June 28. http://www.wired.com/2011/06/mf_kinect.

Tapus, A., M. J. Matarić, and B. Scassellati. 2007. "Socially Assistive Robotics—the Grand Challenges in Helping Humans through Social Interaction." *IEEE Robotics & Automation Magazine* 14 (1) (Mar.): 35–42.

ten Bosch, L., and L. Boves. 2008. "Unsupervised Detection of Words-Questioning the Relevance of Segmentation." Paper presented at ITRW on Speech Analysis and Processing for Knowledge Discovery Workshop, Aalborg, Denmark, June 4–6.

Thelen, E. 1986. "Treadmill-Elicited Stepping in 7-Month-Old Infants." *Child Development* 57 (6) (Dec.): 1498–1506.

Thelen, E., G. Schöner, C. Scheier, and L. B. Smith. 2001. "The Dynamics of Embodiment: A Field Theory of Infant Perseverative Reaching." *Behavioral and Brain Sciences* 24 (1) (Feb.): 1–86.

Thelen, E., and L. B. Smith. 1994. *A Dynamic Systems Approach to the Development of Cognition and Action*. Cambridge, MA: MIT Press.

Thelen, E., and B. D. Ulrich. 1991. "Hidden Skills: A Dynamic Systems Analysis of Treadmill Stepping during the First Year." *Monographs of the Society for Research in Child Development* 56 (1): 1–98, discussion 99–104.

Thelen, E., B. D. Ulrich, and D. Niles. 1987. "Bilateral Coordination in Human Infants—Stepping on a Split-Belt Treadmill." *Journal of Experimental Psychology. Human Perception and Performance* 13 (3) (Aug.): 405–410.

Thill, S., C. A. Pop, T. Belpaeme, T. Ziemke, and B. Vanderborght. 2012. "Robot-Assisted Therapy for Autism Spectrum Disorders with (Partially) Autonomous Control: Challenges and Outlook." *Paladyn Journal of Behavioral Robotics* 3 (4): 209–217.

Thomaz, A. L., M. Berlin, and C. Breazeal. 2005. "An Embodied Computational Model of Social Referencing." Paper presented at the 2005 IEEE International Workshop on Robot and Human Interactive Communication, New York.

Thornton, S. 2008. *Understanding Human Development*. Basingstoke, UK: Palgrave Macmillan.

Thrun, S., and J. J. Leonard. 2008. "Simultaneous Localization and Mapping." In *Springer Handbook of Robotics*, ed. B. Siciliano and O. Khatib, 871–889. Berlin: Springer.

Tikhanoff, V., A. Cangelosi, P. Fitzpatrick, G. Metta, L. Natale, and F. Nori. 2008. "An Open-Source Simulator for Cognitive Robotics Research: The Prototype of the iCub Humanoid Robot Simulator." Paper presented at the 8th Workshop on Performance Metrics for Intelligent Systems, Washington, DC.

Tikhanoff, V., A. Cangelosi, J. F. Fontanari, and L. I. Perlovsky. 2007. "Scaling up of Action Repertoire in Linguistic Cognitive Agents." Paper presented at the International Conference on Integration of Knowledge Intensive Multi-Agent Systems, New York.

Tikhanoff, V., A. Cangelosi, and G. Metta. 2011. "Integration of Speech and Action in Humanoid Robots: iCub Simulation Experiments." *IEEE Transactions on Autonomous Mental Development* 3 (1): 17–29.

Tomasello, M. 2009. *Why We Cooperate*. Vol. 206. Cambridge, MA: MIT Press.

Tomasello, M. 2008. *Origins of Human Communication*. Cambridge, MA: MIT Press.

Tomasello, M. 2003. *Constructing a Language: A Usage-Based Theory of Language Acquisition*. Cambridge, MA: Harvard University Press.

Tomasello, M. 1995. "Language Is Not an Instinct." *Cognitive Development* 10 (1): 131–156.

Tomasello, M. 1992. *First Verbs: A Case Study of Early Grammatical Development*. Cambridge, UK: Cambridge University Press.

Tomasello, M., and P. J. Brooks. 1999. *Early Syntactic Development: A Construction Grammar Approach*. New York: Psychology Press.

Tomasello, M., M. Carpenter, J. Call, T. Behne, and H. Moll. 2005. "Understanding and Sharing Intentions: The Origins of Cultural Cognition." *Behavioral and Brain Sciences* 28 (5) (Oct.): 675–691.

Tomasello, M., M. Carpenter, and U. Liszkowski. 2007. "A New Look at Infant Pointing." *Child Development* 78 (3) (May–June): 705–722.

Touretzky, D. S., and E. J. Tira-Thompson. 2005. "Tekkotsu: A Framework for Aibo Cognitive Robotics." Paper presented at the National Conference on Artificial Intelligence, Menlo Park, CA.

Traver, V. J., and A. Bernardino. 2010. "A Review of Log-Polar Imaging for Visual Perception in Robotics." *Robotics and Autonomous Systems* 58 (4): 378–398.

Trevarthen, C. 1975. "Growth of Visuomotor Coordination in Infants." *Journal of Human Movement Studies* 1: 57.

Triesch, J., C. Teuscher, G. O. Deák, and E. Carlson. 2006. "Gaze Following: Why (Not) Learn It?" *Developmental Science* 9 (2): 125–147.

Trivedi, D., C. D. Rahn, W. M. Kier, and I. D. Walker. 2008. "Soft Robotics: Biological Inspiration, State of the Art, and Future Research." *Applied Bionics and Biomechanics* 5 (3): 99–117.

Tuci, E., T. Ferrauto, A. Zeschel, G. Massera, and S. Nolfi. 2010. "An Experiment on the Evolution of Compositional Semantics and Behaviour Generalisation in Artificial Agents." Special issue on "Grounding Language in Action." *IEEE Transactions on Autonomous Mental Development* 3(2): 1–14.

Turing, A. M. 1950. "Computing Machinery and Intelligence." *Mind* 59 (236): 433–460.

Turkle, S., O. Dasté, C. Breazeal, and B. Scassellati. 2004. "Encounters with Kismet and Cog." Paper presented at the 2004 IEEE-RAS/RSJ International Conference on Humanoid Robots, Los Angeles, November.

Ude, A., and C. G. Atkeson. 2003. "Online Tracking and Mimicking of Human Movements by a Humanoid Robot." *Advanced Robotics* 17 (2): 165–178.

Ude, A., V. Wyart, L. H. Lin, and G. Cheng. 2005. "Distributed Visual Attention on a Humanoid Robot." Paper presented at the 5th IEEE-RAS International Conference on Humanoid Robots, New York.

Ugur, E., M. R. Dogar, M. Cakmak, and E. Sahin. 2007. "The Learning and Use of Traversability Affordance Using Range Images on a Mobile Robot." Paper presented at the 2007 IEEE International Conference on Robotics and Automation (ICRA), New York.

Valenza, E., F. Simion, V. M. Cassia, and C. Umilta. 1996. "Face Preference at Birth." *Journal of Experimental Psychology. Human Perception and Performance* 22 (4) (Aug.): 892–903.

van Leeuwen, L., A. Smitsman, and C. van Leeuwen. 1994. "Affordances, Perceptual Complexity, and the Development of Tool Use." *Journal of Experimental Psychology. Human Perception and Performance* 20 (1): 174–191.

van Sleuwen, B. E., A. C. Engelberts, M. M. Boere-Boonekamp, W. Kuis, T. W. J. Schulpen, and M. P. L'Hoir. 2007. "Swaddling: A Systematic Review." *Pediatrics* 120 (4): e1097–e1106.

van Wynsberghe, A. 2012. "Designing Robots with Care: Creating an Ethical Framework for the Future Design and Implementation of Care Robots." Ph.D. diss., University of Twente, Enschede, Netherlands.

Varela, F. J., E. T. Thompson, and E. Rosch. 1991. *The Embodied Mind: Cognitive Science and Human Experience*. Cambridge, MA: MIT Press.

Vaughan, R. 2008. "Massively Multi-Robot Simulation in Stage." *Swarm Intelligence* 2 (2–4): 189–208.

Vereijken, B., and K. Adolph. 1999. "Transitions in the Development of Locomotion." In *Non-Linear Developmental Processes*, ed. G. J. P. Savelsbergh, H. L. J. VanderMaas, and P. L. C. VanGeert, 137–149. Amsterdam: Elsevier.

Verguts, T., W. Fias, and M. Stevens. 2005. "A Model of Exact Small-Number Representation." *Psychonomic Bulletin & Review* 12 (1): 66–80.

Vernon, D. 2010. "Enaction as a Conceptual Framework for Developmental Cognitive Robotics." *Paladyn Journal of Behavioral Robotics* 1 (2): 89–98.

Vernon, D., G. Metta, and G. Sandini. 2007. "A Survey of Artificial Cognitive Systems: Implications for the Autonomous Development of Mental Capabilities in Computational Agents." *IEEE Transactions on Evolutionary Computation* 11 (2) (Apr.): 151–180.

Vernon, D., C. von Hofsten, and L. Fadiga. 2010. *A Roadmap for Cognitive Development in Humanoid Robots. Cognitive Systems Monographs (COSMOS)*. Vol. 11. Berlin: Springer-Verlag.

Verschure, P. F. M. J., T. Voegtlin, and R. J. Douglas. 2003. "Environmentally Mediated Synergy between Perception and Behaviour in Mobile Robots." *Nature* 425 (6958) (Oct.): 620–624.

Veruggio, G., and F. Operto. 2008. "64. Roboethics: Social and Ethical Implications of Robotics." In *Springer Handbook of Robotics*, ed. B. Siciliano and O. Khatib, 1499–1524. Berlin: Springer.

Vieira-Neto, H., and U. Nehmzow. 2007. "Real-Time Automated Visual Inspection Using Mobile Robots." *Journal of Intelligent & Robotic Systems* 49 (3): 293–307.

Vihman, M. M. 1996. *Phonological Development: The Origins of Language in the Child*. Oxford, UK: Blackwell Publishers.

Vinogradova, O. S. 1975. "The Hippocampus and the Orienting Reflex." In *Neuronal Mechanisms of the Orienting Reflex*, ed. E. N. Sokolov and O. S. Vinogradova, 128–154. Hillsdale, NJ: Erlbaum.

Vogt, P. 2000. "Bootstrapping Grounded Symbols by Minimal Autonomous Robots." *Evolution of Communication* 4 (1): 89–118.

Vollmer, A. L., K. Pitsch, K. S. Lohan, J. Fritsch, K. J. Rohlfing, and B. Wrede. 2010. "Developing Feedback: How Children of Different Age Contribute to a Tutoring Interaction with Adults." Paper presented at the IEEE 9th International Conference on Development and Learning (ICDL), Ann Arbor, MI, August 18–21.

von Hofsten, C. 2007. "Action in Development." *Developmental Science* 10 (1): 54–60.

von Hofsten, C. 1984. "Developmental Changes in the Organization of Prereaching Movements." *Developmental Psychology* 20 (3): 378–388.

von Hofsten, C. 1982. "Eye–Hand Coordination in the Newborn." *Developmental Psychology* 18 (3) (May): 450–461.

von Hofsten, C., and S. Fazel-Zandy. 1984. "Development of Visually Guided Hand Orientation in Reaching." *Journal of Experimental Child Psychology* 38 (2) (Oct.): 208–219.

von Hofsten, C., and L. Rönnqvist. 1993. "The Structuring of Neonatal Arm Movements." *Child Development* 64 (4) (Aug.): 1046–1057.

Vos, J. E., and K. A. Scheepstra. 1993. "Computer-Simulated Neural Networks—an Appropriate Model for Motor Development." *Early Human Development* 34 (1–2) (Sept.): 101–112.

Vygotsky, L. L. S. 1978. *Mind in Society: The Development of Higher Psychological Processes*. Cambridge, MA: Harvard University Press.

Wainer, J., K. Dautenhahn, B. Robins, and F. Amirabdollahian. 2010. "Collaborating with Kaspar: Using an Autonomous Humanoid Robot to Foster Cooperative Dyadic Play among Children with Autism." Paper presented at the Humanoid Robots (Humanoids), 10th IEEE-RAS International Conference, Nashville, TN, December 6–8.

Wainer, J., K. Dautenhahn, B. Robins, and F. Amirabdollahian. 2013. "A Pilot Study with a Novel Setup for Collaborative Play of the Humanoid Robot KASPAR with Children with Autism." *International Journal of Social Robotics* 6 (1): 45–65.

Wakeley, A., S. Rivera, and J. Langer. 2000. "Can Young Infants Add and Subtract?" *Child Development* 71 (6) (Nov.–Dec.): 1525–1534.

Wallach, W., and C. Allen. 2008. *Moral Machines: Teaching Robots Right from Wrong*. Oxford, UK: Oxford University Press.

Walters, M. L., K. Dautenhahn, R. Te Boekhorst, K. L. Koay, D. S. Syrdal, and C. L. Nehaniv. 2009. "An Empirical Framework for Human-Robot Proxemics." Paper presented at the New Frontiers in Human-Robot Interaction (symposium at the AISB2009 Convention), Heriot Watt University, Edinburgh, UK, April 8–9.

Walters, M. L., D. S. Syrdal, K. Dautenhahn, R. te Boekhorst, and K. L. Koay. 2008. "Avoiding the Uncanny Valley: Robot Appearance, Personality and Consistency of Behavior in an Attention-Seeking Home Scenario for a Robot Companion." *Autonomous Robots* 24 (2): 159–178.

Wang, H., T. R. Johnson, and J. Zhang. 2001. "The Mind's Views of Space." Paper presented at the 3rd International Conference of Cognitive Science, Tehran, Iran, May 10–12.

Warneken, F., F. Chen, and M. Tomasello. 2006. "Cooperative Activities in Young Children and Chimpanzees." *Child Development* 77 (3) (May–June): 640–663.

Warneken, F., and M. Tomasello. 2006. "Altruistic Helping in Human Infants and Young Chimpanzees." *Science* 311 (5765): 1301–1303.

Watanabe, A., M. Ogino, and M. Asada. 2007. "Mapping Facial Expression to Internal States Based on Intuitive Parenting." *Journal of Robotics and Mechatronics* 19 (3): 315–323.

Wauters, L. N., A. E. J. M. Tellings, W. H. J. van Bon, and A. W. van Haafren. 2003. "Mode of Acquisition of Word Meanings: The Viability of a Theoretical Construct." *Applied Psycholinguistics* 24 (3) (July): 385–406.

Wei, L., C. Jaramillo, and L. Yunyi. 2012. "Development of Mind Control System for Humanoid Robot through a Brain Computer Interface." Paper presented at the 2nd International Conference on Intelligent System Design and Engineering Application (ISDEA), Sanya, Hainan, January 6–7.

Weir, S., and R. Emanuel. 1976. *Using Logo to Catalyse Communication in an Autistic Child*. Edinburgh, UK: Department of Artificial Intelligence, University of Edinburgh.

Weng, J. 2004. "A Theory of Developmental Architecture." Paper presented at the 3rd International Conference on Development and Learning, La Jolla, CA, October 20–22.

Weng, J. Y., J. McClelland, A. Pentland, O. Sporns, I. Stockman, M. Sur, and E. Thelen. 2001. "Artificial Intelligence—Autonomous Mental Development by Robots and Animals." *Science* 291 (5504) (Jan.): 599–600.

Wentworth, N., M. M. Haith, and R. Hood. 2002. "Spatiotemporal Regularity and Interevent Contingencies as Information for Infants' Visual Expectations." *Infancy* 3 (3): 303–321.

Westermann, G., and E. R. Miranda. 2004. "A New Model of Sensorimotor Coupling in the Development of Speech." *Brain and Language* 82 (2): 393–400.

Wetherford, M. J., and L. B. Cohen. 1973. "Developmental Changes in Infant Visual Preferences for Novelty and Familiarity." *Child Development* 44 (3): 416–424.

Wheeler, D. S., A. H. Fagg, and R. A. Grupen. 2002. "Learning Prospective Pick and Place Behavior." Paper presented at the 2nd International Conference on Development and Learning (ICDL 2002), Massachusetts Institute of Technology, Cambridge, MA, June 12–15.

White, B. L., P. Castle, and R. Held. 1964. "Observations on the Development of Visually-Directed Reaching." *Child Development* 35: 349–364.

White, R. W. 1959. "Motivation Reconsidered: The Concept of Competence." *Psychological Review* 66: 297–333.

Wiemer-Hastings, K., J. Krug, and X. Xu. 2001. "Imagery, Context Availability, Contextual Constraint, and Abstractness." Paper presented at the 23rd Annual Conference of the Cognitive Science Society, Edinburgh, Scotland, August 1–4.

Wilson, M. 2002. "Six Views of Embodied Cognition." *Psychonomic Bulletin & Review* 9 (4) (Dec.): 625–636.

Witherington, D. C. 2005. "The Development of Prospective Grasping Control between 5 and 7 Months: A Longitudinal Study." *Infancy* 7 (2): 143–161.

Wolfe, J. M. 1994. "Guided Search 2.0: A Revised Model of Visual Search." *Psychonomic Bulletin & Review* 1 (2): 202–238.

Wolpert, D. M., and M. Kawato. 1998. "Multiple Paired Forward and Inverse Models for Motor Control." *Neural Networks* 11 (7–8) (Oct.–Nov.): 1317–1329.

Wood, L. J., K. Dautenhahn, A. Rainer, B. Robins, H. Lehmann, and D. S. Syrdal. 2013. "Robot-Mediated Interviews—How Effective Is a Humanoid Robot as a Tool for Interviewing Young Children?" *PLoS ONE* 8 (3) (Mar): e59448.

Wright, J. S., and J. Panksepp. 2012. "An Evolutionary Framework to Understand Foraging, Wanting, and Desire: The Neuropsychology of the Seeking System." *Neuropsychoanalysis: An Interdisciplinary Journal for Psychoanalysis and the Neurosciences* 14 (1): 5–39.

Wu, Q. D., C. J. Liu, J. Q. Zhang, and Q. J. Chen. 2009. "Survey of Locomotion Control of Legged Robots Inspired by Biological Concept." *Science in China Series F-Information Sciences* 52 (10): 1715–1729.

Wynn, K. 1998. "Psychological Foundations of Number: Numerical Competence in Human Infants." *Trends in Cognitive Sciences* 2 (8): 296–303.

Wynn, K. 1992. "Addition and Subtraction by Human Infants." *Nature* 358 (6389) (Aug.): 749–750.

Wynn, K. 1990. "Children's Understanding of Counting." *Cognition* 36 (2) (Aug.): 155–193.

Xu, F., and E. S. Spelke. 2000. "Large Number Discrimination in Six-Month-Old Infants." *Cognition* 74 (1): B1–B11.

Yamashita, Y., and J. Tani. 2008. "Emergence of Functional Hierarchy in a Multiple Timescale Neural Network Model: A Humanoid Robot Experiment." *PLoS Computational Biology* 4 (11): e1000220.

Yim, M., W. M. Shen, B. Salemi, D. Rus, M. Moll, H. Lipson, E. Klavins, and G. S. Chirikjian. 2007. "Modular Self-Reconfigurable Robot Systems—Challenges and Opportunities for the Future." *IEEE Robotics & Automation Magazine* 14 (1): 43–52.

Yoshikawa, Y., M. Asada, K. Hosoda, and J. Koga. 2003. "A Constructivist Approach to Infants' Vowel Acquisition through Mother–Infant Interaction." *Connection Science* 15 (4): 245–258.

Yu, C. 2005. "The Emergence of Links between Lexical Acquisition and Object Categorization: A Computational Study." *Connection Science* 17 (3–4) (Sept.–Dec.): 381–397.

Yucel, Z., A. A. Salah, C. Mericli, and T. Mericli. 2009. "Joint Visual Attention Modeling for Naturally Interacting Robotic Agents." Paper presented at the 24th International Symposium on Computer and Information Sciences (ISCIS), New York.

Yürüten, O., K. F. Uyanık, Y. Çalışkan, A. K. Bozcuoğlu, E. Şahin, and S. Kalkan. 2012. "Learning Adjectives and Nouns from Affordances on the iCub Humanoid Robot." Paper presented at the SAB-2012 Simulation of Adaptive Behavior Conference, Odense.

Zelazo, P. R., N. A. Zelazo, and S. Kolb. 1972. "'Walking' in the Newborn." *Science* 176 (4032): 314–315.

Zhang, X., and M. H. Lee. 2006. "Early Perceptual and Cognitive Development in Robot Vision." Paper presented at the 9th International Conference on Simulation of Adaptive Behavior (SAB 2006), Berlin, Germany.

Ziemke, T. 2003. "On the Role of Robot Simulations in Embodied Cognitive Science." *AISB Journal* 1 (4): 389–399.

Ziemke, T. 2001. "Are Robots Embodied?" Paper presented at the 1st International Workshop on Epigenetic Robotics: Modeling Cognitive Development in Robotic Systems, Lund, Sweden, September 17–18.

Zlatev, J., and C. Balkenius. 2001. "Introduction: Why 'Epigenetic Robotics'?: Paper presented at the 1st International Workshop on Epigenetic Robotics: Modeling Cognitive Development in Robotic Systems, Lund, Sweden, September 17–18.

Zöllner, R., T. Asfour, and R. Dillmann. 2004. "Programming by Demonstration: Dual-Arm Manipulation Tasks for Humanoid Robots." Paper presented at the IEEE/RSJ International Conference on Intelligent Robots and Systems, Sendai, Japan, September 28–October 2.

図版クレジット

図2.1 　図版提供：(a) Brian Scassellatti. (b) Giorgio Metta. (c) 石黒研究室.
図2.4 　図版提供：Giogio Metta（イタリア工科大学，プリマス大学）.
図2.5 　図版提供：© Softbank Robotics. 撮影：Ed Aldcock.
図2.6 　図版提供：(a) Honda Motor Europe. (b) © ソニー株式会社.
図2.7 　図版提供：Gordon Cheng.
図2.8 　図版提供：JST ERATO 浅田共創知能システムプロジェクト.
図2.9 　図版提供：石黒研究室.
図2.10 　図版提供：小嶋英樹（東北大学）.
図2.11 　図版提供：石原尚，浅田稔（大阪大学）.
図2.12 　図版提供：Kerstin Dautenhahn（ハートフォードシャー大学）.
図2.13 　図版提供：© ソニー株式会社.
図2.14 　図版提供：Vadim Tikhanoff.
図2.15 　図版提供：Cyberbotics.
図2.16 　Reprinted by permission from Springer Narure. *Biological Cybernetics* 95 (6). "Early Motor Development from Partially Ordered Neural-Body Dynamics: Experiments with a Cortico-Spinal-Musculo-Skeletal Model." 589–605. by Kuniyoshi, Y., and S. Sangawa. 2006. 図版提供：國吉康夫（東京大学）.
図2.17 　© 2010 IEEE. Reprinted, with permission, from Mori, H., and Y. Kuniyoshi. "A Human Fetus Development Simulation: Self-Organization of Behaviors through Tactile Sensation." Paper presented at the IEEE 9th International Conference on Development and Learning, Ann Arbor, MI, August 18–21. 図版提供：國吉康夫（東京大学）.
図3.1 　American Psychological Association（パブリックドメイン）.
図3.2 　From Bronson, G. W. 1991. "Infant Differences in Rate of Visual Encoding." *Child Development* 62 (1) (Feb.). 44–54. Reprinted by permission of John Wiley & Sons, Inc.
図3.3 　From Berthier, N. E., B. I. Bertenthal, J. D. Seaks, M. R. Sylvia, R. L. Johnson, and R. K. Clifton. 2001. "Using Object Knowledge in Visual Tracking and Reaching." *Infancy* 2 (2). Reprinted by permission of John Wiley & Sons, Inc.
図3.5 　図版提供：Pierre-Yves Oudeyer.
図3.6 　Reprinted by permission from Springer Nature. *Journal of Intelligent & Robotic Systems* 49 (3). "Real-Time Automated Visual Inspection Using Mobile Robots." 293–307. by Vieira-Neto, H., and U. Nehmzow. 2007.

図版クレジット

図3.7   図版提供：John Weng.
図3.8   Reprinted from *Trends in Cognitive Sciences* 17 (11). Gottlieb, J. et al. 2013. "Information-Seeking, Curiosity, and Attention: Computational and Neural Mechanisms." 585–593. with permission from Elsevier.
図3.9   図版提供：Andy Barto.
図3.10 図版提供：Gianluca Baldassarre.
図3.11 © 2010 IEEE. Reprinted, with permission, from Merrick, K. E. "A Comparative Study of Value Systems for Self-Motivated Exploration and Learning by Robots." *IEEE Transactions on Autonomous Mental Development* 2 (2) (June): 119–131. 図版提供：Kathryn Merrick.
図4.1   Fantz, R. L. *Perceptual and Motor Skills* 6: 13–15. copyright © 1956 Southern Universities Press. Reprinted by Permission of SAGE Pubications, Ltd.
図4.5   Reprinted from *Journal of Experimental Child Psychology* 38 (2). Acredolo, L. P., A. Adams, and S. W. Goodwyn. 1984. "The Role of Self-Produced Movement and Visual Tracking in Infant Spatial Orientation.". 312–327. with permission from Elsevier.
図4.7   van Leeuwen, L., A. Smitsman, and C. van Leeuwen. "Affordances, Perceptual Complexity, and the Development of Tool Use." *Journal of Experimental Psychology. Human Perception and Performance* 20 (1): 174–191. 1994. APA reprinted with permission.
図4.9   図版提供：福家佐和.
図4.10 from Bednar, J. A., and R. Miikkulainen. 2003. "Learning Innate Face Preferences." *Neural Computation* 15(7): 1525-1557. 図版提供：James Bednar.
図4.11 Hiraki, K., A. Sashima, and S. Phillips. *Adaptive Behavior* 6 (3–4) (Winter–Spring): 371–391. copyright © 1998 Massachusetts Institute of Technology. Reprinted by Permission of SAGE Pubications, Ltd.
図4.12 Stoytchev, A. "Self-Detection in Robots: A Method Based on Detecting Temporal Contingencies." *Robotica* 29 (Jan.): 1–21. 2011. © Cambridge University Press, translated with permission.
図4.14 © 2005 IEEE. Reprinted, with permission, from Stoytchev, A. "Behavior-Grounded Representation of Tool Affordances." Paper presented at the 2005 IEEE International Conference on Robotics and Automation, New York. 図版提供：Alexander Stoytchev.
図4.15 © 2007 IEEE. Reprinted, with permission, from Ugur, E., M. R. Dogar, M. Cakmak, and E. Sahin. "The Learning and Use of Traversability Affordance Using Range Images on a Mobile Robot." Paper presented at the 2007 IEEE International Conference on Robotics and Automation (ICRA), New York. 図版提供：Erol Sahin.
図5.1   von Hofsten, C. "Developmental Changes in the Organization of Prereaching Movements." *Developmental Psychology* 20 (3): 378–388. 1984. APA reprinted with permission.
Box 5.1 McCarty, M. E., and D. H. Ashmead. "Visual Control of Reaching and Grasping in Infants." *Developmental Psychology* 35 (3) (May): 620–631. 1999. APA reprinted with permission. 図版提供：Michael McCarty.
図5.3   Freedland, R. L., and B. I. Bertenthal. *Psychological Science* 5 (1): 26–32. copyright 1994 © American Psychological Society. Reprinted by Permission of SAGE Pubications, Ltd.
図5.4   © 2010 IEEE. Reprinted, with permission, from Hulse, M., S. McBride, J. Law, and M. H. Lee. "Integration of Active Vision and Reaching from a Developmental Robotics Perspective." *IEEE Transactions on Autonomous Mental Development* 2 (4) (Dec.): 355–367.
図5.5   Reprinted by permission from Springer Nature. In *Biomimetic and Biohybrid Systems*, ed. T. J. Prescott et al., "Incremental Learning in a 14 Dof Simulated iCub Robot: Modeling Infant Reach/Grasp Development." 250–261. by Savastano, P., and S. Nolfi. 2012. 図版提供：Stefano Nolfi.
図5.6   図版提供：Daniele Caligiore.
図5.7   図版提供：Lorenzo Natale.

図5.8	Reprinted by permission from Springer Nature. *Experimental Brain Research* 158 (4). "Infant Grasp Learning: A Computational Model." 480–503. by Oztop, E., N. S. Bradley, and M. A. Arbib. 2004.
Box 5.2	© 2002 IEEE. Reprinted, with permission, from Wheeler, D. S., A. H. Fagg, and R. A. Grupen. "Learning Prospective Pick and Place Behavior." Paper presented at the 2nd International Conference on Development and Learning (ICDL 2002), Massachusetts Institute of Technology, Cambridge, MA, June 12–15.
図5.9	Reprinted by permission from Springer Nature. *Biological Cybernetics* 95 (6). "Early Motor Development from Partially Ordered Neural-Body Dynamics: Experiments with a Cortico-Spinal-Musculo-Skeletal Model." 589–605. by Kuniyoshi, Y., and S. Sangawa. 2006.
図5.10	図版提供：Ludovic Righetti.
図5.11	© 2011 IEEE. Reprinted, with permission, from Li, C., R. Lowe, B. Duran, and T. Ziemke. "Humanoids that Crawl: Comparing Gait Performance of iCub and NAO Using a CPG Architecture." Paper presented at the International Conference on Computer Science and Automation Engineering (CSAE), Shanghai.
図5.12	Reprinted by permission from Springer Nature. "Nonlinear Dynamics of Human Locomotion: From Real-Time Adaptation to Development." In *Adaptive Motion of Animals and Machines*, ed. H. Kimura, K. Tsuchiya, A. Ishiguro, and H. Witte.189–204. by Taga, G. 2006.
図5.14	図版提供：Luc Berthouse.
Box 6.1	From Warneken, F., F. Chen, and M. Tomasello. 2006. "Cooperative Activities in Young Children and Chimpanzees." *Child Development* 77 (3) (May–June): 640–663. Reprinted by permission of John Wiley & Sons, Inc.
図6.3	Reprinted with permission from John Benjamins. 図版提供：Verena Hafnar.
図6.4	図版提供：長井志江.
図6.5	同上
図6.6	同上
図6.7	図版提供：Yiannis Demiris.
図6.8	Reprinted from *Robotics and Autonomous Systems* 54 (5). Demiris, Y., and B. Khadhouri. 2006. "Hierarchical Attentive Multiple Models for Execution and Recognition of Actions." 361–369. with permission from Elsevier. 図版提供：Yiannis Demiris.
図6.9	Reprinted from *New Ideas in Psychology* 29 (3) (Dec.). Dominey, P. F., and F. Warneken. 2011. "The Basis of Shared Intentions in Human and Robot Cognition." 260–274. with permission from Elsevier. 図版提供：Peter Dominey.
図6.10	同上
図6.11	図版提供：Peter Dominey.
図7.1	図版提供：Pierre-Yves Oudeyer.
図7.2	図版提供：Caroline Lyon, Joe Saunders.
図7.3	Reprinted with permission from John Benjamins.
図7.7	© 2011 IEEE. Reprinted, with permission, from Tikhanoff, V., A. Cangelosi, and G. Metta. "Integration of Speech and Action in Humanoid Robots: iCub Simulation Experiments." *IEEE Transactions on Autonomous Mental Development* 3 (1): 17–29.
図7.8	同上
図7.9	Sugita, Y., and J. Tani. "Learning Semantic Combinatoriality from the Interaction between Linguistic and Behavioral Processes." *Adaptive Behavior* 13 (1): 33–52. copyright 2005. Reprinted by Permission of SAGE Pubications, Ltd. 図版提供：谷淳.
図7.10	同上
図7.12	Reprinted with permission from John Benjamins. 図版提供：Michael Spranger.

図版クレジット

Box 8.1 Reprinted from *Cognitive Psychology* 60 (3) (May). Chen, Q., and T. Verguts. 2010. "Beyond the Mental Number Line: A Neural Network Model of Number-Space Interactions." 218–240. with permission from Elsevier.
Box 8.2 図版提供：Marek Rucinski.
図8.1 同上
図8.2 同上
図8.3 同上
図8.4 同上
図8.5 © 2007 IEEE. Reprinted, with permission, from Tikhanoff, V., A. Cangelosi, J. F. Fontanari, and L. I. Perlovsky. "Scaling up of Action Repertoire in Linguistic Cognitive Agents." Paper presented at the International Conference on Integration of Knowledge Intensive Multi-Agent Systems, New York.
図8.7 図版提供：Frank Förster. 撮影：Pete Stevens.
図8.8 © 2010 IEEE. Reprinted, with permission, from Gordon, S. M., K. Kawamura, and D. M. Wilkes. "Neuromorphically Inspired Appraisal-Based Decision Making in a Cognitive Robot." *IEEE Transactions on Autonomous Mental Development* 2 (1) (Mar.): 17–39. 図版提供：Stephen M. Gordon.
図8.9 同上
図8.10 Reprinted by permission from Springer Nature. *A Roadmap for Cognitive Development in Humanoid Robots. Cognitive Systems Monographs (COSMOS)*. Vol. 11. by Vernon, D., C. von Hofsten, and L. Fadiga. 2010.

索引

■英字

A-not-B エラー　7-8, 216
ACT-R 認知アーキテクチャ　282-283
Affetto ロボット　32, 33, 47-49
AIM　→アクティブ・インターモーダル・マッチング・モデル
ALIS 認知アーキテクチャ　41
ALIZ-e プロジェクト　304
ASIMO ロボット　20, 33, 39-41, 222, 227-228, 246
BARTHOC ロボット　34
CB ロボット　33, 41-42
CB^2 ロボット　33, 43
cHRI　→子どもとロボットのインタラクション
COG ロボット　19, 20, 32, 33, 50-51, 202-203, 284
CPG　→中枢パターン生成器
DC ギアードモータ　23-24
DC モータ　23-24
Dexter ロボット　157-158
DIEGO-SAN ロボット　34
DOF　→自由度
Dragon Dictate　30-31, 225
End-to-End 学習　321-322
ERA 認知アーキテクチャ　232, 294
ESCHeR ロボット・フェイス　192
ESMERALDA　30-31
FARSA ロボットシミュレータ　56
FCS　→可塑的構文文法
Geminoid ロボット　33, 45-46
GLAIR 認知アーキテクチャ　282-284
HAMMER 認知アーキテクチャ　190-194, 205, 282-284, 296-298, 300

HMM　→隠れマルコフモデル
HRI　→人間とロボットのインタラクション
HRP-2 ロボット　34
HUMANOID 認知アーキテクチャ　283, 284
IAC 認知アーキテクチャ　92, 95, 295
ICARUS 認知アーキテクチャ　282-283
iCub シミュレータ　55-57, 60, 62, 153, 162, 232, 237, 238
iCub 認知アーキテクチャ　285, 290
iCub ロボット　34-37, 55, 56, 64, 151, 160, 162, 222, 225-226, 234, 236-237, 261-262, 267, 271, 272, 274-275, 285, 300, 301
IM　→内発的動機
Infanoid ロボット　33, 46-47, 188, 206, 303
IROMEC ロボット　304
Julius　30-31
KASPAR ロボット　33, 49-50, 303-304, 308
KOJIRO ロボット　34
LESA アーキテクチャ　222, 272, 282, 283, 285, 298
LIDA 認知アーキテクチャ　283, 284
LOLA ロボット　34
MDB 認知アーキテクチャ　283, 285
NAO ロボット　20, 32-34, 37-39, 51, 54-55, 57-59, 135, 160-162, 167, 183, 292, 301-302, 304-305, 308
Neony ロボット　34
NEXI ロボット　34
OpenCV　29
PACO-PLUS 認知アーキテクチャ　283, 284
Pioneer ロボット　58
Pneuborn ロボット　24, 33, 43-45

索引

PR2ロボット　34
QRIOロボット　33, 39-41, 54, 244, 247
REALCARE BABYロボット　34
Replieeロボット　19, 20, 32, 33, 34, 45-46
ROBOTINHOロボット　34
Robovieロボット　32, 34, 188, 206
ROMEOロボット　34
SASE認知アーキテクチャ　283, 285
SIMONロボット　34
SLAM　26-27, 31-32
SNARC効果　255, 256-257, 263, 266-268, 288, 294, 298, 299
Soar認知アーキテクチャ　282-283
SOM　→自己組織化マップ
Sphinx　30-31, 236, 238
Spikenet視覚システム　30, 196
ToM　→心の理論
TRoPICALSアーキテクチャ　260, 283
U字型学習　13
YARP　29, 36, 56, 236, 285
YOTAROロボット　34
ZENOロボット　34

■あ行
アクチュエータ　10-11, 15, 17-18, 21-24, 25, 32, 35, 42-49, 55-56, 58, 63, 251, 283-284, 293, 308
アクティブ・インターモーダル・マッチング・モデル　174-175, 180, 190, 192, 194-195, 20
足場づくり　3, 48, 231
アップルソース実験　141-144, 157
アフォーダンス　15, 36, 39, 51, 93-94, 105, 108, 114-118, 129-131, 132-133, 140, 265
アンドロイドロボット　15, 17, 19-21, 32, 45-48, 308
意思決定　18, 65, 251, 260, 268, 277-280, 281, 284, 287, 288, 309
異時性変化　9, 293
一次運動野（M1）　61
一次視覚野（V1）　29-30
一次体性感覚野（S1）　61, 156
位置制御　23
一体性知覚課題　114, 115-116, 127, 299
移動　15, 25, 38, 39, 41, 64, 69, 80, 118, 123, 129, 130, 132-133, 135-136, 137-140, 141-147, 156, 160, 162, 165-167, 251, 286, 299, 301

移動エフェクタ　25
入れ子状の時間スケール　7-8, 292
因果性検出器　70
エッジ検出　28-29, 127
エフェクタ　308
エンコーダ・デコーダモデル　323
オープンエンド学習　7, 14-15, 297-298
驚き　65, 69, 91, 99, 169
オブジェクトの名前づけ　229-232, 236, 238, 276
音声知覚　13, 221
オンライン学習　7, 14-15, 220, 291, 297-298, 307

■か行
外見　20, 34, 45, 304, 308
外受容　25-26, 152
外受容性センサ　25-26
回転モータ　23
階層ベイズモデル　329
概念的発達　213-216
顔知覚　108-109, 131-132, 181, 202
顔の模倣　13, 119, 192
学習の進展　91-93, 100
学習本能　11-12
隠れマルコフモデル　30, 189, 220
数の認知　56, 252, 253-257, 260, 266, 268
可塑的構文法　239, 243, 249
ガボールフィルタ　29
慣習原理　215
緩慢かつ累積的な知能　ix
記号創発ロボティクス　311-314
基数　254
機能的同化　69, 98, 295
キャリブレーション　26, 196
強化学習　53, 81, 83, 87, 97, 98, 126, 149, 156, 188, 292, 295, 325, 329
教師あり学習　315
教師なし学習　315
共有の計画　195
協力　36, 54, 177, 179, 195-202, 215
空間知覚　15, 110, 131-132, 166
空気圧式モータ　23, 24
クロスモーダル　7, 14-15, 44, 289
経験主義的　3, 4-5, 10, 210, 239
経験主義的ロボティクス　xiii, 5, 10
形態的計算　9, 11, 294
系統発生と個体発生の相互作用　7, 8-10, 292-293

言語獲得　209-211, 213-216, 222, 224, 229, 232, 236, 239, 245, 248, 299, 311, 313-315, 319
言語発達　2, 8, 210-211, 213, 216, 227-228, 232, 243, 245-248, 255, 268, 285, 306
顕著性マップ　28, 43, 87, 127, 128, 194, 203, 286
語彙爆発　13, 14, 188, 211, 212, 217, 239, 246-248, 297
行為の名前づけ　236-237, 294
好奇心　11, 15, 65-101, 110, 287, 294-295, 301, 309
恒常性　67, 68, 82
恒常性理論　67, 68
構成性　239-242
構成論的アプローチ　326
構造的カップリング　10
行動主義的アプローチ　xiii
構文主義理論　211, 245
構文文法　41, 239, 243, 248
心の認知理論　204, 283
心の理論　2, 12, 15, 51, 170, 180-182, 189, 192, 202-204, 205-207, 212, 284, 297, 302-303, 310
子どもとロボットのインタラクション　302-305, 307, 308
固有感覚　21, 79, 92, 119
コンプライアントなエフェクタ　22

■さ行

サーボモータ　23, 24, 27, 58
参照原理　214, 215
シェマ　2-3, 13, 45, 104, 219, 252, 260, 283, 284, 288
支援ロボット　302, 304, 308-309
視覚的期待のパラダイム　74-76, 100
視覚的断崖実験　110-111, 131
視覚の発達　103, 105-118, 132, 169
自己組織化マップ　87, 225-227, 232-234, 264
自己知覚　15, 131, 132
自動音声認識　30, 197
事物全体原理　214, 215
自閉症スペクトラム　47, 50, 80, 182, 188, 302
シミュレーション　8, 9-10, 15, 17, 38, 43, 48, 53, 54-55, 56, 57, 59-62, 63-64, 66, 81, 86, 90, 96, 119, 127, 130, 156, 162, 167, 180, 182, 188, 191, 198, 224, 229, 232, 237, 248, 249, 255, 260, 266, 269, 270-271, 278, 280, 284, 287, 289, 292, 293, 295, 297, 299-300, 301-302, 307, 326
社会的学習　3, 42, 180
社会的認知原理　215, 216
シャフトエンコーダ　27
自由度　21-22, 25, 32, 33, 35, 37-38, 40, 42, 43-44, 45-46, 48, 49, 51, 52, 54, 56, 124, 147, 148, 151, 156, 162-164, 166, 189, 195, 196, 202, 232, 236, 279, 292-293
縮退　x
受動的エフェクタ　22, 25
受動的センサ　26
馴化　54, 70, 72-73, 87-90, 99, 100, 106-108, 115-116, 131, 203, 253, 295-296
馴化・脱馴化実験パラダイム　72, 100, 106-108, 131
状況依存性　251, 256
自律性　65, 69, 101, 284, 308, 309
自律的精神発達　4-5
進化発生学　10, 307
進化ロボティクス　16, 53, 54-55, 56, 189, 292, 307
新奇性　6, 8, 11, 15, 39, 54, 65, 68-73, 82-91, 95, 98-101, 104, 107, 115-116, 130-131, 188, 214-218, 225, 228, 239, 241, 278, 291, 295-296, 298, 301, 304
神経の可塑性　9
身体化　3, 7, 9, 10-11, 14, 16, 118, 167, 182, 210-211, 215, 216, 229, 291, 293-294, 298, 299-301
身体化原理　215-216
身体化された知能　10, 16, 22
身体化された認知　167, 182
身体性に基づく認知発達　327
心的シミュレーション　269, 287
水圧式モータ　22-24
随伴性検出　12, 100, 295
随伴性検出器　70
スキルの統合　289, 298, 305-307, 309
スタンリー自動運転車　32
ステッピングモータ　23, 24
刷り込み　9
成熟　1, 2-3, 6-7, 8-10, 55, 74, 129, 140, 145, 166, 210, 213, 224, 246, 291, 293, 305, 307
赤外線（IR）センサ　26, 27, 38, 58
接地された認知　10
選択的注意　72, 116, 127, 192, 194
操作　8, 14, 15, 25, 27, 42, 51, 64, 67, 69, 94, 136,

391

索引

165-166, 172, 183, 189, 194, 237, 265, 282-284, 289, 297, 303
操作エフェクタ　25
創発主義認知アーキテクチャ　284, 290, 291, 298, 306
即応性　ix
即時マッピング　13
ソナー　26, 27, 38

■た行

対応問題　190
胎児　8, 43, 55, 59-62, 104, 132, 168, 292, 293, 307
対数極座標視覚　29
多重因果性　6-8, 292
畳み込み　28-29, 320-322
中枢パターン生成器　39, 146, 166, 292
抽象的知識　15, 251-253, 268、272, 288
抽象的な言葉　252, 255, 258, 294
注意
　　共同——　12, 14, 15, 39, 47, 51, 53, 169-171, 182-188, 205, 215, 216, 284, 297, 301, 304, 306
　　共有——　172, 187, 189, 205, 296
　　選択的——　72, 116, 127, 192, 194
注意共有メカニズム　181
注意検出戦略　183
長期未成熟　ix
調節　2, 252
チンパンジー　12, 112, 175-176, 177-179, 182, 207, 296
ディープラーニング　320, 327
電動モータ　21, 22, 24, 32
動因　67, 68, 99, 101
動因に基づいた理論　68-69, 99
同化　69, 98, 252, 295
動作的　10-11, 291
トヨタパートナーロボット　34
トルク　23-25, 26-27, 35, 42, 56, 135, 227, 240

■な行

内因的／外因的方向性　72
内的シミュレーション　270, 278
内発的動機　7, 11-12, 15, 51, 53, 65, 66-70, 71-80, 81-98, 99-100, 101, 140, 169, 216, 246, 251, 291, 292, 294-296, 298, 301, 306, 309
　　——の神経的基盤　66

新奇性に基づく——　68-69, 86, 90, 99
知識に基づく——　68, 69, 71-78, 81, 82-85, 86-95
能力に基づく——　69, 70, 71, 78-81, 85, 97-98, 99-100
予測に基づく——　68-69, 84, 90-91, 94, 99-100, 140
名づけ　13, 41, 214-215, 216-219, 228-239, 269, 276, 294
二重分節構造　318
ニューラルネットワーク　9, 30, 41, 64, 97, 104, 148, 151, 184, 191, 220, 229, 236, 237-238, 240-241, 260-261, 268, 269-270-271, 279, 282, 320-324, 328
人間とロボットのインタラクション　224, 302, 305, 307, 308-309
認知アーキテクチャ　15, 50, 52-53, 82, 87, 92, 104, 148, 157, 184, 195, 198-199, 202, 207, 222, 232, 235, 237-239, 251, 260, 272, 276, 278-279, 280-287
認知主義認知アーキテクチャ　290
認知・情動シェマ　284
認知の自己閉鎖性　314
能力に基づいた観点　69, 295
能力に基づいた手法　11-12, 95, 99, 306

■は行

バーンスタインの自由度問題　148
背側経路　261, 264
ハイハイ　6-7, 9, 25, 35, 39, 44-45, 59, 61, 110, 117-118, 131-132, 135-137, 141, 144-145, 146-147, 156-162, 164, 165-167, 286, 292, 297, 301, 310
把持　36, 135-144, 153-156, 157, 165-167, 237-238, 285, 286-287
発声　218, 221-224, 227, 272, 274, 300, 307
発達段階　2, 3, 6, 8, 12-14, 66, 80, 97, 99, 170, 173, 187-188, 189-190, 194, 202, 205, 211, 217, 220, 238, 245, 246, 247, 248, 251, 253, 265, 269, 293, 296-297
発達のカスケード　x
発達の最近接領域　2
発達の社会認知理論　2
発達ロボティクス（原理）　6-15, 62, 210, 231, 298
発達ロボティクス（定義）　4
バブリング　71, 124, 211, 219-228, 246

身体—— 94, 169, 173, 205
　　規準—— 211-212, 246
　　過渡期の—— 211-212
　　運動—— 124, 136, 148, 151, 153, 159, 166-167, 194, 220, 237, 260, 261, 265, 288, 296, 297-298
　　音声—— 15, 211, 246
　　言語—— 136
反射型光センサ　26
反応素材アクチュエータ　23, 25
汎用人工知能　324
比較原理　214
非線形，段階的発達　7, 12-14, 296-297
否定　255, 258-260, 268, 271-277, 285, 288-289, 296, 300-302
皮膚　27, 32, 33, 36, 43-45, 47-49, 63
ヒューマノイドロボット　15, 16, 17, 19-21, 22, 24-25, 30, 32-51, 57-58, 63, 64, 118, 126, 135, 151, 156, 160, 164, 170, 174, 188, 190, 199, 202, 204, 207, 227, 232, 238, 244, 269, 279, 301, 303-304, 308
表現再記述　13, 14
不気味の谷　20, 46, 308
ブートストラッピング　7, 14, 126, 228, 297, 307
物体知覚　114, 115, 126-129, 132-133,
普遍文法　2
分割原理　214, 215
分散表現　323
文法学習　211, 239-245
分類原理　214, 215
ベイズ　125-126, 204, 282, 317, 319, 329
ベンチマークプラットフォーム　34, 56, 298, 301-302
ボールドウィン効果　9, 293
歩行　7, 9, 11, 15, 22, 25, 34, 35-36, 39, 42, 44-45, 53, 57, 59, 111, 117, 118, 131-132, 135-136, 137, 144, 145-147, 162-164, 165-167, 286, 292, 297, 301, 310

■ま行

マルチモーダルカテゴリゼーション　316
モディ実験　216-219, 225-227, 229, 232-236, 294, 299
模倣　3, 6, 7, 12-13, 15, 25, 39, 41, 43, 54, 92, 108, 119, 129, 156, 169-170, 172-175, 180, 182, 189-195, 197, 199, 200, 205-207, 208, 214-216, 220-222, 224, 225-227, 229, 232, 239, 246, 269, 270, 275, 284, 296, 297, 300, 301, 304, 314

■ら行

リーチング　135-136, 137-139, 140, 145, 147-152, 153, 155, 157, 165-167, 285, 286-287
力学系　3, 6-7, 8, 16, 55, 167, 291-292
利他性　54　→「協力」も参照
臨界期　7, 8-9, 210
倫理　64, 305, 308-310
類似原理　214, 215
累積学習　7, 14-15, 291, 297-298, 305-306
ロボットシミュレータ　43, 53, 54-62, 152
ロボットの定義　17-18
ロボットプラットフォーム　15, 17, 18, 32, 39, 43, 44, 46, 54, 58-59, 63, 66, 81, 86-87, 93, 96, 118, 151, 160, 162, 167, 194, 222, 232, 295, 298, 301-302, 304, 308, 309

■著者

アンジェロ・カンジェロシ（Angelo Cangelosi）
 マンチェスター大学「機械学習とロボティクス」部門教授，アラン・チューリング研究所フェロー，産業技術総合研究所人工知能研究センター（AIST-AIRC）卓越研究員．専門は発達ロボティクス，言語接地，ヘルスケア／社会的ケアのためのコンパニオンロボット．

マシュー・シュレシンジャー（Matthew Schlesinger）
 南イリノイ大学カーボンデール校心理学部准教授．専門は認知発達，ロボティクス，認知神経科学．

■監訳者

岡田 浩之（おかだ・ひろゆき）
 玉川大学工学部情報通信工学科教授，同大学脳科学研究所教授．博士（工学）．専門は認知発達，ロボティクス．おもな著書に『脳科学からうまれた0さいからのえほん』（監修，ポプラ社，2017年），『なるほど！赤ちゃん学──ここまでわかった赤ちゃんの不思議』（共著，新潮社，2012年），『新 人が学ぶということ──認知学習論からの視点』（共著，北樹出版，2012年）．

谷口 忠大（たにぐち・ただひろ）
 立命館大学情報理工学部情報理工学科教授，パナソニック株式会社客員総括主幹技師．博士（工学）．専門は人工知能，記号創発ロボティクス．おもな著書に『記号創発ロボティクス──知能のメカニズム入門』（講談社，2014年），『コミュニケーションするロボットは創れるか──記号創発システムへの構成論的アプローチ』（NTT出版，2010年），『イラストで学ぶ人工知能概論』（講談社，2014年）．

■訳者

岡田 浩之　監訳者［第1章・第9章］
萩原 良信（はぎわら・よしのぶ）　立命館大学情報理工学部情報理工学科講師［第2章］
荒川 直哉（あらかわ・なおや）　ドワンゴ人工知能研究所フェロー［第3章］
長井 隆行（ながい・たかゆき）　大阪大学大学院基礎工学研究科教授
        電気通信大学人工知能先端研究センター特任教授［第4章］
尾形 哲也（おがた・てつや）　早稲田大学基幹理工学部表現工学科教授［第5章］
稲邑 哲也（いなむら・てつなり）　国立情報学研究所情報学プリンシプル研究系准教授
        総合研究大学院大学複合科学研究科准教授［第6章］
岩橋 直人（いわはし・なおと）　岡山県立大学情報工学部情報通信工学科教授［第7章］
杉浦 孔明（すぎうら・こうめい）　情報通信研究機構主任研究員［第8章］
谷口 忠大　監訳者［第10章執筆］
牧野 武文（まきの・たけふみ）　翻訳者，ITライター［日本の読者のみなさまへ，序文，まえがき，謝辞，第1章〜第9章］

発達ロボティクスハンドブック　ロボットで探る認知発達の仕組み

2019年　1月　20日　初版第1刷発行

著　者	アンジェロ・カンジェロシ，マシュー・シュレシンジャー
監訳者	岡田 浩之，谷口 忠大
訳　者	萩原 良信，荒川 直哉，長井 隆行，尾形 哲也，稲邑 哲也，岩橋 直人，杉浦 孔明，牧野 武文
発行者	宮下 基幸
発行所	福村出版株式会社
	〒113-0034　東京都文京区湯島2-14-11
	電話　03-5812-9702／ファクス　03-5812-9705
	https://www.fukumura.co.jp
印　刷	シナノ印刷株式会社
製　本	本間製本株式会社

© 2019 Hiroyuki Okada, Tadahiro Taniguchi
Printed in Japan
ISBN978-4-571-23059-2

定価はカバーに表示してあります．
落丁本・乱丁本はお取り替えいたします．
本書の無断複製・転載・引用等を禁じます．

福村出版◆好評図書

田島信元・岩立志津夫・長崎 勤 編集
新・発達心理学ハンドブック
◎30,000円　ISBN978-4-571-23054-7　C3511

1992年旧版刊行から20余年の間に展開された研究動向をふまえて，新章や改変を加えた最新情報・知見の刷新版。

日本青年心理学会 企画／後藤宗理・二宮克美・高木秀明・大野 久・白井利明・平石賢二・佐藤有耕・若松養亮 編集
新・青年心理学ハンドブック
◎25,000円　ISBN978-4-571-23051-6　C3511

青年を取り巻く状況の変化を俯瞰しながら，研究の動向や課題を今日的なトピックを交えて論説。研究者必備。

日本パーソナリティ心理学会 企画／二宮克美・浮谷秀一・堀毛一也・安藤寿康・藤田主一・小塩真司・渡邊芳之 編集
パーソナリティ心理学ハンドブック
◎26,000円　ISBN978-4-571-24049-2　C3511

歴史や諸理論など総論から生涯の各時期の諸問題，障害，健康，社会と文化，測定法など多岐にわたる項目を網羅。

行場次朗・箱田裕司 編著
新・知性と感性の心理
●認知心理学最前線
◎2,800円　ISBN978-4-571-21041-9　C3011

知覚・記憶・思考などの人間の認知活動を究明する新しい心理学の最新の知見を紹介。入門書としても最適。

安部博史・野中博意・古川 聡 著
脳から始めるこころの理解
●その時，脳では何が起きているのか
◎2,300円　ISBN978-4-571-21039-6　C3011

こころに問題を抱えている時，脳で何が起こっているのか。日頃の悩みから病まで，こころの謎を解き明かす。

川島一夫・渡辺弥生 編著
図で理解する　発　達
●新しい発達心理学への招待
◎2,300円　ISBN978-4-571-23049-3　C3011

胎児期から中高年期までの発達について，基本から最新情報までを潤沢な図でビジュアルに解説した1冊。

小山 望・早坂三郎 監修／一般社団法人日本人間関係学会 編
人間関係ハンドブック
◎3,500円　ISBN978-4-571-20084-7　C3011

人間関係に関する様々な研究を紹介，人間関係学の全貌を1冊で概観。「人間関係士」資格取得の参考書としても最適。

C.ナス・C.イェン 著／細馬宏通 監訳／成田啓行 訳
お世辞を言う機械はお好き？
●コンピューターから学ぶ対人関係の心理学
◎3,000円　ISBN978-4-571-25050-7　C3011

人はコンピューターを人のように扱うとの法則をもとに，コンピューターを用いた実験で対人関係を分析する。

山崎勝之 著
自　尊　感　情　革　命
●なぜ，学校や社会は「自尊感情」がそんなに好きなのか？
◎1,500円　ISBN978-4-571-22054-8　C3011

人生を楽しくするのは自律的自尊感情の高まり次第。幸せな人生を送るための新しい自尊感情教育を解説。

◎価格は本体価格です。